"十四五"时期国家重点出版物出版专项规划项目

中国特有林果
——欧李

◎杜俊杰　著

U0348019

中国农业科学技术出版社

图书在版编目（CIP）数据

中国特有林果：欧李 / 杜俊杰著 . -- 北京：中国
农业科学技术出版社，2023.9
ISBN 978-7-5116-6451-8

Ⅰ.①中… Ⅱ.①杜… Ⅲ.①欧李－果树园艺
Ⅳ.① S662.5

中国国家版本馆 CIP 数据核字（2023）第 187874 号

责任编辑	白姗姗
责任校对	李向荣
责任印制	姜义伟 王思文

出 版 者　中国农业科学技术出版社
　　　　　北京市中关村南大街 12 号　　邮编：100081
电　　话　（010）82106638（编辑室）（010）82109702（发行部）
　　　　　（010）82109709（读者服务部）
网　　址　http://www.castp.cn
经 销 者　各地新华书店
印 刷 者　北京建宏印刷有限公司
开　　本　185 mm×260 mm　1/16
印　　张　19　彩插 12 面
字　　数　440 千字
版　　次　2023 年 9 月第 1 版　2023 年 9 月第 1 次印刷
定　　价　150.00 元

我国地域辽阔，生态多样，野生果树资源家底丰厚。野生资源是果树产业可持续发展的重要基石，科学评价和系统挖掘意义重大。欧李为我国特有的一种果树资源，具有较高的营养、药用、饲用和观赏价值，同时具有较强的抗逆性及环境适应力，是干旱、半干旱丘陵山区营造生态经济林的首选树种之一。

山西农业大学杜俊杰教授于20世纪80年代率先开展欧李种质资源普查、收集、保存与利用研究，30多年孜孜不倦、持之以恒，将这一资源开发利用，取得很好的结果。近年来，我有幸多次到山西农业大学学习调研，看到他们在欧李研究和开发方面取得的成绩，感到十分钦佩，深受启发。

杜俊杰教授从青年时开始便立志研究欧李，克服重重困难，把毕生精力都投入其中，带出了一支欧李研究队伍，建立了欧李种质资源库，选育出我国第一个欧李品种以及后续多个品种，完成了配套的繁育和栽培技术，研发了十多种欧李产品，形成了完整的技术链，支撑着欧李产业发展。他将这种鲜为人知的野生果树发展到产业化开发阶段，是我国近些年野生果树种质资源开发利用的一个成功案例。杜俊杰教授退休之后，仍然热衷于欧李的研究与开发，并将研究成果进行了总结，形成了《中国特有林果——欧李》一书。

我相信，此书的出版不仅对促进欧李深入研究及产业化发展具有重要意义，而且对于广大果树科技工作者和大专院校学生如何持之以恒研究多年生果树具有很好的借鉴意义。为此，我乐于作序。

邓秀新

2023 年 7 月 15 日于北京

自　序

　　果品是人们生活的必需品，尤其在改善人们的健康方面有着重要的作用。尽管我国果品生产的总量较多，但果品种类还较少，北方10多种，南方20多种，"北方一片红（苹果），南方一片黄（柑橘）"曾是我国果树生产的种类过于集中的真实写照。果树种类过于集中的生产方式，不仅使人们吃不到更多种类的果品，而且在果树产业上还会发生"种了砍、砍了种"的劳民伤财事件。事实上，我国野生果树的种类非常丰富，目前还有80%左右的种类没有被开发利用，为什么就不能把这些野生品种驯化成人们喜食的果树呢？纵观人类的发展史就是一部不断将野生植物或动物驯化成人工管理的生产过程。8 000年前生活在黄河流域的华夏祖先将狗尾草驯化成了粟，即现在的谷子，5 000年前人们将野生豆驯化成了今天的栽培大豆，3 000年前古人将苦涩的桃、李、杏驯化成了今天美味的水果。100多年前新西兰从我国引进了野生猕猴桃，经过驯化目前成为新西兰的第一大绿色产业，也在世界各地进行种植和销售。那么，作为一个从事果树专业研究和教学的科研工作者能不能驯化一种新的果树为中国人民谋幸福呢？答案是：能！这便是我研究欧李的初心。

　　童年时代，学校放假的日子里，我坐上父亲赶的马车到十几里（1里=500 m）外一个叫"稷王山"的地方为生产队饲养的牲畜去割草。偶然间，我发现草丛里有一串红彤彤的野果，摘下来放在口中，酸甜酸甜的，非常好吃。一下子感到口不干了，身上又充满了力气。于是我一边割草，一边继续寻找野果。收工时，草割了没多少，口袋里却装满了野果子，草捆里也夹带了许多这种连枝带叶的野果。问过长辈后，他们说叫"牛（当地牛发ou音）李"，枝叶可以喂牛，果子熟透了很好吃，不熟时不能吃。他们看了看我摘的果子，有许多是不熟的。一吃，果然酸涩不堪。原来我发现的那一串好吃的果子是埋在草丛里无人看见熟透了的果子。

在山西农业大学就读期间，我学的正好是果树专业。到了大三的时候，从教科书中知道，老家人称为"牛李"的野果子其实叫"欧李"，但当时并没有引起重视。

研究生毕业后，我继续留校任教，学校里安排年轻教师去太行山革命老区进行科技服务锻炼，我被派到左权县的一个镇里挂职科技副镇长，主要负责果树技术指导和推广。一天，到了一个苹果园，我忽然看到，地堰（地埂）上长满了孩童时代见到过的欧李，果子结得又大又多，红的、黄的各种颜色的果实，一串一串的，非常美观。果园的主人告诉我，这里欧李非常普遍，到处都是，大多长在田边的地堰上。我突然想到，这种野果既然分布这么广泛，且种类这么丰富，能不能把它作为一种栽培果树进行利用呢？带着这个想法，我便利用工作之余，调查了当地的欧李生长与分布情况，并向学校分管科研的副校长李连昌教授作了汇报，李校长不仅肯定了我的想法，还从校长经费中拨了1 500元作为研究启动经费。时值1987年的秋季，从此，我便与欧李结下了30多年的不解之缘，快乐、兴奋、烦恼、迷茫与痛苦五味俱全，但更多的是感恩。

1987年，我还是风华正茂的青年，最初开始的欧李研究工作是资源调查和收集。首先在太行山区和我家乡的中条山区，出差、雇向导、挖苗、收种子、租地、播种、田间管理等都需要经费，1 500元科研启动经费很快就用完了，我只好带着自己的弟弟、妹妹到深山中去继续收集，抬着挖到的欧李苗子和果子，翻山越岭，腿上和胳膊上尽是被棘刺划破的伤痕。一次走到垣曲县的山里，天黑了也没有走出山，只好带着弟弟和妹妹在一位好心的农户家过夜。这位农家主妇看到我带着十几岁的弟弟、妹妹抬着成捆和满筐的欧李，对我满怀希望地说，若能把这野果开发出来，对山区人民准是一件好事。她特意为我们炸了油饼，使我至今难忘。因为炸油饼是我们当地招待客人的最好待遇，使我更加体会到了山区人民的期盼。收集回来的野生欧李苗子和种子没有地种植，我只好说服父母用家里的自留地种植欧李，不仅省钱，父母还能进行田间管理。后来在山西农业大学园艺站申请了半亩地，种上了一些经过筛选的野生种。1992年参加北京召开的全国果树种质资源会议，我在会议上报告了初步研究结果，引起了果树育种专家沈德绪先生和时任中国农业科学院副院长王汝谦先生的重视，两位先生书面写建议让我申报项目，开展深入研究。1994年的一天，我的研究生导师王中英先生到园艺站，看了我收集的资源之后也肯定了我的研究工作，并亲自写推荐书，成功申报了山西省自然科学基金。有了项目和经费之后，继续扩大了山西农业大学欧李资源圃的规模和资源收集的范围，我亲自到内蒙古、黑龙江、辽宁和陕西、河南、山东、北京、河北、甘肃等地收集到全国各地的野生资源100多份。到1998年时，我完成了第一个基金项目"欧李选种、栽培及利用研究"，鉴定专家给予了"国际领先水平"这样一个很高的评价，对我是极大的鼓舞。

2001—2002 年，经过 15 年的资源研究和品种选育，一批较好的优系逐渐在全国 26 个省（区、市）进行布点试种。经过试种，2003 年山西省农作物品种审定委员会审定了我国第一个欧李品种"农大 3 号"，从此结束了欧李没有栽培品种的历史。

一种新兴果树没有品种不能进行人工栽培，但有了品种不等于就能进行规模化生产。首先的问题是繁育出农户能够买得起和种得好的良种苗木，也就是说如何能使试验田中的品种变成农户田中的苗子。可能在一些乔木果树中不是什么问题，但是对于欧李这个小灌木果树树种却成了大问题。欧李每亩需苗量是一般乔木果树的 10 倍以上，因此，要推广种植 1 亩的欧李，在育苗上比其他果树要多 10 倍的付出。欧李种子播种会发生广泛的分离和变异，嫁接后地上部的良种只能成活 3~5 年。硬枝扦插成活率非常低，组织培养成本太高，对各种繁殖方法进行试验后，最后找到了嫩枝扦插的方法，但需要环境自动控制性能较高的设施和设备。解决了设施和设备问题后，又发现自己管理之下，成活率较高，一旦交给临时工管理，则成活率很低。一个育苗棚第一年育苗很好，翌年因为重茬成活率明显降低。换成基质育苗后，插条数量和质量又不好统一。解决完这些问题，育苗开始走上规模化后，人工和起苗的质量又达不到标准。自己俨然成了一个机械工程师，终于把育苗中像基质搅拌、铺设和起苗等繁重的体力劳动全部改为机械化生产，插条制作也升级成了机械制作，就剩下一项技术还未攻关，即将人工扦插改为机器人扦插，好在目前已找到了解决途径，有望在短时间内得到突破。

种植后，许多地方成活率低，我便到实地查看，发现苗子运输和栽植之前根系失水严重，于是我进一步改进了苗木包装和假植技术，解决了此问题。但成活之后，欧李又不结果，原来是授粉树配置不够科学。好不容易等树上挂满了果实，但结果之后卖给谁，又成了新问题。为了解决农民卖果难的问题，我便一个又一个地寻找加工企业收购农民的果子，企业提出先做出欧李加工中试产品后才能收购，为此我找到一个企业连续奋战了七天七夜，完成了产品中试，终于在果实成熟之前给第一批种植欧李的农民找到了销售果实的出路。教会农民种，教会企业做，我以为已经建立起产供销链条，但没有几年，企业又不收购了，原因是产品销路不好。这可是个大难题，市场问题牵涉许多方面，不是一下子能够解决了的，但我并没有被困难吓倒。在认真分析问题产生的原因后，我决定从市场培育开始，每年带领团队人员，带上树苗和产品，住最便宜的房间，吃方便面、盒饭，南下广州参加广交会，北到沈阳参加展览会，西去杨陵参加农博会，在全国 26 个省市进行试验示范种植，使群众和企业一点一点地了解和接受这一新兴果树，山西农业大学也为推广此项成果，请来了中央电视台的记者进行宣传报道，我也为参观访问者提供了 1 万多人次的讲解和解答，在全国各地进行了几百次的培训讲课，举办了两次大型学术交流和产业研讨会。这样又经过 15 年时间，群众和一些企业逐渐认识了这种果树的特点，我也在不断地交流中提高，并逐渐解决了苗木成本高、品种单一、田间机械化管理和果实不耐贮藏以及欧李产品与市场对接等难题，尤其是在国家政策方面，不断向国家和省级有关部门提出建议，制定了多个国家和地方标准，解决了困扰企业产品生产许可证等问题。就这样，我逐渐攻克了欧李产业化中的一系列问题。截至目前，我国欧李栽培面积已发展到 7 万余亩，加工企业也有 20 多家，最可喜的是东北的一个企业不仅购买了我们山西农业大学欧李团队新近培育的一个品种，而且还在全国范围内收购山西农业大学欧李品种果实，从此解决了卖果难的问题，也使种植欧李的农户收入有了保障。2020 年秋季，到内蒙古考察，看到种植我培育的欧李品种使当地农户每亩收入达到了 7 000 多元，且种植在科尔沁沙地之中，其硕果累累，我倍感欣慰。研究了欧李一辈子，初心不改，希望不变。

在欧李研究期间，许多人建议我出本书，但自己总认为积累不够丰富，还有很多问题亟待解决，但现在我已到退休之年，应该对欧李研究做一个总结，以便给后人在继续研究欧李时作参考。

书中的研究结果，主要出自我及我指导的研究生所做的研究，在研究以及推广试验中得到了山西农业大学领导、师生和各界人士的大力支持，书中引用的文献注明了作者姓名，在此一并致以衷心的感谢！限于篇幅，欧李分子生物学的研究结果没有囊括进来，恳望谅解。由于水平有限，不足之处，敬请读者批评指正。

杜俊杰

2021 年 2 月 7 日

目 录 Contents

第一章
概　述

地球上生长着成千上万种植物，林果树种主要以提供可食用果实和种子为主，同时兼有较强的生态作用，林果植物与人类的食品供应及健康生存息息相关。据日本田中长三郎（1951年）统计，世界上大约有2 792种果树，分属于134科、659属，其中仅有300余种果树被人类栽培利用。据《中国野生果树》（刘孟军，1998）记载，我国有果树1 282个种，161个亚种、变种和变型，分属于81科、223属，其中尚未规模化种植的野生果树有1 076个种，81个亚种、变种和变型，分别占到我国果树种和亚种的83.93%和50.31%。以上数据不仅反映出世界及我国林果种质资源的巨大潜力，也说明了尽管人类经过了几千年对野生林果的驯化与栽培，但利用还是非常有限。如何使地球上的林果植物更好地为人类服务，是一项从古到今持续不断的研究项目。

欧李，蔷薇科樱桃属的一种小灌木林果树种。原产于我国。目前我国有两个种，即欧李 [Cerasus humilis（Bge.）Sok.] 和毛叶欧李 [Cerasus dictyoneura（Diels）Yu et Li]，前者野生种主要分布于我国燕山以北的东北、西北和华北各省，后者野生种主要分布于西北和华北各省，其种质的多样性十分丰富，但长期以来，处于无人问津的状态。从20世纪80年代开始，逐渐引起了我国科研人员的重视，并以欧李的合理利用为目的，经过40多年的不断研究，逐渐揭开了欧李这一我国特有林果资源的面纱，不仅保护了欧李树种，也使欧李逐渐从野生状态走向了人工栽培，形成了一个新兴的林果产业，为我国林果业的可持续发展提供了新鲜而强劲的动力。

第一节　开展欧李研究的意义与作用

一、为我国及世界提供一个新的栽培林果树种

至今为止，除少数几个人工种间杂交获得的变种外，所有的栽培林果树种均来源于人类在不同时期对此种果树的不断驯化栽培。根据历史考证，中国果树大约有4 000年

的栽培历史（孙云蔚，1983），由于人类生活所需和环境的影响，不同林果植物进入人类驯化、栽培的时间不同。根据人类对果树进行驯化、栽培历史的时间长短，将果树分为三代。第一代为栽培历史悠久、时间在 2 000 年或在 3 000 年以上的果树，在古代人们已经广泛食用和栽培，到现在已经成为传统的栽培果树，如桃、杏、李、梅、绵苹果、葡萄、樱桃、枣、板栗等；第二代为近代进行开发业已形成较大的栽培规模，是近代人开始广泛食用或栽培的果树，历史较短，一般在 200~300 年的果树，如苹果、山楂、猕猴桃、草莓等；第三代为现代时间内尚未开发或正在研究开发的果树，即当代还没有成为人们广泛食用或栽培的果树，其栽培历史在 200 年以内，如越橘、沙棘、刺梨、欧李等。随着科技的进步，第三代果树已经引起了人们的重视，利用现代科学技术将其驯化成栽培果树的速度也变得越来越快。

据实地考察和文献查阅，尽管在我国清朝的一段时间有过欧李栽培，但在 20 世纪 80 年代前我国或世界其他任何国家没有一块人工栽培的欧李园地，也没有任何科研机构或农家保留的欧李品种。考证古文献资料发现，公元 2—3 世纪时，欧李仅在"宫园中"种植，可能是作为观赏之用；一直到清代才将欧李作为果树种植。当时种植在松花江畔的欧李园由皇宫派差役专门监管，其果实制作成蜜饯，作为"欧李贡"上贡于朝廷，并且还有"康熙欧李"品种，但这些欧李园或欧李品种由于种种原因没有被保存下来。并且由于大量的垦荒和环境变化使我国原存有大片的野生欧李林地逐渐消失，甚至濒临灭绝。从 20 世纪 80 年代开始，随着我国改革开放和经济社会的发展，我国对野生果树的重视程度也逐渐加强，我们率先有计划地开始了欧李的研究，其目的不仅是为了保护这个物种，更为重要的是将欧李从野生变为人工栽培，继续为我国乃至世界栽培果树提供一个新的树种。

二、为现代人类增添新的健康果品

"民以食为天"，地球上充足的食物供应使人类逐渐发展为主宰地球的生灵。农业生产文明起源前，人类对果实的食用主要以采集野果为主，用于充饥。《韩非子·卷十九》记载："古者丈夫不耕，草木之实足食也；妇女不织，禽兽之皮足衣也"，其中所说的"草木之实"便是指野果。随着农作物的种植，人们在开垦土地的过程中，从原始保留某种果树于田地之中发展到移植、繁殖，一直到今天的集约化种植果树，林果植物无不为人类的发展起到了食物供应和健康的保障作用。人类与果品之间的关系也深深留在了人类的文化之中，如由"果实"延伸而来的"果腹""果然"等词语，也反映了林果植物或果树与人们的文化、生活紧密相关。林果或果树发展的动力来源于人类对这些植物的强烈需求，包括食用、观赏、药用、饲用、用材、薪炭和文化 7 个方面，不同时期利用的侧重点不同。

地球上植物的出现先于人类的诞生。随着植物的进化，不同时代会出现不同的植物（据报道，苹果属的植物大约在 7 000 万年前诞生）。在第三纪和第四纪的冰川时期以后，由当时植物避难所保留的植物逐渐演化出了许多新的植物种，欧李是蔷薇科樱桃属植物，在地球上出现的时期大约在第三纪和第四纪，但早于桃、杏、李，因此欧李的出现至少与人类诞生（约 300 万年）的历史相近，这样，古代的人们必然会利用到这种能够"果腹"的植物。在公元前 1 000 年的周朝时代，我国的祖先便已开始食用欧李。时至今日，在山西太行山、吕梁山等山区的群众大都有食用欧李的习惯。有趣的是，一部由法国人编著的《鞑靼西藏旅行记》（古伯察著，1852；耿昇译，2006）一书中竟然详细地记述了这样一件事，即 1668 年几位传教士在路过内蒙古时，因病吃了当地的欧李果实后，竟然治好了胃口不适，也可以吃饭了，说明欧李也早已成为内蒙古当地人帮助消化的一种果品。再加上清代时，欧李曾经作为贡品，上贡到朝廷供皇帝及达官贵人享用，说明欧李不仅是普通人而且也是贵族享用的健康果品，因此，古时欧李也称为"爵李"。

尽管 3 000 多年前和清代都记述了人们对欧李的食用，但由于近百年来我国果品的消费以鲜食为主，而野生的欧李果实多酸且带有涩味，因此近代欧李作为鲜食果品逐渐离开了人们的视线。尽管也想改进和培育更好的品种以适应现代人类的口味，但采用普通乔木果树的实生繁殖和嫁接繁殖很难保持欧李的优良品性，也使研究者尤其是育种者无从下手。现代技术的进步使果树组培技术、嫩枝扦插技术得以发展，也为欧李良种无性系的扩繁提供了技术保证，因此欧李的育种和良种扩繁迅速发展起来。尤其是近年来，通过现代分析手段和药学研究，发现欧李果实中不仅含有普通水果所含有的脂肪、蛋白质、糖类、矿物质、维生素和食物纤维素六大营养素，而且含有丰富的有机酸及酚类、黄酮类、花青素等抗氧化物质，这些物质与现代人类的饮食健康密切相关。在目前农业生产进入到为人类提供更多的健康功能食品的新阶段，欧李的特殊价值不断地显现出来，因此深入开展欧李的研究必将为现代人类提供更多的健康果品。

三、为果树研究提供新的模式树种

首先，就目前栽培的果树而论，除少部分草本果树外，大多数果树是木本果树。这些木本果树尤以乔木果树为主，不仅树体大，而且大都需要栽培 3～4 年后才能开始结果，丰产期则需要 5～6 年后，尤其是实生播种的后代，由于童期较长，需要 5～6 年甚至更长的时间才能少量结果，若要观察其丰产性等指标，则需要 10 多年的时间。随着生物技术的发展，尤其是基因克隆和功能验证在果树研究中已占主导地位的今天，木本果树的基因功能验证依然存在结果迟、树体大、占地大、成本高的问题，一直没有较好地解决，只能用拟南芥、烟草、草莓、番茄等草本植物代替。欧李实生苗一般翌年就可开花结果，组培和扦插繁殖的无性苗翌年就可进入丰产期，首先便克服了一般果树童期长的问题。其次，欧李为小灌木，树高一般为 0.6～1.0 m，枝展为 0.5～0.7 m，树体仅为一般乔木果树的 1/30～1/20，一般每亩（1 亩 ≈ 667 m²）可定植欧李植株 1 000 株左右，是普通乔木果树的 10 倍以上。因此克服了果树育种研究因群体较大、占地范围广造成的成本高的问题。再者，欧李盆栽性能良好，坐果率高、结实较多，可以利用移动授粉的方法进行果树遗传规律的研究，既能保证子代群体的数量，又能降低成本，可较快地分析后代的遗传变异规律。故研究欧李不仅开辟了灌木类果树特性研究的先河，同时，欧李也为其他果树研究提供了新的模式树种。

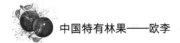

四、为新时代绿水青山提供新的经济生态兼用树种

林果业（包括树林、园林、果木、花卉）是农业产业结构的重要组成部分，也是实现生态效益和经济效益双赢的产业。现代社会中，人们常把发达的林果业视为国家富足、民族繁荣和社会文明的标志之一。可以说，所有的果树都具备生态功能，但是由于自身的抗性所限，其生态功能只能在人工的精细管理下才能实现，并且由于环境中土壤、温度和水分所限，一种果树一般只有在一定的气候条件下才能生存。欧李耐寒、耐旱、耐瘠薄，植株呈丛状分布，根系发达，根冠比比一般果树高2～3倍。根据调查，我国欧李野生分布从南方的湖北、四川到东北的黑龙江，从东部的山东、浙江到西部的甘肃、内蒙古等19个省区均有分布；从全国进行欧李引种试验栽植的情况看，欧李不仅能在已有野生分布区具有较强的适应性，而且在新疆、青海等地也能良好生长与结果。同时，由于其根系发达、地上部枝条细密，显示出较强的固土保水能力和阻止沙尘的能力。因此，2003年，国家林业局已将欧李列为退耕还林的重要经济型生态灌木树种；2013年，国家林业局将欧李列为木本油料树种；2016年，科技部和国家林业局在《主要林木育种科技创新规划（2016—2025）》中，将欧李列为区域性经济林树种；2017年，山西省林业厅也将欧李列入"山西省八种主要林木目录"。这些政策不仅使欧李成为新时代下的生态经济林树种，也为开展欧李的持续研究提供了政策性的支持。

欧李为小灌木林果树种，这种小灌木不仅是荒漠化地区恢复乔、灌、草复合生态系统的中间链条，也往往是某些干旱、半干旱地区恢复生态的先锋树种。有研究指出，黄河流域的黄土高原地区最适宜的树种为灌木，开始造林时如果用乔木造林，往往会导致失败，这在历史上有过多次教训，但是如果先行灌木造林，利用灌木的抗旱和水土保持作用将土壤的水分和微生物等初步改良、恢复之后，乔木和草才容易成活。群众说："灌木是个宝，气候干旱土壤瘠薄能长好，防风固沙把土保，还是牲畜的好饲草，综合利用好原料，生火做饭离不了，医药保健价值高。"欧李耐旱、耐寒、耐瘠薄，且最新发现，根系中存在活力较高的内生固氮菌，可提升土壤肥力和改善土壤的理化性质，因此，久荒的土地以及不毛之地的生态造林可以先行种植欧李，或者已经种植了乔木但生长不好的情况下可以间作欧李，从而促进乔木的生长。因此，欧李将成为适宜灌木种植区域良好的经济生态兼用的树种。

第二节　欧李发展历史与产业发展现状

一、古代及清代的欧李发展

我国的古代著作《诗经·豳风·七月》中记有"六月食郁及薁，七月亨葵及菽，八月剥枣，十月获稻，为此春酒，以介眉寿。七月食瓜，…，食我农夫"，这段文字描述了古时陕西西南区域的旬邑县、邠县一带农民的生活，其中"郁"指郁李，"薁"指欧李，可见3 000年前的周代，欧李和郁李已经作为水果供普通人食用，并以此酿酒，延年益寿。现代欧李的利用中，利用欧李的特殊香气酿制的欧李酒不仅香味浓郁，其各种保健物质含量也十分丰富，对健康十分有益，也验证了古人的推测。

1973年，河北藁城县台西村在3 400年前的商代遗址中除发现许多重要遗迹、遗物以外，还发现了植物种子30余枚，经过鉴定，较大的种子为桃，中等大小（长7～11 mm，直径6～7 mm）为毛樱桃，最小的种子（长6～7 mm，直径3～4 mm）鉴定为郁李或欧李的种子，由于年代久远，保存条件有限，郁李和欧李的种子又极其相似，因此，无法准确鉴定出郁李与欧李的种子，但可以从目前此地野生分布的资源多欧李而少郁李的事实推测，其种子应是欧李。说明在3 000多年前欧李不仅被作为果实食用，而且也作为药材治病。这不仅为我们提供了3 000年前欧李的药材标本，也反映出古代我国医药史发展的水平和我国古代广大劳动人民利用天然药物与疾病作斗争的智慧和才能，这一发现也被称作我国中药材最早的实物证据。欧李仁（包括郁李仁、长柄扁桃）现在已成为最常用的一种中药材，也是我国最早颁布的药食同源植物之一。在台西遗址中还发现了医疗器械和酿酒作坊遗址及酿酒过程中的酒缸、煮料锅、漏斗、罐等全套的酿酒容器，推测欧李也在此地进行酿酒，酿酒之后的种仁继续作为药材被再次利用。这里的酿酒也与诗经中的欧李酿酒相互印证。

《神农本草经》是我国最早的四大中医经典著作，尽管成书的年代有许多争论，但大多认为是秦汉时期的著作，距今2 000多年。其书中更加具体记载了郁李仁的药用价值："味酸平。主大腹水肿，面目四肢浮肿、利小便水道。根，主齿龈肿，龋齿。一名爵李。生坚齿川谷"。并引用其他文献进行了注解，如"陆玑云：奥李。一名雀李，一曰车下李，所在山中皆有其花，或白或赤，六月中熟大，子如李子可食"。又如"沈括补笔谈云：晋宫阁铭曰：华林园中有车下李，三百一十四株，奥李一株"。《神农本草经》不仅记载了郁李仁的药用，还提到了郁李根可以治疗龋齿，使郁李的用途更加广泛。

《救荒本草》为明代著作，是一部专讲地方性植物并结合食用方面以救荒为主的植物志。除开封本地的食用植物外，还有接近河南北部、山西吕梁山、山西南部太行山、嵩山的辉县、新郑、中牟、密县等地的植物。尤其记述了生于今山西隰县高山川谷丘陵之上的"郁李子"，并介绍到别名有"爵李""车下李""雀梅"以及俗名"薁（音欧）梨儿"，从原作者在书中附有插图上的叶子形态来看，实为欧李的叶子，因此，此书中的"郁李子"实为欧李，至少也包括欧李一类的植物。此书中不仅记述了欧李可以作为荒年的救荒食品，还记述了当地欧李的俗名为"薁（音欧）梨儿"，这可能是"欧李"名称中与"欧"字发音相近的最早的文献记载。由于"薁"书写较难，时至今日，"薁梨儿"便写成了"欧李儿"，经笔者考证，当地的欧李实为毛叶欧李，叶子更像榆树的叶子。

到了清代，记述欧李的文献更多，数《广群芳谱》记载较为详细，并指出"乌喇奈，塞外红果也。乌喇带之地尤多，一名欧李。"并有文献报道，清康熙皇帝甚喜欧李，不仅派官员专门在黑龙江双城种植欧李，还在出国时作为礼品馈赠友邻邦国，所种植的欧李称为"家欧李""康熙欧李"等，可见清朝时欧李已经是一个较为广泛栽培的树种，可惜的是，当时的"家欧李"品种没有保留到今日。

综上，欧李在我国古代早就作为一种果品，或鲜食或酿酒或救荒，或用种仁作药

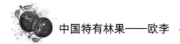

或用根作为药材，或在庭院中，或在田中被先祖们进行了利用和种植，其利用历史在3 000年以上。

二、近40年来的研究历史回顾

根据在欧李研究方面发表的文献和公布的项目以及笔者的调查，欧李的研究与开发在最近的40年可以分为3个阶段：第一阶段为20世纪80年代中期到90年代中期为自由研究阶段；第二阶段为20世纪90年代中期到21世纪初，为单一项目支撑研究阶段；第三阶段为最近的10多年，为广泛研究与研发和推广阶段。

1. 第一阶段（1986—1995年）

主要是一些大学机构的专业人员根据自己的研究兴趣进行了自由研究，如内蒙古农业大学钱国珍教授、山西农业大学杜俊杰教授、河北科技师范学院张立彬教授等，从种质资源、选种、生物学特性等方面发表论文10多篇，尽管文章很少，但这些研究开启了欧李研究的先河，为揭示欧李的特征特性奠定了基础。尤其是在1992年和1993年中国园艺学会在西北和北京召开的果树品种改良学术研讨会议中，笔者将自己的研究成果进行了会议交流，引起了学术界的高度重视，时任果树专业委员会主任的王汝谦研究员、浙江农业大学沈德绪教授进行了高度评价，并写建议进行项目支持。

2. 第二阶段（1996—2005年）

主要是省、市及国家项目支持阶段，并获得奖项。此间，内蒙古农业大学钱国珍教授1996年获内蒙古自治区科技进步奖三等奖，山西农业大学杜俊杰教授主持的省级"欧李选种栽培及利用"研究项目于1998年获得山西省科技进步奖二等奖，张立彬教授主持的"野生欧李的驯化及栽培技术"通过了科技鉴定，科技界逐步肯定了欧李研究方面的成果，国家林业局把欧李确定为退耕还林树种，果树界也将欧李作为我国可持续发展的战略性树种。此间发表论文60余篇，主要研究方向为欧李的育种技术、欧李繁育和欧李的加工及营养特性研究，山西农业大学培育和审定了第一个欧李品种"农大3号"，其他单位也相继鉴定和审定了欧李品种，一些欧李的加工产品也陆续进行了报道，使欧李的生产有了物化产品。为此山西省发展和改革委员会高新技术产业处立项支持山西农业大学进行年产2 000万株欧李组培苗木的中试，科技部立项支持山西农业大学进行成果转化。2002年山西农业大学开源种苗中心通过组培繁育的第一批欧李良种开始在全国布点试栽，共在全国26个省份引种试栽，通过调查引种地的表现和引种单位的信息反馈，最后确定了我国欧李适宜栽植的范围为长江以北广大区域及长江以南的浙江等省满足冬季需冷量超过500 h的高海拔地区。

3. 第三阶段（2006—2021年）

这一阶段是科技成果转化阶段，即生产和研究进入更为广泛和深入阶段。在此阶段，研究成果开始进入生产，组培和扦插繁育使欧李的良种得到快速繁殖，此阶段国家项目、省市项目明显增多，发表论文也增加到了近400篇，全面铺开了欧李在育种、繁殖技术、种植技术、病虫害防治、营养健康、加工利用、生态建设等方面的研究。科研单位中包括大学增加到了10多个单位，中国科学院和中国农业科学院及各

省农科院也相继加入了欧李的研究队伍之中。2013年，国家林业局将欧李列为木本油料树种；2016年，科技部和国家林业局在《主要林木育种科技创新规划（2016—2025年）》中指出，要将欧李列为"区域性经济林树种"加以研究和创新；2017年，山西省林业厅将欧李列入"山西省八种主要林木目录"。在这些政策的引导下，此阶段政府的引导性投资也不断增加，有地方政府自筹资金、世界银行项目、德国援助项目、亚投行项目等。从中国知网上检索到发表的研究论文已从2000年以前的18篇发展到目前的近800篇，仅在2019—2021年每年发表论文80余篇。尤其是山西农业大学欧李全基因组的测序完成，为欧李研究提供了极为重要的分子生物学研究基础，使欧李的研究与其他重要的林果树种一样进入了分子时代，推动着欧李研究朝着快、准、深的方向发展，这些研究成果为欧李的产业化提供了丰富的理论基础和实践指导，进行种植、加工欧李的企业不断涌现，使欧李产业逐渐由探索阶段走向了稳步发展的阶段。

三、欧李产业现状

如前所述，研究欧李的目的是让其更好地为人类服务，其实现的措施是通过产业化开发。目前初步形成的欧李产业链条包括育种、苗木繁育、种植、加工和营销等产业环节。

1. 品种选育

欧李育种主要在大学和科研院所进行，也有少数几家涉农营企业开展了良种选育的工作。大多数品种是直接从野生优良种质和实生播种后代中选育的。目前报道的欧李品种共有16个（表1-1）。山西农业大学目前选育了欧李良种7个，其中的农大4号（后审定为晋欧1号）是我国目前生产上的主栽品种，占到50%左右，农大7号和农大6号占到20%左右。北京中医药大学选育的京欧1号、京欧2号也有较大的栽培面积，占到20%左右。近年来，山西农业大学新育成的农大7号、农大6号由于在鲜食性能、果实大小及成熟期方面得到了显著的改善，种植面积在不断扩大。但是在良种选育方面还远远落后于产业需求，主要存在以下问题。

表1-1 目前报道鉴定或审定的欧李品种

序号	品种名	选育单位或个人	审定年份	主要特征
1	农大3号	山西农业大学	2003	果重6.5 g，圆形，果面黄色具红晕，甜酸适口，8月下旬成熟，极丰产，加工兼鲜食
2	农大4号	山西农业大学	1998、2016	果重6.0 g，扁圆，红色，9月上旬成熟，加工用
3	农大5号	山西农业大学	2021	果重8.0 g，圆形，黄色，8月上中旬成熟
4	农大6号	山西农业大学	2012	果重10~12 g，圆形，甜味浓，8月中旬成熟
5	农大7号	山西农业大学	2010	果重14.3 g，外观漂亮，香味浓郁，酸甜适口，丰产性强，晋中8月下旬成熟，鲜食品种
6	燕山1号	河北科技师范学院	2003	果重10~13 g，红色，8月上旬成熟

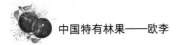

续表

序号	品种名	选育单位或个人	审定年份	主要特征
7	京欧1号	北京中医药大学	2009	果重6.2 g，紫红色，扁圆形，7月中旬成熟
8	京欧2号	北京中医药大学		果重6.1 g，红色，圆形，7月中旬成熟
9	夏日红	北京市农林科学院	2013	果重6.74 g，扁圆形，红色，北京地区7月下旬成熟
10	七月紫	周建忠	2009	果圆形，紫色，重11 g，7月中旬熟
11	628	周建忠	2009	果圆形，红色，重3.5 g，6月底成熟
12	内蒙古大欧李	内蒙古农业大学	1999	果红色，果重6 g
13	蒙原早丰	内蒙古农业大学	2014	果圆形，红色，重4.45 g，7月下旬熟
14	蒙原早红	内蒙古农业大学	2014	果圆形，红色，重6.82 g，7月下旬熟
15	晋欧2号	山西农业大学	2017	果近圆形，红色，果重6.5 g，7月中旬熟
16	晋欧3号	山西农业大学	2017	果扁圆，红色，果重10 g，花期长，8月中旬成熟

（1）缺乏专用品种。鲜食品种缺乏低酸、高糖及高糖酸比的品种；加工品种缺乏蜜饯、果酒、制汁等专用品种；生态与经济兼用品种缺乏生长势强、产仁率高、出油率高的品种。

（2）缺乏不同成熟期的品种。目前的品种主要集中在8月中旬到9月上旬成熟，缺乏极早熟和晚熟品种以及有利于企业分期加工的按旬成熟的系列品种。

（3）缺乏耐贮藏品种。目前的欧李品种成熟后常温下只能贮藏3～4 d，极少数的品种能够达到7 d左右。

（4）缺少抗病性强的品种。欧李规模种植后病害的问题也随之而来，如果实在发育中的各种真菌病害、树体上的各种真菌和细菌病害等，这都急需选育抗性更强的品种。

2. 苗木繁育

欧李为小灌木果树，种植密度大，单位面积需要的苗木数量比一般果树高出10倍以上。欧李在近代没有像其他果树被发展起来的一个重要原因是欧李良种无性繁殖技术没有突破。自山西农业大学在欧李的组培、扦插等繁殖技术，尤其是嫩枝扦插技术方面取得了实质性的突破后，生产性的苗木繁育在2006年前后得以发展。目前全国有欧李育苗企业数十家左右，年繁殖扦插苗木能力可达到500万～1 000万株，每年可供应0.5万～1万亩种植面积，尽管如此，在苗木繁育方面仍存在着一些问题。

（1）用实生播种苗代替无性苗。由于欧李为异花结实，其种子播种的实生苗会产生高度的分离变异，不能保证良种的特性。而在建立以产果为主要目的欧李园地时采用实生苗导致产量低、品质差，并且给采收带来了极大的麻烦，导致采收成本过大或不能完成采收。

（2）用嫁接苗进行生产园建园。欧李为灌木，嫁接繁殖虽然能够成活，但一般在结果后，地上部嫁接口以上的欧李枝条很容易死亡。应加大对延长嫁接苗寿命和亲和力强的砧木的选育。

（3）扦插人力成本较高，导致苗木价格过高。

（4）育苗床土壤病害较为严重，尤其是连续扦插的苗圃，导致生根率和成苗率均较低。

（5）苗木贮存和运输技术没有得到推广，在贮运期间苗木失水，导致栽植成活率低下。

3. 种植

目前欧李产业种植类型可分为以生态为主兼顾产仁产果的生态种植和以生产果实为主的产果种植两种类型。

生态种植最早始于 2001 年，首先在山西吕梁中阳县退耕还林项目区中进行了试验种植，种植面积仅 3 亩地，随后又在昔阳县的大寨森林公园进行了种植，种植面积 10 亩，由于当时缺少欧李无性繁殖纯度较高的品种苗，便采用了山西农业大学种质圃地中的混杂种质的扦插容器苗进行试栽，此两地的种植都获得了较高的成活率，且表现出生长十分旺盛，其成功种植为人工规模化种植欧李奠定了实践基础。2002 年山西省水土保持科学研究所在吕梁市王家沟不同坡度的荒地上采用农大 3 号和农大 4 号进行了较大规模的生态试验种植，共种植了 150 亩，第三年这些区域水土流失防治效果良好，不仅好于沙棘和柠条，还有一定的经济收入。随后在山西朔州（300 亩）、浑源（100 亩）、孝义、安泽、襄汾、沁水、交城（关帝山）等地一些个人和企业利用野生欧李进行生态种植，总计约 1 000 亩，2010 年在山西柳林县在荒坡地和梯田修复的地埂上进行了大规模的种植，总面积约 1 万亩，均获得了较高的成活率和较显著的生态效益，但经济效益方面由于市场不够成熟，且大多采用实生苗种植，果实和种仁没有得到较好的利用，导致经济效益较差。除此之外，其他省份也发展了较多的生态种植，如河北、新疆、宁夏、甘肃、内蒙古、四川等地生态种植面积均超过了 1 000 亩以上。据不完全统计，全国生态种植面积达 3 万余亩。

产果种植起始于第一个欧李栽培品种选育成功之后的 2002—2005 年，在此期间均是小规模种植，尽管总面积曾到达了 50 余亩，但每个种植户或企业均种植很少，最少的仅几十平方米，最多的也不到 1 亩，所以种植十分分散。2006 年在高平市政府的支持下，开始进行欧李的规模化种植，种植品种为山西农业大学培育的农大 3 号、农大 4 号和农大 5 号 3 个品种，起始面积为 50 亩，翌年便开始结果，亩产量达到 500 余斤（1 斤 =500 g），随后经过 2007—2009 年连续 3 年的规模发展，累计达到 1 500 余亩，是当时全国欧李产业规模和发展面积最大的县市。果实成熟后，统一由加工企业收购，加工成果汁饮料和蜜饯。由于欧李的产量形成较快，第三年平均亩产便达到了 1 000 kg 左右，种植户的亩收入也超过了 4 000 元，但企业的销售市场培育不成熟，产品销售不畅，最终导致第一批大规模发展的欧李在 6 年后逐渐放弃。尽管此次种植经营的时间不长，但却给欧李产业提供了许多宝贵的经验，如欧李产业发展方向问题、产业各环节的配套问题、产业规模、资金问题、技术问题和市场问题等，随后一些企业从市场着手，在科研院所的支持下，研发了市场对路的各种产品，并组织了强有力的销售团队，积极培育市场，把欧李的保健功能融入产品之中，并解决了产品注册中的各种瓶颈，从而迅速打开了市场，在 2017 年后再次掀起了欧李种植的热潮，据不完全统计，目前全国以产果为主的欧李种植面积接近 6 万亩，主要有黑龙江和吉林 2 万亩，宁夏 1 万余亩，山西 0.5 万亩，河北 0.5 万亩，内蒙古 0.5 万亩，甘肃 0.5 万亩（表 1-2）。但在种植中还存在如下问题。

（1）种植前缺少详细的调查研究和规划，尤其是果品的出路问题。种植和加工没有形成链条便盲目扩大种植面积，加之对品种的特性也不够了解，导致产销不对路。

（2）缺少鲜食品种，使欧李的利用受到加工的限制，并影响了欧李的宣传和推广。

（3）授粉品种的配比不合理，尤其是在一些高寒、风大的地区授粉品种偏少，导致坐果率不高。

（4）田间管理的机械化程度低，尤其是果实采收需劳力较多，导致大面积种植采收困难和采收成本较高。

（5）欧李园地中的病虫草害防治不及时，导致果实质量差、产量低。

（6）生态种植采用实生苗，植株的生长势参差不齐，且大部分生长较差，应选用生长势强的品种苗进行种植。

（7）缺少采后的临时贮藏场所，导致采收损失较大。

表 1-2　全国欧李主要产区的种植面积　　　　　　　　　　　　　（亩）

省份	以生态为主种植	以产果为主种植	合计
山西	8 750	5 000	13 750
吉林	1 000	5 000	6 000
黑龙江	—	15 000	15 000
宁夏	800	11 600	12 400
新疆	6 100	3 400	9 500
内蒙古	6 500	5 000	11 500
甘肃	650	5 000	5 650
河北	200	5 000	5 200
北京	300	310	610
四川	1 000	300	1 300
陕西	500	300	800
河南	100	200	300
辽宁	300	500	800
合计	26 200	56 610	82 810

4. 贮藏与加工

欧李果实极不耐贮藏，且一个品种的成熟期较为集中，又处在炎热夏季，采摘后的果实很容易变软，引起腐烂变质，再加上受伤的果实易招引果蝇，给果实贮藏带来了十分不利的影响。尽管提早采收可以克服这一问题，但果汁等加工企业收购的果实则要求成熟度越高越好，这个矛盾曾一度成了欧李产业中的瓶颈问题。山西农业大学课题组对果实进行冷冻贮藏研究后，发现欧李在采收之后立即快速冷冻，再保存在冷冻状态下，可以保持 2 年的时间，而且可大大改善果实质量。这种方法虽然增加了企业的加工成本，但可以延长加工时间，且大大提升了产品的质量。目前，全国各个企业加工的产品包括果酒、果浓缩汁、果汁饮料、果脯、罐头、果酱、果粉、欧李茶等普通产品，还有欧李片（钙果片）、氨基酸口服液、纯露口服液、欧李油胶囊、欧李软糖以及一些降糖、降脂和减肥等具有保健功能的深加工产品。目前全国成立的欧李加工企业也有 20 多家，基本上把全国各产地的欧李果实通过加工利用了起来，但仍然存在如下问题。

（1）产品的销售市场仍然不畅，许多企业的产品积压严重。

（2）销售团队的力量薄弱，没有形成完整的销售网络。

（3）加工的产品技术研发不够，档次较低，尤其是深加工的产品研发不够。

（4）产品的宣传力度不够，市场培育欠佳。

第三节　欧李文化

欧李利用历史悠久，在漫长的岁月中，与人类结下了不解之缘，其文化也丰富多彩。

欧李的俗名又称"牛李"，其意有两层含义：一是指这种林果树是牛喜食的一种李子树；二是表示其生长十分顽强，像牛的脾气一样倔强。农民在开垦土地时，只要地中留下一段根系（根状茎），便会继续长出来，因此用"牛李"来表示这种植物像牛一样的倔强，是对欧李顽强生长一种拟物的文化寓意。

欧李能够制酒，且酒香浓郁，是古时达官贵族的礼宾用酒，古时盛酒的高档容器称为"爵"，只有欧李制成的酒才能盛于爵中招待宾客，因此欧李又被称为"爵李"。故爵李与酒文化有关。现今，欧李酒已成了一种健康用酒，且对白酒有一定的解酒作用。还有一种对"爵李"一名的解释，即古时我国的李子便有多个种类，由于达官贵族非常喜爱欧李这种植物，且欧李可治病救人，所以就被王朝封了一个好听的名字，称为"爵李"。

欧李的花小且极其繁多，一个细枝上全被花簇包裹了起来，似人工专门制作的一样，看起来似真似假，且在冬季时，剪取一枝插在水中，放在温暖的室内，15～20 d后枝上的花朵便会竞相绽放，因此老北京的市民们常在春节的时候用欧李的花枝装饰房屋，并在集市上出售。中秋时，采上一串串连枝带叶圆圆的欧李果实来祭月，象征着"团团圆圆"（《春明采风志》）。欧李与郁李相类同，传统习惯上，人们多以郁李来表述，因此这里结合郁李的文化来一起来反映欧李的文化。在古代的时候，达官贵人的庭院中常种植欧李、郁李一类植物来观赏，因此文人骚客多有赋诗。这里借用宋朝白居易的诗："树小花鲜妍，香繁条软弱。高低二三尺，重叠千万萼。朝艳蔼霏霏，夕凋纷漠漠。辞枝朱粉细，覆地红绡薄。由来好颜色，常苦易销铄。不见荬荡花，狂风吹不落。"诗中第一句全面概括植株的形象，树丛虽小，枝条虽弱，但其花妍且香气连绵；第二句更加细微地描述了小小树丛之上，缀满了千万个花萼的盛况；第三、第四和第五句更是对欧李花开的神奇描绘，早晨花开时，艳丽一片，好像是浓艳的云气一样霏霏，傍晚凋落时似云似雾；离枝的花好像红粉飘洒，盖在地上好像一层薄薄的红绡。最后两句则借花抒情，暗示了美好的生活必须珍惜，并需付出努力才能不怕风吹浪打。这首诗不仅娓娓动听，而且以形寓意，描尽了欧李的特征与品格，因此人们对欧李的话语多以"忠实""困难""纯情""安慰"以及"最浪漫的爱情"等来寓意，其花很适合送给恋人，来向对方表达自己的爱意。

欧李不仅得到了文人墨客的赞美，而且清朝的大臣和皇帝对其也十分青睐。河北承德有座清朝时建造的避暑山庄，这里生长了许多野生欧李，承德人俗称欧粒儿。一次康熙皇帝到此进行木兰围猎，其间赐给大臣们一盘欧李野果，大臣查慎行随即写了一首赞美欧李的七言绝句："丛间朴樕叶先枯，欧李骈睛似火珠。长路微甘供解渴，马鞭争挂紫珊瑚"。诗中欧李秋季落叶后的果实"似火珠"，马鞭也能挂起似"紫珊瑚"的欧李果实，可谓是对秋季欧李结果的景象如诗如画的描述。避暑山庄有两个景点，一个是鱼鳞坡，一个是锤峰落照，其实"鱼鳞坡"在清朝时称为"玉李坡"，更确切一点应是"欧李坡"。有乾隆皇帝在文园狮子林写的一首诗为证："开窗西向爽来轻，玉李坡陈一带横。落照锤峰相映处，爱山恒识圣人情"。这首诗中的"玉李坡"在注文中解释："塞外所生乌喇奈，果者，色赤味甘，皇祖赐名曰'玉李'，此坡有之，因以名"。乌喇奈即欧李，康熙赐名为"玉李"，因山坡有之，便为"玉李坡"。这首诗不仅证实了"鱼鳞坡"的原名，更体现了欧李坡与锤峰在夕阳中相映生辉，引发了乾隆皇帝对大自然的爱慕之情。

欧李与人们生活密切相关，在太行山区又称欧李为"篱篱"。"笊篱闲，篱篱发"是当地的谚语，表示在干旱饥荒的年份，捞饭的笊篱都闲置起来，但篱篱（欧李）却能繁茂生长，反映了群众对欧李抗旱特点的描述。在山西中条山区，几乎家家都备有欧李的种子。当孩子出现食积时，取 7 粒欧李种仁火上烤后，捣碎成末，服用后便可消除食积，人们称之为"七珍丹"。

在山西中条山区有一座稷王山，相传此山是为了纪念尧舜时期掌管农事的稷王在此一带教民稼穑的功德而命名的，山上的野果很多，但最为常见的是欧李，至今还到处生长着野生的欧李。传说稷王的母亲姜嫄在山野间采吃这种野果时踩了巨人的脚印，之后便未婚而育，生下稷王后，她认为这孩子是不祥之物，便把稷王丢到田野之中，但稷王还是活了下来，于是她便又抱了回来，结果发现孩子的手里攥着自己在踩到巨人脚印时的野果。品尝后，她发现果子酸酸的，回想起自己怀孕时总是想吃酸果子，便想到这种野果不仅能使人怀孕，还能救活无人哺乳的孩子，真是奇妙！于是她便给这种野果起了一个名字叫"奥李"。孩子吃着"奥李"慢慢长大了，为了报答"奥李"的养育之恩，母亲便让他教民稼穑，种果种谷，造福一方，成了当地有名的稷王。此后"奥李"便被广泛传开并采食，《诗经》中"六月食郁及薁"的诗句便把这一果实的名称也记载了下来。欧李结果非常容易，细细的枝条挂满了串串果实，至今，人们便把"奥李""欧李"与"多子多福、使人健康"联系了起来。

欧李种质资源是育种工作的物质基础，也是其生物学理论研究的重要基础材料。尽管欧李的研究时间较短，但较为系统地开展了欧李种质资源的调查、收集、保存、分类、评价和利用等研究工作。

第一节　欧李植物学分类

一、欧李科、属、种的分类

按我国学者（俞德浚，1979）对中国果树植物的分类，欧李为蔷薇科、樱桃属、欧李种植物。现仅有 2 个种：①欧李，拉丁名为 *Cerasus humilis*（Bge.）Sok.；②毛叶欧李，拉丁名为 *Cerasus dictyonenura*（Diels）Yu et Li。

欧李属蔷薇科植物，蔷薇科植物的识别特征为叶互生、具托叶、花艳丽、辐射性对称、雄蕊多数和有花托。欧李符合这些特征，没有争议。但是在属的划分上，却有许多争议，这种争议主要是由于历史上李一类的植物曾出现多次分类变化而引起的。总体可归结为两种观点，一种是把欧李划为李属（*Prunus*），另一种是把欧李划为樱桃属（*Cerasus*）。

第一种划分由来已久，现在还有很多学者支持也在应用。这些学者认为桃、李、杏、梅、樱桃、稠李等这些植物花的构造上基本一致，所以应归为一个属。

第二种划分是苏联学者和我国许多学者认同的划分，这些学者认为尽管这些植物在花的构造上基本相同，但在芽的排列、幼叶卷叠方式、花序、果实、核等均有差异，主张分为李属（*Prunus*）、杏属（*Armeniaca*）、桃属（*Amygdalus*）、樱桃属（*Cerasus*）、稠李属（*Padus*）和桂樱属（*Laurocerasus*）等，并认为这样排列次序可以反映出各属由低级发展到高级的演化过程，在第二种划分下，欧李归为樱桃属。笔者认同第二种划分，因为这样的分类把更为相近的植物再次进行了划分，使人们更好认识这些植物，而第一种划分则不然。如杏和李确实有很多共同的特征，两者的侧芽均为单生、顶芽缺，幼叶在芽中呈席卷状。然而，李组植物的子房和果实均光滑无毛、常被蜡粉、花常有柄、花叶同开；杏组植物的子房和果实常被短柔毛、花常无柄或有短柄、花先叶开放，因此在属的划分上应该具有同等的地位。对于樱桃属的植物，其特征更为明显，首先是果实无毛、无果粉、较小、多汁，核为球形或卵形，较小，平滑或有微皱；其次是幼叶在芽中为对折状，单叶，具腺状锯齿，托叶早落；再有花多朵簇生，呈伞形花序或总状花序，萼片为钟状或筒（管）状，苞片显著等，因此也应单列为一属。同工酶分析、分子标记也证实了欧李、樱花、中国樱桃、麦李、欧洲甜樱桃、毛樱桃有多条酶带相同，因此，欧李等这些近缘种应划归为同属，即樱桃属。

樱桃属的植物全世界有 140 种以上，主要分布于北半球温和地带，我国最为丰富，原产于中国有 76 种，其中大多属于野生近缘种，因此，应进一步进行区分。该属的进一步分类研究也经过许多变化和发展。Miller（1754）首次将樱独立为属的等级：*Cerasus* Mill.，模式种为欧洲酸樱桃（*C. vulgaris*）；同一年，林奈在专著 *Genera Plantarum* 中也将樱独立为属。由于欧李是在 1835 年正式命名并发表的，所以之前的这些分类并没有包括欧李。Fock（1894）最早正式地给予樱类植物亚属级地位；Schneider（1905）采用亚属的分类观点，最早提出了矮生樱组的概念（sect. *Microcerasus*）。因此在 1904 年，Komarov 在他写的《满洲植物志》（俄文版）中首次采用 *Prunus*（*Cerasus*）*humilis* Bge.，对欧李进行了属的划分，并提出欧李是郁李的变种。这一划分中的樱桃属"*Cerasus*"是在李属后面用括号圈住的，意思是欧李既可以划分在李属中，也可以划分在樱桃属中。也说明欧李应划分到李属还是樱桃属此时已经发生了争议。

1912 年，Koehne 对樱亚属进行了全面的修订，收录有 109 种，其中新种 35 个，提出了一个新的樱亚属分类系统，将 109 种樱分成 2 个自然类群共 4 组 15 亚组 11 系，并根据腋芽的数量提出了单芽类型的"典型樱自然类群"（Grex. I. *Typocerasus*）和三芽类型"矮生樱自然类群"（Grex. II. *Microcerasus*），为现代樱桃属植物划分为 2 个亚属奠定了基础。Koehne 依据樱亚属的建立直接将欧李列入樱亚属矮生樱自然类群中，但是他并不认可将欧李直接作为一个种，而是把欧李作为郁李的一个变种，学名记为"*P.glandulosa* var. *salicifolia*（Kom）Kochne"。陈嵘是近代中国最早对国内樱类植物进行分类研究的中国学者，其著作《中国树木分类学》（1937 年）采用樱亚属观点，收录国产樱花 34 种（变种），分为五大类群：I.樱桃类 *Lobopetalum*、II.欧洲甜樱桃类 *Eucerasus*、III.黑樱桃类 *Phyllomahaleb*、IV.樱花类 *Pseudocerasus*、V.郁李类 *Microcerasus*，并对各类群做了较为基础性的形态学描述，并在书中把欧李划归到郁李类中。1954 年，Sokolov 把核果类分为李属、杏属、桃属、扁桃属、樱桃属、稠李属和桂樱属共 7 属，并把欧李划分到樱桃属。1976 年，俞德浚在他编著的《中国果树分类学》一书中采用 Sokolov 的观点，并注意到最初命名人，把欧李的学名定为 *Cerusus humilis*（Bge.）Sok.。

1986 年，俞德浚、李朝銮先生在编著《中国植物志》第 38 卷（蔷薇科卷）时，正式把樱从广义李属独立为樱桃属（*Cerasus*），并在检索表中指出，樱桃属与杏属、李属、桃属主要区别是前者"幼叶常为对折式、果实无沟、不被蜡粉、枝有顶芽",而后三者为"幼叶多为席卷式,少数为对折式,果实有沟,外面被毛或被蜡粉"。并将收录的 45 种 10 个变种樱桃属植物提出一个新分类系统,即分为 2 亚属 11 组。其中的两个亚属分别为典型樱亚属和矮生樱亚属。至此,樱桃属植物的分类基本上被广泛认同,欧李从此就划归到樱桃属矮生樱亚属中。

需要指出的是在《中国植物志》李亚科的检索中把杏属和李属全归为"顶芽缺",把樱桃属全归为"有顶芽"可能是不全面的。因为据笔者的观察,杏和李大多有顶芽,而欧李、

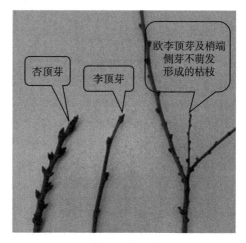

图 2-1 杏、李和欧李顶芽的着生与萌发

郁李尽管多数情况下有顶芽,但顶芽及顶芽下方的几个侧芽过冬后基本上不能萌发(图 2-1)。

二、樱桃属植物的分类

樱桃属分为两个亚属,分别为典型樱亚属和矮生樱亚属。

典型樱亚属为腋芽单生,包括:总状组、伞状组、芽鳞组、裂瓣组、小苞组、圆叶组、重齿组、黑果组和细齿组共 9 个组。除腋芽单生特征外,经常花数朵着生于伞形或总状花序中,少单生。花梗或长或短,冬芽长超过 3 mm,多乔木型。例如中国樱桃、日本早樱、山樱桃、东京樱花、欧洲甜樱桃、欧洲酸樱桃、草原樱桃、马哈利樱桃等。

矮生樱亚属腋芽为 3 个并生,中间为叶芽,两侧为花芽,包括:钟萼组和管萼组共 2 个组。除 3 芽并生外,常花多朵着生于无叶的芽中(纯花芽),短花梗,冬芽很小,多灌木型。例如毛樱桃、欧李、毛叶欧李、郁李、麦李、沙樱桃、西沙樱桃等。原产于中国的矮生樱亚属植物包括毛樱桃、天山樱桃、毛柱郁李、毛叶欧李、欧李、郁李及麦李 7 个种(张琪静,2007)。樱桃属主要种的检索表(《中国果树分类学》,1979)如下。

　1. 花数朵,花柄或长或短;冬芽长超过 3 毫米,单生或簇生。

　　2. 花序伞形或总状伞形,有花 1～4 朵,少数 3～7 朵。

　　　3. 叶边锯齿多尖锐,花序基部芽鳞常脱落。

　　　　4. 叶边锯齿较粗,叶脉 7～10 对;花白色,3～6 朵;果红色 ……………………1. 樱桃

　　　　4.4 叶边锯齿细密,叶脉 10～14 对;花粉红色,2～5 朵;果黑色。………………2. 日本早樱

　　　3.3 叶边具圆钝锯齿,花序基部常围以宿存芽鳞。

　　　　5. 叶片大型,叶柄长 1.5～5 厘米;萼片约与萼筒等长。

　　　　　6. 叶片下面具短柔毛;芽鳞反折;花序无叶状苞;果味甜。………………5. 欧洲甜樱桃

　　　　　6.6 叶片下面无毛;芽鳞直立,花序基部常具叶状苞;果味酸。………6. 欧洲酸樱桃

5.5 叶片小型，无毛，叶柄长 0.8～1.5 厘米；萼片仅萼筒之半。 …………7. 草原樱桃

2.2 花序总状有花 3～10 朵。

7. 苞片小型，易脱落；叶片近圆形至宽卵形，锯齿圆钝。 …………8. 马哈利樱桃

7.7 苞片大型，常宿存；叶片卵形、倒卵形至椭圆形，锯齿常尖锐具芒。

8. 花萼钟状，无毛；叶片无毛或仅下面有毛。 …………3. 山樱桃

8.8 花萼圆筒状，具柔毛；叶片下面脉上具短柔毛。 …………4. 东京樱花

1.1 花 1～2 朵，常具短花柄；冬芽长 1～2 毫米，通常 3 芽簇生。

9. 花萼筒状，萼片直立或开张；子房密被短柔毛或不具毛，花几无柄。
…………………………………………9. 毛樱桃

9.9 花萼钟状，萼片反折，子房多无毛或仅先端具少数柔毛，花柄显明。

10. 叶片下面绿色，边缘全部有锯齿，叶柄长 5～8 毫米；果红色。

11. 叶片椭圆倒卵圆形或椭圆披针形，先端急尖，基部宽楔形，叶边具单锯齿或浅钝锯齿。

12. 叶片在中部以上最宽；花柱无毛；嫩枝被柔毛或否。

13. 叶片下面无毛，网脉显明。 …………10. 欧李

13.13 叶片下面密被短柔毛，网脉显明。 …………11. 毛叶欧李

12.12 叶片在中部或中部以上最宽；花柱基部有毛或无毛；嫩枝被短柔毛。
…………………………………………12. 麦李

11.11 叶片卵圆形，稀卵状披针形，先端渐尖或尾尖，中部以下较宽，基部圆形或亚心形，边缘具尖锐重锯齿。

14. 叶柄长 2～3 毫米，花梗长 5～10 毫米，叶片先端渐尖。 13. 郁李

14.14 叶柄长 3～5 毫米，花梗长 10～20 毫米，叶片先端尾状渐尖。
…………………………………………14. 长梗郁李

10.10 叶片下面灰白色，基部近全缘，叶柄长 8～18 毫米；果黑色。

15. 茎直立；叶片倒披针形至倒卵形；果少，味涩。 … 15. 沙樱桃

15.15 茎多平铺；叶片椭圆形至椭圆披针形；果形稍大，味甜。
…………………………………………16. 西沙樱桃

三、欧李种的主要形态特征及其与近缘种的区别

（一）欧李种的主要特征

1. 欧李 [*Cerasus humilis* (Bge.) Sok.]

灌木，高 0.5～1.2 m。嫩枝有被稀茸毛，一年生枝灰白色或褐色或棕褐色。冬芽卵形，较小，疏被短柔毛或无毛。多年生枝灰褐色至褐色、较光滑。叶片倒卵状长椭圆形或倒卵状披针形，长 1.5～7 cm，宽 1～2 cm，中部以上最宽，先端急尖或短渐尖，基部楔形，边有单锯齿或重锯齿，上面深绿色，无毛，下面浅绿色，无毛或被稀疏短柔毛，侧脉 6～8 对；叶柄长 2～4 mm，无毛或被稀疏短柔毛；托叶线形，长 5～6 mm，边有腺体。花单生或 2～10 朵花簇生，花叶同开或先于叶；花梗长

5~10 mm，被稀疏短柔毛；萼筒长宽近相等，约 3 mm，外面被稀疏柔毛，萼片三角卵圆形，先端急尖或圆钝；花瓣白色或粉红色，长圆形或倒卵形；雄蕊 30~35 枚；花柱与雄蕊近等长，无毛。有苞片，较小。核果成熟后近球形，红色或紫红色，直径 1.0~2.3 cm；核表面除背部两侧外无棱纹。花期 4~5 月，果期 6—10 月。

2. **毛叶欧李** [*Cerasus dictyoneura* (Diels) Yu et Li]

灌木，高 0.5~1.5 m，高大者可达 2 m。小枝灰褐色，嫩枝密被短柔毛。冬芽卵形，密被短茸毛。叶片倒卵状椭圆形，通常长 2~5 cm，宽 1.5~3.5 cm，中部以上最宽，先端圆形或急尖，基部楔形，边有单锯齿或重锯齿，上面深绿色、无毛或被短柔毛，常有皱纹，下面淡绿色，密被褐色微硬毛，网脉明显、突出，侧脉 5~8 对；叶柄通常长 2~3 mm，密被短柔毛；托叶线形，长 3~4 mm，边有腺齿。花单生或 2~10 朵簇生，先叶开放或同开；花梗长 4~8 mm，密被短柔毛；萼筒钟状，长宽近相等，约 3 mm，外被短柔毛，萼片卵形，长约 3 mm，先端急尖；花瓣粉红色或白色，倒卵形；雄蕊 30~35；花柱与雄蕊近等长，无毛。核果球形，红色、黄色等，直径 1~2.5 cm；核除棱背两侧外，无棱纹。花期 4—5 月，果期 7—9 月。

毛叶欧李与欧李形态上十分相近，但本种叶片先端大多圆钝或急尖，叶片下面密被短柔毛，网脉十分显著，小枝、叶柄、花梗和萼筒密被短柔毛，可以与欧李种加以区别，见图 2-2。

图 2-2　毛叶欧李（左）与欧李（右）叶片背面茸毛

（二）欧李与近缘种麦李、郁李的区别

欧李在树形上属灌木，这样便可以同樱桃属中的乔木完全区分开来。对于樱桃属中的其他灌木大多数与欧李相差较远，只与麦李、郁李较为相似，俗称为樱桃属植物中的"三小妹"，普通人很难区分，因此这里重点叙述与麦李和郁李之间的区别。

1. 与麦李的区别

欧李与麦李之间有较多差异，可以从以下 5 个方面综合区分。

（1）在树形的高度上，欧李较低，为 0.5~1.2 m，大都在 0.8~1.0 m，树姿开张；而麦李大都在 1.5 m 左右，较高，树姿直立。

（2）在枝条上，欧李枝条较细，前端更细弱，即尖削度大，翌年枝条前端 1~5 芽常不萌发，留下一个 2~10 cm 干枯枝段；而麦李枝条较为粗壮，前端也较粗，即尖削度小。

（3）在枝条的颜色上，欧李的冬季色一般为灰色，而麦李为红褐色。

（4）在叶上，欧李的叶片最宽处在中部以上，且最宽处离中部较远，叶形呈长椭圆形或倒卵状披针形；而麦李的叶片中部最宽，即使有中部以上最宽的叶片，最宽处也离中部较近，卵状长圆形至长圆披针形（图 2-3）。

（5）在花上，欧李的花柱基部无毛，而麦李有毛或无毛，且栽培品种多有重瓣。

利用同工酶带的特征也可以区分欧李与麦李之间的差异。李学强等（2010）对樱花、麦李、欧洲甜樱桃、中国樱桃和欧李进行了 POD、CAT 和 SOD 同工酶的分析，发现在 POD 酶带上，麦李为 P10 和 P12，欧李为 P9；在 SOD 酶带上，麦李为 P2，欧李为 P3（图 2-3）。CAT 同工酶在 5 种植物之间没有差异。

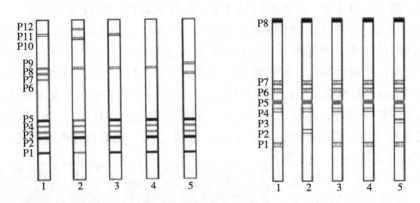

图 2-3　欧李与麦李 POD 和 SOD 同工酶特征酶带（李学强 等，2010）

注：左图为 POD，2 为麦李，5 为欧李；右图为 SOD，2 为麦李，5 为欧李

2. 与郁李的区别

欧李与郁李在高度、树形、枝条等方面十分相似，许多人难以区分，但在叶片上差异较大。

（1）叶片宽度的最宽处，欧李最宽处在中部以上，而郁李均在中部以下。

（2）叶形上，欧李是长椭圆形或倒卵状披针形，而郁李为卵圆形。

（3）叶基部，欧李为楔形，郁李为圆形。

（4）叶尖，欧李为急尖或短渐尖，而郁李为渐尖至尾状渐尖。

（5）叶缘，欧李为单锯齿或浅钝锯齿或重锯齿，而郁李一般为尖锐重锯齿（图 2-4）。

以上是欧李与麦李、郁李在形态上的主要差异。另外，在分布上，欧李多分布在我国北方，最南端为江苏省，而郁李在我国南北均有分布，甚至分布到日本。在生境上，欧李一般生长在干旱荒丘的地边、道旁或固定沙丘等光照充足的地方，而麦李、郁李则可以长在森林边缘，甚至由其他灌丛形成的灌木丛中。

图 2-4　麦李（左）、欧李（中）和郁李（右）叶片区别

第二节　欧李种质资源的调查、收集与保存

植物种质资源的调查、收集是开展该植物一切研究的基础，对收集到的种质资源

进行合理正确的保存则是进一步利用这些资源的前提，尤其是果树的高效育种必须依赖收集到的丰富、多样种质资源，并使其能够长期健康成活。

一、调查收集

在 20 世纪 80 年代前，尽管有些学者对欧李种质资源开展过调查工作，但对于欧李种质资源的收集工作几乎为零。从 1988 年开始，笔者开始了欧李种质资源的收集工作，从最初的一个省逐渐扩展到全国各地，此项工作主要集中于 1988—2003 年。

（一）山西省欧李种质资源的调查与收集（1988—1993 年）

山西地处黄土高原地区，以山地较多而著称，省内分布有太行山、吕梁山、恒山、五台山、中条山、太岳山等。东西两面是太行山和吕梁山；中部有太岳山，其北段与太行山相连，南段与中条山相连；最北部有恒山和管涔山及阴山山脉的东延部分，恒山北段与太行山相连，南段与吕梁山相连，管涔山南段与吕梁山相连，北段与内蒙古的阴山相连，且阴山山脉一直东延到山西最北部的天镇县境内。南部为中条山，其北段与太岳山相连，东部与太行山相连。这些山脉之间的联系为植物的南北和东西传播构成了地理网络。同时这些山脉上由于黄土的覆盖、地质变动，以及雨水的侵蚀与冲积，不仅形成了许多丘陵沟壑地带和小气候，而且土层深厚，且土壤中的碳酸钙含量十分丰富，为植物创造了良好的生长环境。山西省南北狭长，纵跨 6 个维度，加之沟谷形成的小气候，适宜于多种植物的生长，尤其是果树植物开花时雨水较少，非常适宜果树的授粉结实，因而保留了较多的野生果树。尽管人为开垦土地对植物成片保留有较大影响，但仍然在开垦土地的间隙中保存了较多野生果树种群。据不完全统计，野生果树 133 种，分属 16 科，34 属。因此，笔者首先从太行山开始逐一进行了山区野生欧李种质资源的调查，并重点开展了收集工作。

1. 太行山野生欧李的收集

太行山区山西区域从南部的阳城、晋城开始，经过太行山的腹地左权、榆社以及和顺县的阳曲山，再经过阳泉市的平定、盂县一直延续到北部的灵丘县太白山，这些山区中均发现有野生欧李的分布（彩图 2-1）。左权、榆社、武乡、平定、盂县等县市收集比较详细。笔者对左权县野生欧李的零星分布面积进行统计，大约为 27 hm²。

太行山区欧李种质的收集为欧李种质收集的最初阶段，源于笔者 1987 年研究生毕业后去太行山腹地的革命老区左权县进行科技服务时偶然对当地的野生欧李的一次调查。当时调查了一个小山坡的野生欧李，笔者意外发现了许多不同的种质，于是便想将野生种培育成栽培种，随之一边调查一边收集。当时收集的主要目的是从野生资源中获得直接用于栽培的种质以及具有潜在育种价值的种质。主要采用两种方式进行收集，一是直接将发现的优良特异植株整株挖起，带回山西农业大学定植；二是从各地采集种子带回播种。这个阶段的收集工作积累了很多宝贵的经验，而且为后续开展欧李研究工作积累了第一手资料，包括欧李的形态特征、野生分布环境特征、收集方式、移栽方式以及移栽后的栽培管理等，同时也获得了许多珍贵的种质资源。目前人工栽培面积最大的欧李品种"晋欧 1 号"就是 1991 年 9 月在左权县桐峪镇上武村丘陵坡地中的一株核桃树下发现，并移栽到山西农业大学园艺站，当时编号为"91-88"（意为1991年的第88号优系）。太行山区欧李种质的调查与收集有如下收获和经验值得总结。

（1）发现了欧李野生种质存在着十分丰富的变异。欧李种和毛叶欧李种在各地均有分布，这两个种的植株形态与姿势、叶片颜色与大小、果实颜色、大小与形状、果实酸甜风味、果实成熟期均存在着较大的差异，为后续开展育种工作提供了原始材料。共收集到100余份种质，其种质的一个共同特点是叶片为阔倒卵形。

（2）野生资源收集和调查时，必须首先走访当地的群众，尤其是年长的、放牧的群众。他们熟悉当地的地形、地貌和野生欧李的分布。同时要注意，走访群众时一定要弄清楚当地对欧李的称谓，太行山区称欧李为"玉子""小郁"等，可采集欧李的植物标本让当地群众进行辨认，名称与实物相一致后才可以开展详细的调查与收集。

（3）要合理解决调查与收集之间的矛盾。欧李果实的成熟期是种质资源调查的关键时期，但是此期正是夏季的高温季节，发现的特异种质移栽时由于温度高、水分蒸发快，植株体内的水分很容易散失，即使有很好的保护，但移栽后也同样受到高温的影响，很难成活。在7—8月曾经移栽了很多种质，但成活得较少。"91-88"种质的成功收集和保存，正是由于在9月上旬避开了夏季高温。因此，收集之前先行调查，调查时做好标记和记录，在植株适宜移栽时再行挖取。

（4）野生资源可被直接培育成品种。目前世界上所有的栽培植物均来源于野生种质，从野生种质中直接选出优良的类型进行扩繁培育是最为快速的方法，第一代的欧李品种（如农大3号、农大4号以及燕山1号、京欧1号等）都是从野生群体中直接选育的品种。尽管这些品种还有许多缺陷，但它为欧李的人工栽培提供了基础材料，也是从野生走向栽培的必经之路。

2. 中条山区野生欧李的收集

中条山区主要包括山西南部的垣曲、闻喜、绛县、夏县、平陆、芮城等县，主要在1990—1996年进行了调查和收集工作。该山区同样收集到了欧李和毛叶欧李2个种，每个种在树形姿态、叶色、果实大小、颜色及形状、果实甜酸风味、成熟期上均变化很大。该山区共收集到300余份种质，在叶片的形状上，全部为阔倒卵形叶片（彩图2-2）。在对此山区的种质收集中，有如下重要收获。

（1）收集到一个口感偏甜的种质，编号为"90-03"，后经选育，培育成了我国第一个通过审定的欧李品种。同时，在闻喜县收集到一个紫皮紫肉的种质和一个果肉先红、果皮后红的种质。

（2）发现欧李的生境与石灰岩的分布紧密相关。笔者调查中逐渐发现凡是野生欧李种质资源丰富的山区，均有烧制石灰的工厂，再回想当时调查太行山区时，发现无论是左权县、榆社县、平定县，还是河北的井陉等地，凡是欧李种质丰富的地方均有烧制石灰的工厂。随后了解到这些地域均蕴藏着丰富的石灰岩资源，当地群众便就地开采并在附近烧制成石灰出售。因为石灰岩的主要成分是碳酸钙，这就引起笔者后来对欧李富钙特性的研究。

（3）发现了欧李的3个抗逆特性。在挖取野生欧李时，根系周围经常会碰到一些坚硬的、内部呈白色的、似石似土的、性状很怪的"硬物"，当地群众称这种"硬物"为"料姜石"，形状、大小上与做菜时的配料"生姜"很相似。实际上这种"料姜石"为黄土层或风化红土层中的钙质结核，广泛分布于华北、西北黄土地带及石灰岩古风化土层中。结核中主要成分为碳酸钙，也含有氟、碘、硅、铁、锌、铜、锰、钴、钒、铬、锡、钨、硒、钼等元素。含有"料姜石"的土地，一般为刚开垦或未开垦的荒地，土壤相当贫瘠，群众称为"不毛之地"，欧李却能生长良好，因此发现欧李耐贫瘠的特性；如果这些地被长久耕作后，欧李则被赶到地堰上生长，地堰上不仅贫瘠而且干旱，又发现了欧李耐旱的特性；后来发现在东北高寒地区也有大量的欧李野生资源，因此发现了欧李耐瘠薄、耐旱、耐寒的3个抗逆特性。

（4）混杂在其他灌木和高大杂草的野生欧李几年后便会自然死亡。中条山区的野生欧李多生长在丘陵山区已经被开垦为土地的地堰或道旁，荒坡上很少成片分布，尤其在其他灌木丛中很难发现，即使欧李有成片的分布，也是单一群落，很少夹杂在其他灌木和高大杂草中。但在1990年，笔者偶然遇到了一块生长在其他灌木丛中的野生欧李，随即进行了记录和标记，到1996年时，当再次来到标记过的地点时，几乎找不到生长在其他灌木丛中的欧李植株了，只在那些灌木丛的边缘地带发现了欧李的零星分布。分析其原因发现，此地欧李植株的地上部分全部死亡，仅其根系（实际上为地下茎）有少量保留，但是也没有萌发成新的植株。这种特性说明欧李可能是荒地中的先锋树种，一旦其他灌木开始生长并超过欧李后，欧李便由于得不到阳光自然退化直至消失。因此也提示我们，原生境野生欧李有可能存在被其他高大灌木侵入后保存失败的风险。

3. 吕梁山区野生欧李的调查与收集

吕梁山区是山西的第二大山脉，山区中丘陵沟壑分布较多，降水量较少，野生欧李在此山区的每个县都有分布。该山脉南部人祖山下的吉县和大宁县、北部芦芽山下的宁武县和五寨有集中分布，也多生长于丘陵地的地边和地堰上，但分布的数量和密度上明显少于太行山区和中条山区，以欧李种较为常见，毛叶欧李种较少。果实颜色的种质变异较少，主要为红色种质，未发现黄色种质。果实较小，形状多为扁球形或近球形。叶形上南部的叶片较大、较宽，而北部的叶片逐渐变得较小较窄。该区域收集的优异种质较少，仅10余份。该区域的种质还应进一步详细调查和收集。

4. 太岳山区野生欧李的调查与收集

太岳山区为山西中部的山脉，处于太行山和吕梁山两座山脉的中间，但实际上与太行山之间有更多的支脉相连，也与中条山相连，因此欧李的分布也较多，密度也较大，在安泽、沁水县有集中分布，不仅有欧李和毛叶欧李两个种，每个种的变异也较多，果实的颜色变异也很丰富。

（二）山西省外域野生欧李的调查与收集

1. 西北地区野生欧李的调查与收集

主要开展了陕西南部（旬邑、西安、韩城）和秦岭山区、甘肃南部、宁夏中部资源的调查与收集，收集到了欧李与毛叶欧李两个种，且多以毛叶欧李分布较多，如秦岭山区和陕西西部的欧李均以毛叶欧李居多（彩图 2-3）。但果实的颜色也是以红色为主，其他颜色较少，阔叶和窄叶均有分布。经 RAPD 分子标记分析，陕西南部的野生欧李与河南嵩山的欧李最为接近。

2. 河北、北京与内蒙古中部野生欧李的调查与收集

河北太行山区与山西的野生欧李种质相近，为阔叶类型，但河北坝上与内蒙古呼和浩特地区的野生欧李则基本上为窄叶欧李，这部分可能是从山西吕梁山脉传入而形成的生态型。北京周围的山区均有野生欧李的分布，以北部、西部山区包括延庆区、怀柔区、密云区、昌平区、石景山区、门头沟区和房山区集中分布，这可能与太行山脉的欧李向北传播有关。但北京燕山以南的野生欧李与燕山以北的野生欧李在叶片形态上不同，燕山以南欧李的叶片尽管与太行山的阔叶欧李相比，有变窄的趋势，但燕山以北的欧李叶片则明显变窄。在果实形状上有扁圆形和近圆形等多种形状，但果实以红色为主，少有紫黑色，无黄色果实。

3. 东北三省和内蒙古东北部的野生欧李资源的调查与收集

黑龙江是我国最北部的省份，大兴安岭中部和小兴安岭以南为野生欧李分布的北界，在西北的松嫩草原地区、小兴安岭南麓、完达山、张广才岭等山区均有野生欧李的分布，其草原上的野生欧李主要生长在黑钙土上，完达山和张广才岭的欧李与吉林长白山区的欧李极为相似，内蒙古东北部的野生欧李主要分布在大兴安岭中部山脉的乌兰浩特、南部科尔沁右翼中旗和通辽市，其生长地的土壤也以钙土和黑钙土为主（彩图 2-4）。吉林省和辽宁省以长白山区分布的最多，辽宁省的东部山区仍保留有欧李的成片分布。此区域内有许多地方名都以欧李来命名，小到一个街道、大到一个乡镇的名。如吉林长春市的欧李街、内蒙古乌兰浩特市扎赉特旗巴彦乌兰苏木（乡）、通辽市科尔左后旗欧里苏木（乡），其中的"乌兰""欧里"指欧李，这些乡村原来都以盛产欧李而得名，但是现在野生欧李分布已较少。这个区域的欧李均以窄叶欧李为主，且果实颜色单一，果个较小，因此收集的种质也较少。经 RAPD 分子标记分析，大兴安岭、科尔沁草地和长白山上的欧李基本上为同一类型。

4. 其他区域的野生欧李调查与收集

山东泰山及烟台的昆嵛山均曾收集到野生欧李的种质，河南嵩山也收集到许多种质，其叶片较大，但宽度上变窄，为大窄叶欧李，且果个偏小，果实颜色也较单一。安徽、江苏、四川、重庆等地均报道有野生欧李或毛叶欧李，但没有收集到活体植株。

二、欧李种质资源的保存

收集到的欧李种质资源只有经过合理正确的保存，才能发挥种质资源的作用和价值，欧李种质资源的保存可以借鉴其他果树的保存方法，但也有其本身的生物学特性和利用目的的不同，在保存方式上与其他果树有一定的差异。

（一）原生境地保存

许多果树都采用原生境保护的方法进行资源的保存。但是，在不进行人为干预的情况下，由于欧李植株较为矮小，随着其邻近其他强势灌木或高大杂草的生长，欧李

将失去竞争优势而逐渐被其他灌木所淘汰，因此，原生境地保存并不是欧李种质保存的合理和有效的方法。

（二）异地活体植株保存

主要采用圃地保存的形式进行，由于欧李株丛矮小，所以圃地保存可以将活体植株直接定植于大田中，也可以将活体植株种植到容器中。我国对目前生产中的主要果树都进行了国家层面上的资源保存，但对于欧李，仅在省级层面建立了一个资源圃，即山西农业大学欧李种质资源圃，目前也是世界上唯一的欧李种质资源圃，现将其大田和盆栽的方法与有关技术介绍如下。

1. 大田活体定植保存

选择无积水的平地或有灌溉条件的丘陵地，前茬没有种植过桃、李、杏等核果类果树的地块，按照株距 0.7 m、宽窄行距（窄行 0.7 m，宽行 1.4～1.6 m）的带状栽植方法进行定植。如果是单一保存，每个种质保存 20 株左右，如果兼顾杂交育种，则至少应保存到 50 株以上。大田保存的最大优点是管理简单，一旦种植成活，可以多年保存，且只要土地不受限制可以保存较多的种质。目前山西农业大学的大田资源圃保存年龄最长的为 30 年生。

2. 容器保存（盆栽）

选择口径 30 cm、高度 40 cm 的塑料盆进行种植，单一保存，可保存 10 株左右，如果要利用种质进行活动授粉杂交育种，需要达到 30 盆以上。在盆栽保存中要配备滴灌条件，夏季每天应定时滴灌，否则，容易引起缺水性死亡。盆栽保存最大的优点，就是它是一种过渡性保存，即在新种质没有到达保存数量前，先进行预备性保存，当达到数量后，再行移植到大田资源圃地中。另外，欧李的树体较小，种植在盆中的树体与大田中的树体不差上下，结合每年杂交育种，可以随处搬动组建新的杂交组合，完成杂交授粉，提高育种效率和保存效率。目前，山西农业大学欧李种质资源圃保存了近 10 年的盆栽苗，根系已经长满盆体。盆栽保存时，根系容易从盆体的透水孔伸出长到盆体以外的土壤之中，要注意每年多次移动盆体或将盆子下方垫入隔根层，如塑料布、防草地布、砖块等。

（三）离体保存

离体保存主要是采用组织培养、低温冷冻等方法保存包括试管苗、茎尖和分生组织、愈伤组织、胚、花粉、原生质、基因等。该方法因其无菌脱毒、空间利用率较高、成本低等特点，成为中期保存种质资源的首选方法。利用茎尖培养苗离体保存果树种质资源，不仅可在高空间利用率、低成本的情况下保存大量稀有基因型种质和大量快速繁殖稀有种质，而且脱毒处理也能避免其他病原菌的感染，便于种质的交换与发放。同时，还将组织培养的种质资源直接用作遗传转化研究的材料，从而大大缩短培育新品种的时间。山西农业大学欧李课题组曾利用组织培养的方法连续保存了最初的一些种质达 10 年之久，后来由于经费限制及大多数种质已经在大田和盆栽中进行了保存，此项工作已暂停，目前仅保存一些用于遗传转化研究所需的种质。

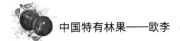

河南大学张成婉（2007）对欧李茎尖超低温保存及遗传变异情况进行了分析。使用玻璃化法进行欧李茎尖超低温保存的再生率高于包埋玻璃化法，其再生率高达83.9%。但这种方法会发生遗传变异，主要是DNA的甲基化，且这种甲基化的变异可以通过无性繁殖得到保留。这一研究为欧李的离体低温保存提供了有益的参考。

第三节 欧李品种

欧李为我国特有树种，在我国虽有3 000年的种植历史，但由于各种原因，没有延续种植。尽管文献记载清代已有"康熙欧李"品种（A.I.Baranov, 1963），但是经笔者调查，该品种目前没有保存下来。下述的欧李品种是从21世纪初开始，我国的涉农高校和科研院所选育并经过国家和省级品种审定委员会审定的品种，这些品种有的已经在生产上广泛推广，有的推广面积较少或仅有示范栽培。主要品种如下。

一、农大3号

山西农业大学野外实地选种育成。2003年通过山西省农作物品种委员会审定，为我国第一个欧李品种。

生长势中庸，植株高0.5～0.7 m。一年生枝灰白色，直立，新梢灰绿色。叶长3.18 cm，宽1.50 cm，长倒卵形，叶色较淡，急尖，少毛，叶缘锯齿钝，叶柄长0.2 cm，节间长0.88 cm。花蕾浅红色，花白色。平均单果重6.5 g，最大8.0 g，果实圆形，黄色，向阳面微红或红色。果沟浅，果顶平，梗洼浅，柱头常残留，果梗长1.31 cm。果肉黄色，汁多，甜酸，无涩，黏核，可食率93%。可溶性固形物含量15.87%，总糖含量6.58%，还原糖含量2.16%，有机酸含量1.31%，维生素C含量49.52 mg/kg，单宁含量0.058%，钙含量455.3 mg/kg，铁含量138 mg/kg，镁含量1 283 mg/kg，锰含量21 mg/kg，锌含量13 mg/kg，铜含量33 mg/kg。在太谷地区3月20日左右芽萌动，4月中旬开花，8月下旬果实成熟，10月底落叶。自然授粉下坐果率达64.0%，极丰产，有一定的自花结果能力。定植后翌年开始结果，3～5年生平均株产达1.2 kg。在土壤pH值8.0时，叶片有黄化。果实鲜食性良好，酸甜适口，有香味，可加工成罐头、蜜饯等。果实常温下可存放7 d左右，在0～2℃下可存放30 d左右。

二、晋欧1号（农大4号）

山西农业大学野外实地选种育成。1998年通过山西省科技厅组织的专家鉴定，品系定名为"农大4号"；2019年通过国家林草局品种审定委员会审定为良种，定名为"晋欧1号"。

植株高0.5～0.8 m，一年生枝灰褐色，新梢红褐色，平均叶长4.51 cm，宽2.09 cm，叶中大，倒卵形，叶色浓绿，叶柄长0.3 cm，叶平展，锯齿大，急尖，叶基楔形，平均节间长0.98 cm。花芽褐色，花粉白色，每个节位可开5～10朵花，坐3～5个果，坐果率高达43%，平均单果重5.5 g，最大重7.3 g，果实纵径1.87 cm，横径2.15 cm，扁圆形，果顶平或微凹，缝合线明显，梗洼较浅，果柄长1.57 cm，果面红色至深红色，有光泽，果肉红色，肉质脆硬、味甜酸、汁液中多，离核。成熟果实含水分 81.9%，带皮硬度 12.7 kg/cm²，去皮硬度 6.2 kg/cm²，可溶性固形物含量 12%，可滴定酸含量 1.59%～2.0%，单宁含量 0.35%，可溶性总糖含量 9.2%，维生素 C 含量 34.6 mg/100 g，蛋白含量 0.94%，粗纤维含量 0.53%，淀粉含量 1.51%，钙含量 125.7 mg/kg，铁含量 0.1 mg/kg，镁含量 108.9 mg/kg，锌含量 2.1 mg/kg，钾含量 2.3 g/kg，钠含量 11.8 mg/kg，总黄酮含量 507 mg/100 g，氨基酸总量 480 mg/100 g，花青苷含量 49.5 mg/100 g，鲜果出汁率为 65%。果实甜酸、富有清香、有轻涩味，压榨果汁呈鲜红色，是加工果汁、果酒、果脯、果酱的优质原料，由于果实有机酸、总黄酮、氨基酸含量高，也可生产功能性果汁、饮料、口服液等产品。在山西太谷地区 3 月 20 日左右萌动，4 月中旬开花，果实 9 月上旬成熟，11 月上旬落叶，属中晚熟品种。2002 年开始推广示范，是我国目前栽培面积最大的品种。

三、农大 5 号

山西农业大学自然实生选种育成。2007 年和 2020 年两次通过山西省作物品种审定委员会田间考察鉴定，2021 年通过山西省作物品种审定委员会审定。

植株高 0.7～0.9 m，长势较强。一年生枝灰褐色，新梢绿色。平均叶长 7.34 cm，宽 3.34 cm，叶片长倒卵形，叶色中绿，平均节间长 1.62 cm。花蕾绿色，花白色，坐果率 38.8%～43.4%。果实圆形，纵径 2.54 cm，横径 2.87 cm，果皮黄色，果肉浅黄色，黏核，单果重 8～11 g。可食率 95.6%，鲜果出汁率为 59.2%，果实含水分 87.1%，可溶性固形物含量 10.4%，可滴定酸含量 1.5%，总黄酮含量 877.1 mg/kg，β- 胡萝卜素含量 201 μg/100 g，维生素 C 含量 19.1 mg/100 g，氨基酸总量 0.57 g/100 g。果实酸甜、肉质细嫩、清香、微涩，压榨果汁黄白色，可加工果汁、果酒、饮料、罐头等。在山西太谷地区 3 月中旬萌动，4 月中旬开花，10 月底落叶。果实 8 月中旬成熟，果实发育期 120 d 左右，为中熟加工品种，也是第一个经审定的黄皮黄肉型欧李品种。

四、农大 6 号

山西农业大学通过自然杂交育成。2012 年通过省级农作物品种委员会审定，2019 年通过国家林草局品种审定委员会审定为良种。

植株高 0.8～1.0 m，长势强，一年生枝灰褐色，柔软，直立；二年生枝灰白色。新梢浅红褐色，顶端嫩叶浅金黄色。叶片倒卵形，叶中大，绿色，叶尖不明显，叶柄长 0.7 cm。花蕾绿色，花瓣白色，花中大，直径 1.8 cm。果实近圆形，果形指数 0.89～0.92。果皮深红色，外观漂亮，缝合线明显，梗洼较深，果柄粗短，长 0.8 cm。果实甜味浓，中酸，微涩，果肉厚，黄色，果肉汁液较多，肉质细嫩，带皮硬度 11.5 kg/cm²，去皮硬度 3.6 kg/cm²，半离核，核重 0.65 g，可食率 94.5%，为浓甜型加工兼鲜食品种。果实可溶性固形物含量 12.77%～14.07%，总糖含量 8.26%～9.3%，还原糖含量 1.76%，总酸含量 1.44%～1.77%，维生素 C 含量 30.1～38.0 mg/100 g，单宁含量 0.23%，蛋白质 0.95%～1.09%，钙含量 130.35 mg/kg，铁含量 12.10 mg/kg，果胶含量 1.01%，淀粉含量 1.58%。果实糖酸比值为 5.74，固酸比值为 9.77。果实含 17 种氨基酸，总量为

460 mg/100 g。在山西太谷地区 3 月 20 日左右萌动，4 月中旬开花，果实 8 月上旬成熟，11 月上旬落叶，属中熟品种。

五、农大 7 号

山西农业大学经实生选种育成。2010 年通过山西省农作物品种审定委员会审定。2019 年通过国家林业和草原局品种审定委员会审定为良种。

植株高 0.5～0.7 m，一年生枝灰褐色，柔软，较直立，新梢红褐色。叶片倒卵形，中大，绿色；叶尖急尖，叶缘单钝锯齿，叶基楔形，叶柄长 0.6 cm。花蕾绿色，花白色，盛花末期花心粉红色，直径 1.80 cm。平均单果重 14.3 g，最大 18.5 g，较均匀，果形指数 0.82～0.88，呈扁圆形。果实外观漂亮，底色为橘黄色，向阳面橘红色。果沟明显，果顶凹陷，果面光洁，果柄长 0.6 cm。果肉厚、黄白色、离核，汁液较少，出汁率 61.1%，肉质酥脆，带皮硬度 14.26 kg/cm^2，去皮硬度 8.48 kg/cm^2，果皮较厚，抗裂果。果实可食率 94.4%，酸甜适口，香味浓郁，主要用于鲜食。可溶性固形物含量 14.57%，可溶性总糖含量 7.96%，还原糖含量 1.50%，总酸含量 1.28%，糖酸比为 6.22，维生素 C 含量 506.9 mg/kg，氨基酸总量 5.45 g/kg。在晋中地区 3 月中旬萌动，4 月中旬开花，8 月中旬果实开始着色，8 月下旬成熟，果实可在树上保留近 20 d，11 月上旬落叶，为中晚熟品种。

六、晋欧 2 号

山西农业大学欧李育种圃混合实生选种选育而来。2017 年通过山西省林木品种审定委员会审定，定名为"晋欧 2 号"；2020 年 12 月得到国家林业和草原局林业植物新品种保护，品种权号 20200266，品种权人为山西农业大学。

植株高 0.6～0.8 m，一年生枝灰褐色，新梢红褐色，叶中大，基生新梢叶长 6.09 cm，宽 2.64 cm，上位新梢叶长 4.33 cm、叶宽 1.89 cm，叶片平展、倒卵形，叶色浓绿，叶锯齿钝，急尖，叶基楔形。花芽褐色，花蕾红色、花粉色；平均节间长 1.67 cm，枝条中部平均每个节位可开 9.1 朵花，坐果率 34.8%～41.4%，果实纵径 2.01 cm，横径 2.02 cm，近圆形，缝合线不明显，梗洼较浅，果柄长 0.85 cm，果面红色，有光泽，果肉浅红色，肉质细嫩、味甜酸、汁液中多，离核。平均单果重 5.4 g，可食率 97.2%，硬度 7.8 kg/cm^2，可溶性固形物含量 11.5%，可滴定酸含量 1.51%，总黄酮含量 401 mg/100 g，鲜果出汁率 55%。果实甜酸、富有清香、轻涩，压榨果汁呈淡红色，是加工果汁、果酒、饮料、口服液的优质原料。在山西太谷地区 3 月下旬萌动，4 月中旬开花，果实 7 月中旬成熟，属极早熟品种。

七、晋欧 3 号

山西农业大学实生选种育成。2017 年通过山西省林木品种审定委员会审定，定名为"晋欧 3 号"；2020 年 12 月得到国家林业和草原局林业植物新品种保护，品种权号 20200267，品种权人为山西农业大学。

植株高 0.8～1.0 m，一年生枝灰褐色，新梢红褐色，叶较大，基生新梢叶长

6.71 cm、叶宽 3.63 cm，上位新梢叶长 4.58 cm、叶宽 2.55 cm，倒卵形，叶色深绿，叶平展，锯齿明显，急尖，尖小，叶基楔形。花芽褐色，花蕾红色、花粉色，花朵较大，花期较长，可达 10～15 d，具有较高的观赏价值。平均节间长 1.90 cm，枝条中部平均每个节位可达 8.05 朵花，坐果率 30%～36.3%，扁圆形，果实纵径 2.32 cm，横径 2.76 cm，缝合线不明显，梗洼较浅，果柄长 1.1 cm，果面红色，有光泽，果肉浅红色，肉质细嫩、味甜酸、汁液中多，离核。平均单果重 9.0 g，可食率 94.3%，带皮硬度 14.1 kg/cm^2，去皮硬度 5.5 kg/cm^2，可溶性固形物含量 10%，可滴定酸含量 1.61%，总黄酮含量 283 mg/100 g，鲜果出汁率为 56%。果实甜酸、富有清香、轻涩，压榨果汁呈浅红色，是加工果汁、果酒、饮料的优质原料。在山西太谷地区 3 月 20 日左右萌动，4 月中旬开花，11 月上旬落叶，果实 8 月中旬成熟，属中熟品种。

八、燕山 1 号

河北科技师范学院野生选种育成。2003 年 9 月通过河北省科技厅组织的专家鉴定。

植株高 0.6 m 左右，树姿开张。基生枝新梢平均长 60～80 cm，叶倒卵状披针形，花白色。单果重 12～15 g，近圆形，横径 2.5～3.0 cm，果面鲜红明亮，缝合线浅，梗洼浅，果顶平。果梗长 1.0 cm。果肉粉红色，风味甜酸，香气浓郁，较涩，可溶性固形物含量 10% 左右，果汁多，出汁率 82%。黏核，核小，可食率 97%。果实主要用于深加工，兼鲜食。定植后翌年结果，5 年生单株产量 1～2 kg。在燕山地区 3 月中旬萌芽，4 月中下旬开花，8 月上旬成熟，果实发育期 105 d，10 月底落叶，为中熟品种。

九、燕山 2 号

河北科技师范学院育成。2013 年通过河北省林木品种审定委员会的审定。

植株高 0.6 m，平均单果重 8.5 g，果形圆，缝合线浅，果面光滑明亮，着色面积 100%，紫红；果肉橙红色，果汁多，硬度中等，风味甜酸，香气浓郁，可溶性固形物含量 12.5%，离核，可食率 90%。果实发育期 105～110 d，8 月上旬成熟。该品种丰产性好，株产 2.0 kg，折合亩产 1 340 kg，为中熟品种。

十、京欧 1 号

北京中医药大学选育。2009 年通过北京市林木品种审定委员会审定。

植株灌木状，株高 1.2～1.5 m，一年生枝灰褐色，新梢浅红褐色，平均叶长 5 cm，叶宽 1.5 cm，细长披针形，无毛，叶缘细钝锯齿状，叶柄长 0.5 cm。花蕾浅粉色，花浅粉白色。果实紫红色，扁圆形，缝合线浅，梗洼浅，果顶平，果柄长 1.2 cm。果肉红色，肉质细腻，黏核，核小，可食率 94.5%。果实艳丽，香气浓郁，口感酸甜脆爽。平均单果重 6.2 g，出汁率 82.4%，平均可溶性固形物含量 15.4%，可溶性糖含量 7.85%，总酸含量 1.12%，糖酸比 7.01，钙含量 249 mg/kg，维生素 C 含量 380 mg/kg，氨基酸总量 5.13 g/kg，必需氨基酸总量 1.54 g/kg，占总氨基酸的 30.0%。果实可加工成果汁、果酒、罐头、果酱等。在北京地区，3 月中旬萌动，4 月中旬初花，花期 10 d 左右。7 月中旬果实成熟，果实发育期 86 d，10 月底落叶，为极早熟品种。

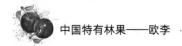

十一、京欧 2 号

北京中医药大学选育。2009 年通过北京市林木品种审定委员会审定。

植株高 1.2～1.5 m，根系发达。一年生枝灰褐色。平均叶长 6 cm，叶宽 1.5 cm，细长披针形，无毛，叶缘细钝锯齿，叶柄长 0.5 cm。花蕾白色，花白色。果实紫色，圆形，缝合线浅，梗洼浅，果顶平，果柄长 1.1 cm。果肉红色，肉质细腻，离核，核小，可食率 94.3%。果实艳丽，酸甜适口，香气浓郁。平均单果重 6.1 g，出汁率 81.5%。可溶性固形物含量 14.7%，可溶性糖含量 7.54%，总酸含量 1.32%，糖酸比 5.71，钙含量 262 mg/kg，维生素 C 含量 449 mg/kg。果实可加工成果汁、果酒、罐头和果酱等。在北京地区 3 月中旬萌动，4 月中旬初花，花期 10 d。7 月下旬果实成熟，果实发育期 96 d，10 月底落叶，为早熟品种。

十二、蒙原早丰

内蒙古农业大学采用实生选种法从野生欧李和草原大欧李混合实生苗中选出。2014 年通过呼和浩特市农作物品种推荐小组审定。

丛生小灌木，树姿放射状开张。一年生枝灰白色，直立，新梢灰绿色。叶片倒卵状披针形，深绿色。花朵白色。果实近圆形，果实纵横径 1.81 cm×1.81 cm。平均单果重 4.45 g，果实亮红色，果柄长 1.02 cm。离核，种核纵横径 0.90 cm×0.67 cm。果肉酒红色，风味偏酸。可溶性固形物含量 15.20%，还原糖含量 3.64%，可溶性糖含量 3.07%，可滴定酸含量 1.61%，出汁率 74.25%，果汁颜色鲜红，香味浓，为制汁品种。在内蒙古呼和浩特地区，3 月上中旬萌芽，5 月初至 5 月中旬开花，10 月中下旬落叶，果实 7 月下旬成熟，属于早熟品种。

十三、蒙原早红

内蒙古农业大学采用实生选种法从野生欧李和草原大欧李混合实生苗中选出。2014 年通过呼和浩特市农作物品种推荐小组审定。

丛生小灌木，树姿放射状开张。一年生枝灰白色，直立，新梢灰绿色。叶片倒卵状长椭圆形，淡绿色。花朵白色，果实圆形，果实纵横径 2.36 cm×2.28 cm。平均单果重 6.82 g，果实亮红色，果柄长 1.31 cm。离核，种核纵横径 1.21 cm×0.80 cm。果肉酒红色，风味浓，果实品质优。可溶性固形物含量 15.60%，还原糖含量 3.83%，可溶性糖含量 3.18%，可滴定酸含量 1.41%，出汁率 65.00%。在内蒙古呼和浩特地区，3 月上中旬萌芽，5 月初至 5 月中旬开花，10 月中下旬落叶，果实 7 月中下旬成熟，略早于蒙原早丰，属早熟品种。

十四、夏日红

北京农林科学院从自然杂交实生后代中选育而成。2013 年 12 月通过北京市林木品种审定委员会审定。

植株高 0.5～0.8 m。树皮灰褐色，一年生枝灰褐色，最长新梢年平均生长量 89.1 cm，径粗 0.74 cm。叶片平均长 6.71 cm，宽 3.17 cm。长宽比为 2.12，长倒卵形，叶缘锯齿状。花白色，自然坐果率 60% 以上。平均单果重 6.74 g，纵径 1.87 cm，横径 2.33 cm，侧径 2.28 cm。果柄长 0.7～1.2 cm，平均长 0.96 cm。果实扁圆形，果顶平，缝合线浅，梗洼中。果皮红色，果肉黄色，肉厚，纤维少，果汁多，味酸甜。果肉总糖含量 8.20%，总酸含量 1.81%，糖酸比 4.53，果肉钙含量为 219.7 mg/kg，维生素 C 含量 182 mg/kg，可溶性固形物含量 10.9%。核重 0.32 g，半离核，可食率达 94.51%。在北京地区 3 月底至 4 月初花芽开始膨大，4 月下旬至 5 月初开花，先花后叶，6—7 月新梢旺盛生长，7 月上旬果实着色，7 月下旬至 8 月初果实成熟，11 月上旬落叶。果实发育期 96～101 d，为早熟品种。

第四节　欧李的名与实

欧李一名中，带有一个"欧"字，有很多人提出了这种植物是"欧洲李"吗？或是欧洲引来的一种李子吗？还有人提出是不是因为欧洲人第一次命名了这个果树的学名便称之为"欧李"等问题。这些问题的实质是欧李一名的来历问题，故有必要对欧李的名与实进行考证，有助于对欧李的种植、利用、记载等历史情况进行了解和分析。

一、欧李在现代民间的名称及名称的来历

（一）现代民间名称

欧李是中国特有的植物，起源的历史较长，在我国分布广泛，随着时间的推移，人们对欧李认识逐渐加深，在不同民族、不同地域民间流传下来很多名称。

山西南部的中条山区，以及与山西南部交界的河南、陕西等附近地域，群众称欧李为："欧李核"（核发 hu）、"欧李儿""欧李子"以及"奥李"等，但当地口语方言中的"欧"并不发"ou"，而是发"欧"的谐音，汉语拼音中无法表达此音。听起来像模仿牛叫的声音（eou），声音从上颚处发出，由于发音与"欧"音十分接近，因此就用"欧"字来表示。这种特殊的发音与欧李的名称有着密切的关系，将在下面欧李一名来历中详述。

在山西昌梁山区，欧李称为："欧李子""山李子""草李子""郁李子"等。在山西太行山区称为："小郁""玉子""郁李"等。

在陕西的北部山区称为"雀梅""爵李""玉李""欧李"等（实为毛叶欧李）。

在山东的泰安以及昆俞山等地称为"赤李""赤李子""欧李"等。

在河北和北京等地称果形扁圆的欧李为"磨盘"。

在河北承德一带称欧李为"酸丁"。

在河南伏牛山区称欧李为："牛李""欧李"等。

在东北黑龙江、吉林、辽宁等省称为："欧李""家欧李"（双城）、"欧梨"，但这些区域的"欧"发"撸"音。

在内蒙古少数民族蒙古语称欧李为"乌拉嘎纳""乌拉那""舍林""协林"等，但也称为"oulana"，是蒙古语汉化之后的叫法。在辽宁满族称欧李为"乌拉奈""oulana""foulana""manmoukia"等。

以上这些名称有的是以生物学特征来命名的，如"小郁"是指欧李长得比郁李小，"草李子"是指它长的稠密低矮，像草一样。有的是以它的生境来命名的，如"山李子"。有的是以其果实风味来命名的，如"酸丁"。

值得一提的是，现在很多人知道欧李也叫"钙果"，这一名称是笔者在20世纪末时，在研究野生欧李果实的成分时发现了钙元素较高的特点之后，便首先提出了欧李是一种高钙水果。之后，为了欧李的推广和认识这种水果的特点，便给欧李起了一个商品名"钙果"，没有想到的是，"钙果"名称一出来，便被广泛接受了，所以，欧李的现代名又增加了一个"钙果"的名称。

（二）欧李一名的来历

"欧李"一名的来历，实际上是民间叫作"牛李"的音转。笔者对此发音专门进行了考察。欧李的茎叶在春季没有木质化之前，在山西南部及其与之交界的河南、陕西等地，群众常用来做牛的饲草，或直接放牧或刈割下来喂牛，牛都喜食，且一年可以多次刈割，因此欧李的茎叶是牛吃的一种饲草，结的果实又像李子，这样群众就把它称作"牛李"，意即"牛吃的李子树"。在《河南植物志》中就记载欧李的别名为"牛李"。详细调查我国许多地方方言中（包括山西、陕西、河北、河南、江苏等省）"牛"的发音并不是普通话的"niu"，而是像前面所述发音为"eou"，汉语中与这个发音最为相似的是"欧"字，文献中便用"欧"字把"牛李"写成"欧李"了。清《广群芳谱》中载"乌喇奈，塞外红果也。乌喇带之地尤多，一名欧李，实似樱桃而大，味甘微酸，然不可多食"。《随銮纪恩》中也载有"康熙赐乌喇奈一盘连蒂带枝累累无数。乌喇奈者，一名欧李，生于乌喇、哈大之丛莽间"。清《承德府志》也记有"乌喇奈，一名欧李子，士人称为酸丁"。清朝之前的文献就再也没有"欧李"这一名称的记载了。因此18世纪初，欧李一名便已记载到我国的文献中了。

《广群芳谱》和《随銮纪恩》其成书年代为公元1703—1708年，而Bunge Alexande Von命名欧李学名的时间是1835年，由此来看，"欧李"一名比Bunge命名欧李学名的时间早了一百多年，显然欧李一名并不是由欧洲人命名的。还有学者指出，在清代更早的书籍中，如17世纪中叶成书的《绝域纪略》《宁古塔纪略》也记载"瓯李子""欧栗子"等，如果这些也认同为欧李的记载，那么"欧李"一名在文献中的记载最早是在370年前。

众所周知，清朝时期，是东北的满族在中原建立的王朝，那么中原文化必将渗透到满族或蒙古族的文化中，如前所述，蒙古文中的欧李称作"乌拉嘎拉"，满文称为"乌拉奈"，但是被汉化后便成了"oulana"，用汉语写出就成了"欧李儿"，并且这种汉化早在《广群芳谱》的成书年代之前。杜赫德编撰的《中华帝国全志》第4卷167页记载道，法国传教士张诚1688年去俄国谈判，当路过内蒙古时，由于另一位传教士徐日昇消化不良，完全不能吃东西，当地人给他端来了一盘叫"欧李儿"

的水果，吃后可调理肠胃。可见，当地蒙古族所称"欧李儿"已被中原地区的"牛李"汉化。

"欧李"一名的来历还有另一种观点。北京农学院王建文博士对明代朱橚（公元 1361—1425 年）编写的植物学图谱《救荒本草》（开刻于公元 1406 年，成书于公元 1525 年）进行研究时，发现在对郁李的描述时谈到郁李俗名为"薁梨儿"，原著记载"郁李子，本草郁李人，一名爵李，一名车下李，一名雀梅，即薁（音郁）李也，俗名薁（音欧）梨儿。生隰州高山川谷丘陵上"。原著里特意注音"薁"与"欧"同音，"薁"古时指的是一种名为"刺榆"的植物，由于欧李的叶子与刺榆的叶子非常相似，便把能结果叶子像"薁"的这种灌木称之为"薁梨儿"，为了书写方便，文献中后来就记载成"欧梨儿"，因此"欧李"一名又可能出自"薁梨儿"，其中"欧"来自"薁"，也就是说"欧李"一名最早的文献记载是明代《救荒本草》。有趣的是，这里的群众方言中的"牛"也发"欧"的谐音，联系到前述"牛李"的地方方言发音，可能"薁"不单单是指"刺榆"，也有可能是指牛这一牲畜，有待于深入研究。因为牛的地方方言发音为"eou"，文献中目前没有看到这个字，但可以肯定的是"薁"和"欧"两个字的发音都与牛的地方方言发音有关联。那么，清朝文献中的"欧李"名称是如何延续到现代的呢？

在近代的植物学著作中，有学者（王建文，2019）指出日本人矢部吉祯在 1912 年编著的《南满洲植物目录》（日文）中第一次指出欧李的汉语名是"欧李"，此书中记录植物的名称时，同时用 5 种形式记录，分别是某种植物的拉丁学名、不同古代汉语文献中的汉语名、日文名的罗马字、日文名、产地的汉语名。此书中作者给出的汉语名称是'欧李'，但注明来源是汉语文献《盛京通志》（公元 1819 年）。

1937 年陈嵘先生编著的《中国树木分类学》引用了日本人矢部吉祯编著的《南满洲植物目录》中的汉语名称"欧李"，并将欧李划归到樱亚属郁李类中，这是我国近代学者第一次在文献中正式用"欧李"名称。由于此书被学术界称为中国早期树木分类学的权威著作，随后 1969 年上海科学技术出版社又出版了此书，1972 年的《中国植物志》和 1979 年的《中国果树分类学》中都相继采用欧李名称，久而久之，人们便广泛使用"欧李"这个汉语名称来记载这种果树，直到今天。

至此，欧李一名来源于"牛李"的方言或文献记载中的"薁梨儿"，在文化传播中音转成"欧李"。陈嵘先生在我国近代的文献中第一次采用清朝文献中的"欧李"名称并沿用至今。

二、欧李在古代的名称

（一）清代

欧李在清代已有人工种植。苏联学者 Baranov（1963 年）在我国东北考察野生植物时，一位当地满族老农跟他说过这么一件事。20 世纪初，在靠近松花江畔一个名叫"双城"的城市附近还有许多大的欧李园，这些欧李园由皇宫派出的差役监管。在清康熙年间，每年将生产的欧李加工成蜜饯送往宫中供康熙皇帝享用。由于康熙非常喜爱这里的欧李，因而被种植的品种称为"康熙欧李"。现在黑龙江省的双城已没有那时遗留下来的欧李人工种植园了，但仍称欧李为"家欧李"，可见清朝时确实进行过人工栽培，并将野生欧李驯化为"家欧李"。因此，结合前面的名称考证，清代时欧李除称为欧李外，还有"家欧李""欧梨""欧李儿""乌拉奈""乌拉嘎啦""酸丁"等名称，不再做讨论。

（二）明代以前欧李的名称

据辛树帜、孙云蔚二位果树历史学者对明代及以前的60多部古籍研究，均未发现"欧李"一名，这只能说明此名称在明代及明代以前文献中无记载，最大的可能是以其他名称代为称之。如前述的明代《救荒本草》中郁李的俗名为"蕮梨儿"，就是把郁李和欧李记述为同一种植物。再如《广雅》（公元227—232年）记述郁李时，曰"一名雀李，又名车下李，又有郁李，亦名棣，亦名薁李子"。这些名称显然是在不同的地域或时代下形成的。由于欧李在形态上与郁李极为相似，古人也难免将实为欧李的名称当作郁李。再引清《植物名实图考长编》考证"常棣""棣"为郁李时引用的陆玑《毛诗草木鸟兽虫鱼疏》一段关于"白棣"和"赤棣"的描述加以说明。"许慎曰，白棣树也，如李而小，如樱桃，正白，今官园种之。又有赤棣树，亦似白棣，叶似刺榆而微圆，子正赤，如郁李而小，五月始熟，自关西、天水、陇西多有之。"从文中的"如李……，如樱桃……，如郁李……"来看，显然其所指并不是一般的李、樱桃、郁李，综合"如李而小、如郁李而小、叶似刺榆"等描述应该是指与郁李最为相近的欧李。根据欧李与郁李的最显著的区别特征是欧李叶片呈倒卵形，网脉明显，很像榆树叶，而郁李的叶片则与榆树叶相差甚远。另外，从现在甘肃的果树资源普查看，欧李分布较多，且以毛叶欧李常见，而毛叶欧李在叶片上更像"刺榆"叶，所以文中所指不仅是欧李，而且可能已细指到毛叶欧李。如果上文中的白棣、赤棣所指是果实时，郁李至今未发现有"白果"的郁李，而笔者1992年在山西中条山考查时，已发现了欧李果实近白色的类型。但可能上文中更多的是指花的颜色，欧李的花也有白花和粉花两种。所以此段文字中的"白棣""赤棣"肯定不是指郁李，而是指郁李以外类似于郁李的一种植物，最大的可能就是指欧李。值得注意的是关于"棣""常棣""唐棣"到底为何物，历代颇多争议。笔者认为古代的"棣"，应是樱桃属一类植物，包括樱桃、欧李、郁李及麦李等。至于具体指哪一种，应分具体情况加以区分。既然"白棣"与"赤棣"，所指为欧李，"今官园种之"则说明陆玑所处的时代已经在官园中有欧李的种植，在公元2—3世纪。但仅仅在官园中种植，并未大面积在田中种植。

再有如《诗经·豳风·七月》中载有"六月食郁及薁"。此句中的"郁"指郁李，没有争论，而对于"薁"是什么则争论较多。一种观点认为是蘡薁，即一种葡萄；另一种观点认为是郁李的近缘种或变种，即薁李或奥李（薁与奥同音同意）。如辛树帜编著的《中国果树历史研究》考证薁就是郁李的变种。沈括《补笔谈卷》"晋宫阁铭曰：华林园中，有车下李三百一十四株，薁李一株"。车下李即郁；薁李即薁。这里进一步证明了"薁"是郁李的近缘种。"郁"来自"欝"，从草，"薁"也从草，且有具有香气的意思，《诗经》中也就把两种相近的植物写在了一起，成为"六月食郁及薁"，既有表示两种果树相类同，又表示两者有少许的差异。后者即"薁李"，还具有一种香气，现实中欧李的果实确实比郁李更富有香气，欧李酿成的酒香气扑鼻也说明了此点。根据汉语的用词习惯，两个字组成的物种名，第二个字相同时，一般会省掉第二个字，因此"郁李"与"薁李"省掉"李"字后便出现了诗句中的"郁及薁"，不会把"蘡薁"中的"蘡"省掉而用后面的"薁"字，因此诗句中的"薁"则不可能是"蘡薁"，也说明了"郁及薁"是两种十分相近的果树。另此句来源于诗经中的《豳风》，描述的是古时陕西邠县、旬邑一带农民的生活，由于古时人们从事农业首先是粮食作物，对于果树的种植则是选择那些比农作物更大的树种，而对于这些长得低矮的果树则任其在田边生长，这也使人们很容易采摘到这些果实，用于"果腹"。而"蘡薁"这种野葡萄由于是藤本，需要其他高大的植物作支撑缠绕，因而一般长在森林之中，需要人们去专门采摘，不是农民劳动时随手就能采到的果实，据此推论则"薁李"肯定是欧李，也是我国古代最早人们对欧李的称谓。只不过，现在人们已经把"薁李"写成"欧李"了。

综上来看，欧李在古代时的名称较为混乱，但从时间的推移来看，最早是称为"薁（音yu或ao）李"（奥李），明代时变成了"蘆（音欧）梨儿""牛（音ou）李儿"，清代和近代变成了"欧李儿"，去掉儿化音后变成了现在的"欧李"。

第五节　欧李的地理分布与起源和传播

一、野生欧李地理分布

目前，欧李在我国各地仍然分布着许多野生群落，从20世纪80年代开始，各研究机构逐步对山西省内的太行山等五大山区，内蒙古大青山，河北燕山山脉，北京山区，山东济南山区、泰山山区、昆俞山区，辽宁和吉林长白山山区，黑龙江小兴安岭等地的野生欧李资源进行了调查，笔者结合在我国主要野生分布区进行的实地调查、查阅相关的文献资料和国家标本资源管理平台，基本查清了我国野生欧李资源的分布区域和山脉。

分布区域共包括了黑龙江、吉林、辽宁、内蒙古、甘肃、宁夏、陕西、四川、重庆、山西、河南、山东、天津、河北、北京、安徽、四川、湖北、江苏19个省（区、市）。其中以黑龙江、吉林、辽宁、内蒙古、河北、北京、山西、山东、河南等省（区、市）分布较多。

从野生欧李分布地的群落数量上看，集中分布在几大山脉的石灰岩山区或石灰岩成土母质的丘陵山区和草原沙地的沙丘之上。山脉包括大小兴安岭、长白山、阴山、燕山、六盘山、伏牛山、泰山、太行山、吕梁山、中条山、秦岭、大巴山、大别山等山脉。草原主要分布于黑龙江松嫩草原的黑钙土和内蒙古科尔沁草原（通辽）的沙丘包上。

根据欧李种质在我国野生分布的不同气候特征，可分为三大地理区域。

1. 东北华北区（小窄叶区）

本区包括黑龙江、吉林和辽宁的全部，以及河北向内蒙古高原过渡的坝上地带即张家口市的以北、北京燕山山脉以北的区域。本区属于温带季风气候，冬季寒冷漫长，夏季温暖短暂，海拔较高，欧李常分布在海拔 1 000 m 以上，因此无霜期较短。冬季常有大雪覆盖，故空气的相对湿度并不低，在气候上具有冷湿的特征。以阴山山脉的蛮汉山、大青山，大兴安岭山脉西南端的科尔沁草原、长白山余脉的丘陵地带（长春）为集中分布区。

本区欧李的叶片细长，较小，为倒披针形或条状椭圆形。倒披针形叶片稍小，长 2~3 cm，宽 0.5~1 cm；条状椭圆形叶片，长 5~6 cm，宽 1.5~2 cm，但比华东华中区的大窄叶要小。在河北坝上高原与山西北部之间，如内蒙古呼和浩特（白泽华，2015），以及北京市燕山以南有一个过渡地带，叶片既有窄叶也有阔叶。果实颜色呈单一的红色，果个也较小。

2. 华北西北西南区（阔叶区）

本区包括天津、北京燕山以南，河北张家口市以南，山西和陕西、宁夏全部，甘肃及西宁市以南，四川德阳市（中江、广汉）以东，重庆金佛山以北、奉节以西的区域。该区域包含 3 个大的区域，故气候特征上不尽相同。华北区域属半湿润大陆性季风气候，降雨较少，夏季炎热，秋季多雨，冬季寒冷干燥；西北区域仅包括宁夏、陕西和甘肃的一部分，该区域夏季高温，降雨明显偏少，且越往西降雨越少，因此气候干燥；西南区域主要包括四川和重庆的北部区域，气候特征为冬季温度较高，夏季干旱，无霜期比华北和西北区域稍长，但日照时间由于多云天气较多而较短。

整个区域内分布的欧李叶片为倒卵形或椭圆形，宽度上较其余两区的都宽，一般宽度可达 2~3.5 cm，故称为"阔叶欧李区"。本区的果实颜色上变化较为丰富，有红色、黄色、紫色、绿色等多种颜色，果实也较大，植株的茎秆较粗壮，高度也较高。集中分布在太行山、吕梁山、中条山的丘陵地带，北京浅山地带、陕西黄河流域也有较多分布。这些地区的野生群落偶有超过 300 m² 以上的连续分布群落，在已经开垦为土地的丘陵梯田地堰上也常见到野生欧李分布，其他地区尤其是西南地区仅有零星分布，且毛叶欧李种分布较多。但无论是欧李种还是毛叶欧李种都呈现叶片较宽的特征。

3. 华东华中区（大窄叶区）

该区域包括山东、河南、安徽、江苏全部，以及湖北大别山以北的区域。主要以华东区的几个省为主，而华中的湖北仅涉及大别山的一部分。越过长江，尽管有文献记载浙江有欧李分布，但为人工栽培。国家植物标本管理平台中公布的浙江金华市一处的山坡上采集到的欧李标本（标本号：64198）经笔者鉴定应为郁李，而不是欧李。依据是此份标本的叶尖呈极显著的尾尖，叶基也大都呈圆形，符合郁李的形态特征。另据笔者调查，长江以南目前没有发现野生欧李，因此长江是欧李野生分布的南端分界线。该区域中山东泰山、崂山、昆俞山，河南大别山、伏牛山野生欧李分布较多，安徽大别山腹地金寨、江苏铜山有少量分布，铜山的欧李为毛叶欧李种。该区域气候温和，雨水较多，尽管该区域雨量充足，但欧李均生长于阳坡干燥的土地或丘陵田地的地堰之上。

整个区域内欧李植株生长较大，叶形上属于窄叶类型，但叶子宽度和长度都明显较东北华北区的小窄叶欧李大，因此我们也可以称该区域为"大窄叶区"，但果实的颜色上仍然与小窄叶欧李一样，主要为红色至深红色，很少有其他颜色出现，果实整体上偏小且酸。

以上3个区的划分比较粗略，还应利用分子标记等技术进行细致划分。

二、欧李起源和传播

1. 起源时期

蔷薇科植物在距今300万～6 000年前的第三纪出现，始新世早期（绣线菊属和李属）至晚期中新世（如山楂、海棠和蔷薇），李属包括樱桃属植物认为是在第三纪的中期阶段出现，我国是樱桃属植物（*Cerasus* Mill.）的起源中心之一，拥有最为丰富的野生资源。起源于我国的樱桃属植物包括中国樱桃、毛樱桃、欧李等39种。欧李的出现时间可以用分子标记的方法进行推测。

蔡玉良等（2006）利用RAPD标记对8个樱桃种及2个种间杂交种进行了聚类分析，认为欧李、毛樱桃和草原樱桃的亲缘关系最近，种间Nei遗传距离大小在0.104 0～0.134 9。

张琪静（2007）用来自桃、甜樱桃、酸樱桃及杏的SSR引物分析毛樱桃和欧李、郁李及麦李等资源的遗传多样性。聚类分析结果为欧李、郁李及麦李的5份资源聚在一起形成一组，毛樱桃资源以较高的自展支持度形成了另外一个平行组，进一步说明了欧李与毛樱桃之间保持了一定的距离，但是聚类图中显示欧李与山西发现的两个垂枝毛樱桃的距离明显较近，可能预示着垂枝毛樱桃与欧李之间有着某种特性方面的亲缘关系。用24对适于种间扩增的来自甜樱桃、酸樱桃及杏的SSR引物来分析包括毛樱桃、欧李、郁李及麦李在内的中国矮生樱亚属种间亲缘关系及矮生樱亚属与樱亚属、桃亚属及李亚属的亲缘关系，聚类结果表明，供试样品共分为樱亚属、李亚属及桃亚属3个组，与传统的分类结果一致，但4种矮生樱亚属的种没有单独形成一组，欧李、郁李、麦李与中国李资源聚到一组，毛樱桃与桃亚属的榆叶梅聚到一组且与中国李资源关系较近。这个结果又说明欧李不仅与其他矮生樱种有较近的亲缘关系，而且与中国李有较近的亲缘关系。

笔者于2007—2009年选取山西、内蒙古两个省份的欧李资源各一种，与桃属、杏属、李属、樱桃属一部分果树品种进行RAPD聚类分析，结果显示欧李与麦李亲缘关系最近，李、杏、樱桃属果树次之，与桃属的普通桃、山桃亲缘关系最远（图2-5）。根据当今的分子标记认为核果类果树中樱桃属植物最为古老，李属植物次之，桃属植物最为进化，杏和梅居于李和桃之间这一基本观点，结合欧李与毛樱桃和李均有较近的亲缘关系结果，推测欧李比李出现的更早一些或与李相近。

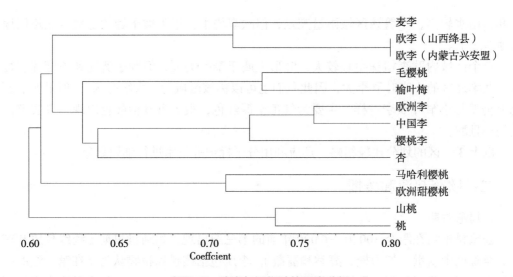

图2-5　欧李与近缘种的聚类分析

2. 起源中心与传播

（1）起源中心。一种植物种在地球上出现后，种群的扩大需要较长的时间，同时由于江河、高山、沙漠等自然因素，很长时间将会保留在一定的范围之内，这便是一个种的初生起源中心。随着时间的延续，逐渐从原始种群向四周扩散，从而形成新的定居地或者次生分布中心。结合古文献、考古以及现今欧李的分布特点，我们认为欧李起源中心应该是我国黄土高原区域的太行山脉和吕梁山脉。

按照瓦维洛夫"凡是集中分布一个物种的大多数变种、类型的地区就是这个物种的起源中心"之学说，在笔者对欧李的野外调查中发现，在太行山脉和吕梁山脉及其相邻的几个小山脉区域的野生欧李分布特征符合这一学说。首先，欧李（包括毛叶欧李）在该区域的几大山脉上都有集中分布，在山脉的交界处分布更为集中。该区域中的太行山脉、吕梁山脉、中条山脉以及黄河中游流域东岸的丘陵山坡等均有较为集中的欧李分布，尤其是山西省的每一个县、市、区都有野生欧李的分布，在没有开垦为土地的森林边缘有成片分布，在开垦为农田的丘陵地带尽管被土地分割，但地堰上仍呈连续分布，估测总面积约330 hm²。其次，欧李的类型最为丰富。毛叶欧李也可看作是欧李的变种，该区域中常与欧李种邻近分布，而东北区域中则只有欧李种。类型上，果实的颜色最为丰富，有红色、黄色、绿色、紫黑色等类型，而东北区域中只有红色。这个区域欧李的叶片尽管以阔叶为主，但偶尔也会发现有窄叶类型，而其他区域分布的变种、类型和叶、果等形态变化均较少。因此，笔者认为欧李的最初起源中心应该在黄土高原区域中的以太行山、吕梁山两大山脉为中心及周边延伸一定距离的范围内。另外，后面所述的分子标记聚类分析和花粉形态分类分析也都证实了这一观点。

（2）传播。由于欧李的起源远早于人类诞生之前，因此欧李的最初传播实际上是其某些种类的一种自然迁徙或迁移，其传播的媒介主要是靠自然的力量，如风、水及动物等。

向北传播：欧李从黄土高原起源中心向周围传播。向西向南传播首先有黄河的阻隔，向东传播遇到了大海，向北尽管有阴山和燕山两大横断山脉，但可通过山脉之间的空隙传播。因此欧李向北传播是主要方向。在向北传播过程中，第一条线路由太行山从燕山和渤海之间的空隙进入长白山，并沿着长白山向北传播到小兴安岭。第二条路线由吕梁山进入坝上高地，再从阴山和燕山的空隙中向北传播进入科尔沁草原和大兴安岭、小兴安岭。对来自全国不同地域的野生欧李进行 RAPD 分子标记分析发现，来自辽宁本溪、吉林松原、内蒙古乌兰浩特和科右中旗的野生欧李首先聚为一类，然后竟然与山西中条山的欧李聚在了一个大类之下（图 2-6），这不仅说明了东北地区东西两地的欧李有着相同的来源，而且充分说明了东北区的欧李是从华北的黄土高原地区传播过去的。

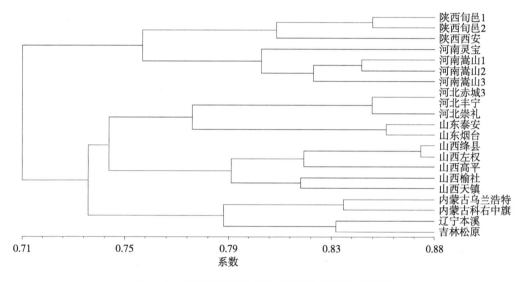

图 2-6　不同地域野生欧李 RAPD 标记的聚类图

　　向西传播：古黄河诞生成长期距今 10 万～115 万年，形成之后对欧李的传播形成了一定的阻隔作用，使原始中心的欧李传播得以减慢，但最终欧李还是从吕梁山脉出发穿过黄河达到陕西，在黄河以西的陕北地域有着较多的分布，不仅有欧李种，毛叶欧李种分布更为广泛，当地的群众称毛叶欧李为"雀梅""玉李""欧李"等。向西传播进入宁夏，再次遇到黄河的阻隔后进入甘肃的永登县、合水、崇信至贺兰山和六盘山的东坡。

　　向东传播：向东传播主要是沿太行山的东坡经河北中部传播到山东至渤海湾与莱州湾、威海。其中在黄河下游两岸的丘陵山区及泰山、崂山等山区分布较为集中。采用 RAPD 分子标记聚类分析后发现，山东泰安和山东烟台的野生欧李首先聚为一类，然后又与河北崇礼、河北丰宁的野生欧李聚为一个大类，说明这两个类群之间存在着某种联系，但由于产地相距较远，且与原产中心是不同的方向，因此不可能相互之间进行传播，进一步印证了欧李原产中心的存在，并指向于黄土高原地区的太行山脉。

　　向南传播：向南传播可能有 2～3 条线路，一是经太行山南部的余脉——中条山越过黄河传播进入河南的三门峡、洛阳，继续南下，并沿大别山的余脉进入大别山的腹地金寨；二是从向西穿过黄河进入陕西的种群由陕西北部向南传播并越过秦岭至四川的德阳和重庆的奉节；三是从起源地向东传播的欧李再向南传播，经安徽砀山至江苏南京。向南3条线路的传播最终均以长江的阻隔而停止，长江以南不再有欧李的野生分布。根据对河南嵩山和陕西旬邑地两地的RAPD的分子标记聚类首先聚为一类的结果，说明第一条路线和第二条路线传播过去的欧李具有相同的来源，尤其是现今陕西北部和陕西南部尽管距离较远，但均有毛叶欧李种的分布，并且毛叶欧李一直分布到江苏铜山，但其来源的指向均指向于原产中心，即太行山脉和吕梁山脉。

按照欧李从起源中心向四周的传播路线并结合RAPD分子标记聚类分析对地理分区进行重新分区，可以将欧李划分为黄土高原区，即原产中心和附属区，第二区为东北华北区，第三区为华东华中西南区。在此分区中，东北华北区没有变化，把原华北西北和西南区中的西南区以秦岭为界线，秦岭以北划为黄土高原区，而把秦岭以南的成都、重庆等西南区域划归到华东华中区中，成为华东华中西南区。在这个分区下，更能体现原产中心向四周的传播过程。

第六节　欧李种质资源的分类与评价

本章第一节的分类主要探讨了欧李的植物学分类，下面将重点从植株形态特征、果实品质特征和叶片类黄酮含量特征等方面对欧李种质资源进行分类与评价。

一、欧李形态特征的分类与评价

1. 按照树姿、枝展分类

欧李树体较小，整体呈灌丛状，但是根据树姿和枝展的情况可以分为三类，即开张型、半直立型和紧凑型，见图2-7。

|开张型|半直立型|紧凑型|

图2-7　欧李种质的不同树姿和枝展

开张型种质是大多数种质的树姿，枝条呈斜生至水平状，树体较低，二年生枝结果后经常会倒伏于地面上，枝条也较细、较软，常在中部靠上的地方有弯曲，如晋欧3号、农大7号。半直立型种质，枝条较粗，生长势较旺，新梢较为直立，二年生枝结果后较少倒伏，如农大6号、DS-1等。紧凑型种质较为稀少，新梢长度较短，节间也较短，枝条直立，树体也较高，二年生枝结果后不易倒伏，是克服欧李枝条结果产生倒伏的良好种质，如10-06（彩图2-5）。

2.按照叶形分类

叶片特征不仅是种的鉴定指标，也是一个种内不同类群的鉴定指标。欧李叶片在形态上变化也较大，有长有短，有大有小，颜色也有多种，按照叶子的长宽比值并结合叶片的大小也可以分为3种，即阔叶欧李、小窄叶欧李和大窄叶欧李，见图2-8。这种情况不仅发生在欧李种，也发生在毛叶欧李种。

图2-8 不同欧李种质的叶片特征

阔叶欧李的叶子多呈倒卵圆形，叶子最宽处在离叶柄基部的60.4%～69.0%，且基部宽度与顶部的宽度变化明显，叶长一般在5.80～7.77 cm，宽2.56～3.47 cm，长宽比一般在2.03～2.42；小窄叶欧李叶长一般在3.78～5.25 cm，宽0.87～1.26 cm，长宽比一般在4.17～4.34；大窄叶欧李叶长一般在8.80～9.04 cm，宽2.60～2.71 cm，长宽比一般在3.34～3.38（表2-1）。

表2-1 欧李不同种质叶片特征

种质类型	长度（cm）	宽度（cm）	最宽处在叶片中的位置（%）	长宽比
（阔叶）农大4号	7.50	3.39	69.0	2.21
（阔叶）农大4号	5.80	2.56	60.4	2.27
（阔叶）农大3号	6.17	3.03	61.0	2.03
（阔叶）农大5号	7.34	3.34	65.6	2.20
（阔叶）农大6号	7.44	3.47	67.0	2.14
（阔叶）农大7号	7.77	3.21	63.2	2.42
（小窄叶）内蒙古欧李	5.25	1.26	—	4.17
（小窄叶）内蒙古欧李	3.78	0.87	—	4.34
（大窄叶）欧李DS-1	8.80	2.60	54.0	3.38
（大窄叶）欧李DS-1	9.04	2.71	54.4	3.34

另外，王培林（2021）对太行山和燕山山脉两地的欧李品系进行了叶片形态的观察，结果指出，叶片长度和宽度、叶柄长度和粗度、叶片厚度方面，太行山欧李均大于燕山欧李，说明不同地域对叶子的形态有一定的影响。

在不同叶形中，叶片在枝条上着生的角度种质之间也不同，分为锐角、钝角和近直角3种。叶子的展开方式也不同，分为内抱、平展和外抱3种。叶子的颜色上在发芽时有绿色、紫色和淡绿色，在生长季分为绿色和淡绿色，在落叶期分为黄色、紫色和红色3种。红色欧李在落叶时近一个月内颜色极其美观，当种植成一定规模后，可形成秋季景观。

3. 按照坐果率分类

欧李种质按照坐果率分为极丰产、一般结实和不结实 3 种类型。极丰产的欧李表现为二年生枝不仅开花量大，而且坐果率高，一般每节位坐果可达 3 个果实以上；一般结实的欧李表现为开花量中等或大，每个节位的坐果率为 1～2 个；不结实的类型表现为开花量虽大，但基本上每年不结实，由于没有果实的消耗，植株枝条的生长量每年均较大，3 年后形成高度超过 1.8 m、枝展达到 2 m 左右的株丛。这种类型的种质由于生长较旺，多年生枝可以连续加粗，4 年生枝的粗度可以达到 2 cm，可以作为欧李的本砧进行优良品种的嫁接，也可以从中选出符合茶叶加工的品种。但是在 5 年的连续生长后，尽管不结果，新梢的生长则立即变弱，多年生枝此时也会发生枯死（彩图 2-6 至彩图 2-8）。

4. 按照花色和重瓣与否分类

欧李花朵的颜色可分为白花、粉花和红花欧李（彩图 2-9 至彩图 2-11）。白花欧李开花时花瓣呈白色，是欧李的主要类型；粉花欧李的品种较少，约占总种质的 10%，如晋欧 3 号；红花欧李资源更少，约占总种质的 1%。红花欧李的花瓣在不同年份间其红色度有差异，与气温有关。当开花时温度较低时，红色明显，当开花时温度较高时，红色度较低，与粉色花相近。野生欧李没有发现重瓣欧李，但与重瓣麦李杂交后，获得了重瓣欧李的新种质 M14（彩图 2-12），花瓣数量在 5～8 瓣，不同的花朵不一致，雌蕊和雄蕊发育正常，也可结果。

5. 按照花粉的形态分类

采集到 7 个地区的花粉，分别为辽宁本溪，河北燕山、河北赤城、河北丰宁，河南灵宝、河南卢氏和山西绛县。不同地域欧李的极面与萌发孔没有显著差异，均为 N3 P4C5 类型，即萌发孔 3 个，位置为环状，特征为沟孔型（图 2-9）。

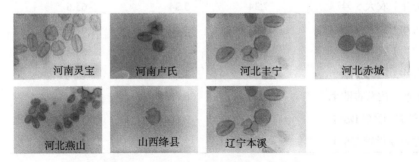

图 2-9　7 个不同地域欧李极面与萌发孔的观察（放大倍数为 20×3.3，物镜 × 目镜）

对于欧李花粉的外壁纹饰的纹理差别应做进一步观察，可能会找到不同区域间的特征纹理。但是在极轴长度、赤轴宽度和极轴与赤轴的比值上均有较大差异（表 2-2）。极轴长变化为 45.35～51.36 μm。经显著性检查和多重比较，在花粉极轴上，7 个地区可分为 5 类，河南卢氏为一类，河北燕山和河北丰宁为一类，河北赤城为一类，山西绛县为一类，河南灵宝和辽宁本溪为一类。这种分类表示了以山西省太行山区为中心的种质向北和向南传播的结果。

表 2-2　不同地域欧李种质花粉极轴长和赤道轴宽度的显著性测验

品种	平均极轴长度（μm）	平均赤道轴宽度（μm）	极轴和赤道轴比
河南卢氏	51.36 A a	25.70 A a	2.01 B b
河北丰宁	49.09 B b	24.01 B b	2.05 B b
河北燕山	48.70 BC b	24.28 B b	2.01 B b
河北赤城	47.68 C c	23.35 C c	2.04 B b
山西绛县	46.31 D d	1.80 DE e	2.13 A a
河南灵宝	45.40 D e	22.69 CD d	2.00 B b
辽宁本溪	45.35 D e	21.36 E e	2.13 A a

注：表中大写英文字母表示 $P<0.01$，小写字母表示 $P<0.05$。

　　7 个野生欧李资源的平均赤道轴宽为 21.36～25.70 μm，不同地区花粉的赤道轴宽存在不显著、显著及极显著的差异。可分为 5 个类型，河南卢氏为一类，河北燕山和河北丰宁为一类，河北赤城为一类，河南灵宝为一类，山西绛县和辽宁本溪为一类。与极轴的分类较为相似，只是河南灵宝和山西绛县有所不同。

　　再对极赤比进行比较和显著性分析，发现 7 个地区的欧李可以分为两个大类，第一类为辽宁本溪和山西绛县，其余 5 个地区为一类。

　　综上，可以看出欧李不同地域的花粉在极轴和赤道轴上均有一定的差异。以太行山区的山西绛县作为参考，在向北传播的过程中极轴和赤轴都变小，但极赤比值在燕山一带变小，到了较北的辽宁本溪又恢复成相同；向南传播中，极轴稍稍变小，赤道轴变大，从而极赤比变小。在类别划分上，极轴和赤道轴均划分为 5 类，而在极赤轴的比值上仅划分为 2 类，3 种分类都把辽宁本溪与山西绛县的欧李划在了一类，这个结果首先说明了东北地区的欧李来源于太行山中心区。再有在赤道轴上山西绛县与河南灵宝划在了一类，而河南灵宝又与河北赤城划在了一类，河北赤城在极轴上又与其他燕山地区的欧李划在了一类，这个结果又说明了河南灵宝和燕山地区的欧李也来源于山西绛县即太行山脉的中条山支脉。也就从花粉的分类上进一步证明了黄土高原地区的太行山与吕梁山脉是欧李的原始分布中心，其他地域的欧李是从原始分布中心经过漫长的传播形成，并且在形态上产生了与当地环境相适应的表型特征。

　　6. 按照果实外部特征分类

　　欧李种质果实的变异极为丰富，这也是能够培育出更多优良品种的重要物质基础。可以按照果实的颜色、性状、大小进行分类。

　　（1）颜色分类。在果皮的颜色上欧李有红色、黄色、绿色、黑色、紫红色、黄白色 6 种颜色，在每一种颜色中又有多种过渡颜色，如浅红色、深红色、纯黄色、黄皮红晕色、黄皮红点色、淡黄白色、白绿色等。以红色为主，黄皮红晕和黄色次之，其他类型较少。

　　由于肉眼观察的颜色难易区分种质之间较小的差异，尤其是红色到黄色之间的变化。可以用色差仪测定果实表面的色泽参数（CCI）值来表示果实的颜色变化。CCI 为正值时表示红黄程度，数值越大，颜色越红；数值越小，则越黄或白。从表 2-3 中可以看出，色泽参数（CCI）可以将不同红色和黄色的欧李种质更为准确地分开。CCI值在1.12～7.04的欧李种质，果实外表呈黄色，有8份种质，占比13.12%；CCI值在7.03～47.75的欧李种质果皮的底色为黄色，同时向阳面会着不同程度的红色，即红晕，色值越大，着红色面积越大，有12份种质，占比19.67%；CCI值在11.66～112.08的欧李种质为淡红色到红色，有30份种质，占比49.18%；CCI值在104.05～576.91的欧李种质为不同程度的深红色，有9份种质，占比14.75%；CCI值在2 601.9～2 802.48的欧李种质为深红色到黑色，有2份资源，占比3.28%。

表 2-3　61 份欧李种质果实表面的颜色参数值（CCI）

序号	种质名	观察颜色	CCI	序号	种质名	观察颜色	CCI
1	HB-6	黄色	1.12	32	DG-7	红色	66.92
2	08-16	黄色	1.88	33	农大 4 号	红色	67.29
3	农大 5 号	黄色	3.12	34	净红圆	红色	69.14
4	09-19	黄色	3.24	35	T17-1	红色	69.61
5	Y04-26	黄色	5.15	36	Y03-09	红色	72.73
6	J-2	黄色	5.58	37	3-17-1	红色	73.81
7	10-06	黄色	5.92	38	X 早 -2	浅红色	74.25
8	Y07-14	黄底红晕	7.03	39	JD1-6-7-37	红色	75.01
9	Y13-09	黄色	7.04	40	坎 1	红色	79.88
10	03-38	黄底红晕	8.84	41	S-D	红色	81.85
11	02-16	浅红色	11.66	42	11-20 母	红色	83.14
12	农大 7 号	黄底红晕	11.73	43	Y14-26	红色	90.02
13	99-02	黄底红晕	12.04	44	京欧 1 号	红色	90.12
14	01-01	黄底红晕	15.68	45	GS-2	红色	92.73
15	3-17-5	黄底红晕	15.69	46	3-17-2	红色	93.4
16	农大 3 号	黄底红晕	16.43	47	农大 6 号	红色	97.38
17	15-01	黄底红晕	22.34	48	08-24	红色	98.57
18	10-02	黄底红晕	24.13	49	15-51	深红色	104.05
19	Y05-17	黄底红晕	25.75	50	10-03	深红色	106.06
20	DG-1	黄底红晕	28.17	51	10-32	深红色	108.92
21	DS-1	浅红色	31.73	52	03-35	红色	109.86
22	X17-01	红色	36.79	53	特晚熟	红色	112.08
23	3-60-2-8	浅红色	38.96	54	京欧 2 号	深红色	124.17
24	M19-4	红色	42.75	55	X 早 -1	深红色	163.45
25	16-10 母	浅红色	45.82	56	3-17-4	深红色	188.71
26	F3-1	黄底红晕	47.75	57	03-25	深红色	256.74
27	Ft-1	红色	49.98	58	JO-1	深红色	454.33
28	15-02	红色	53.33	59	JO-2	深红色	576.91
29	Y09-14	红色	54.01	60	628	深红 - 黑色	2 601.90
30	Y08-22	红色	59.99	61	11-07	深红 - 黑色	2 802.48
31	DG-41	红色	60.71				

欧李果肉的颜色可以分为红色、黄色2种主要颜色，在红色果肉中可以分为浅红色、红色和深红色3种，在黄色中可以分为黄色、浅黄色（近白色）2种。

经过对225份种质资源的分析，果肉为红色的资源为52份，约占到23.11%，在这些资源中，果皮与果肉一般均为红色。果肉为黄色的资源约占到76.89%，在这些资源中，双黄资源为31份，约占到黄肉资源的17.92%，约占到总资源的13.78%。其余的142份尽管为黄肉，但果皮颜色与果皮不一致，表现为浅红和混合颜色。混合颜色则由黄底红晕（较多）、绿底黄晕（如巨鑫20-01）、绿底红晕（如Y07-14）、黄底红点（如99-02）等颜色组成。另外，果肉为浅黄色（近白色），果皮一般为黄绿色，个别品种果皮为混合颜色，果肉为浅黄色（近白色，如02-16），还有果皮为深红色、果肉为黄色的种质（如农大6号），这类种质的固形物含量一般较高。同其他果树一样，没有肉红皮黄的种质。在加工时，要注意欧李果肉与果皮颜色不一致的特点。

（2）果形分类。在果形上，欧李有多种果形，整体上可以分为长圆形、圆形、扁圆形3种果形。长圆形中又可以分为尖顶圆形、尖基圆形和双尖圆形；圆形可以分为圆形、近圆形、椭圆形等；扁圆形可以分为稍扁圆形、中扁圆形和极扁圆形等。对205份种质果实的形状观察和果形指数的测定。果形指数≥1，果实长圆形的种质共20份，占比为9.76%，其中双尖圆形的有3份种质，果实中间最大，两头稍尖，形状像橄榄（如DG-5）；有一份种质上部较宽，呈椭圆形（如石7-17-6）；其余16份种质为下部较宽，似卵圆形。0.945≤果形指数<1，果实为圆形或近圆形的种质有27份，占比为13.17%。0.881≤果形指数<0.945，果实为近圆形或扁圆形的种质47份，占比22.93%。其余111份资源为扁圆形，占比54.15%。因此可以说欧李的果实性状以扁圆形为主。

205份种质的分析表明，欧李果实的大小与果形指数关系不大，果形指数大的也有果子较小的情况，果形指数小的也有果子较大的情况。果实的大小与遗传因素有关，果实纵向或横向的生长都可以发育成较大的果实。当然，栽培管理等因素尤其是水分是否充足是影响果实大小的重要因素。水分充足会促进农大4号品种的纵向和横向两个方面的生长，而对于农大7号则主要促进横向的生长，最终都会使果实进一步膨大。

另外，在果形上，许多欧李的果尖凸起（图2-10右），205份种质中，有107份果尖突起，占比52.20%，而其余的果实没有明显的果尖或平，仅极少部分的种质为果顶凹陷，这种情况一般发生在极其扁圆的种质上，如10-32等，205份种质中仅有1份，所以是极为稀缺的种质。

图2-10 欧李果实梗洼凸起与果顶有尖

在梗洼上，欧李一般较窄且浅，个别种质梗洼处有凸起（图2-10左），这是一种优良的性状，因为梗洼凸起可以减少泥土或残留雄蕊的保留，使果实在加工时更容易清洗，育种时应引起注意。

（3）果柄长度。在果柄的长度上，欧李果实一般较短，在1cm左右，因此也被称为短柄樱桃，但调查中发现了4份种质果柄的长度可以达到2cm以上，是一般种质的2倍，见图2-11，代表种质为东10-2-17。长果柄可以消除因欧李结果过多形成的挤压，也有利于采收，因此也是十分重要的种质。王培林（2021）对太行山和燕山两地的欧李品系柄长度和粗度进行了观测，指出太行山欧李的果柄平均长度稍短，为11.52mm；燕山欧李稍长，为12.23mm。

（4）果实大小。在果实的大小上，种质间变化最大，平均最小为1g左右，平均最大的为20g左右，呈连续变异。根据220份欧李种质果实的不同大小，可以将欧李分为极小、小、中等、大、极大5个类型。

220份欧李种质果实重量变异为0.678～18.828g，平均值7.426g。其中小于3.0g种质（极小果种质）15份，占比6.82%；3～5g的种质（小果种质）69份，占比31.36%；6～10g的种质（中等果种质）104份，占比47.27%；11～14g的种质（大果种质）为29份，占比13.18%；大于14g的种质（极大果种质）为3份，占比1.36%，见图2-12。极大果种质属于特异资源，包括有东11-3-12、DG-4、东3-1-2、东3-3-52、东12-1-58、南4-5-1、5B-17-3（大红果）。

图2-11 欧李种质果柄长度变化   图2-12 220份欧李种质果实大小的多样性分布

（5）果核分类。果核有黏核、离核和半离核3种类型。果核形状和大小变异丰富。形状上一般为卵圆形、长圆形和圆形3种，与果实的性状有一定的关联性。果实为长圆形的核也为长圆形，果实较扁的核为圆形，其余的为卵圆形。2018年通过对410份种质核重的测定，发现欧李的核重变异范围为0.12～1.04g，平均核重为0.45g，平均占实重量的5.69%。可以将果核的大小分为较小、小、中等、大和极大5个类型。

410份种质中，核重在0.2g以下的为极小类型，有3份资源，占比0.73%；核重在0.201～0.3g的为小核种质，有52份，占比12.68%；中等核重在0.301～0.60g，有种质284份种质，占比69.27%；核重在0.601～0.80g，为大核种质，共有61份，占比14.88%；核重大于0.8g的为极大核种质，共10份，占比2.44%。

果核的重量和果实大小有一定的相关性，一般较大的果实果核也大，果实较小的核也较小，但是果核占果重的比例相反，即果实越大，果核占比越小，果实小，果核占果实的比例越大。极大果核的欧李种质平均果重为13.21g，果核占果实重量为7.86%；而果核占比在10%～27.2%时，果实的平均重量为3.75g，与前者相差3.5倍；

果核占比在 2.6%～3.9% 时，果实的平均重量为 13.28 g。欧李这种特点有利于选育果个大、可食率高的品种，但不利于选择产仁率高、亩产量也高的品种。因为产仁率高的品种，果个较小。欧李种子可以榨油，且含油率较高，油中的不饱和脂肪酸也很高，因此除果肉能够利用之外，在选育产油率高的品种方面应特别注意果核大、果仁大且占果实总重的比例也大的种质。这样单位面积上的果仁总产较高，产油也较高。极大核的种质果核平均重量为 0.9 g，占果重的比例为 7.18%，按照欧李亩产果实 1 000 kg 估算，亩产果核可达到 71.8 kg；果核出仁率按照 25% 计算，可产仁 17.95 kg；出油率按照 40% 计算，仅可产油 7.18 kg，亩产油量比较低。但是，种质中有果核占比较高的种质，最高的可以达到 27.2%，这样亩产果核可以达到 272 kg，产油可以达到 27.2 kg，则是一个较高的产油量（表 2-4）。与其他一些木本油料作物相比，欧李不仅可以产油，而且更注重果肉的利用。

表 2-4 果核重量特异的欧李种质分类

分类	种质名	单果重（g）	果核（种子）重（g）	果核占果实比（%）	亩产油量估计（kg）
极大果核种质	S-D	17.95	1.038	5.78	5.78
	DG-6（纺锤果）	11.224	1.009	9.0	9.0
	3-10-1-7	12.83	0.977	7.61	7.61
	DG-4	15.07	0.906	6.01	6.01
	粉红后叶	11.84	0.901	7.61	7.61
	中区 10-4-5	17.59	0.865	4.92	4.92
	T1-7-17-1	8.29	0.849	10.24	10.24
	大红果	14.54	0.802	5.64	5.64
	东 10-1-26	10.34	0.813	7.86	7.86
	平均	**13.21**	**0.908**	**7.18**	**7.18**
果核占比较大种质	东 10-2-17（长柄）	6.06	0.67	11.11	11.11
	东 7-2-42	5.71	0.648	11.35	11.35
	FT-7	5.87	0.64	10.91	10.91
	东 9-3-36	5.19	0.5	11.93	11.93
	东 9-3-6	2.51	0.46	18.33	18.33
	东 9-1-33	4.18	0.49	11.72	11.72
	6-8-6	2.85	0.38	13.33	13.33
	东 11-2-43	3.53	0.37	10.48	10.48
	东 11-2-42	3.36	0.35	10.42	10.42
	东 1-2-12	1.35	0.36	27.20	27.20
	11-07	0.62	0.12	19.22	19.22
	平均	**3.75**	**0.45**	**14.18**	**14.18**

续表

分类	种质名	单果重（g）	果核（种子）重（g）	果核占果实比（%）	亩产油量估计（kg）
	东 11-3-12	17.63	0.67	3.90	3.90
	东 10-1-26	17.24	0.64	3.71	3.71
	中区 4-6-12	20.02	0.62	3.10	3.10
	高直	15.58	0.58	3.70	3.70
	东 3-3-52	17.22	0.57	3.31	3.31
	东 2-3-38	14.38	0.56	3.89	3.89
	东 1-3-15	14.38	0.55	3.58	3.58
果核占比较小的种质	东 10-3-37	16.09	0.52	3.23	3.23
	16-14	14.60	0.49	3.38	3.38
	16-14 旁	17.66	0.47	2.69	2.69
	东 5-3-29	14.61	0.43	2.94	2.94
	东 4-1-32	14.64	0.38	2.60	2.60
	东 7-2-37	9.87	0.37	3.75	3.75
	东 9-2-20	11.82	0.37	3.13	3.13
	东 5-3-26	9.47	0.35	3.70	3.70
	东 9-2-28	9.09	0.35	3.83	3.83
	东 11-2-41	8.48	0.24	2.87	2.87
	平均	**14.28**	**0.48**	**3.37**	**3.37**

注：表中果实产量按 1 000 kg/ 亩，果核出仁率 25%，出油率 40%。

表 2-5 对种子特性进行了分析。可以看出，欧李种子的平均纵径为 11.01 mm，横径为 8.01 mm，从种子的形态上看，大多数为椭圆形，仅少部分种子为圆形或近圆形，如 10-32 等；种子的百粒重为 17.80～57.81 g，平均为 35.45 g；百粒仁重为 4.74～10.69 g，平均为 7.12 克；种子出仁率为 10.93%～27.98%，平均为 20.80%；百粒壳重为 12.57～51.11 g，平均为 27.81 g；种壳厚度为 0.76～1.73 mm，平均为 1.26 mm；种子出壳率为 70.62%～88.41%，平均为 78.32%。在多样性上，种子的百粒重、种子出仁率、百粒壳重、种壳厚度等方面变异较大，可以根据不同的利用目的，加以选择。

表 2-5　欧李种质资源种子的有关特性

种质名称	种子纵径（mm）	种子横径（mm）	种子百粒重（g）	百粒仁重（g）	种子出仁率（%）	百粒种壳重（g）	种壳厚度（mm）	种子出壳率（%）
农大 3 号	12.23	8.06	41.50	7.74	18.65	33.34	1.57	80.34
农大 4 号	9.73	7.80	30.85	6.78	21.98	23.67	1.53	76.73
农大 5 号	11.85	8.06	38.95	8.15	20.92	29.60	1.47	75.99
农大 7 号	11.21	9.21	53.30	9.18	17.22	42.64	1.69	80.00

续表

种质名称	种子纵径（mm）	种子横径（mm）	种子百粒重（g）	百粒仁重（g）	种子出仁率（%）	百粒种壳重（g）	种壳厚度（mm）	种子出壳率（%）
晋欧2号	9.87	7.21	22.94	4.98	21.71	17.83	0.94	77.72
晚3	13.59	8.06	40.67	8.35	20.53	31.63	1.60	77.77
晚4	12.45	9.19	53.17	9.19	17.28	43.90	1.73	82.57
中实-3	11.37	7.33	31.33	5.66	18.07	25.69	1.32	82.00
DS-1	8.83	6.86	22.37	5.20	23.25	17.15	1.05	76.67
白果	12.15	8.50	40.92	9.84	24.05	30.93	1.17	75.59
01-02	10.42	8.40	38.51	8.14	21.14	30.18	1.39	78.37
02-20	9.96	8.61	38.23	7.42	19.41	30.68	1.31	80.25
02-16	11.80	8.44	34.38	8.45	24.58	25.36	1.02	73.76
03-32	11.32	7.87	29.61	5.90	19.93	23.64	1.24	79.84
03-35	11.06	7.77	33.38	7.12	21.33	25.71	1.12	77.02
03-38	11.36	7.64	33.78	5.76	17.05	27.56	1.34	81.59
10-32	8.49	8.79	34.77	6.75	19.41	27.66	1.32	79.55
13-09	8.98	7.19	23.84	5.37	22.53	18.03	0.96	75.63
99-02	10.42	8.40	22.76	5.54	24.34	16.97	0.99	74.56
J-1	9.38	7.19	22.25	5.56	24.99	16.49	0.92	74.11
J-2	9.10	7.16	19.74	4.74	24.01	14.76	0.87	74.77
DG-1	12.81	9.13	57.81	6.32	10.93	51.11	1.49	88.41
DG-3	12.33	9.03	51.96	8.67	16.69	43.10	1.51	82.95
Y03-09	13.92	8.44	50.61	10.69	21.12	39.88	1.41	78.80
Y08-22	10.93	7.94	34.68	6.86	19.78	27.62	1.27	79.64
Y12-26	12.63	8.08	41.46	8.40	20.26	32.68	1.27	78.82
Y03-01-08	10.13	7.54	27.21	6.64	24.40	20.28	1.08	74.53
WZ-1	10.62	7.72	34.47	6.65	19.29	27.77	1.18	80.56
05-1-1-16	8.65	6.51	17.80	4.98	27.98	12.57	0.76	70.62
B-1	12.81	8.22	40.19	8.55	21.27	31.27	1.23	77.81
平均	11.01	8.01	35.45	7.12	20.80	27.81	1.26	78.23

7. 按照果实成熟期分类

欧李落花后幼果即开始生长发育，不同种质发育到成熟时的迟早不同，最早成熟的种质不到80 d，最晚成熟的种质需180 d。山西太谷地区大部分品种的开花时间在4月中旬，落花在4月下旬，经过对127份种质进行了果实成熟期的观察，根据成熟期的迟早可以将欧李分为6个类型，极早熟、早熟、中熟、中晚熟、晚熟和极晚熟（表2-6）。

表2-6   127份欧李种质成熟期的分类

类型	成熟月份	果实发育天数（d）	种质份数与占比（%）	代表种质
极早熟	7月上旬前	<80	1（0.79）	11-07
早熟	7月中旬至下旬	80～100	26（20.47）	03-25、03-32
中熟	8月上旬至中旬	100～120	64（50.39）	10-06、DG-1、15-51、03-35、农大6号
中晚熟	8月下旬至9月上旬	120～140	10（7.87）	农大7号、农大4号、09-19
晚熟	9月中旬至下旬	140～160	12（9.45）	10-01、3-39-17-1、09-03、16-15、09-01
极晚熟	10月上旬后	>160	14（11.02）	T-特晚熟、特晚熟

从表2-6中可以看出，欧李以中熟种质为主，约占到种质的50%，成熟期主要集中在8月上旬到中旬，这一时期也是其他水果成熟的高峰期，同时天气炎热，温度较高，果实不耐贮运，很容易腐烂。果实在7月上旬为最早成熟的种质，但数量很少，仅1份种质，且果个偏小，今后需加强极早熟种质的收集、创制与育种。在7月中旬和7月下旬的种质占比为20%左右，果实发育期为80～100 d，此类种质可以适宜于无霜期较短的地域。中晚熟、晚熟和极晚熟种质分别占到10%左右，这些品种的成熟期基本上避开了夏季的高温阶段，同时进入到北方的秋雨季节，果实一般可迅速膨大，但需要无霜期较长的区域才能栽培。目前，已从这些种质中选育出果个大、长势强、不裂果、酸涩味较低的鲜食品种。

二、欧李果实内部品质特征的分类与评价

1. 按照出汁率分类

出汁率对果汁加工尤为重要，不同种质果实成熟时，出汁率之间也有较大的差异，可以分为高、中、低3个类型，出汁率分别为≥50%、31%～49%、≤30%。表2-7是在实验室用家用榨汁机测得的数据，可以反映不同种质间出汁率的变化情况。出汁率低的种质可以考虑加工果脯，高的种质用于加工果汁。出汁率的高低受到采摘成熟度的影响，采摘越早，出汁率越低。所以，晚熟品种种植在无霜期较短的地方会出现出汁率较低的情况。果实变绵后，出汁率也很低，可能与过度成熟有关。

表2-7   欧李不同种质的出汁率

种质名称	带核重（g）	果肉重（g）	可食率（%）	出汁重（g）	出汁体积（mL）	出汁率（%）
97-03	74.80	61.59	82.3	16.54	12.50	22.11
X-白	81.01	66.21	81.7	21.00	19.00	25.92
08-22	106.60	88.10	82.6	32.58	28.00	30.56
02-14	78.40	61.35	78.3	29.00	27.00	36.99
02-16	100.95	92.33	91.5	41.71	38.00	41.32

续表

种质名称	带核重（g）	果肉重（g）	可食率（%）	出汁重（g）	出汁体积（mL）	出汁率（%）
农大4号	104.11	90.89	87.3	44.37	44.00	42.62
03-35	99.50	80.59	81.0	42.57	41.50	42.78
闻粉里	110.54	100.12	90.6	52.51	51.00	45.5
88-22	100.56	88.89	88.4	45.79	44.00	45.54
10-21	97.66	84.80	86.8	45.43	44.00	46.52
农大3号	121.82	103.19	84.7	56.48	55.00	46.63
中实-3	105.91	94.78	89.5	50.29	48.00	47.48
97-02	117.12	109.17	93.2	60.12	58.00	51.33
农大5号	121.44	106.16	87.4	64.20	61.00	52.87
紫果	114.89	101.68	88.5	61.87	61.00	53.85
白果	106.70	95.49	89.5	57.66	56.00	54.04
晚-3	110.53	99.87	90.4	62.90	61.00	56.91

2. 按照果实有机酸含量、可溶性固形物含量、固酸比分类

（1）有机酸含量的分类。根据 2017 年对 219 份种质酸含量的测定分析，欧李有机酸含量的平均值 1.527%，变异范围为 0.599%～2.851%。根据酸含量的高低，可以将欧李种质分为 5 类：低酸，酸含量为 0.5%～0.7%，占比 4.11%；中低酸，酸含量 0.8%～1.2%，占比 27.40%；中酸，酸含量 1.3%～1.6%，占比 35.16%；高酸，酸含量 1.7%～2.0%，占比 24.66%；超高酸，酸含量 2.1%～2.8%，占比 8.68%（图 2-13）。从图 2-13 中可以看到，欧李种质的酸含量较高，这是导致欧李口味偏酸的主要原因。2012 年时，发现了 2 个低酸种质，随后利用这 2 个种质与企业合作进行创制低酸资源的杂交育种，到目前创制了十多个酸含量在 0.5% 左右的低酸资源。

（2）可溶性固形物含量分类。215 份欧李种质可溶性固形物含量的平均值为 12.08%，变异范围为 6.24%～23.95%。根据 215 份欧李种质固形物的含量可以将其分成 3 类：低含量（6%～9%），占比 15.81%；中含量（10%～13%），占比为 67.91%；高含量（14%～23%），占比 16.28%，见图 2-14。如东 11-3-54，成熟期 9 月上旬，果重为 7.88 g，深红，在果实较硬的时候测定可溶性固形物为 21.20%，酸含量为 1.17%，是一个较为突出的可溶性固形物含量高的资源。

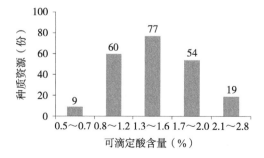

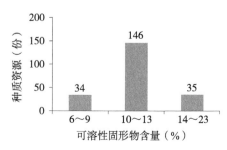

图 2-13　219 份欧李种质可滴定酸含量分布　图 2-14　215 份欧李种质可溶性固形物含量分布

（3）固酸比。固酸比可以在一定程度上反映果实的酸甜风味，一般果实当固酸比达到 30 以上，果实便呈现为甜味较浓的感觉；在 20～30，呈现为酸甜感觉；在 20 以下，则呈现为较酸的感觉。经过对 215 份欧李种质固酸比的分析，发现平均值仅为8.55，变异范围为 3.9～21.806，远低于一般果实的固酸比，这就是欧李普遍偏酸的原因，但也存在一些固酸比较高的资源。根据 214 份欧李种质固酸比进行分类可以分为 4 类：极低固酸比，比值为 3～5，占比 15.89%；低固酸比，比值为 6～10，占比 71.96%；中固酸比，比值为 11～15，占比 9.35%；较高固酸比，比值为 16 以上，占比 2.8%。近年来，我们已经创制出了固酸比超过 20 的新种质 17 份，超过 30 的新种质 3 份，其口感甜，整体风味甚至超过了樱桃的口感，这将为欧李鲜食品种的选育奠定了新的种质资源基础。

3. 按照果实中的香气分类

作为果品，香气的多少是果品质量的重要指标。欧李果实具有十分浓郁的香气，这是普通果品无法比拟的特征，也是欧李适宜要求有香气丰富的加工产品如果酒、果汁和罐头等产品的原因所在。根据欧李不同种质中香气的含量、化合物成分数量和组分种类可进行如下分类。

（1）香气总含量高低分类。根据对山西农业大学资源圃中 87 份欧李种质采用气相色谱 - 质谱联用仪进行的香气含量测定结果，香气含量的变化为 0.839 5～298.514 5 mg/kg，平均值为 53.852 6 mg/kg，变异系数为 112.67%。说明欧李种质中的香气成分存在极为丰富的多样性。根据聚类分析，总含量分为四大类：高香类，251.58～295.77 mg/kg，共有 3 份种质，代表种质为 3-54- 红香等；中高香类，163.52～221.04 mg/kg，共有 3 份种质，代表种质为 03-25 等；中香类，56.92～127.70 mg/kg，共有种质 27 份，代表种质为农大 6 号和 99-02 等；低香类，0.84～47.47 mg/kg，共有 54 份种质，代表种质为晋欧 1 号、农大 5 号等，见表 2-8。

表 2-8　87 份欧李种质香气总含量的分类

类别及种质份数	总含量范围（mg/kg）	种质名称
第一大类（3 份）（高香类种质）	251.58～295.77	JO-2、3-54- 红香、3-55- 黄桃
第二大类（3 份）（中高香类种质）	163.52～221.04	03-25、3-52- 扁黄、3-52- 桃形
第三大类（27 份）（中香类种质）	56.92～127.70	11-07、Y09-14、08-16、02-14、99-02-1、闻粉里、坎 3、3-54-17-1、农大 6 号、3-41-17-1、99-02、DB17-1、Y14-26、08-11、J-1、16-14 南、Y04-26、1 区 长 圆、京欧 2 号、T1-10-17-2、3-19-4-20、闻粉里南、15-01、3-55- 黄圆、北区 2-1-2、3-29-2-2、X 早 -2

类别及种质份数	总含量范围（mg/kg）	种质名称
第四大类（54 份）（低香类种质）	0.84～47.47	X 早-1、09-01、3 区早-1、DS-1、农大 3 号、03-33、DG-7、Y23-04、3-5-2-1、晚 4、3-30-1-1、3-62-2-5、DB17-2、京欧 1 号、晚花、中实-3、农大 7 号、JO-1、3-62-1-30、桔红扁酸、02-19、Y14-26 红果、02-16、16-15、15-51、S-D、15-53、Y07-14、09-19、09-03、Y03-01-08、农大 5 号、B-1、晚-3、Y08-22、03-35、03-38、紫果、Y04-20、白果、晋欧 1 号、Y03-09、08-24、干果、10-21、10-04、GS-3、10-32、01-01、DG-4、13-05、TB17-1、DG-41、GS-2

（2）香气化合物成分数量的分类。在种质之间香气的组成成分、香气物质的含量均有较大的变异。87 份欧李种质共检测到香气成分 640 种，每份种质都有多种香气，组分的种类数在不同种质间的变化范围为 47～111 种，平均值为 90.69 种，变异系数为 10.11%。根据香气组成成分的种类多少，可以将欧李种质划分为 5 个类型，见表 2-9。整体来看，80% 的欧李种质含有的香气成分超过了 85 种以上。

表 2-9　87 份欧李种质香气化合物成分数量数聚类结果

类别及种质份数	香气化合物成分数量	种质名称
第一大类（2 份）（极少成分种质类）	47～65	11-07、09-03
第二大类（14 份）（少成分类种质类）	73～84	JO-1、桔红扁酸、白果、Y07-14、03-25、J-1、08-24、Y03-01-08、03-33、X 早-2、3 区早-1、Y04-20、京欧 1 号、3-54-红香
第三大类（40 份）（中多成分种质类）	85～91	X 早-1、Y04-26、中实-3、京欧 2 号、农大 5 号、15-53、08-11、1 区长圆、JO-2、DS-1、03-38、GS-3、3-19-4-20、晋欧 1 号、3-62-2-5、03-35、农大 6 号、闻粉里、3-41-17-1、GS-2、S-D、08-16、3-52-扁黄、02-19、晚 4、Y03-09、坎 3、16-14 南、闻粉里南、10-32、3-62-1-30、Y14-26、农大 7 号、15-01、02-14、DG-7、B-1、10-04、紫果、16-15
第四大类（28 份）（较多组分种质类）	94～103	02-16、DG-4、15-51、01-01、Y23-04、Y09-14、晚-3、10-21、农大 3 号、09-01、3-55-黄圆、3-52-桃形、3-54-17-1、13-05、Y08-22、晚花、3-29-2-2、99-02-1、3-55-黄桃、09-19、DB17-1、DB17-2、Y14-26 红果、3-5-2-1、99-02、北区 2-1-2、T1-10-17-2、干果
第五大类（3 份）（极多成分种质类）	106～111	TB17-1、DG-41、3-30-1-1

第一类为极少香气成分类：仅 2 份种质，分别含有 47 种，65 种香气成分，占比 2.30%。

第二类为少香气成分类：含有香气成分种类为 73～84 种，有 14 份种质，占比

16.09%。

第三类为中多香气成分类：含有香气成分种类为85～91种，有40份种质，占比45.98%。

第四类为较多香气成分类：含有香气成分种类为94～103种，有28份种质，占比32.18%。

第五类为极多香气成分类：含有香气成分种类为106～111种，有3份种质，占比3.45%。

（3）香气种类的分类。欧李种质中的640种香气化合物，按化合物的性质可归为12类，包括：酯类（E）、醇类（A）、醛类（B）、酮类（K）、内酯（L）、酸类（C）、烷烃（D）、烯烃（F）、萜类（T）、其他氧化物（O）、酚类（P）、其他（H）等。酯类、醇类、醛类、酮类、烯烃和其他氧化物6类化合物是87份资源中共有的香气种类化合物，见图2-15。

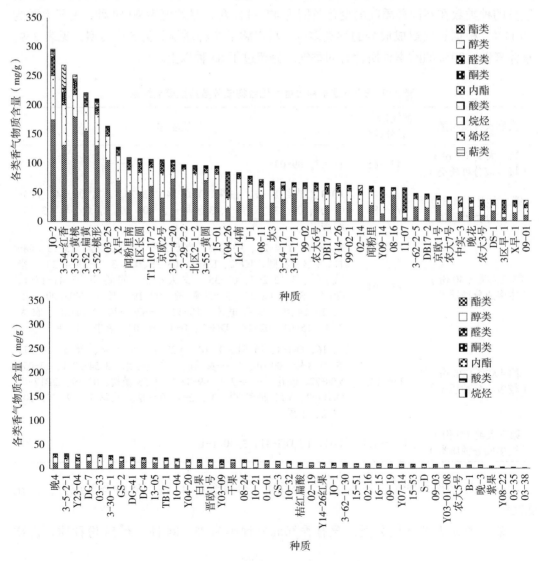

图2-15　87份欧李种质香气种类与含量

根据不同种类香气物质的含量，对 87 份欧李种质资源进行聚类分析，在类平均距离为 1.0 ～ 1.25 处，将欧李种质资源分成了 9 类。如下所示。

　　第一类：为高醛类，包括 4 份种质，分别为 11-07、Y04-26、3 区早-1、Y09-14。

　　第二类：为中酯醇醛酮类，73 份种质，分别为 X 早-1、3-62-2-5、京欧 1 号、DS-1、08-24、03-33、DB17-2、晚 4、3-30-1-1、JO-1、09-19、16-15、02-16、02-19、晚-3、B-1、农大 5 号、紫果、Y08-22、03-38、03-35、GS-3、15-51、01-01、干果、3-62-1-30、S-D、Y07-14、Y03-01-08、Y14-26 红果、DG-4、DG-7、13-05、TB17-1、10-04、10-21、10-32、晋欧 1 号、Y04-20、桔红扁酸、白果、09-03、15-53、GS-2、08-16、农大 7 号、晚花、DG-41、农大 6 号、99-02-1、08-11、闻粉里、3-41-17-1、99-02、3-55-黄圆、3-5-2-1、02-14、中实-3、Y23-04、09-01、1 区长圆、DB17-1、3-19-4-20、X 早-2、03-25、J-1、15-01、16-14 南、3-29-2-2、京欧 2 号、闻粉里南、北区 2-1-2、Y14-26。

　　第三类：为中醇类，包括 3 份种质，分别为坎 3、T1-10-17-2 和 Y03-09。

　　第四类：为高醇中酯类，仅 1 份种质，为 3-54-17-1。

　　第五类：为高酸内酯类，仅 1 份种质，为农大 3 号。

　　第六类：为高酯内酯类，仅 1 份种质，为 JO-2。

　　第七类：为高酯类，仅 1 份种质，为 3-55-黄桃。

　　第八类：为高酯醇类，包括 2 份种质，分别为 3-52-扁黄和 3-52-桃形。

　　第九类：为酯醇高氧化物类，仅 1 份种质，为 3-54-红香。

　　根据主化合物分析结果，欧李的香气化合物种类以酯类和醇类为主。酯类含量范围是 0.227 3～180.958 1 mg/kg，平均含量占香气成分为 51.47%，含量占比超过总香气含量 50% 的有 32 份种质，占比在 10%～50% 的 52 份，10% 以下的 3 份；在单一化合物的含量上，超过 1% 的香气化合物 7 种，超过 10% 的 2 种。醇类含量范围是 0.346 2～103.100 4 mg/kg，平均含量占总香气含量为 27.42%，超过 50% 的 6 份资源，10%～50% 的资源 81 份；在单一化合物的含量上超过 1% 的香气化合物有 5 种。

　　有 2 种香气单化合物是 87 份资源共有的化合物，它们分别是：芳樟醇、4- 二甲基 -3- 环己烯 -1- 乙醛。有 4 种香气化合物是 86 份种质共有的化合物，它们分别是：Ethyl2-（5-methyl-5-vinylte trahydrofuran-2-yl）propan -2-yl carbonate、乙酸己酯、α- 松油醇和青叶醛，可以作为欧李区别于其他果树的特征香气。

　　从以上分析可以看出，欧李的香气不仅决定于香气化合物的总量，也决定香气化合物的性质和组分组成的多少。几乎每个品种的组分都不尽相同，尽管环境条件会影响香气含量和组分的变化，但这种在种质之间的差异可能更多地决定于遗传因素，因此，加强对欧李香气分子生物学的研究可以更好地选育出不同香气的欧李品种。另外，由于欧李的香气主要以酯类和醇类为主，给欧李香气的提取带来较大的困难，应针对欧李的特点研究人工提取欧李香气的手段和技术。

4. 按照果实类黄酮、酚类、单宁含量分类

在人类越来越重视健康的今天，果品中的类黄酮、酚类等抗氧化物质已经逐渐作为果品营养品质和保健价值的一项重要指标。欧李果实中富含类黄酮、酚类等次生代谢物质，因此有必要对这些物质在欧李种质中的多样性进行分析，并加以分类和评价。

（1）欧李种质果实类黄酮含量的分类。2018 年测定了 52 份欧李种质果实类黄酮含量，其含量范围在 5.52~20.83 mg/g FW，平均值为 11.11 mg/g FW，其种质间的变异系数为 26.52%；2019 年继续扩大到 137 份，其含量范围在 3.90~28.37 mg/g FW，平均值为 10.58 mg/g FW，其变异系数为 35.78%。2 年的种质间变异系数均超过了 20%，且随着种质份数的增加，变异系数也增大，说明欧李种质资源中类黄酮含量的多样性十分丰富。欧李种质中类黄酮的含量，受到遗传因素、环境条件的变化而发生改变，但对于同一种质而言，在不同年份间的差异较小，经对 2018 年和 2019 年两年期间多个种质之间的类黄酮含量变化的变异分析，除有 9 份种质变异系数超过 20% 外，其余的种质年度间的变异均较小。两年平均值相差 0.53 mg/g FW，差别较小，变异系数平均值为 12.43%，低于 20%，说明同一欧李种质在两年中的变化较小，含量相对稳定。因此类黄酮的含量主要取决于种质本身的固有特性。表 2-10 列出的是 2 年间主要欧李种质的黄酮含量变化。

表 2-10 2018 年和 2019 年主要欧李种质果实类黄酮含量及变异分析

种质名称	类黄酮含量（mg/g FW）		变异系数 CV（%）
	2018 年	2019 年	
DS-1	7.43	7.90	4.37
晋欧 3 号	8.38	6.02	23.16
农大 5 号	8.41	6.49	18.24
晋欧 2 号	8.47	10.75	16.79
京欧 1 号	9.41	9.32	0.67
农大 7 号	9.53	10.45	6.51
京欧 2 号	9.82	11.20	9.26
10-06	10.86	9.57	8.96
农大 6 号	12.14	11.08	6.46
DG-1	13.74	13.41	1.74
3-17-5	14.01	13.90	0.56
农大 3 号	16.49	11.02	28.12
农大 4 号	19.36	11.65	35.16
3-17-4	—	28.37	
3-17-2	—	19.20	
燕山 1 号	—	13.14	
3-17-1	—	7.98	

依据欧李果实类黄酮含量对 137 份欧李种质进行了聚类分析，可将其分为 4 个大类，6 个亚类（表 2-11），分别为超高类型，代表种质为 3-17-4；高类型，代表种质为农大 4 号；中类型，代表种质为农大 6 号；低类型，代表种质为 DS-1。

表 2-11　欧李种质果实类黄酮含量的分类

含量类别	亚类	种质份数 / 占比（%）	类黄酮含量范围（mg/g FW）	类黄酮含量平均值（mg/g FW）
超高类型		1 / 0.73	28.37	28.37
高类型		10 / 7.30	15.96～21.99	18.12
中类型	中高亚类	22 / 16.06	12.91～15.23	14.07
	中亚类	42 / 30.66	9.57～12.84	11.06
低类型	中低亚类	40 / 29.20	7.21～9.40	8.32
	低亚类	22 / 16.06	3.90～6.92	6.03

（2）欧李种质果实多酚含量的分类。2017 年和 2018 年，对 40 份欧李种质多酚含量进行了测定，发现多酚含范围在 2.40～6.25 mg/g FW，平均值为 3.82 mg/g FW。种质间的变异系数分别为 20.97%、22.19%，说明在欧李种质中多酚含量也存在丰富的遗传变异。2 年间同一种质类黄酮含量的变异系数均值为 9.00%，小于不同种质间的遗传变异系数，说明欧李种质间的多酚含量差异主要受遗传因素的控制。

依据果实多酚含量，对 40 份欧李种质进行聚类分析，如图 2-16 在类距离为 1.0 时，可将欧李种质分为 3 类。

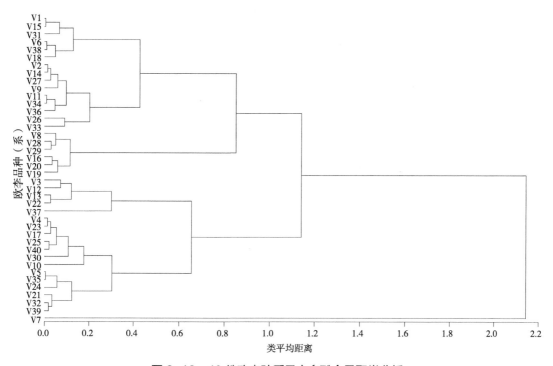

图 2-16　40 份欧李种质果实多酚含量聚类分析

Ⅰ类为高多酚种质，为 3-17-2，含量在 5.97 mg/g FW，占 2.5%；

Ⅱ类为中多酚种质，共 21 份，含量在 3.71～4.99 mg/g FW，占 52.5%；

Ⅲ类为低多酚种质，共 18 份，含量在 2.44～3.61 mg/g FW，占 45%。

表 2-12 列出了 40 份种质的在各类型中的分类情况，可以看出，已经选育成的栽培品种多酚含量普遍分布在低多酚含量的类型中，低于多数原始种质，可见人工选择将会降低欧李果实中的多酚含量。

表 2-12　40 份欧李种质多酚含量的分类

类型	种质份数	多酚含量范围（mg/g FW）	包含种质
高多酚含量	1	5.97	3-17-2
中多酚含量	21	3.71～4.99	11-07、北区 9-7-3、99-02、京欧 2 号、农大 4 号、白果 DB17-2、JO-2、白果、Y05-17、DG-1、樱桃果、DG-41、09-19、10-32、紫果、11-20、Y20-09、T1-2-17-1、08-16、02-16、白果 DB17-1
低多酚含量	18	2.44～3.61	京欧 1 号、晚 3、Y04-26、TB17-1、农大 3 号、农大 7 号、Y03-09、J-2、15-51、10-06、农大 5 号、晋欧 2 号、晋欧 3 号、农大 6 号、北区 2-7-4、09-01、T1-6-17-1、橄榄果

（3）果实中单宁含量的分类。单宁是果实品质形成过程中的重要的内在因素，同时也是风味的主要决定因子，适量的单宁具有提高果实风味、增加果实清爽口感的作用，但单宁含量过高，不仅会引起食用时强烈的涩味，而且对果汁、果酒等加工品质也有较大影响。因此选育单宁含量低的鲜食品种和单宁含量适中的加工品种是欧李育种的重要目标。

由表 2-13 可知，55 份欧李种质间的果实单宁平均含量为 0.76%，变幅为 0.39%～1.28%，极差为 0.89%，变异系数达 27.46%，表明欧李单宁多样性资源相对丰富。其中"特晚熟"单宁含量最高，为 1.28%，晋欧 2 号和 DS-1 单宁含量最低，均为 0.39%。主栽品种晋欧 1 号果实单宁含量为 0.90%，农大 6 号果实单宁含量为 0.51%，农大 7 号果实单宁含量为 0.55%。

表 2-13　55 份不同欧李种质果实单宁含量

编号	种质名称	单宁含量（%）	编号	种质名称	单宁含量（%）
1	晋欧 2 号	0.39	8	10-06 母	0.54
2	DS-1	0.39	9	农大 7 号	0.55
3	高直	0.41	10	3-3-4-5	0.57
4	X 早 -1	0.51	11	DG-4	0.58
5	农大 5 号	0.51	12	GS-2	0.59
6	农大 6 号	0.51	13	10-04	0.61
7	15-01	0.53	14	J-2	0.63

续表

编号	种质名称	单宁含量（%）	编号	种质名称	单宁含量（%）
15	DG-1	0.63	38	03-35	0.82
16	09-01-1	0.65	39	DG-6	0.83
17	Y13-03	0.66	40	白果	0.84
18	京欧 1 号	0.67	41	08-11	0.84
19	16-14	0.67	42	3-19-42	0.86
20	10-32	0.69	43	晋欧 1 号	0.90
21	15-44	0.69	44	DG-41	0.90
22	晚 -3	0.69	45	紫果	0.90
23	Y23-04	0.70	46	JO-1	0.92
24	3-38-17-1	0.70	47	11-07	0.94
25	S-D	0.71	48	03-38	1.04
26	08-24	0.71	49	J-1	1.09
27	X 早-2	0.73	50	02-16	1.10
28	3-52-扁绿	0.73	51	12-02 母	1.11
29	干果	0.74	52	樱桃果	1.12
30	10-04	0.75	53	Y09-14	1.21
31	京欧 2 号	0.77	54	08-16	1.24
32	15-53	0.77	55	特晚熟	1.28
33	Y04-26	0.77		平均值	0.76
34	09-19	0.79		最大值	1.28
35	Y03-09	0.79		最小值	0.39
36	JO-2	0.79		标准差	0.21
37	X17-01	0.80		变异系数	27.46

利用 SPSS 软件对不同欧李种质果实单宁含量进行聚类分析。在欧式平方距离为 5～7 时，将 55 份欧李种质分为三大类群（图 2-17）。

第Ⅰ类群为低单宁含量类群：果实单宁含量范围为 0.39%～0.63%，平均单宁含量为 0.53%。包括晋欧 2 号、DS-1、高直、农大 5 号、农大 6 号、X 早-1、10-06 母、农大 7 号、15-01、DG-4、GS-2、3-3-4-5、J-2、DG-1、10-04 共 15 份种质，占比 27.27%。其中目前生产上的栽培品种大多属于低单宁含量的类型，说明了通过选育使单宁含量有所降低。但同其他作为鲜食的果树相比，单宁含量还是较高，应进一步创制选育单宁含量在 0.1% 左右的新种质。

第Ⅱ类群为中单宁含量类群：果实单宁含量范围为 0.65%～0.94%，平均单宁含量为 0.77%。包括 DG-41、紫果、农大 4 号、JO-1、11-07、15-44（LB-24）、晚-3、10-32、S-D、08-24、Y23-04、3-38-17-1、京欧 1 号、16-14、Y13-03、09-01-1、白果、08-11、DG-6、03-35、3-19-42、X 早-2、3-52-扁绿、干果、10-04（杏树区）、

15-53、Y04-26、京欧2号、Y03-09、JO-2、09-19（小果园）、X17-01 共 32 份种质，占比 58.18%。目前种质中这一类群的种质最多，也是大多数欧李口感带有涩味的主要原因。

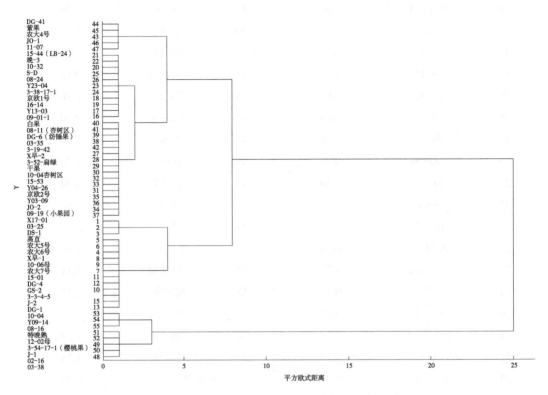

图 2-17　55 份欧李种质果实中单宁含量的聚类图

第Ⅲ类群为高单宁含量类群：果实单宁含量范围为 1.04%～1.28%，平均果实单宁含量为 1.15%。包括 Y09-14、08-16、特晚熟、12-02 母、3-54-17-1（樱桃果）、J-1、02-16、03-38 共 8 份材料，占比 14.55%。这类种质在口感上明显比其他两类的欧李偏涩，利用中应加以注意。

三、叶片中类黄酮含量和种类的分类与评价

欧李的叶片可以制茶，且茶叶主要以较高类黄酮含量而发挥其保健功效，因此，对欧李种质叶片中类黄酮含量进行分类和评价具有重要的价值。

1. 按照叶片类黄酮总量进行分类

通过 39 份欧李种质资源包括总黄酮含量以及儿茶素、表儿茶素、甘草素、芦丁、槲皮素、槲皮素-7-O-葡萄糖苷、杨梅素、光甘草定、根皮素 10 种黄酮含量的测定分析，结果见表 2-14。从表中可以看出 39 份欧李种质叶片中的类黄酮含量的范围 329.31～7 542.73 mg/100 g，平均值为 3 431.704 mg/100 g FW，变异系数为 33.497%，表明欧李叶片类黄酮总量的变异较大，遗传多样性丰富。对其进行聚类分析后，可以按照其含量高低的情况分为 5 类，分别表述如下。

第一类，超高含量类：鲜叶叶片中的类黄酮含量高达 7 542.731 mg/100 g，但仅 1 份种质，为农大 5 号，占比 2.56%。

　　第二类，高含量类：鲜叶叶片中的类黄酮含量范围为 5 049.2～6 487.1 mg/100 g，平均含量为 5 547.84 mg/100 g，共有 5 份种质，占比 12.82%。

　　第三类，中含量类：鲜叶叶片中的类黄酮含量范围为 3 027.4～4 839.8 mg/100 g，平均含量为 3 810.46 mg/100 g，接近于全部 39 份的平均值，共有 16 份种质，占比 41.03%。

　　第四类，低含量类：鲜叶叶片中的类黄酮含量范围为 1 981.5～2 956.2 mg/100 g，平均含量为 2 953.2 mg/100 g，共有 13 份种质，占比 33.33%。

　　第五类，超低含量类：鲜叶叶片中的类黄酮含量范围为 321.8～930.3 mg/100 g，平均含量为 656.2 mg/100 g，共有 4 份种质，占比 10.26%。

　　以上的分类中，缺少含量 1 000～2 000 mg/100 g 的种质，这可能与检测的种质资源份数不够多有关系。

表 2-14　39 份欧李种质叶片中类黄酮及 9 种组分的含量（mg/g）

材料	类黄酮	儿茶素 CC	表儿茶素 EC	甘草素 LG	芦丁 RT	杨梅素 MC	槲皮素 QC	槲皮素-7-O-葡萄糖苷 Q3G	光甘草定 GB	根皮素 PR
X旱-2	47.85	672.96	43.40	10.41	32.02	2.31	7.63	10.77	—	—
X旱-1	36.85	496.18	34.81	8.48	2.47	6.94	18.77	3.03	0.08	9.93
03-35	55.649	235.72	29.40	24.45	51.63	2.36	5.82	51.74	—	0.97
J-2	28.51	24.23	49.77	4.13	42.97	5.45	8.35	3.08	—	—
08-24	26.21	206.44	44.02	5.56	3.23	8.03	9.66	15.48	—	7.52
11-20母	24.49	14.36	21.19	2.73	47.01	7.01	13.31	2.68	—	2.46
3-17-2	31.26	558.52	25.69	1.50	3.43	7.45	9.51	20.14	—	1.19
F3-1	7.87	54.00	33.42	2.89	3.94	11.20	18.67	3.17	—	5.41
03-38	25.012	15.05	45.01	5.75	4.28	7.31	13.95	2.88	0.18	4.27
15-02	40.77	53.71	32.81	—	5.34	7.28	11.42	19.74	—	6.79
京欧1号	28.46	7.98	42.71	1.56	4.18	7.833	12.45	2.48	—	2.11
15-01	9.30	53.76	34.14	—	8.08	12.04	16.87	3.58	—	1.09
X17-01	3.22	254.11	17.29	2.11	2.13	5.12	—	2.55	0.13	—
15-51	29.56	9.97	30.42	—	2.54	4.67±	15.01	11.81	—	0.29
DG-7	43.75	608.61	36.61	72.25	65.44	—	—	56.23	—	1.08
XLN19-01	25.77	7.82	9.55	—	2.55	—	—	27.05	—	3.12
DS-1	5.78	6.27	24.21	1.81	2.31	8.86	—	12.10	—	0.43
Y07-14	38.13	328.62	63.29	47.36	74.17	9.52	6.74	49.91	0.16	15.35
Y08-22	32.17	304.23	46.80	40.41	48.46	5.11	7.26	37.89	0.14	12.33
农大6号	30.56	383.27	33.35	37.75	44.40	5.32	6.72	36.27	—	4.28

续表

材料	类黄酮	儿茶素 CC	表儿茶素 EC	甘草素 LG	芦丁 RT	杨梅素 MC	槲皮素 QC	槲皮素-7-O-葡萄糖苷 Q3G	光甘草定 GB	根皮素 PR
Y14-26	19.82	215.55	23.59	85.89	30.69	2.70	—	33.88	—	1.52
Ft-1	31.13	197.33	34.05	57.95	56.71	—	6.75	37.45	0.10	13.44
T17-1	26.61	248.9	35.63	38.46	39.36	2.69	6.98	45.16	—	5.39
S-D	50.49	476.86	61.55	33.37	55.49	4.50	8.66	62.25	0.19	10.01
GS-2	23.34	97.08	36.60	91.10	57.37	2.88	5.51	55.86	—	—
03-25	27.44	935.29	39.87	4.79	3.12	6.03	12.14	27.49	—	7.52
10-06	30.27	229.65	35.64	25.32	33.37	3.04	7.59	58.69	—	—
10-32	37.74	418.8	34.59	37.55	57.11	1.11	7.42	44.39	—	11.82
Y04-26	43.49	398.37	39.93	43.50	56.77	6.78	7.06	47.13	—	5.42
08-16	53.74	659.94	108.20	59.15	58.42	4.14	—	29.81	—	0.37
01-01	25.80	292.48	44.99	61.61	51.75	1.41	—	3.49	—	—
Y09-14	64.87	811.77	118.80	35.52	68.25	4.34	5.43	30.89	—	1.88
Y05-17	40.72	397.21	52.77	92.48	77.75	7.47	—	33.63	—	2.66
坎2	37.92	321.47	25.05	55.12	35.87	2.08	—	29.85	—	16.00
10-03	48.40	585.42	97.69	32.34	48.80	1.68	—	20.28	0.13	0.02
农大3号	26.74	84.21	27.12	54.77	56.35	1.53	—	29.79	—	—
09-19	52.72	543.79	69.49	80.96	66.45	1.98	5.63	34.78	—	—
特晚熟	38.66	347.41	51.98	62.03	74.86	1.75	5.98	65.93	0.11	3.05
农大5号	75.42	1 021.18	137.88	49.47	69.51	7.42	7.23	41.82	—	14.19
F 值	51.68**	253.69**	33.23**	185.33**	268.29**	50.55**	106.61**	59.69**	26 707.10**	4.71**

2. 按照叶片中9种类黄酮含量分类

如表2-15中，39份欧李种质叶片中9种单化合物黄酮变异系数均在40%～296%，说明欧李叶片中的单化合物黄酮含量和组分变异十分丰富。

表2-15 欧李种质叶片中类黄酮及不同组分含量变异分析

类黄酮成分	平均值 （mg/100 g）	最大值 （mg/100 g）	最小值 （mg/100 g）	标准差 （mg/100 g）	变异系数 （%）
类黄酮	3 431.704	7 542.731	329.308	1 524.415	33.497
儿茶素（CC）	322.526	1 021.177	6.271	268.555	54.788
表儿茶素（EC）	45.469	137.878	9.554	27.362	40.613
甘草素（LG）	32.578	92.479	0.000	29.313	52.937
芦丁（RT）	37.144	77.750	2.128	26.366	43.828
槲皮素-7-O-葡萄糖苷（Q3G）	28.337	65.926	2.484	19.507	56.845
杨梅素（MC）	4.841	12.040	0.000	3.114	89.657

续表

类黄酮成分	平均值（mg/100 g）	最大值（mg/100 g）	最小值（mg/100 g）	标准差（mg/100 g）	变异系数（%）
槲皮素（QC）	6.885	18.768	0.000	5.541	171.596
光甘草定（GB）	0.032	0.190	0.000	0.060	296.242
根皮素（PR）	4.408	16.002	0.021	4.967	107.558

将其进行聚类分析后，按照各单化合物黄酮含量的高低可以将39份资源划分成5类，如表2-16。

第一类（Ⅰ）为多数单化合物高型。表现为儿茶素、表儿茶素、甘草素、芦丁、槲皮素-7-O-葡萄糖苷含量较高，而其余的4种物质含量低于大多数种质。有8份资源，占比20.51%。

第二类（Ⅱ）为儿茶素、甘草素和芦丁3种化合物含量高型，而表儿茶素和槲皮素-7-O-葡萄糖苷含量明显偏低。有6份资源，占比15.38%。

第三类（Ⅲ）为儿茶素、表儿茶素和芦丁含量高型。有10份资源，占比25.64%。

第四类（Ⅳ）为单一儿茶素明显高型。儿茶素占比明显较高于其他8种组分。有5份资源，占比12.82%。

第五类（Ⅴ）为9种单化合物含量均低。有10份资源，占比25.64%。

表2-16　欧李种质9种黄酮类物质含量类型

分类	特征	种质份数	种质名称
Ⅰ	5种成分高型	8	Y07-14、Y08-22、Ft-1、S-D、10-32、Y05-17、坎2、农大5号
Ⅱ	3种成分芦丁高型	6	DG-7、Y14-26、08-16、01-01、10-03、农大3号
Ⅲ	3种成分表儿茶素高型	10	X早-2、03-35、农大6号、T17-1、GS-2、10-06、Y04-26、Y09-14、09-Y08-22、特晚熟
Ⅳ	单一儿茶素高型	5，	X早-1、08-24、3-17-2、X17-01、03-25
Ⅴ	9种成分均低型	10	J-2、11-20母、F3-1、03-38、15-02、京欧1号、15-01、15-51、XLN19-01、DS-1

叶片中黄酮含量的组分不同，可能与欧李的某种表型之间存在着一定联系，如第二类型中的大部分种质表型为生长容易衰弱，而第三类型中的大部分欧李则生长直立，第四类型中的欧李种质大部分表现为早熟，其机理有待于进一步研究。

欧李叶片中9种黄酮类化合物从含量上看，明显可以分为3个等级，儿茶素为最高，平均含量达到322 mg/100 g，明显高于其他化合物10~100倍；处于第二位的是表儿茶素、甘草素、芦丁、槲皮素-7-O-葡萄糖苷4种化合物，平均含量在28~45 mg/100 g；第三位为杨梅素、槲皮素、光甘草定、根皮素，平均含量在0.03~6.89 mg/100 g。代谢组分析发现，欧李叶片中有超过150种以上的黄酮类化合物，单从这9种化合物进行分析评价还不能完全了解欧李叶片中黄酮类化合物的特征。

第三章
欧李生物学特性

第一节 欧李植株形态特征

一般欧李植株高 40～80 cm，最高可达 150 cm，单株枝展或投影直径 50～110 cm。地上部呈小灌木状态（图 3-1），着生有芽、叶、枝、花、果实等器官；地下部除根系外，还着生有较为发达的地下茎（也称为根状茎）。其各器官的形态特征与乔木果树有所不同，分述如下。

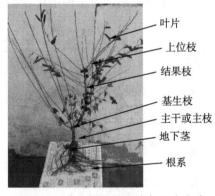

图 3-1 欧李树体的形态与器官名称

叶片
上位枝
结果枝
基生枝
主干或主枝
地下茎
根系

一、芽

欧李地上部枝条上的芽按照着生部位可分为 3 种，顶芽、侧芽和基生芽。

1. 顶芽

枝条最顶端的芽称为顶芽。顶芽十分特殊，无论是基生枝上的顶芽还是上位枝上的顶芽，但由于欧李梢端 5～10 cm 的枝条生长得较细弱，导致顶芽质量很差，一般过冬后这段枝梢便枯死，因此导致顶芽虽然能够形成，但几乎每年都不萌发，翌年会留下一个干枯的枝段，如图 3-2。这是欧李区别于一些中、大灌木的一个特征。

2. 侧芽

着生在枝条顶芽以下、地面以上的芽为侧芽，一般较小（图 3-3 左）。侧芽一般为复芽，中间的芽为叶芽，仅 1 个，萌发后形成枝条；两侧的芽为纯花芽，萌发后形成花朵，一般为 2～8 个，多时可以达到 30 多个。侧芽的形状在秋季落叶后一般呈圆锥形，被数层鳞片包裹。复芽中的叶芽较为细长，而花芽较为圆盾。整个复芽的纵横径在（3～4）mm×（3～5）mm，单芽则更小，一般在 3 mm×2 mm。芽体呈褐色，芽体的下方为叶痕，不同品种叶痕的大小不同（图3-3右）。

图3-2 欧李顶芽及形成的枯梢段

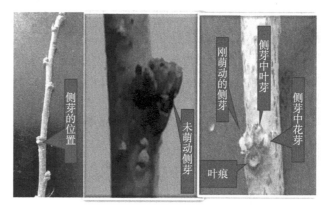

图3-3 欧李的侧芽形态

3. 基生芽

着生在根颈周围或枝条近地面处或稍稍埋没到土壤之中的芽称为基生芽，一般较大（图3-4）。

基生芽为单芽，分为两种。一种为直立芽，着生在枝条近地面处，芽体较饱满，萌发后形成基生枝，是欧李灌丛更新的主要芽体器官；另一种是平斜芽，长圆锥形，下部为柱形，上部为圆锥形，较大且健壮，一般长5～7 mm，直径2～3 mm。萌发后形成地下茎。

基生芽的数量随植株年龄有所变化，一般一年生苗子有1～3个，二年生后增多到10个以上。

二、叶

欧李的叶片基本形状为倒椭圆形、倒卵形或倒披针形。但无论哪种形态，叶片的最宽处均在叶的中部以上，这是欧李区别于其他近缘种的主要形态特征（图3-5）。

图3-4 欧李基生芽形态与萌发

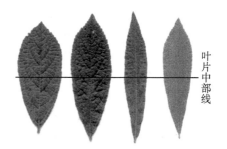

图3-5 欧李叶片的形态

欧李叶片长度一般为 3～8 cm，叶片宽度为 2～4 cm。单叶鲜重为 0.1～0.2 g，平均干重为 0.1 g 左右。欧李种叶片正面光滑无毛，背面较粗糙，无毛或着生微少茸毛。毛叶欧李种一般叶背面密生茸毛，且网脉突起十分明显，叶脉上也附着大量的茸毛，故又称毛叶欧李为网脉欧李。

欧李叶缘多为锯齿状，叶尖为急尖或短渐尖，少圆盾或凹陷。叶柄较短，一般为 3～5 mm，两边各着生一个细条状托叶，且有 2 个叶腺。叶片大都平展，少数品系内折或反折。

初生叶片为绿色或黄绿色，少数为紫色，成熟叶片大多为绿色，近落叶时，叶片变黄，少数品系为红色或暗红色。

叶片在枝条上为互生，其叶序为 2/5（2 个叶周 5 片叶），但不是十分规则。

三、枝

欧李的枝条按发生部位可以分为上位枝（侧枝）和基生枝。按生长年龄可以分为新梢（当年生枝）、一年生枝、二年生枝和多年生枝。由于欧李枝条的更新较快，尤其在人工修剪的情况下对结果枝进行重短剪或留桩疏剪后，多年生枝便堆积在根颈处，密集在一起，因而在树冠上则很少能看到多年生枝。

基生枝是由近地面多年生枝或地面以下 1～3 cm 的根颈上的基生芽萌发形成。也可以由平茬修剪和极重短剪促使枝条基部接近根颈处的芽萌发形成，形成后一般呈直立状态。

基生枝当年生长的高度可达到 60～90 cm，基部粗度可达到 0.4～0.5 cm。其上的叶片较大，是欧李当年有机营养制造的主要枝条，翌年一般变为强壮的结果枝。自然状态下，每年可产生 4～6 个基生枝，全树平茬后，再长出来的枝条全部变为基生枝，可达到 30 条以上。

上位枝实际为侧枝，之所以称为上位枝，一是因为最初这些枝条均着生在基生枝上，二是因为这些枝条均分布在树冠的上面。上位枝的长度因所长的部位和结果的多少不同，长度大多在 15～30 cm，粗度在 1～3 mm。这些上位枝的基部为果实着生的部位，因此上位枝主要给果实发育提供营养物质。

欧李枝条上由叶片分割成一定长度的节间（1～2 cm），虽然这些节间的长度在同一枝条上有所不同，但同一个品种或品系节间长度相对固定，是品种的特性之一。节间的枝条上有许多微小的皮孔，在一年生枝条上不明显，二年生枝条的下部，皮孔增大后较为明显。皮孔的多少和大小以及颜色是区别不同品种的一个特征。

欧李枝条的颜色随着生长的季节而变化。春季刚长出的枝条呈绿色，夏季和秋季一般呈黄绿色，秋季落叶时，白色的蜡质逐渐增多，落叶后至冬季呈现为灰白色，只有个别品种的枝条上端为红褐色。白色的蜡质不仅给欧李敷上了一层灰白色，更重要的是这些蜡质层连续不断地包裹着较细的欧李枝条，减少欧李枝条的水分蒸发。过粗的枝条蜡质层常会发生垂直断裂，使欧李枝条上出现露出皮层的线条。欧李枝条的冬季颜色是区别欧李与近缘种的一个标志，如麦李一般呈红褐色。

欧李的枝条无论基部有多粗，到枝条的顶端均变得很细，一般在 1 mm 左右，且度过冬季之后，会发生 5～10 cm 枯梢现象。

四、花

欧李的花由花芽萌发形成。每个节位很少出现单花，一般均在 2 朵或 2 朵以上，较粗壮的节位上会有 30 多朵花之多。

欧李的花朵较小，直径为 1～3 cm，不同品种之间花的大小差异较大，如晋欧 2 号和农大 5 号的花较大，而晋欧 1 号较小，直径相差一倍左右。花由花柄、花萼、花瓣、雄蕊、雌蕊组成。

花柄绿色，长度 0.5～2 cm，粗度 0.5～1 mm。花柄的下部常有 1 个小叶片，如图 3-6，这个小叶片可能是花与枝之间的连接及果实与枝条之间的连接松紧的影响因素。

图 3-6　欧李花轴与花柄上的小叶片（左：整花；右：放大）

花萼绿色，离生，前期包裹着花瓣，花开后展平或反折，在幼果形成后脱落。实际上花萼的下方还有一个钟形的花托，也在幼果形成后脱落。欧李的花萼与樱桃相似，为钟萼形，这也是欧李被分属于樱桃属或樱亚属的一个依据。

花瓣白色或粉红色，花瓣数量 5 个。形状多为勺形，边缘为不规则的齿状。花瓣之间随花瓣大小呈现出相离、相切和相交等形态，多数为相离，见图 3-7。

雄蕊数量 35 个左右，与雌蕊等长，花丝和花药黄色，花丝上无毛。

相离　　相切　　相交
图 3-7　欧李花瓣的相对位置

雌蕊多为 1 个，少数为 2 个，其上端为柱头，柱头为湿柱头，分泌有黏液，有利于花粉的着落和黏附；中间为花柱，无毛，为闭合型；下端为子房，子房上位，1 心皮 1 室，内含 2 个胚珠，柱头在幼果形成后残留或脱落。

五、果实

欧李的果实为核果，由子房发育而成。外果皮较薄，无毛、无粉。有多种颜色，主要为红色和黄色，少数为紫色、绿色、白色及黑色。其中红色又包括浅红色、深红色，黄色包括黄底红晕、浅黄色等。中果皮肉质，成熟时变软，也有各种颜色，包括红色、黄色、浅黄色（或白色）和紫色。内果皮木质化，形成坚硬的种子壳。内果皮中常有种子1粒，少数为2粒，极个别品系部分种壳内无种子，导致空壳，如DG-1。

欧李果实的外部形状，多数为扁圆形，即果实的横径大于纵径，少数为圆形、长圆形、倒椭圆形、橄榄形。果实顶部为尖、平或凹陷，多有尖。柱头常残留。果实的梗洼多为凹陷，但个别品种有凸起，是培育新品种的一个重要性状。果柄较短，在1 cm左右，故有人称欧李为"短柄樱桃"。但也有个别品系果柄较长，可达2 cm。果面上常有缝合线，即果沟，一般较浅。

欧李果壳的形状为圆形、卵形，浅黄色，厚度为1.5 mm左右。种壳上缝合线明显，近缝合线两边有许多细纹，远缝合线两边各有一条较粗的纹（维管束留痕）。

欧李种子即种仁，中药上也称为"郁李仁"，是常用的中药。由种皮、胚和子叶组成。种皮黄褐色，内部常附着有胚乳残留。子叶两片，白色。两片子叶的下部夹着白色的种胚，萌发时向下发育成根系，向上发育成枝条和叶片。

六、根颈与主干

欧李根颈是地上部与地下部交接处长度1～2 cm的一段枝。多年生长之后粗度可达到5 cm以上。根颈经常埋于土壤中，不易观察到，当平茬修剪留茬较高的植株容易观察到。人工栽培条件下，专门留干的情况下，可以生长一个较短的树干，一般长度为10～15 cm，经5～6年生长，粗度可以达到3～5 cm（图3-8）。灰褐色，较光滑，其上经常着生大量的基生芽。

七、根系

欧李的根系从来源上分实生根系和茎源根系，实生根系由种子萌发后形成的根系，来源于胚根，常有一个垂直的主根，而茎源根系则无（图3-9）。茎源根系来源于茎上不定根根原基，一般均为斜生。根系分为主根、侧根和细根。5～6年生的主根粗度可达2～4 cm，侧根在1～2 cm，细根在1 mm以下。根系初为浅黄色，之后颜色逐渐加深，变为深褐色。

图3-8　欧李的根颈与主干　　　图3-9　欧李实生根系（左）与茎源根系（右）的分布

八、地下茎

地下茎由根颈上埋在土壤之中的基生芽发育形成。地下茎前端为白色的茎尖，较为粗壮，与地上部枝条的尖端有明显的差异，长度为 2～4 cm，可看到有分化的条形叶片，见图3-10，之后变为黄褐色，茎段上有芽体和不定根的形成。随着地下茎的生长，芽体也在逐渐增大，但在土壤中一般不萌发，遇到条件适合时，可萌发成地上部的基生枝，可形成新的株丛。

图 3-10　欧李地下茎

（左图：初始状态；右图：多年生状态）

第二节　欧李年周期生长发育特性

一、根系生长

欧李根系发达。据观察，四年生欧李植株根系总量约有 293 条，其中直径在 1 cm 以上的根系有 4 条，0.3 cm 以上的根有 12 条，其余 277 条均为直径 0.1 cm 左右的细根。实生苗根系与扦插苗、组培苗根系分布不同。

实生苗根系中有一条垂直根系十分发达，一年生实生苗垂直根深度可达 40～50 cm，二年生可达 80 cm，多年生实生苗的垂直根系可达 80～150 cm。水平根也十分发达，但一年生实生苗一般没有较粗的水平根，仅着生须根，二年生实生苗开始产生较粗的水平根；分布深度为 15～20 cm；多年生的实生苗水平根有 3～5 条，主要分布于 20～30 cm，最深可以达到 80 cm。

扦插苗的根系中无垂直主根，只有斜生和水平根系。一年生苗一般有 2～4 条较为发达的斜生根系，长度为 30～40 cm，粗度在 0.2～0.3 cm，这些根系将来发育成主根，随着逐年的生长，6 年生欧李主根长度在 80 cm 左右，最长可达 2 m 以上，粗度可达 2～3 cm。

欧李的根系一年中有两次加长生长。第一次在春季，一般在地上部芽萌动开始后的 2 月中下旬就会开始加长生长，此时还会产生大量的新生根系，一年生实生苗根可生长 20 cm 左右；第二次在秋季，根系可生长 15 cm 左右。

二、萌芽与开花

欧李萌芽实际上包括萌动和萌发两个阶段。萌动是芽体一点一点地膨大，萌发则是在芽体膨大到一定体积之后的突然展开。经多年观察，欧李植株正常越冬后，日平均气温上升到5℃以上时，芽便开始萌动，此时能观察到冬季原来褐色的芽体露出来一些新鲜、光亮的白色鳞片。此时尽管夜间温度经常在零下，但白天会有10℃以上的高温，欧李芽体便可感知春天的到来，开始萌动。晋中地区，一般在2月中下旬开始萌动。欧李的萌动较早，但到真正的萌发，需要较长的时间，一般在芽萌动后的2个月，晋中地区一般在4月中下旬。

图3-11　欧李开花与展叶状态
（左：先花后叶；中：花叶同出；右：先叶后花）

欧李叶芽的萌发是指从萌动开始到幼叶分离，花芽的萌发是指花芽萌动之后到开花，之后便进入花期。由于欧李的叶芽较少，花芽较多，开花时品种不同，花和叶展现的时间会不同，有先花后叶型、花叶同出型和先叶后花型3种状态（图3-11）。

同一枝条上不同节位的芽具有异质性。基生枝近基部的芽一般为叶芽，发育最好，萌芽的时间也较早，枝条中部的芽既有叶芽，也有花芽，且每个节位上的花芽数量也较多，近顶端的芽发育较差，而顶芽的质量最差或不发育，形成欧李顶芽或近枝条梢端5～10 cm芽不能萌发的现象。

欧李不同品种开花的早晚不同，同一地块下，最早开花的品种或品系与最晚开花的品种或品系可相差6～10 d。每年的气温回升不同，萌芽和开花展现的时间不同（表3-1）。温度回升较慢时，早花品种和迟花品种可相差10 d，温度回升快的年份，早花品种和迟花品种可相差6～7 d。大部分年份极早开花的品种在4月初，迟花品种在4月中旬，但2017年温度回升较慢，3月最高温度平均值比2018年降低了3.87℃，有21 d的时间低于2018年的温度（图3-12），极早开花的品种一直到4月12日，迟花品种到4月22日才开花，分别比2018年推迟了12 d和16 d。经观察和测算，平均最高温度每升高1℃，提早开花3.1～4.1 d。

表3-1　不同欧李品种（系）开花的时间

分类	品种（系）	盛花期				
		2020年	2019年	2018年	2017年	2016年
极早花类	11-20、11-07	4月3日	4月6日	3月31日	4月12日	4月10日
早花类	15-01、高直、15-51、GS-1、03-35、03-25	4月6日	4月10日	4月2日	4月14日	4月12日
中花类	农大3号、5号、6号、7号等大部分品种和品系	4月10日	4月14日	4月5日	4月18日	4月13日
迟花类	农大4号、99-02、晋欧3号、晚花、DG-1、DG-41、10-32、紫果	4月13日	4月16日	4月6日	4月22日	4月16日

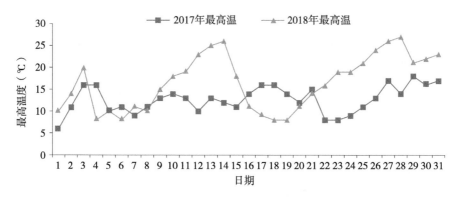

图 3-12 2017 年和 2018 年 3 月最高气温比较（太谷县气象局）

平均最低温也会影响开花的迟早，如果高温和低温变化剧烈，将会推迟开花，如果低温随高温而上升，则会辅助高温提早开花。2018 年 3 月的最低温随着最高温的上升而上升，平均最低温比 2017 年的最低温升高了 2.62℃，因此，2018 年的开花时间则比 2017 年要早 12～16 d。经测算，平均最低温每提高 1℃，提早开花 4.6～6.1 d，见图 3-13。

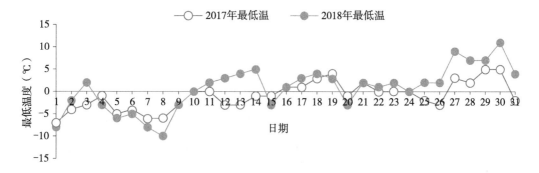

图 3-13 2017 年和 2018 年 3 月最低气温比较（太谷县气象局）

根据多年观察，欧李的萌芽与开花可分为以下 8 个时期：芽萌动期、聚花蕾膨大期、单花蕾分离期、花瓣显露期、气球期、始花期、盛花期和落花期。从萌动到开花初期需要 40～50 d，到落花期需要 60 d 左右，见图 3-14。

图 3-14 花芽萌发的进程

A：未萌动；B：萌动期；C：聚花蕾期；D：单花蕾分离期；E：花瓣显露期；F：气球期

1. 芽萌动期

此时芽体由原来的褐色变为白色，实际为芽体稍稍开始膨大，将原来包裹在最外层的褐色鳞片推开，露出内部白色的鳞片。欧李冬季时，1 个节位上有 1 个叶芽和多个花芽，但由于芽体较小，被鳞片包裹得较为紧实，肉眼并不能区分二者。在芽萌动期，借用放大镜观察，可以看到此时并不是叶芽的萌动，而是花芽。晋中地区一般在 2 月中旬，个别年份会推迟到 2 月下旬，如 2022 年，由于 2 月的温度一直偏低，直到 2 月底才观察到芽的萌动。

2. 聚花蕾膨大期

花芽萌动期开始一周后，便进入聚花蕾膨大期。首先是花芽的膨大，可以看到叶芽四周有多个开始膨大的花蕾，通常有 2～7 个花蕾聚在一起（而郁李较少）。每个花蕾外面被小苞片包裹，初始苞片为白色，随后转为绿色，小苞片中包含 1～2 个花蕾。这种花蕾中套花蕾的现象，便是欧李一个节位上常常开出 10 多朵花簇生在一起的原因。也正因为一个节位上花蕾较多，此时期需要较长的天数，大约需一个月的时间，即从 2 月中旬延续到 3 月中旬。随着聚花蕾的不断膨大，首先是花蕾外部的褐色鳞片被推到花蕾的下层，随后逐渐显露出各个品种花蕾固有的颜色。在聚花蕾膨大的后期，中间的叶芽鳞片开始松动，即叶芽萌动开始。

3. 单花蕾分离期（花柄显露期）

此期约需 10 d，在 3 月底到 4 月初。此时小花蕾中的单花蕾不断膨大，开始出现一个个单花蕾，单花蕾内部的花瓣、雄蕊等器官开始生长，使单花蕾不断膨大，最后膨大到 2～3 mm，使每个节位上的单花蕾逐渐显露出来，每个节位上的花朵数基本固定下来，此时花柄也随之显露出来，叶芽也开始转绿，花叶同出的品种叶芽与花蕾大小差不多，而先花后叶的品种（如 01-01）等品系，花蕾大于叶芽的两倍。此时也是观察早花品种还是迟花品种的时期，早花品种此时的单花蕾已很大，一般在 2 mm 以上，迟花品种的花蕾一般较小，在 2 mm 以下，如晋欧 3 号。

4. 花瓣显露期（花萼露心期）

此时单花蕾内部的花瓣、花药等器官生长加快，使单花蕾的花萼顶部被内部器官撑开，每个品种内部的花瓣颜色开始显现，即花瓣显露期。此时花柄生长到最终长度的 1/2 左右。此期一般为 7 d 左右。

5. 气球期（花朵膨大期）

此时，花萼内部的花瓣进一步生长和膨大，花瓣从花萼中露出到 5 mm，花萼仍旧贴在花瓣上，最终形成气球状。此时花柄伸长到最终长度的 4/5 以上。此期需 3～5 d。此时也可以观察到叶芽的绿色叶尖。

6. 始花期

气球期 1～2 d 后，花萼主动脱离紧贴的花瓣，呈平展状（有时与花瓣一起展平），花朵开始蓬松；当花萼完全反折后，花朵逐渐展开，呈平面状。第一朵花展开后即为初花期，5% 的花开始展开即为始花期。但要注意多年生的欧李近地面处也会着生大量的花芽，由于春季阳光直射会增高地面温度，使近地面处的花先开，并不能代表空气的实际温度，因此要离开地面以上 20 cm 来统计花开的情况。在温室中，直立的结果枝一般枝条上部的花先开。在大田，也是中部以上的花先开，枝条基部的花后开，先后相差 1～3 d。

7. 盛花期

包括盛花初期、中期和末期。盛花初期开花数量为 5%～25%，盛花中期开花数量为 25%～75%，盛花末期为 75%～100%。一般持续 5～7 d。此间花瓣为粉色的品种其色素逐渐从花瓣上转移到花心部位的雄蕊上，形成红色花心。初期和中期时，叶芽的叶片也慢慢开始展开和增多，后期时新梢生长加快，叶片大量增加，可观察到叶片的绿色已逐渐替代了花的白色或粉色。

8. 落花期

此时花瓣开始凋落，树下可观察到花瓣。此期持续 2～3 d。此时叶片生长加快，上位新梢长度可以达到 3～5 cm，基生新梢长度可达 5～10 cm。

三、授粉与受精

1. 花粉散出

大田中，欧李花朵开放一般在白天展开，上午和下午均有开放的花朵，但最多集中在 9:00—11:00，开放后的花药较湿润，颜色鲜亮，也较大，但不能立即开始散粉，2～4 h 后，花药开始干燥，颜色变暗并开裂，此时花粉开始散出。温室中观察到，开裂后的花药，花粉紧贴在花药壁上，并不能自动散落到空中，抖动枝条后，可发现花粉能够从花药中掉下来。大田中，有风的情况下，可以吹掉花药上的花粉。蜜蜂等采粉采蜜昆虫可以帮助散出或转移花粉。

2. 授粉与受精

授粉是指花粉传授到柱头上的过程。如前所述，欧李的花粉散出后，在没有风力或昆虫传粉的情况下，一般紧贴在花药壁上，并不能自动转移到柱头上。温室中没有风力和昆虫传粉，便不能完成授粉。大田情况下，可借助一定的风力进行传授，而大风则不利于授粉。实际上，欧李为虫媒花，开花后，大量的蜜蜂是其传粉和授粉的媒介，但温度低于 12～14℃ 时，蜜蜂则不活动，尽管此时有风，也会导致结实率的大量降低，因此可以说，蜜蜂等昆虫是欧李授粉的主要方式。

受精是花药中的精子与子房中的卵子结合的过程。欧李的柱头为湿性柱头，柱头上分泌微小的黏滴液可粘住花粉。在柱头黏液的刺激下，一般在数小时内开始萌发，此时柱头崩裂形成缝隙，花粉管沿着缝隙生长到子房中，最后完成受精（从萌发到受精需 70 h 以上）。受精后的花在开花后 3～4 d 就可看见子房明显膨大，而未授粉受精的花，子房则不膨大，且在花瓣脱落之后的 7～15 d，随即脱落。单一授粉未能完成受精的花，前期的子房会有刺激性膨大，之后还会脱落。

据肖晓凤等（2017）对欧李授粉受精过程中的荧光显微观察认为，欧李柱头开裂时间为 11:00—13:00，并有黏液分泌。授粉后 2 h，少量花粉粒在柱头上萌发；授粉后 8 h，花粉管初步形成且主要集中在花柱上部；授粉后 24 h，花粉管呈束状，进一步伸长；授粉后 3 d，子房中胚珠完成受精；授粉后 5 d，花粉管呈现断裂、不连续状态，并开始解体；授粉后 8 d，花粉管完全解体，柱头以及花柱中荧光现象消失。与同属植物相比，大樱桃在授粉后 96 h 花粉管大量形成，欧李花粉粒具有较强的萌发力，萌发速度较快（8 h）。欧李花粉管生长速度较慢，花粉管从萌发到达花柱基部需 40 h，而刺梨花粉管萌发后，8 h 就可以到达花柱基部进入子房；欧李花粉管寿命较长，从萌发到完全失去活力可以保持 8 d。

张立彬等（1995）观察到自然条件下欧李一天中开花的高峰期为 8:00—12:00，2 h后，即 12:00—14:00 则是欧李花药撒粉的高峰时间。结合欧李柱头的开裂时间高峰期在 11:00—13:00，因此欧李授粉的关键时间段在 11:00—14:00。这段时间温度较高、湿度较小、光照充足，适宜花粉的风力传授和蜜蜂的传粉活动，大田中常可以看到大量的蜜蜂进行访花采集从花药中散出的花粉，也表明蜜蜂访花最多的时间段就是人工授粉的最好时间段。除此时间外也可以看到蜜蜂访花，但数量较少。

3. 异花授粉与自花授粉对欧李结实率的影响

先前的研究认为欧李为自花授粉结实植物，后来在生产上发现单一品种栽植超过一定行距后，结实率降低，而相邻的两行为不同品种时，结实率很高。针对这一情况对授粉试验经过严格控制后发现，欧李自花授粉后，对子房有一定的刺激，15 d 内会产生刺激性膨大，尤其是套袋情况下，刺激性膨大会达到 20% 以上，但生长一个月时间后，还要发生大量落果，仅少部分果实可以留下来，通常为 1% 左右，不能满足生产的要求，而异花授粉结实率普遍达到 20% 以上，证实了欧李是异花授粉结实植物（表 3-2）。因此，自花授粉不能满足生产上对产量的要求，生产上必须按照一定的数量配置授粉树。欧李自花授粉结实率低的原因实为自交不亲和性，即自交情况下不能完成受精或胚的形成。这种特性也被后来分子学的研究所证实，发现欧李体内存在与大多数李属植物相似的自交不亲和的 S 基因。欧李不同 S 基因型之间杂交表现亲和，而相同 S 基因型间进行杂交表现为不亲和（张利民，2006）。也有个别欧李品系 S 基因发生位点突变，这些品系将会发生自交授粉结实（张红等，2008）。另外，也有不同品种的欧李 S 基因完全相同的现象，但较少，占到 2.7%～5.4%。表 3-3 是笔者测定的不同欧李品系的 S 基因型组成。

表 3-2　欧李不同品种（品系）自花授粉与异花授粉的坐果率

品种	刺激性膨大坐果率（%）		最终坐果率（%）	
	自花授粉（套袋）	异花授粉（自然）	自花授粉（套袋）	异花授粉（自然）
农大 3 号	71.58	66.43	12.05	32.61
农大 4 号	53.91	48.93	0	45.71
农大 5 号	55.79	60.00	1.58	53.33
农大 6 号	11.42	19.08	0.00	18.77
农大 7 号	4.79	32.50	0.00	22.08
晋欧 2 号	6.63	14.00	0.00	12.00
京欧 1 号	11.62	49.50	0.00	33.50
京欧 2 号	3.90	45.22	1.30	26.52

续表

品种	刺激性膨大坐果率（%）		最终坐果率（%）	
	自花授粉（套袋）	异花授粉（自然）	自花授粉（套袋）	异花授粉（自然）
09-01	0.00	39.71	0.00	23.53
03-35	47.30	63.64	0.00	63.03
DG-I	21.45	33.70	0.73	21.48
DG-7	14.55	14.62	0.61	12.31
平均	25.25	40.61	1.36	30.41

表 3-3 73 个欧李品系的 S 基因型

编号	品种	S 基因型	编号	品种	S 基因型	编号	品种	S 基因型
1	09-01	S13	26	多倍体	S34	51	东 7-3-43	S27
2	农大 5 号	S13/S16	27	济欧 3 号	S21/S36	52	东 4-1-21	S26/S42/S46
3	Y13-03	S17/S18	28	京欧 2 号	S37	53	樱桃果	S34/S46
4	农大 3 号	S19/S20/S25	29	10-03	S16	54	晋欧 3 号	S36/S47
5	农大 6 号	S21/S42	30	15-01	S38	55	08-16 原	S20/S28/34
6	东 2-1-32	S21/S26	31	晋欧 2 号	S22/S26	56	Y08-22	S21/S42
7	3-39-17-1	S16/S35	32	闻粉里	S26/S35	57	10-06	S42/S43
8	东 9-2-28	S22/S27	33	02-16	S27	58	东 12-3-49	S20/S28
9	东 7-3-4	S28	34	Y07-14	S33/S39	59	GS-1	S21/S25
10	3-34-红香	S24/S25	35	01-01	S20/S30	60	08-24	S25/S43
11	东 7-1-7	S28	36	10-01	S16/S20	61	蒲扇叶	S21/S36
12	果园高	S28/S48	37	Y04-26	S27/S40	62	济欧 1 号	S20/S32
13	Y03-01-08	S16	38	Y03-09	S27	63	15-51	S39/S15
14	DG-41	S29	39	东 9-2-3	S13/S27	64	东 4-1-22	S26/S42
15	DG-4	S20/S28	40	GS-2	S21/S25	65	特晚熟	S20/S33
16	京欧 1 号	S23/S30	41	Y23-04	S26/S41	66	JO-2	S21/S36
17	09-19	S13/S49	42	中 10-4-5	S21/S41	67	东 11-3-54	S21
18	农大 7 号	S26/S41	43	中 8-2-9	S21/S41	68	紫果	S19/S44
19	DS-1	S27/S28	44	GS-3	S25/S37	69	东 10-2-32	S21/S26
20	中实-3	S13/S22	45	99-02	S22	70	东 11-3-46	S21/S28/S42
21	11-20	S31	46	Y09-14	S16/S41	71	东 11-3-47	S21/S28
22	J-2	S21/S34	47	东 14-32	S26/S42	72	东 1-2-43	S21/S28/S41
23	08-16	S13/S20	48	东 7-2-15	S22/S27	73	中 6-2-6	S41/S42
24	晋欧 1 号	S35	49	东 10-1-29	S26/S42			
25	东 10-1-26	S26/S42	50	DG-7	S44/S45			

四、花芽分化

花芽分化即花芽的形成，欧李的花芽分化包括生理分化期和形态形成期。生理分化是在形态分化之前芽内部发生一系列生理变化转向花芽的过程，一般在枝叶的大量生长、积累了丰富的碳素营养之后进行的，时间在6月中下旬。这里重点介绍形态形成期。

（一）单花形态分化的阶段

欧李属核果类果树，与桃、李、杏等果树的阶段大致相同，只是花芽很小，从外形上很难观察，经解剖观察，可分为5个阶段。

1. 分化开始期

在6月下旬欧李芽内的生长点逐渐增高，其顶端逐渐变得圆钝，此时为花芽开始分化期。此时外观上只能观察到叶腋间有芽点的产生。

2. 萼片分化期

芽内部生长点凹陷，其下部的四周开始发生凸起，即花芽的萼片开始分化。外观上可观察到叶腋间鳞片包裹的芽稍稍膨大，出现了多个芽。

3. 花瓣分化期

在萼片的内侧继续产生小的凸起，是花瓣原基分化的标志。

4. 雄蕊分化期

随花瓣的生长，在花瓣内侧可观察到多个近圆形小突起，即是雄蕊原基分化期，此时生长点的中心再次变得平坦。

5. 雌蕊分化期

平坦的生长点中心出现1个突起，并逐渐增高，即为雌蕊原基分化期。至此，一个单花的分化全部完成，见图3-15。之后是各器官的继续增大，以充实各个器官的发育。

左　　中　　右

图3-15　欧李花芽分化的阶段

（左：已完成；中：花瓣分化期；

右：萼片分化期）

（二）欧李形态分化的特点

1. 一个节位上同时会有多个花芽生长点开始分化

最初均发生于芽基部的一团细胞，这些细胞可以在一定时间内产生多个花芽生长芽点，产生花芽生长点的多少是欧李一个节位上最终有多少花朵的基础，早形成的芽点早完成分化，后形成的芽点后完成分化，造成一个切片下可以观察到每个单花的开始的时期不同，分化的阶段也不一样。此后，还会在已分化开始的花芽基部再形成新的花芽生长点，但一般只会增加一个花芽，并由苞片将2朵花包裹在一起（图3-16）。因此当欧李开花时，不仅可以看到一个节位上有多朵花簇拥在一起，而且可以看到花序中每1~2朵花被苞片分隔开。这样，单看一个苞片内的花序，欧李是伞形花序，看节位花序，它又由多个独立的苞片包裹的小花序组成，因此欧李是聚伞花序，见图 3-17。

图 3-16　欧李花芽生长点的发生部位和多花芽现象　　　图 3-17　欧李聚伞花序

2. 一个单花的分化时间较短，而整株的花芽分化时间较长

据观察，欧李的一个单花完成分化大约需要 30 d，而整株树的分化时间可以持续 9 个月，一般从 6 月下旬持续到翌年 3 月下旬。因此，一般在 7 月下旬之后，就会观察到形态分化的各个阶段。

3. 欧李花芽分化之后花具有早熟性

一般北方果树花芽分化之后，会在冬季来临之际进入休眠，翌年开花，但欧李经常会在秋季出现部分植株的花朵开放，其原因尚不清楚，但说明欧李的花具有早熟性。

4. 童期较短

欧李实生苗当年就可进行花芽分化，发生的位置一般集中在枝条的上段 50～60 cm 处，30 cm 以下很少有花芽分化。不仅反映出欧李的童期较短，也反映出欧李的花芽分化需要有一定的营养积累。同时观察到欧李在 6 月扦插的嫩枝，一般均会在当年进行花芽分化，翌年开花，也反映出欧李的花芽分化较容易发生的特点，一般枝条粗度达到 2 mm 以上时，均能进行花芽分化。

五、果实发育

1. 果实纵横径的生长

欧李果实为核果，由受精后的子房膨大形成。子房在胚生长的刺激下，逐渐膨大。一般在受精后的 1 周后，可观察到绿色的子房膨大到 2 mm 左右，在花瓣脱落 2 周之后，果实可生长到 3 mm 左右。此时可观察到果实从花萼中露出，花萼与花丝仍然存在。实际上，这段时间内果实发育得很慢，即果实开始生长时有一个慢速期，也叫作第一次慢速膨大期。主要原因是节位上的上位枝在快速生长，大多数上位枝在此时已生长到最终长度的 1/2～2/3，导致果实生长不快。此后，上位枝生长开始变慢，果实生长开始加快，进入第一次快速膨大期。此阶段果实迅速膨大，但纵径生长较快，横径生长较慢。每周的生长膨大速度可达 2 mm，此期持续一个月左右（4 周）的时间。此期结束时，果实纵横径可生长到成熟时的 1/2。之后又进入缓慢生长期，此期时间较长，早熟品种在一个月左右，晚熟品种可延长到 2 个月以上。果实在此阶段纵横径的变化很小，基本维持在第一次快速膨大期或在 4～8 周的时间内稍稍增加 2～3 mm。此期果实中的内果皮开始逐渐硬化，种仁也在不断发育。度过缓慢生长期后，果实开始第二次快速生长，一般扁圆形的果实，横径生长此期超过纵径的生长。第二次生长时间比第一次短，一般为 15～20 d，但生长速度加快，果实的体积膨大明显。此期生长开始后，果实开始着色，到生长末期，果实完全着色，表现出品种的固有颜色和风味。

图 3-18 为欧李果实的生长曲线，从图中可以看出，欧李果实的生长曲线呈双"S"形，即"慢—快—慢—快—慢"，与桃、李、杏等核果类果实的生长过程相似，只是硬核期生长缓慢表现得较为明显。

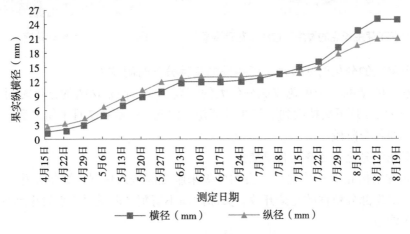

图 3-18　欧李果实纵横径生长曲线

在第一次快速生长结束时果实较大品种，此时纵横径也较大，如大果型的农大 7 号，纵横径分别为 1.5 cm 和 1.3 cm，而小果型的晋欧 1 号纵横径分别为 1.2 cm 和 1.0 cm。此特征可以作为选育大果型品种的参考指标。果实在进入缓慢生长期前后主要是内果皮的发育，而真正形成果肉的中果皮在前期和中期均发育很慢，前期厚度一般在 2 mm 左右，只有在后期内果皮硬化结束后才开始快速膨大，直至成熟时厚度可达到 5 mm 以上。

2. 落花落果

欧李有两次落花落果。欧李开花一周后，花瓣开始凋落，此时没有授粉受精的花柄并没有形成离层，因此并不会造成整朵花的凋落。真正的第一次落花是在花后 2～3 周才开始，此时授粉受精的子房已开始膨大到绿豆大小，而将要凋落的花朵子房没有膨大，或稍有膨大，与正常膨大的子房形成明显的差别。子房的颜色也逐渐从绿色变成黄色，花柄也变成黄白色，用手轻拽花朵便可以从枝条上脱落。正常授粉受精后的花柄与枝条之间的离层很难形成，因此即使欧李充分成熟后，一般也不会发生果实脱落。也正为此欧李的第一次落花，不像一般果树没有授粉受精花朵在花瓣凋落时立即发生，而是一直连接在枝条上，直到幼果开始快速膨大后才开始发生落花。2021 年大部分品种在 4 月 8 日开花，一直到 4 月底子房未膨大，仅留下花萼和花丝的花朵大部分还在树上挂着，尽管在月末时有连续几天的大风也没有吹落这些本该落掉的花朵。第一次落花落果主要由授粉受精不良或花器官发育不良造成。解剖子房后，可发现子房中未形成胚。因此，保持良好的授粉受精是防止第一次落花落果的重要措施。

第二次落果发生在 6 月上旬左右，此时果实已生长到 1 cm 左右，最初可发现绿色的果实逐渐变为黄色，之后果实便脱落。脱落时，果实与果柄之间和果柄与枝条之间均形成离层，轻触果实，果实即脱落。对脱落的果实解剖后，可发现种子中的胚停止发育或整个种子没有正常发育，种皮变为褐色，种皮内的子叶没有形成，浆状体较多。同时观察到，种仁与核之间的连接断裂，不仅使外部的养分供给中断，也使种仁中合成的激素调运养分的信号中断，导致胚发育停止。此期，正常发育的果实，果核已经开始明显硬化，但即将脱落的果实或已脱落的果实果核的硬化程度较低。这次落果与一般果树发生的"六月落果"有相同之处，可能与新梢的强旺生长有关，也与虫害有关（桃仁蜂为害）。第二次落果的数量一般较轻微，对产量影响不大。桃仁蜂发生严重的情况下，会表现出大量的落果，一旦桃仁蜂在种子中产卵成功，幼虫便啃食种仁，种仁受到为害后，果实开始变黄，随后发生脱落。但如果为害较早，或者短时间内使果实枯死，则不会发生脱落，而是干枯在树上。

欧李与一般果树不同，大多数品种不会发生采前落果，即使是在采前遭到了病虫为害，也不会落果，而是僵干或僵腐后挂在树枝上。

六、枝条生长

1. 发育枝与结果枝

欧李的枝条按照结果与否，可分为发育枝和结果枝。

发育枝为当年只长有叶片的枝条。发育枝可分为基生发育枝（基生枝）和上位枝发育枝（上位枝），基生枝是从株丛接近地面处的芽或根颈处的芽萌发成的直立枝条，而上位枝则是基生结果枝的侧芽萌发形成的枝条，按照发生的级次，可分为一级上位枝、二级上位枝、三级上位枝等。发育枝当年不结果，为果实和整个株丛提供光合产物。发育枝按照长度可分为长枝（60 cm 以上）、中长枝（30～60 cm）、中枝（15～30 cm）、中短枝（5～15 cm）、短枝（5 cm 以下）5 类。有些果树的发育枝不仅指当年新梢，也包括一年生枝条上没有花芽的枝条。而欧李一年生枝条一般均会形成花芽并开花结果。所以，欧李的发育枝只包括当年新梢，不包括一年生或一年以上的枝条。

结果枝即枝条上着生有果实的枝条，为生长了一年的发育枝，在春季开花、结果后变为结果枝。如果按照一般果树从枝条上开始着生有花芽算起，一般在落叶之后发育枝均转化为结果枝。结果枝可分为基生结果枝和上位结果枝，按照其长度和粗细可分为长结果枝（40 cm 以上）、中结果枝（15～40 cm）和细弱结果枝（5～15 cm）。5 cm 以下的枝条由于营养较差，一般只开花不结果，或者枯死。因此，生产上一般忽略此类枝条。长结果枝一般为基生发育枝转化而成，有时生长较强的上位结果枝也能达到长结果枝的长度，长结果枝是欧李的主要结果枝；中结果枝一般为上位发育枝转化而成，有一定的结果能力，以 30～40 cm 的结果枝结果力最强，一般出现在上年基生枝的上端1~3个枝条，但相比长果枝，结果数量减少，果实也变小；细弱结果枝，一般出现在上年基生枝的中下部或二级以上的上位枝，结果力最差，果实也较小，尤其是枝条上的新梢很少或无，一般结果后越冬时便会死亡。各类枝条的结果能力见表3-4和表3-5。

表3-4　欧李基生结果枝长度、粗度、高度与结果量的关系

序号	枝条长度（cm）	枝条粗度（cm）	枝条高度（cm）	花芽节位数（个）	单枝产量（g）
1	120	0.63	92	47	939
2	110	0.50	81	40	795
3	100	0.55	70	36	723
4	95	0.51	74	41	615
5	90	0.49	70	36	540
6	80	0.45	60	26	396
7	75	0.39	59	27	302
8	70	0.39	50	24	360
9	70	0.35	50	23	345
10	55	0.31	37	20	197
平均	86.5	0.46	64.3	32	521.2

表3-5　欧李不同长度结果枝结果量与新梢生长情况

结果枝类型	来源	平均结果数（个）	平均单果重（g）	平均新梢数（个）	平均新梢长度（cm）
长结果枝	基生结果枝	55.34	11.96	30.85	27.46
	上位结果枝	22.15	9.56	18.33	16.14
中结果枝		8.98	8.98	12.67	11.52
细弱结果枝		4.50	7.78	2.0	5.8

2.萌芽率与成枝力

欧李枝条较细、节间较短，一个节位上着生有较多的芽，但叶芽一般只有1个。叶芽的萌发率较高，当年种植的苗木一般萌芽率在80%以上（表3-6）。多年生长的植株，基生结果枝上的萌芽率稍有下降，但不同品种的平均萌芽率也在70%以上。仅有少数叶芽不萌发，或者由于一个节位的开花结果过多，导致叶芽不萌发，见表3-7。欧李的成枝力也较强，一般萌发后均能形成一定长度的枝条，但萌发后形成长枝和中长枝条的能力较差，一般只能形成中枝或中短枝。

表 3-6　一年生欧李不同品种苗木枝条相关特性及萌芽率

品种（系）	苗木高度（cm）	苗木粗度（mm）	枝条节间长度（cm）	平均芽数（个）	萌芽率（%）
农大 3 号	54.51	3.22	2.11	25.83	85.19
农大 4 号	48.74	3.30	1.85	26.35	90.67
农大 5 号	56.21	3.51	1.62	34.70	87.23
农大 6 号	60.11	3.94	2.06	29.18	82.46
农大 7 号	41.23	2.97	1.80	22.91	88.25
03-25	43.52	3.02	1.63	26.70	85.71
S-D	45.59	3.26	2.32	19.65	80.33
02-16	46.52	3.18	1.51	30.81	81.55
10-32	63.3	3.78	2.33	27.20	87.16
平均	51.08	3.35	1.91	27.04	85.39

表 3-7　6 年生欧李不同品种基生结果枝萌芽与成枝力

品种	长度（cm）	节位数（个）	未萌芽数节位（个）	叶芽未萌有果节位（个）	萌芽率（%）	上位枝数（个）	总成枝率（%）
农大 3 号	85.67	50.67	13	9	57.53	28.67	57.53
农大 4 号	55.33	34.67	6.67	4.33	68.36	23.67	68.36
农大 5 号	69	35.67	8	7	57.61	20.67	57.61
农大 6 号	84.33	45.67	4.67	6	76.62	35	76.62
农大 7 号	73.33	43	10	3	69.89	30	69.89
晋欧 2 号	81	45.33	7	1.33	79.61	37	79.61
晋欧 3 号	87.33	40.67	8	2	75.12	30.67	75.12
京欧 1 号	75.67	52	5	4.67	81.54	42.33	81.54
平均	76.46	43.46	7.79	4.67	71	31	71

3．基生枝的生长

基生枝在欧李开花前便可开始生长，一直可延续到秋季落叶前，但生长的速度在不同阶段表现不同（图 3-19），可分为以下 5 个时期。

（1）开始生长期。随着气温的升高，地面处的基生芽则首先开始萌发，此时花芽还处于聚花蕾膨大期，但是由于气温较低，生长的速度较慢，一般在开花前新梢可生长

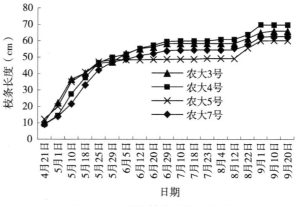

图 3-19　欧李基生枝生长曲线

到 5～10 cm。

（2）快速生长期。落花后，此时气温也逐渐升高，基生枝开始进入快速生长期，一般在 5 月上旬到 6 月中旬一个多月的时间内。生长最快的时间山西晋中在 5 月下旬，内蒙古呼和浩特市在 6 月中旬，每天的生长速度可达 1～2 cm。此期如果干旱，则基生枝的快速生长幅度会减小。

（3）中间停止期。当气温达到 30℃以上时，土壤也较为干燥的情况下，基生枝出现暂时停止生长的现象。此时一般在 7 月中旬。

（4）二次生长期。度过夏季的高温后，一般在 8 月中旬后，新梢开始恢复生长，但生长较慢，形成的枝条较细，叶片也较小。此间形成的枝条一般会在过冬后死亡，引起"枯梢"。

（5）终止生长期。9 月上旬之后，欧李的新梢一般就停止生长。

4. 上位枝的生长

如前所述，欧李上位枝一般较为细弱，这种特性与节位上的结果多少有关。如果节位上无果，枝条生长最长，可以达到 30 cm 左右，节位上有 1 个果，可生长到 15～20 cm，如果节位上有 3 个果或更多，则枝条一般在 10 cm 以下。

（1）开始生长期。在欧李花芽处于单花蕾分离期时，侧芽开始膨大并逐渐萌发，但具体到每一个芽何时开始生长差异很大，有的在花柄开始露出后，侧芽便开始生长，有的则在落花后才开始生长。这种差异主要是由每个节位上花芽的多少来决定的。如果节位上没有花芽，叶芽最早开始萌发，常在其他节位上的花芽处于单花蕾期就开始生长，萌发后的新梢在开花时就可以生长到 3 cm 以上。如果节位上的花芽数较多，当超过 5 朵花时，叶芽则在开花前不萌发，落花后才会萌发。如果花朵更多，或者落花后节位上坐果较多，则此节位上的叶芽一年中都不会萌发。所以上位枝的开始生长期因节位上的花朵数的多少起始时间差异较大。

（2）快速生长期。落花后，上位枝立即进入快速生长期，一般维持 40～50 d。

（3）停止生长期。节位上同时结有果实的上位枝，当果实进入硬核期之后，上位枝停止加长生长，见图 3-20。

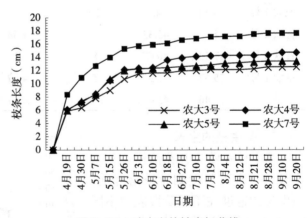

图 3-20　欧李上位枝生长曲线

5. 叶片生长与叶幕的形成

欧李叶片从萌芽开始后，便开始不断出现，通过 5～10 d 的生长，形成固定大小。不同时期形成的叶片大小差异较大，枝条类型不同和着生部位不同，叶片大小也不同。早春展开的叶片较小，5 月下旬至 7 月上旬长出的叶片较大，秋季形成的叶片又变小。因此一个枝条上中部的叶片最大。基生枝上的叶片大于上位枝上的叶片，大小常相差 1 倍以上，这也是欧李在生长习性上的一个显著特征。

随着枝条的生长，叶片不断出现，叶幕逐渐形成，单株叶面积在不断增加，一直延续到秋季，枝条停止生长。但叶幕增加的速度不同，最快的时期是在5月下旬至7月上旬出现大叶片的阶段，此时果实的发育处在缓慢生长期。

欧李的叶片出现后，叶面积不断增大，一般在20~30 d生长到最大，不同时期形成的叶片生长到最大叶面积的时间可能不同。如图3-21所示，欧李叶片于5月下旬至6月初，单叶面积达到最大值，叶片快速生长至叶片停长所需要的发育时间为20~30 d，其中农大4号和农大6号叶片发育时间较短为20 d，农大7号和01-01叶片发育时间为30 d。

七、地下茎生长

（一）地下茎的发生与生长

实生苗当年不会产生地下茎，一般在3~5年后会有地下茎的出现和生长。扦插苗在当年定植后，埋入土中的根颈处便会产生1~2个水平的基生芽，基生芽萌发后，地下茎即开始生长，此芽尖端逐渐变得粗壮，形成一个粗度达3~4 mm、长度达3~4 cm白色锥形茎尖，其前端的生长点十分肥大，一直保持着旺盛的加长生长能力。这种肥大的茎尖会保持数年，且可产生分枝，经不断分枝和多年生长，会形成多条地下茎（图3-22）。

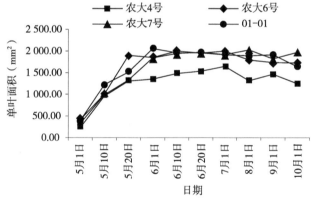

图3-21　欧李叶片叶面积生长曲线

图3-22　7年生的欧李地下茎发生情况

地下茎的白色茎尖春季时在表层土壤下方5~10 cm深度处不断向远方水平延伸生长，5月下旬时生长最快，芽尖后的茎段在6月后逐渐变成褐色。秋季时可进行二次加长生长，落叶后停止生长，当年地下茎可延伸50 cm以上。3~4年生的地下茎长度可到达1.5~2.0 m，在加长生长的同时，加粗生长也在逐渐进行，一年生的地下茎粗度可达到0.5 cm，二年生可达到0.8~1 cm，多年生长的地下茎最粗可达到1.5~2 cm，其后不会继续增加粗度，因此加粗生长不同于加长生长。

地下茎与地上部的枝条最大的区别是地下茎上的叶片发生退化，在地下茎的前端，可看到初生的小叶片，但随着茎的水平伸长，这些初生叶片并不变大，而是一段时间后脱落，即叶片退化。但退化了叶片的叶腋间芽并不退化，而是随着时间的推移，芽逐渐生长到与地上枝条芽大小相近后停止生长，最后转化为潜伏芽。如果将地下茎露出地面，这些潜伏芽在春季或者是深秋便会萌发，形成地上部的基生枝。

地上部的枝条变成木质化的硬枝后，扦插一般不能生根或生根率很低，但地下茎上常会有不定根的产生。当年生长的地下茎上，一般没有根系。二年生、多年生的地下茎上大多会产生不定根。这种不定根在地下茎上大多表现为粗度 1 mm 左右的须根（图 3-23），因此，地下茎与真根也非常容易辨认。但是一旦地下茎上的顶芽或其上的潜伏芽萌发并在地上部形成枝条后，此时这些须根系加长和加粗生长变快，经 1～2 年的生长部分根系会加粗到 1～2 cm。

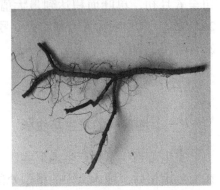

图 3-23　多年生地下茎上的须根

多年生的地下茎由周皮、韧皮部、木质部组成，其皮层的厚度明显大于地上部的枝条。

（二）地下茎特点和作用

1. 贮藏营养

多年生植物为了翌年生长，在冬季落叶前必须将营养物质保存在植株体的贮藏营养器官之中。高大的乔木通过枝干、粗根等器官贮藏营养，而灌木尤其是在冬季地上部分容易枯死的各种小灌木则主要利用地下部贮藏营养，当地下部根系不足以保存足够的营养时，就进化出一种能够保存营养的器官即地下茎。地下茎可以把地上部光合作用生产的糖变成淀粉贮藏起来，以供翌年植物重新生长和开花结果时所需。荣涵等（2020）观察了五味子地下茎不同处理方法对植株生长发育的影响，发现五味子地下茎不去除植株的萌芽率为 86.47%，显著大于地下茎 2/3 去除和地下茎全部去除植株，说明五味子地下茎贮存的营养物质在植株萌芽期有利于地上部的营养生长。正常生长的欧李可以生长 30 多年，与地下茎的营养贮藏有着直接的关系。另外，欧李地下茎尽管其上有根系，但均是 1 mm 左右的须根，这些须根也增加了地下茎从土壤中吸取水分和矿质营养的含量。

2. 分株繁殖

植物为了生命的延续，会大量地增加繁殖器官。除了大量结实产生种子之外，还可以通过地下茎以及一些块茎、鳞茎、球茎等茎的变态增加繁殖器官。自然条件下，欧李实生苗和扦插苗一般当年生的地下茎没有根系，翌年后可逐渐产生根系，但少而细。这是由于地下茎本身的生长限制了根系的生长，一旦地下茎的前端停止生长，其上的潜伏芽萌发从地下钻到地上形成叶片后，叶片制造的有机养分直接供给地下茎，此时地下茎上的根系便开始加快生长，地上部也逐渐分枝，形成一株与母体似连非连的新灌丛。由此产生的新的植株没有经过有性阶段，所以也叫作克隆繁殖。这种特点不仅体现了一株欧李逐渐扩大生长范围的能力，也可以保证自身生存和维持种群繁衍。也正是因为此，欧李可以进行分株归圃育苗，或利用地下茎扦插繁殖。

3. 自身生存需求

植物为了扩大种群的生长空间，抵御不良环境对地上部器官的损害（动物啃食、冻害、干旱等），可以通过地下茎的产生和连续生长以保证自身生存。

4. 对农业生产的影响

地下茎生长过旺和过多时，对地上部的枝条生长和结果存在营养竞争的问题，同时也会对地下部真根的发育产生营养竞争的问题，这样势必会导致地上部生长变弱、结果少。这也是多年生的欧李不如2～3年生欧李植株生长旺盛和产量高的主要原因。因此，生产上可以每年春季对地下茎进行切割处理。荣涵等（2020）观察了五味子地下茎不同处理方法对植株生长发育的影响，发现地下茎全部去除和地下茎2/3去除的五味子植株的雌花比例显著大于地下茎不去除的植株；地下茎2/3去除植株的花朵结实率为54.22%，分别是地下茎全部去除植株和地下茎不去除植株的1.21倍和2.04倍；地下茎2/3去除植株的心皮结实率为72.63%，显著高于地下茎全部去除及不去除植株。说明在五味子花芽分化期及开花坐果期，一定数量的地下茎可促进植株的雌花分化数量及提高坐果率。同时说明，地下茎不可过少或没有，但也不可过多。自然生长下一般会过多，尽管会贮藏更多的营养，但同时地下茎的生长和存活同样也要消耗更多的营养，这样会使营养分散，引起地上部树势衰弱和结果量下降，但具体在欧李上需要留多少地下茎，目前还需进一步深入研究。

八、休眠

休眠是北方落叶果树的重要习性，尽管有报道某些热带地区（爪哇）种植苹果可以结果，但产量和品质均不能与北方相比。欧李引种在广州和海南的观察表明，度过休眠的苗子种植到当地，当年可以正常萌芽、开花和结果，但翌年及以后年份能够正常萌芽，但不能正常开花和结果，主要原因是欧李缺少了休眠的解除。自然休眠是北方果树为躲避冬季的严寒天气不得不采取的特殊习性，如果不能及时休眠，将会造成地上部被冻死的风险，甚至造成根颈和地下部被冻死。因此满足欧李的休眠条件对于正常生长和结果都是必需的。

（一）地上部芽的休眠

1. 休眠的开始与表现

自然条件下，欧李休眠的开始与温度逐渐降低和光周期变短密切相关。通常情况下，枝条上没有休眠的芽在合适的条件下均会在催芽条件下迅速萌发，此时的萌发率为100%，但是一旦有了休眠后，萌发率就会下降。目前对萌发率降低到什么程度就可判定为芽休眠的开始存在诸多争议，笔者认为，只要能排除其他影响芽萌发因素的情况下，只要出现芽萌发率连续降低的时期就应该认为是芽接收了休眠信号从而开始休眠。休眠的开始时通过短剪和水培观察，大田中的欧李枝条上的芽在8月下旬至9月中旬萌发率便开始下降，当萌发率低于50%时，通常认为是休眠开始，笔者认为这个时间实际上是深休眠的开始，而不是一般休眠的开始。利用浸水法观察欧李枝条的萌发率，发现这个时间在9月底至10月10日，也就是说10月上旬是欧李深休眠的开始日期，此时欧李还没有落叶。多年来，在9月下旬和10月上旬采插条进行扦插，虽然可以生根，但是没有或只有很少插条上的芽能够萌发，进一步说明，此时欧李已经进入深休眠。

同一个品种在不同年份之间深休眠开始的迟早稍有不同，如农大5号在2005年为10月10日，在2009年为10月5日。

不同品种进入深休眠的迟早不同，一般相差5～10 d。如在2005年农大5号比中实-3迟10 d，在2009年比9-8早5 d。

叶芽与花芽进入深休眠的迟早不同，一般叶芽较花芽早进入，大田情况下，常会观察到欧李在秋季有二次开花的现象，但叶芽却不萌发，不仅因为叶芽的萌发可能比花芽有更高的温度需求，而且也因为叶芽的休眠较早。

需要指出的是，测定欧李的休眠不能用整株摘叶法在大田条件下进行观察，由于受夏季高温和干旱的影响，在7月中旬至8月中旬尽管芽还能萌发，但田间条件下整株摘叶后，芽的萌发率也只有10.9%～31.8%，说明芽进入了夏季被迫休眠。

2. 极深休眠期

深休眠开始后，欧李芽的萌发率还在继续下降，接近不能萌发的此段时间为极深休眠期。欧李一般深休眠开始之后的10～15 d便进入极深休眠期。晋中地区一般在10月中旬到11月底。此时芽体除仅有微弱的呼吸作用外，其他生理活动几乎停止。此时即使给予适合的生长条件，芽也不能萌发。欧李同其他北方果树一样同样需要一定低温才能打破休眠。对低温的需求量也叫需冷量，将在下面予以讨论。

3. 休眠解除期

进入深休眠后的芽如果遇到一定的低温，则可以逐渐打破休眠，此时表现为萌芽率逐渐升高。水浸条件下，可以观察到随着低温时间的不断延长，萌芽率从0开始逐渐升高，当萌芽率升高到50%以上时，此时可认为休眠基本解除。当萌芽率接近100%时，休眠全部解除。此时遇到适宜的环境条件，芽可全部萌发。欧李的休眠解除较快，一般在极深休眠之后的10～20 d，晋中地区在11月中旬开始到12月中旬便彻底解除休眠。

不同品种解除休眠的时间不同，似乎与进入休眠的迟早并不存在联系。中实-3进入休眠较早，但解除休眠却比农大5号迟，可能进入和解除休眠分别为不同的信号所控制。进入休眠不仅受低温信号的影响，同时也受到短日照信号加强的影响。而休眠解除仅仅需要低温，不同品种对低温需求量不同，解除休眠的迟早则不同。

叶芽与花芽解除休眠的时间也不同，一般叶芽比花芽迟5～10 d。

4. 被迫休眠期

被迫休眠期是芽已解除了生理休眠，即给予适宜的条件芽具有萌发能力，但由于环境条件的限制，芽并不出现萌发的时期。这个时期一般是在12月中下旬到翌年的芽萌动前。

（二）地下茎上芽的休眠

地下茎（根状茎）上的芽分顶芽与侧芽，这两种芽的休眠特性不同，同时也与地上部枝条芽的休眠表现出有很大的差异。

1. 地下茎顶芽

地下茎的最前端有一个很粗壮的顶芽，而地上部的枝条顶芽则较弱。经不同月份对地下茎的挖土观察和不同月份挖取地下茎不同茎段的扦插试验表明，地下茎的顶芽在一年中无明显休眠或休眠很浅，在土壤中只要温度适合均可以生长，带有顶芽的插条不同月份扦插后一般均可以萌发，即使是冬季自然停止生长的顶芽扦插在温度较高的插床上照样可以生长。

2. 地下茎侧芽

地下茎的侧芽自然状态下一般不会萌发，呈潜伏状态，而地上部枝条上的侧芽一般每年春季均会萌发。地上部的侧芽一般会在 10 月中旬就进入了深休眠，但是地下茎上的侧芽却可以萌发。这些侧芽会不会在其他时间有休眠的情况呢？经过对地下茎不同月份的扦插萌芽情况进行观察（表 3-8），确实发现地下茎的侧芽在 6 月上旬至 8 月上旬这段时间萌芽率很低或不能萌发，即发生休眠。但这种休眠似乎并不是由低温、短日照引起，究竟是什么原因导致地下茎的侧芽在这段时间内不能萌发，是一个值得深入研究的问题。

表 3-8　地下茎侧芽一年中不同月份扦插后的萌发率

扦插月份	萌芽插条占总插条的比率（%）	扦插地点	扦插月份	萌芽插条占总插条的比率（%）	扦插地点
1 月	≥50	温室育苗盘	7 月下旬	6.67	控温大棚育苗盘
2 月	≥60	温室育苗盘	8 月上旬	13.33	控温大棚育苗盘
3 月	≥70	育苗大棚	8 月下旬	50	控温大棚育苗盘
4 月	≥70	育苗大棚	9 月上旬	≥60	控温大棚育苗盘
5 月	50	控温大棚育苗盘	9 月下旬	≥70	控温大棚育苗盘
6 月上旬	3.33	控温大棚育苗盘	10 月	≥70	育苗大棚
6 月中旬	0	控温大棚育苗盘	11 月	≥70	温室育苗盘
7 月上旬	0	控温大棚育苗盘	12 月	≥70	温室育苗盘

第三节　欧李对环境条件的要求

一、温度

如第二章所述，欧李起源于黄土高原地区，因此在系统发育上，属于温带果树，具备温带植物对温度要求的特性。

1. 对有效积温的要求

野生分布的欧李最北在黑龙江小兴安岭的南段，此地≥10℃的有效积温大约为2 300℃，因此可以说欧李最低的有效积温需大于 2 300℃。在这样一个有效积温下，无霜期一般只有100～120 d，对于果实发育较短的栽培品种可以完成成熟，但对于某些发育期较长的栽培品种便难以完成。因此在保证大多数品种能够成熟的有效积温应该达到3 000℃以上，最晚熟的品种则需要有效积温3 600℃以上（山西太谷）。

2. 最低温度的忍耐

欧李在我国东北地区均有野生分布，因此野生种群可以忍耐较低的冬季低温。人工栽培下，将太行山地区的种质引种到黑龙江绥棱县，经多年栽培，也能安全过冬。尤其是2019年该地1月的最低温度降低到了-41℃，翌年欧李正常开花结果，并没有受到强低温的影响，因此欧李可忍耐-40℃左右的低温。但是某些品种种植后，翌年春季该地会发生"抽条"现象，枝条枯死到冬季被雪埋住的地方，随着苗木的逐年生长，"抽条"现象会逐渐消除。在辽宁以南的大部分地区，"抽条"则很少发生。这种"抽条"现象的发生，似乎与冬季的最冷温度关系不大，据笔者观察发现与上年秋季和当年春季的温度有关。如个别年份，秋季温度变化剧烈或者一直高温之后，早霜突然降临，枝条不能充分成熟，树体没有进入正常休眠，也会导致冻害或"抽条"。当出现秋季气温不稳定的年份，生产上应特别注意，对树体要加强管理和保护。欧李在不同生长发育阶段对最低温度的要求不同。一旦解除休眠之后，欧李的抗寒能力大大降低。花期对低温的忍耐力为-2℃，时间也不能过长，当气温降低到-6℃时，较短的时间幼果几乎全部受冻。

3. 最高温度的忍耐

欧李不仅抗寒，也较抗高温。在高温下，欧李叶片通过关闭气孔以减少水分的蒸发。通过体内保护酶的变化来防御高温带来的生理性伤害。据温室种植观察，欧李在不遭受水分胁迫的情况下，可以忍耐45℃的高温，此时，枝叶生长未出现异常，但时间每天不能超过2 h。

4. 生长结果对温度的要求

当0～7.2℃的低温积累到欧李的需冷量要求后，芽便可萌发，但自然条件下，此时还处于冬季，芽此时处于被迫休眠状态。度过冬季后，当白天最高温度出现10℃以上温度连续天数达到一周以上时，芽开始萌动。经过45～50 d后，当白天最高温度出现20℃以上温度，且连续天数达到一周以上时，开始萌芽开花。当最高气温达到25℃，新梢生长开始加快，当最高气温达到30℃时，新梢生长会出现停止，当最低气温连续下降到15℃以下时，欧李开始进入休眠。果实在春季开花授粉受精以后，温度在0℃以上时，便可坐果，果实的生长需要较高的温度，一般在20～30℃。笔者观察到，欧

图3-24 欧李开花期降雪
（拍摄于2013年4月19日，太谷）

李在开花期，经常会遇到下雪的天气，30多年来，共遇到过3次，其中在2006年和2013年，均在欧李开花期突降大雪（图3-24），但欧李在该年度并没有减产，而桃、李、杏则几乎绝产。此时如果气温降低到0℃，时间又不是太长，对欧李的结果几乎

没有影响。这主要是欧李的花期一般可延长一周左右，坐果率又较高，即使冻掉一部分花或幼果，正好起到了疏除过多果实作用，反而提高了果实质量。但是，在降雪后气温下降幅度不能太大，而且气温能够很快回升。如果持续降温，则会引起严重的冻花冻果。

5. 休眠解除对需冷量的要求

欧李属温带果树，自然休眠后，必须经过一定的低温处理之后，才能打破休眠。笔者在 2002 年、2003 年、2004 年对多个欧李品种（品系）进行了低温需求量的测定。利用自备的田间自动温度记录仪记录大田的气温变化，分别统计≤7.2℃、0~7.2℃和犹他模型的低温累积量。犹他模型（Utah model）估算欧李不同品种需冷量采用 Richardson（1974）的方法。3 种方法测定出来的欧李不同品种的低温需求量见表 3-8。从表中可以看出不同品种和优系的低温需求量不同，其范围分别是：≤7.2℃模型下，叶芽为 372~750 h，花芽为 304~636 h；0~7.2℃模型下，叶芽为 269~580 h，花芽为 226~489 h；犹他模型下，叶芽为 311.5~546 C.U.，花芽为 289~491.5 C.U.。与其他果树相比，欧李解除休眠的需冷量较少，在设施栽培中是一个较好的树种。

表 3-9　不同低温模型下欧李花芽和叶芽低温需求量

品种	≤7.2℃（h）		0~7.2℃（h）		犹他模型（C.U.）	
	叶芽	花芽	叶芽	花芽	叶芽	花芽
11-14	636	547	489	431	491.5	449
9-8	595	523	461	414	468	442.5
农大 4 号	407	328	304	240	341.5	289
农大 5 号	372	304	269	226	311.5	286
绛黄	750	636	580	489	546	491.5
03-15	453	352	344	258	376.5	299.5
99-02	389	328	286	240	326	289
03-35	453	372	344	269	376.5	311.5
10-35	683	595	530	461	518.5	468
03-32	407	352	304	258	341.5	299.5
平均	514.5	433.7	391.1	328.6	409.75	362.55

从表 3-9 中还可以看出，欧李的花芽低温需求量小于叶芽。在≤7.2℃模型下，平均小 80.8 个小时；在 0~7.2℃模型下，平均小 62.5 个小时；在犹他模型下，平均小 47.2 C.U.。

以上 3 种模型计算出来的低温需求量，并不能反映最适合解除欧李休眠的温度具体是多少度。为此，笔者分别设置了 -10℃、0℃、2℃、7℃、10℃ 5 个恒温低温下观察一定时间下两个欧李品种的萌芽率，如果萌芽率较高，则说明这个温度下较有效。其结果见表 3-10。

表 3-10 欧李休眠芽在不同恒温处理下发芽比较

日期	小时数	品种	处理温度				
			-10℃	0℃	2℃	7℃	10℃
10 月 20 日	240	20-03	0	0	0	0	0
		9-8	0	0	0	0	0
10 月 23 日	312	20-03	0	0	0	5	5
		9-8	0	0	0	5	5
10 月 26 日	384	20-03	0	10	10	15	15
		9-8	0	5	10	10	10
10 月 29 日	456	20-03	0	15	20	30	35
		9-8	0	10	15	20	25
11 月 1 日	528	20-03	0	25	30	30	35
		9-8	0	15	20	30	35
11 月 4 日	600	20-03	0	50	50	55	55
		9-8	0	45	55	55	55
11 月 7 日	672	20-03	0	60	65	65	65
		9-8	0	55	65	70	70
平均		20-03		23	25	28	30
A				76%	83.3%	93%	1
平均		9-8		19	24	27	29
A				65%	82.5%	94.9%	1

注：A= 不同温度下发芽率的平均值 /10℃下发芽率的平均值 ×100%。

从表 3-10 中可以看出，在恒定低温的情况下，两个欧李品种 -10℃的低温对解除休眠没有效果，这点在欧李种子的休眠解除中也得到了验证，冻藏了一年的欧李果实种子长期处在较低的温度，取出这些种子并不能发芽，还必须在 0～10℃的条件下层积 3～4 个月才能发芽。因此，零下冰冻的温度对解除休眠是没有意义的。

除 -10℃的处理对解除休眠没有效果外，其他温度对解除休眠均随着处理时间的延长，发芽率不断提高。在完全解除休眠时，所有恒定低温的处理时间均高于田间的变温处理，也就是说解除休眠时，变温处理的时间较短，而恒温处理的时间较长，这点与前人在其他果树上的研究相一致，但是最有效的低温却不一致。前人的研究是 0～7.2℃或者 2.5～9.1℃，笔者的研究是 10℃。7℃的破眠效应相当于 10℃的 93%～94.9%，2℃的破眠效应相当于 10℃的 82.5%～83.3%，0℃的破眠效应相当于 10℃的 65%～76%。因此，在 0～10℃低温条件下，温度越高越有利于休眠的解除，如果再加上变温处理，效果会更好。另外，如果这个结果是树种的差异引起的，那么，在解除休眠的需冷量测定时，每个树种均需首先确定有效低温的范围后才能得到需冷量的准确值。

二、水分

欧李不仅耐寒，而且也耐旱。经过漫长的自然选择，使它形成了一种与自然条件相适应的生长结果能力，表现为旱时能避旱，雨季能集水。在干旱的春夏期间，欧李利用其叶小、蒸腾少的特点，尽量减少体内水分的散失，同时地上部的枝条生长速度减慢，而地下部开始产生大量地下茎，并在土壤的保护下生长，一旦遇到降雨，这些地下茎很快钻出地面，迅速形成茎叶和绿色株丛。其果实也是这样，在夏季干旱阶段基本不长，而在雨季到来的 8—9 月，庞大的根系快速吸收雨水并上运到果实中，使果实在短短的 20 多天时间内膨大到原来的 8～10 倍，并发育成熟。这是欧李在长期进化过程中与自然环境相适应的结果。

野生状态下的欧李常生长在地堰上，由于地堰无任何遮挡，强烈的光照使水分蒸发强烈，造成含水量较低，但欧李却能很好地生长（图 3-25），说明欧李耐旱性较强。宁夏中卫降水量仅 200 mm，当地利用砂石覆盖地面，减少水分蒸发，欧李不经灌溉，种植后也能正常生长和结果，也说明了欧李对干旱有较强的抵抗力。经调查，自然生长的欧李在年降水量 400 mm 下就能够正常生长，在年降水量 600 mm 下能够正常结果。

图 3-25 生长于地堰上的欧李

欧李对干旱环境具有较好的适应性还表现在植株地上部和地下部的器官随土壤水分的多少而发生相应的变化，即对干旱有一定的可塑性。段娜等（2019）用控制灌水的方法设计了 4 种土壤水分含量进行欧李幼苗的盆栽，包括：土壤含水量控制在占最大田间持水量的 80%～100%（CK）、田间持水量的 60%～80%（T1）、田间持水量的 40%～60%（T2）和田间持水量的 20%～40%（T3）。2 个月后，对供试植株的株高、冠幅、地上和地下的生物量、叶片的大小、长宽比和比叶面积等进行测定后发现，随着土壤水分含量的减少，欧李根生物量、枝叶生物量、植株总生物量积累均呈现先升高后降低的趋势，在 T1 处理下达到最大值，并显著高于其他处理。欧李的株高、冠幅、基径、主根长、主根直径及侧根数量也在 T1 处理下为最高，即在土壤水分含量为田间持水量的 60%～80% 时，欧李的各器官生长有最好的表现，而水分含量最高的处理（CK）除枝叶的生物量外均处于第二位。在土壤含水量最少的 T3 处理下，欧李的根重、根冠比、根冠比胁迫指数、叶片长宽比和比叶面积比 T1 增加，说明欧李在严重干旱下可以通过改变自身的生物量的分配和形态适应环境的变化。最明显的是增加地下部的生物量及改变叶片的长宽比和比叶重，说明了欧李对干旱条件下的适应和可塑性。这里应该指出的是，根冠比和比叶重较大是一般耐旱植物的特征，该研究中得出的不同处理下叶片的长宽比经笔者分析后发现，叶片长宽比的比值排列顺序为 T3＞T2＞CK＞T1（比值分别为 5.33、4.69、4.06、3.94），即严重干旱下或水分过多的情况下，都会影响叶片长宽比的变化。这可能是我国东北区域欧李的叶子变得比华北区域

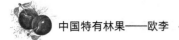

更窄的解释，值得深入研究。

欧李虽然较为抗旱，但是要想使欧李生长良好并产出经济产量可观的果实，还必须满足水分供应。首先，建园时土壤含水量不能过低，否则会影响苗木的种植成活率。据刘宏斌等在定西地区的试验，定植苗木时不浇水，土壤含水量为 7.33%，苗木成活率为 70%；定植时浇水，土壤含水量在 10% 以上时，苗木成活率达到 90% 以上。其次，土壤含水量过低将影响枝叶的生长和根系的生长。在欧李枝条的快速生长期，是欧李生长的需水关键期，此时如果土壤干旱，欧李的株高、枝条的长度将会大大降低。当田间持水量降低到 20%～40% 时，欧李的株高会降低到适宜含水量（60%～80%）的 75%，枝条生长会降低到 70%，侧根的数量也会降低到 55% 左右。欧李在生长季节的前期，缺少水分不仅会导致枝条生长的减慢，也会造成一定的落果发生，在生长季的后期缺水将会导致果实不能膨大，果个发育较小。

欧李对水淹有一定的抵抗力，短时间的水涝对欧李的生长影响不大。在田间观察到，欧李在低洼地带连续淹水 7 d 以上时，将对欧李的枝叶生长造成严重的影响。许多研究指出，轻度水分胁迫下，欧李的生长和结果表现要比水分十分充足的情况下好，也说明水分过多对欧李生长和结果不利。

因此，要保证欧李植株健壮的生长和结果丰产，满足欧李对水分的需求将显得比其他环境因素更为重要。

三、光照

欧李喜光照，野生状态下常生长在阳坡或生长在地堰上或生长在森林的边缘空旷地域或沙丘上。有时欧李在阴坡生长得比阳坡好，但并不是欧李喜阴，而是由于某些干旱的地域阴坡的土壤水分含量比阳坡好。欧李在自然生长的条件下，如果与其伴生的周围植株生长较旺，欧李则会因为得不到充足的光照生长逐渐变弱，最后枯死。笔者在中条山上进行野生欧李资源调查中发现，曾在一片灌丛标记的欧李植株 3 年后再去就找不到了。细细观察，发现是欧李被其他植物遮住，逐渐枯死了。这是由于欧李是一种小灌木，高度上不具有竞争光照的优势，当被其他植物遮挡住后，最终会由于得不到光照而死亡。

（一）光照对新梢生长的影响

光照较强时，欧李新梢的生长速率较大，最终形成的枝条较长。通过对大棚和露地条件下欧李枝条的长度和生长速率观察，露地极显著高于大棚，这是由于设施条件下大棚膜的存在，使棚内的光照强度下降，因而影响枝条的生长。

（二）光照对果实生长与发育的影响

为了研究光照强度对果实生长发育的影响，在 2018 年 5 月初利用遮阴网进行遮光处理。试验共设置 3 个光照处理，CK 为不遮光处理，T1 为遮挡一层遮阴网，T2 为遮挡二层遮阴网。一天中不同时间的光照强度，结果见图 3-26。CK、T1、T2 3 个处理的光照强度日变化均呈"双峰"形，其最大值及峰值都出现在中午12:30左右，另一个光照强度高峰出现在16:30。一天内，相比于CK，T1、T2光照强度持续较CK低且光照强度变化幅度小，经计算T1、T2光照强度分别比CK减少了60.76%和82.02%，可见这两种处理的遮阴效果明显。经测定，遮光后对果实生育期、果实大小、糖酸含量、颜色均产生了不同的影响。

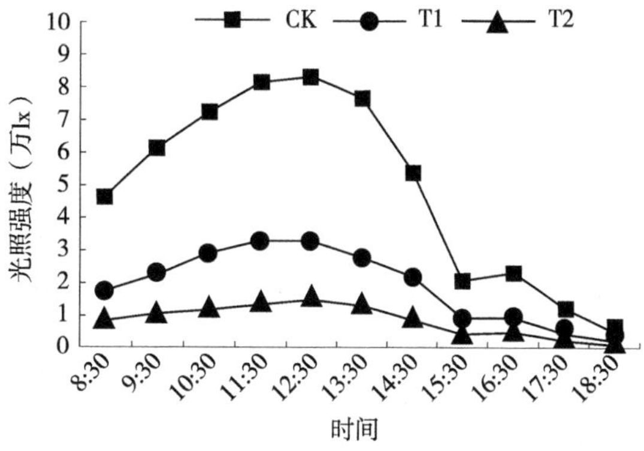

图 3-26　不同遮阴处理下的光照强度日变化

（CK：无遮光；T1：一层遮阴网；T2：二层遮阴网）

1. 光照强度对果实生育期的影响

降低光照强度将会推迟欧李转色、着色和成熟等时期的到来，光照越弱，推迟的天数则越长。从表3-11看出，随着遮阴程度的增加，在硬核期后，与对照出现差异，转色期T1和T2分别比对照推迟了11 d和15 d，着色期分别推迟了6 d和16 d，果实成熟期分别延后了13 d和18 d，这与果树设施栽培中因光照强度变弱使得果实成熟普遍比露地推后15 d左右相一致。

表 3-11　不同遮阴处理下欧李果实的发育时期

时期	日期（年-月-日）		
	CK（无遮光）	T1（遮光60%）	T2（遮光80%）
遮光前	2018-05-07	2018-05-07	2018-05-07
硬核期	2018-06-20	2018-06-20	2018-06-20
转色期	2018-07-16	2018-07-27	2018-07-31
着色期	2018-07-31	2018-08-06	2018-08-16
成熟期	2018-08-06	2018-08-19	2018-08-24

2. 光照强度对果实单果质量和纵横径的影响

降低光照强度将会降低果实单果质量和纵横径的生长，当遮光在60%影响不显著，遮光达到80%以上时，影响显著。如表3-12可知，欧李果实平均单果重随着发育时期的推进逐渐增大，遮阴处理后，同一时期内随着遮光度的增加，平均单果重降低，表现为CK＞T1＞T2。遮阴处理10 d后，T1、T2处理与CK相比，果实单果重有显著差异；硬核期和转色期差异不显著；在着色期，平均单果重差异显著（$P<0.05$）；果实成熟期时，T1与CK接近，达到农大6号商品外观品质，单果重在10 g以上，而T2的平均单果重仅6.82 g，比CK下降了40%。在果实大小方面，随着果实发育期的推进，欧李果实纵横径逐渐增大，与对照相比，T1纵径差异不显著，横径于遮阴后10 d、硬核期、着色期差异显著；T2处理纵径除遮阴前、遮阴后10 d和转色期差异不显著，横径除遮阴前、转色期差异不显著。

表 3-12　遮阴处理对欧李果实大小的影响

时期	平均单果重（g）			纵径（mm）			横径（mm）		
	CK	T1	T2	CK	T1	T2	CK	T1	T2
遮阴前	0.30a	0.30a	0.30a	11.57a	11.57a	11.57a	7.12a	7.12a	7.12a
遮阴后 10 d	1.15a	0.95b	0.92b	14.26a	13.5a	13.56a	11.62a	10.81b	10.61b
硬核期	1.58a	1.42ab	1.27b	14.66a	14.07ab	13.72b	13.47a	12.73b	11.88c
转色期	4.91a	5.08a	4.79a	20.89a	19.8a	19.46a	22.23a	21.33a	21.03a
着色期	10.75a	8.89b	6.52c	24.03a	22.8a	20.65b	27.69a	26.5b	24.95c
成熟期	11.18a	11.38a	6.82b	24.17a	24.89a	20.89b	27.28a	29.13a	24.96b

注：CK：无遮光；T1：一层遮阴网；T2：二层遮阴网。表中数字后不同字母表示在 $P<0.05$ 水平上有显著差异。

3. 光照强度对果实还原糖和有机酸含量的影响

光照强度的不同可显著影响欧李果实的含糖量。光照强度降低 10 d 后，就可降低果实中的还原糖含量，随着遮光时间的延长，差异逐渐加大，到果实着色期和成熟期，遮光 80% 的处理比对照还原糖含量几乎降低了一半，遮光 60% 的处理大约降低了 20%，见图 3-27。

降低光照强度可显著增加果实中有机酸的含量。有机酸的含量在遮光后 10 d 便会升高，随着遮光的延长，到果实着色期差异达到显著

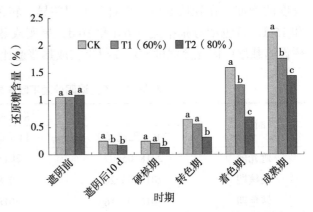

图 3-27　遮阴处理对欧李果实还原糖含量的影响

水平，见图 3-28。表明随着光照强度的不断变弱，有机酸含量在逐渐上升。结合糖含量下降来看，遮阴处理对果实的品质造成了极为不利的影响。因此，欧李要想获得高品质的果实，光照强度不能低于自然光强的 40%。

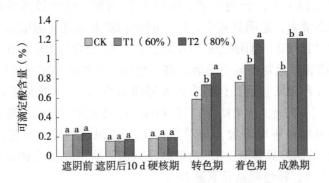

图 3-28　遮阴处理对欧李果实可滴定酸含量影响

另外，光照强度的不同也影响果实pH值，见图3-29。正常光照条件下欧李果实的pH值集中于4～5，随着果实的发育，pH值降低，遮阴处理的欧李果实在果实发育过程中呈先上升后下降的趋势。在转色期前，T1、T2的pH值高于CK，转色期后，T1、T2的pH值低于CK。遮阴处理与对照在pH值方面有显著差异，但T1、T2之间无显著差异。

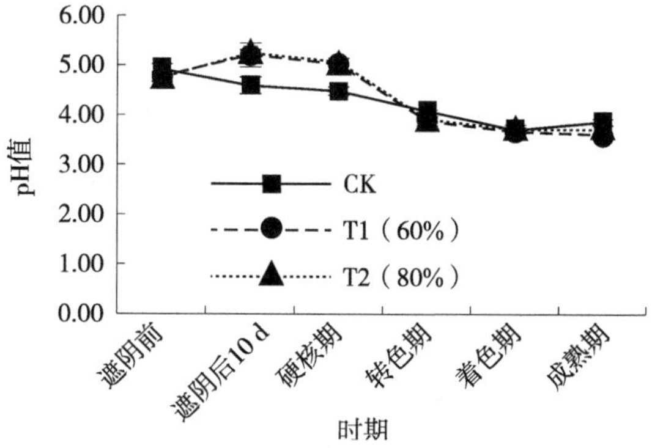

图3-29　遮阴处理对欧李果实pH值的影响

4. 光照强度对果实颜色的影响

欧李果实成熟时有多种颜色，降低光照强度红色果实着色变浅。如表3-13是不同光照强度下农大6号果实颜色变化的测定值。L^*表示光泽明亮度，L^*越大，表示果面亮度越高，着色越浅。a^*、b^*表示颜色组分，取值范围[-60，+60]，$+a^*$为红色，$-a^*$为绿色；$+b^*$为黄色，$-b^*$为蓝色，其绝对值越大，颜色越深。H表示色素的类型，其值越低，表示颜色越红。CIRG的值越大，表示颜色越红。可以从表3-13中看到，b^*、H和CIRG值在不同光照处理下存在显著差异，光照降低，使亮度增加，但着色变浅。

表3-13　不同光照强度下成熟期欧李（农大6号）果实颜色变化

处理	L^*	a^*	b^*	H^*	CIRG
CK	30.66b	17.32a	8.30c	25.63c	3.10a
T1	32.54ab	17.29a	13.77b	38.56b	2.59b
T2	33.75a	14.89a	18.65a	51.26a	2.24c

光照强度不同，也会对果实、叶片、枝条中的次生代谢物质如黄酮、多酚、单宁等物质发生影响。

光照较差时，植株周围的湿度将会加大，也会引起病害的滋生。

我国地域辽阔，受地势、空气中的水分和天气状况的影响，各地的日照稍有差异，按照野生欧李的分布情况看，欧李全年的日照时数以2 500～3 000 h为宜。

四、地势

地势影响着周围环境的温度、水分、光照和风速、风向等，这些因素又都是影响植物生长的因子。因此，不同的地势也必然影响欧李的生长与结果。整体上地势包括山地、丘陵地和平地，与这些地势相联系的还有海拔、坡向、坡度等。

野生欧李的分布主要在山地和丘陵地，平地较少。海拔上分布在50（河北满城）～1 450 m（山西宁武）。坡向上湿润地区南坡较多，干旱地区阴坡较多。

人工栽培的欧李，各种地势下均有种植。山地在辽宁本溪群众将坡度在30°～40°山地中的石头挖开，或零星或成片种植，欧李的成活与生长和结果均表现良好，但除草、摘果等管理较为困难。丘陵地在山西、宁夏、甘肃均有大面积种植，表现出成活率高，结果早，品质好，但遇到较为干旱的年份产量较低。因此，灌水条件的改善是丘陵地欧李丰产的关键。平地在黑龙江、吉林和新疆均有大面积的栽培，表现出成活容易、生长迅速和产量高的特点，但表现出冬季幼苗有抽条和倒春寒冻花的现象。在海拔低的地域，成熟在高温季节的品种果实保鲜期较短，成熟在高海拔的地方果实的保鲜期较长。目前人工种植的海拔高度已超过 2 000 m，如宁夏中卫市香山乡的欧李种植海拔高度为 2 200 m，普遍表现为颜色好，硬度高，耐贮藏。

针对黄土高原地区丘陵沟壑的地貌特征，笔者重点研究了山西吕梁市丘陵地各种地势的欧李生长与结果情况，以此来说明地势对欧李的影响，试验地选择了 7 种地势，包括坝地、梯田、撩壕阳坡、撩壕阴坡、软埂阳坡、硬埂阳坡、立壁等。坝地：劈山填沟造出的沟台地，地势较为平整；梯田（阳面）：墚峁顶开垦的平坦土地；撩壕阳坡：南坡通过撩壕整地方式整理出来的坡地，坡度 20°～30°；撩壕阴坡：北坡通过撩壕整地方式整理出来的坡地，坡度 20°～30°；软埂阳坡：由推土机推出的土壤自然堆积而成，未做夯实处理的疏松梯田埂坡面，坡度 40°～50°；硬埂阳坡：夯实处理的梯田埂坡面，坡度大于 70°；立壁（阳面）：劈山造路形成的陡峭土壁，坡度近乎垂直。以上 7 种立地均于 2010 年秋栽植，树龄 6 年，研究结果总结如下。

1. 不同立地土壤主要化学指标的分析

立地条件的不同会造成土壤的肥力和化学成分不同。对 7 种立地土壤的主要化学性质进行了分析测定，结果见表 3-14。

表 3-14　7 种立地土壤含水量与养分分析

立地类型	含水量（%）	酸碱度（pH 值）	全盐量（g/kg）	有机质（g/kg）	速效氮（mg/kg）	速效磷（mg/kg）	速效钾（mg/kg）	全氮（g/kg）	全磷（g/kg）	全钾（g/kg）
坝地	11.19	8.18	0.34	4.18	14.03	13.44	92.31	0.71	0.51	21.24
梯田	11.05	8.03	0.36	5.58	15.44	16.70	81.85	0.75	0.48	14.82
撩壕阳坡	5.98	8.34	0.32	5.05	21.17	6.64	96.93	0.56	0.43	16.77
撩壕阴坡	6.81	8.26	0.31	4.55	20.04	6.83	93.91	0.68	0.48	19.84
软埂阳坡	5.52	8.10	0.35	5.01	15.85	11.11	87.21	0.84	0.45	20.48
硬埂阳坡	4.29	7.87	0.43	4.00	19.09	14.32	87.14	0.63	0.56	21.20
立壁	3.60	8.00	0.48	4.13	17.87	14.82	89.64	0.64	0.53	20.46

土壤含水量以坝地和梯田最高，立壁和硬埂阳坡最低，撩壕阴坡高于撩壕阳坡，软埂阳坡高于硬埂阳坡，以上立地，除坝地和梯田间差异不显著外，其余立地均为极显著差异。

土壤 pH 值即土壤酸碱度，7 种立地类型的土壤 pH 值均在 7.87～8.34，呈碱性，其中以撩壕阳坡 pH 值最大（8.34），硬埂阳坡最小（7.87），其他立地介于二者之间。

各立地土壤全盐含量均较低，分布范围为 0.31～0.48 g/kg，最高为立壁（0.48），约为安全临界值的 1/2。

土壤有机质含量的多少是衡量土壤肥力高低的一个重要标志，一般耕作土壤耕层中为 50～300 g/kg。但从表 3-14 中可以看到，7 种立地土壤的有机质均显著低于一般耕作土壤。梯田土壤有机质含量最高，仅为 5.58 g/kg，欧李在这种肥力条件下能够生长与结果，足以证明欧李的耐瘠薄能力。

氮、磷、钾含量上无论是全效还是速效，7 种立地条件下含量均较低。不同立地条件下表现不同，但没有一种立地能同时囊括所有养分的最高值，同样，也没有一种立地土壤各养分含量均为最低值。

2. 不同立地对地上部生长的影响

不同立地对欧李地上部株高、冠幅、基生新梢和一级上位枝的影响试验结果见表 3-15。

表 3-15　不同立地欧李基生新梢、上位枝生长状况

立地类型	株高（cm）	冠幅（cm）	基生新梢			一级上位枝	
			数量（条）	长度（cm）	粗度（cm）	长度（cm）	粗度（cm）
坝地	88.63Aa	85.59Aa	8.00BCcd	60.24Aa	3.04Aa	15.24Bc	1.35ABb
梯田	52.65BCbc	57.88Bb	11.67Aa	44.87Bbc	2.45Bb	21.02Aa	1.58Aa
撩壕阳坡	65.00Bb	94.63Aa	10.83Aab	44.53Bbc	2.30BCb	11.17Cd	1.18Bbc
撩壕阴坡	66.17Bb	63.78Bb	6.50CDde	41.35BCc	1.97CDc	12.30Cd	1.23Bbc
软埂阳坡	57.58BCbc	55.06Bb	9.50ABbc	48.71Bb	1.80Dcd	20.29Aab	1.09BCc
硬埂阳坡	55.63BCbc	53.46Bb	4.83Def	49.36Bb	1.87Dcd	20.42Aab	1.09BCc
立壁	45.02Cc	32.18Cc	3.83Df	34.64Cd	1.60Dd	11.66Cd	0.85Cd

注：表中大写字母小写字母分别代表在 $P<0.01$ 和 $P<0.05$ 下的显著性差异。

株高和冠幅在一定程度上可反映植株在特定生态条件下的多年生长状况。坝地欧李株高为 88.63 cm，显著高于其他立地，而撩壕阳坡冠幅最大，为 94.63 cm，坝地的肥水条件较好，因此有利于株高的生长，而撩壕阳坡的光照较好，有利于冠幅的扩展。立壁欧李株高最低，为 45.02 cm，极显著低于撩壕阴坡、撩壕阳坡和坝地，而冠幅极显著低于其他立地，因此立壁在植株的生长方面条件最差。软埂阳坡和硬埂阳坡尽管坡度相差较大，但株高和冠幅无显著差异。撩壕阳坡和撩壕阴坡在株高上没有显著差异，但冠幅上撩壕阳坡极显著高于撩壕阴坡，进一步说明了较强的光照有利于植株冠幅的扩展。

梯田、撩壕阳坡和软埂阳坡萌发的基生新梢数量最多，但长度和粗度坝地最大，极显著大于梯田和撩壕阳坡。一级上位枝梯田的长度和粗度最大，显著高于坝地和撩壕阳坡以及其他立地。这些结果说明梯田、撩壕阳坡和坝地为欧李当年的生长提供了较好的条件。立壁的基生新梢数量、长度、粗度及一级上位枝长度、粗度最小，即当年的生长势最差。软埂阳坡和硬埂阳坡之间，基生新梢数量前者极显著大于后者，后者与立壁之间差异不显著，其他指标也无显著差异，说明硬埂阳坡由于坡度较大，已

严重影响了植株基生新梢的发生。撩壕阳坡和撩壕阴坡相比，前者基生新梢数量和粗度极显著或显著高于后者，后者显著高于立壁，而一级上位枝两者之间无显著差异，说明阳坡比阴坡有利于基生新梢的发生和加粗，即阳坡欧李的枝条更为健壮。

在调查中发现，由于立地条件变差，欧李的基生新梢翌年春季会发生"抽条"，从而引起枝条部分干枯的现象，从图3-30可以看到，坝地和梯田"抽条"率和"抽条"指数最低，立壁与硬埂阳坡最高，同时观察到阳坡高于阴坡，结合表3-14可知，主要与水分、养分较差以及水分在秋季的土壤增多引起枝条不充实和根系吸水能力较差有关。

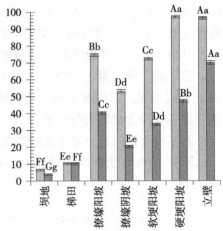

图3-30　不同立地下欧李枝条发生"抽条"的情况

3. 不同立地对欧李根系以及地下茎生长的影响

立地条件对根系的分布范围、根系数量、粗度、地下茎数量、粗度和根冠比发生显著影响，结果见表3-16。

根系分布范围上，撩壕阴坡、撩壕阳坡极显著高于其他立地，硬埂阴坡、立壁极显著低于其他立地。

根系数量上，梯田、坝地显著多于其他立地，立壁、硬埂阴坡显著少于其他立地。撩壕阳坡显著多于软埂阳坡和撩壕阴坡，后两者差异不显著。

地下茎数量上，撩壕阳坡数量最多，粗度最粗，与其他立地之间均为显著差异，立壁数量、粗度均为最低，且极显著低于其他立地。

根冠比上，立壁的根冠比最大，接近10∶1，极显著高于其他立地，这也说明欧李在干旱条件下通过改变根冠比来适应环境的能力。

表3-16　不同立地欧李地下部生长情况

立地类型	根径（cm）	根（直径>3 mm）		地下茎		根冠比
		数量（个）	粗度（mm）	数量（株）	粗度（mm）	
坝地	21.88Cd	13.33ABa	6.36BCc	8.33BCbc	3.15Bb	4.32CDd
梯田	25.10Cc	14.33Aa	5.86Cc	9.67ABb	2.75BCb	3.13De
撩壕阳坡	31.88Bb	10.00BCb	9.94Aa	11.67Aa	5.71Aa	6.77Bb
撩壕阴坡	42.48Aa	7.33CDc	6.40BCc	6.67CDcd	3.34Bb	5.59BCc
软埂阳坡	25.52Cc	9.00Cbc	5.70Cc	5.00Dde	2.18Cc	3.45Dde
硬埂阴坡	15.77De	4.00Dd	7.91Bb	4.33De	2.11Cc	6.31Bbc
立壁	9.49Ef	4.67Dd	3.60Dd	0.33Ef	0.27Dd	9.81Aa

4．不同立地类型欧李果实产量及品质研究

立地条件对产量的影响十分显著，从表3-17可以看到，坝地欧李单株产量、单株果数及平均单果重均极显著高于其他立地。除立壁结果甚少外，硬埂阳坡单株产量、单株果数均为最低值。撩壕阳坡欧李单株产量、单株果数等指标均大于撩壕阴坡，原因是撩壕阳坡欧李光照更强，虽然水分状况不及撩壕阴坡，但根系及地上部生长优于撩壕阴坡，故而能收获更多更大的果实。梯田欧李单株产量、单株果数、平均单果重及果实纵横径均低于撩壕阳坡，但比撩壕阴坡（除平均单果重外）要高，原因是撩壕阳坡欧李株丛高大，且冠幅在7种立地中最为宽广，从而能够拥有更多的结果枝，最终导致其产量高于梯田。

表3-17　不同立地类型欧李果实产量及外观品质调查

立地类型	单株产量（g）	单株果数（个）	平均单果重（g）	纵径（mm）	横径（mm）
坝地	503.23Aa	70.00Aa	7.19Aa	22.57Aa	26.24Aa
梯田	295.71Cc	55.33Bb	5.35Dd	21.52Aa	24.48Ab
撩壕阳坡	348.15Bb	57.67Bb	6.03Bb	22.25Aa	26.18Aa
撩壕阴坡	295.09Cc	51.00Cc	5.79Cc	21.38Aa	24.08Ab
软埂阳坡	184.68Dd	69.33Aa	2.66Ff	18.14Bb	18.80Bc
硬埂阳坡	112.84Ee	33.67Dd	3.35Ee	18.31Bb	18.06Bc

立地条件也对欧李果实的品质发生显著影响，见表3-18。成熟时不同立地欧李果实含水量为83.21%~84.13%，差异不显著。可溶性固形物含量硬埂阳坡和软埂阳坡极显著高于其他立地。果实总酸含量坝地、梯田最高，硬埂阳坡最低；果实可溶性蛋白含量撩壕阳坡最高，软埂阳坡和硬埂阳坡最低。果实维生素C不同立地条件下形成极显著差异，但以撩壕阳坡最高，撩壕阴坡最低，说明维生素C的含量不仅受到立地条件下光照的影响，也受到其他因素的影响。

表3-18　不同立地类型欧李果实内在品质研究

立地类型	含水量（%）	可溶性固形物（%）	硬度（kg/cm²）	总酸（%）	总糖（%）	可溶性蛋白（mg/g）	维生素C（mg/100 g）
坝地	84.01Aa	9.27Bcd	6.94ABb	2.57Aa	1.23Cd	1.12ABc	94.89Cc
梯田	83.21Aa	10.14Bbc	5.87BCb	2.01Bb	1.36BCbc	1.15Abc	96.18Bb
撩壕阳坡	83.81Aa	10.33Bb	5.39BCb	1.70Dd	1.33BCc	1.17Aa	105.84Aa
撩壕阴坡	84.13Aa	8.93Bd	5.20BCbc	1.67Dd	1.36BCbc	1.16Abc	73.45Ff
软埂阳坡	83.58Aa	12.37Aa	3.43Cc	1.91Cc	1.45ABab	1.05BCd	93.97Dd
硬埂阳坡	83.86Aa	12.47Aa	9.25Aa	1.53Ee	1.51Aa	1.02Cd	84.28Ee

5. 立地条件对生长与结果的总体评价

用模糊数学隶属函数法计算出 7 种立地类型下欧李的地上部、地下部共 19 个指标的隶属函数值、均值之间进行比较，综合评价结果显示，阳坡欧李生长状况最佳，立壁最低，单一隶属函数最高值在不同立地类型的分布情况有所不同，但集中出现在坝地、梯田和撩壕阳坡立地类型中；隶属函数均值进行排序后，坝地＞梯田＞撩壕阳坡＞软埂阳坡＞撩壕阴坡＝硬埂阳坡＞立壁，按照均值的差异度，可将立地对欧李生长的影响分为 3 类，欧李长势最好的立地为坝地、梯田和撩壕阳坡，最差的为立壁，而软埂阳坡、撩壕阴坡和硬埂阳坡居中。母冰洁等（2019）在陕西韩城的试验也指出坡向显著影响欧李的生长和产量的形成，与阴坡种植相比，阳坡种植的欧李根干重和地上部总生物量显著提高 34.4% 和 28.3%；欧李的总根长、根表面积、根体积和细根根长显著提高了 50.2%、41.1%、30.4% 和 26.3%；产量和果实数显著提高了 25% 和 5%。

综上所述，欧李对地势的适应性较强，这是由欧李的耐寒、耐旱、耐瘠薄的基本特征决定的，但整体上欧李喜光照，以光照充足且土壤含水量适宜的阳坡为宜。

五、土壤

1. 土壤质地

对自然野生生长的欧李土壤进行调查发现，土壤质地有多种类型，有沙壤土、黄绵土、砂土等质地类型。沙壤土主要分布在河北、北京等地区，特点是土壤通气性好，有机质含量高，欧李生长势力较强；黄绵土主要分布在山西、陕西黄土高原的丘陵山地，特点是有机质含量低，土壤贫瘠，土壤中常含有碳酸钙的结晶（料姜石）。砂土主要分布在内蒙古科尔沁草原上，此地欧李常生长在白砂土、黄砂土形成的沙包上。在野生资源调查中，笔者经常以某一地区有无石灰岩为依据来确定此地是否有野生资源，尤其在黄土高原地区，一般野生欧李与石灰岩的分布相伴随，欧李不仅能生长以石灰岩为成土母质的土壤上，也可以生长在有土的石灰岩石的夹缝中。因此盛产石灰的地方往往有大量的野生欧李的分布，如河北石家庄市的井陉、山西中条山区的垣曲等地。位于内蒙古的科尔沁草原有成片的欧李生长，这些土壤也都是石灰性土壤。

在黄土高原地区，笔者注意到黄绵土是欧李分布最多的土壤，这些土壤从形成机理上来看是半淋溶土，我国河北、山西、陕西、甘肃、宁夏、河南、山东等省交界的丘陵地区都是这种土壤，因此质地有的较黏，有的较沙，但欧李均能生长良好。在土壤较黏的地方，坡度较大，使得降雨水分不能长期聚集；在土壤较沙的地方，地势较平，使得降雨的水分不易流走，保证了土壤水分长期处在适宜的含量，从而使野生欧李留存了下来。因此土壤质地对植物的生存影响其本质是通气与水分的影响，至于养分的供给是第二位的。太行山上和中条山区的群众认为土壤中有料姜石的土地是最贫瘠的，但欧李在这些地上也能够生长良好，所以欧李是耐贫瘠的。笔者在吕梁市各种立地条件下的试验种植，虽然土壤的各项肥力指标均很低，欧李却能正常生长，也证明了欧李具耐贫瘠性的特性。笔者认为，这与欧李的形态特征尤其是植株的高度有关系。欧李较矮小，野生条件下，一般在 0.4～0.6 m，在土壤肥力差的土壤上，要求肥力高的其他植物无法生长，而欧李可以生长。如果土壤肥力高，其他植物很快就会遮挡住欧李，因此欧李这一树种是干旱、贫瘠土壤上的先锋树种。

2. 土壤酸碱度

欧李在 pH 值 6～8.5 的土壤中均能生长，但以 pH 值 6.5～7.5 最为适宜。由于野生欧李主要分布在石灰岩土壤中，因此，对由碳酸钙引起的较高 pH 值的土壤也能较好生长，但对重碳酸盐形成的土壤不能生存，这种盐群众称"瓦碱""缸碱""牛皮碱"，宁夏称"白僵土"，东北称"碱巴拉"。刘显臣等（2013）研究认为，欧李具有一定的耐盐碱性，当土壤 pH 值为 8.2 和 8.9 时，Na_2CO_3 胁迫对欧李扦插苗的生长影响较小，但 pH 值为 9.5 时，Na_2CO_3 胁迫对其生长具有明显的抑制。陈书明等（2009）试验结果表明，欧李在 300 mmol/L 的 $NaHCO_3$ 胁迫下 58 d 时新梢生长受到明显抑制，芽不能萌发。有人测定，宁夏中卫香山砂石地的 0～20 cm 土壤 pH 值为 8.75，种植的欧李表现一切正常。

3. 含盐量

据笔者对吕梁山 7 种立地条件的土壤全盐量分析，欧李在土壤全盐量含量在 0.31～0.48 g/kg 时，欧李生长基本正常，但随含盐量的升高，地上部生长量下降（立壁）。因此，含盐量也不能太高。不同品种或盐的类型不同对欧李的影响表现不同。殷韶梅等（2021）用不同浓度的 NaCl 溶液浇灌农大 4 号品种的欧李，结果表明，用 0～1% 盐液，欧李叶片的相对电导率、可溶性糖、游离脯氨酸及丙二醛含量均增加，植株生长正常，具有较好的耐盐能力；用 2%～3% 盐液，植株不能正常生长，甚至死亡。乔国栋（2012）以长白山欧李绿枝扦插苗为试验材料，用 0.25%、0.4%、0.6%、0.8% 4 个 NaCl 浓度的盐溶液浇灌欧李，随着 NaCl 处理浓度的增大，叶片长度减小、叶片宽度增大，新梢生长量下降；当 NaCl 处理浓度达到 0.6% 以上时会导致死亡，而在 0.4% 以下时，长白山欧李的生长发育基本正常。综合各方面的试验，欧李土壤中的含盐量最好控制在 0.4% 以下。

4. 钙含量

欧李也称为钙果，如前所述，野生欧李大都生长在以石灰岩成土母质形成的土地上，是否对土壤的钙含量有特殊的要求，以至于其能适应喀斯特地区高钙土壤生境呢？北京林业大学黄俊威用盆栽农大 4 号一年生扦插欧李幼苗为材料，选用一水合乙酸钙分析纯作为钙源，采取分次加钙的方法使土壤中交换性钙含量达到喀斯特土壤高钙水平，加钙总质量分别为 0、26.40 g、52.80 g、79.20 g 和 158.40 g。添加外源钙后，通过对欧李幼苗生长、光合、元素吸收与储存和代谢产物等指标的测定，综合分析探究欧李对高钙环境的适应性，结果表明，外源钙添加质量不超过 52.80 g 时，即土壤交换性钙含量未超过 4.20 g/kg 时，欧李幼苗不会受到高钙胁迫影响，其生长的最适土壤交换性钙含量为 3.34 g/kg；当外源钙添加质量达到 79.20 g 时，即土壤交换性钙含量达到 4.93 g/kg 时，欧李受到轻微高钙胁迫影响；当外源钙添加质量达到 158.40 g 时，即土壤交换性钙含量达到 6.75 g/kg 时，欧李受到明显的高钙胁迫影响，表现出株高和总生物量显著比对照和其他处理降低。试验的各种钙添加条件下欧李幼苗均能存活，因此具有作为西南喀斯特地区石漠化治理引进物种的潜力，因为西南喀斯特地区的平均交换性钙含量仅为 2.43 g/kg，低于试验中对欧李生长最为适宜的含量（3.34 g/kg）。

根据植物对土壤钙的依赖程度，侯学煜（1954）曾将植物分为五大类。

（1）嗜钙植物。即只能在含钙较多的石灰性土壤中生长的植物。

（2）喜钙植物。即在高钙的石灰性土壤中能正常生长，在酸性土壤中极少出现的植物。

（3）嫌钙植物。即在酸性土壤中才能正常生长，在含钙较多的石灰性土壤中将受到胁迫的植物。

（4）亚嫌钙植物。即在酸性土壤中生长旺盛，而在石灰性土壤中较为少见的植物。

（5）中间型（不择土壤）植物。即在高钙土壤或者低钙土壤中均能正常生长，对土壤钙没有明显反应的植物。

结合野生欧李大都分布在石灰性土壤上，而极少出现在酸性土壤上的特点，欧李应属喜钙植物；结合目前在全国人工种植的情况看，欧李对土壤中的钙反映并不明显，因此又可以认为是中间型植物。笔者认为，按照喜钙植物应该更为准确一些。以上土壤中添加不同浓度钙的试验反映出欧李对土壤中的有效钙有一定的要求，过高过低均不适合欧李生长的要求，但不能反映不同土壤条件下真正适合于欧李的钙浓度，因为土壤中钙发生作用的时候，与其他元素（镁、钾元素）、pH 值等方面还存在拮抗与协同作用，最终综合作用于植株。前面的试验在喀斯特地貌特征的土壤作为基础土壤，得出的结果最适宜的交换性钙含量为 3.34 g/kg，据笔者对黄土高原地区土壤中交换性钙含量的了解，一般在 5～7 g/kg，有的农田更高，如危峰等对黄土高原区的旱田进行测定，土壤的交换性钙一般在 10 g/kg 左右，不仅超过了前面试验中的适宜含量，也超过了胁迫时的钙含量，但是生长在这些土壤中的欧李植株均表现良好，并没有出现胁迫的现象。因此，对欧李这种喜钙植物土壤中的钙含量到底多少最为适宜，必须结合土壤类型、土壤其他养分加以综合评价。无论怎样评价，种植欧李时土壤中的钙含量应当引起重视。

第四章
欧李栽培生理学基础

一株健康的欧李植株其寿命可达 35 年以上，每年地上和地下器官都在不断地进行着生长、衰老和死亡的更替。在此过程中，根系从土壤中吸收水分和无机盐，叶片利用光能、二氧化碳和水分制造出植物需要的有机营养。水分、矿质元素和有机营养是植物生长发育过程中最为重要和不可缺少的三大营养，适宜的环境为满足植物所需的各种营养提供了外部条件，而植物是否能够利用好环境资源，则决定于植物本身内部的生理活动是否与环境相互适应。欧李是一种灌木性植物，与高大的乔木和丛生的杂草在生长习性上有较大的区别，因此在体内发生生理生化活动也有着自己的特点，了解欧李生长发育过程中包括休眠、萌发、生长、结果、衰老、死亡等生理现象对于我们如何栽培和利用欧李具有重要的意义。

第一节 欧李种子生理

欧李的种子由受精卵发育而成，其种子由种皮、子叶、胚和胚乳组成，见图 4-1。在种子外面包裹着一个坚硬的种壳，种壳内的种子一般为 1 粒，少数为 2 粒（如 J-2），极个别的品种种壳内一半有种子，而另外一半则没有种子，其内部的种子退化，如DG-1。经多年观察，每年情况基本相同，可能是一种遗传现象。种子的萌发即胚根伸出种皮标志着植物生长的开始，但实际上在此之前发生了一系列的生理变化才能引发萌

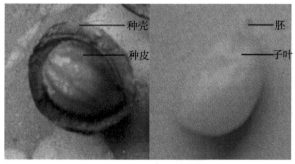

图 4-1　欧李种子形态结构

发和以后的生长。一般包括5个阶段，即吸胀、细胞恢复生理活动、细胞分裂和延长、胚根从种皮中伸出、顶芽伸出土面长出真叶并发育成幼小的植物体。在自然条件下，欧李当年形成的种子首先进入休眠，然后在破除休眠的环境下开始恢复生理活动，之后种壳裂壳、胚根伸出种皮，最后胚尖伸出土面逐渐发育成一株幼苗。

一、欧李种子形成过程中种壳、种皮及种子浸提液对休眠发生的生理影响

1.欧李种子形成过程中萌发率的变化

图4-2是欧李种子发育过程的形态变化图。欧李卵细胞受精后，便开始了种子的发育。据观察，最初果实内果皮中包裹着一团白色透明状的胚乳，胚乳的顶端包裹着一个很小的白色胚，随后胚和子叶开始生长，体积不断增大，而透明状的胚乳则不断减少，到70 d时，子叶开始出现，透明状的胚乳接近消失后，子叶基本形成。一周后，胚乳全部消失，子叶完全形成，外部的种皮变成黄白色。此后，种子进一步向着成熟的方向发展，表现为种皮逐渐从黄白色变成黄褐色，子叶从疏松变得更加紧实的状态，直到果实成熟时，种壳变得十分坚硬，内部的种子也完全成熟。

图4-2 欧李种子发育形态变化

幼小的胚形成后，就有一定的萌发能力，见图4-3。但通常情况下，开花后70 d之内，由于十分幼嫩，体内的营养物质积累不够充分，一般萌发力较弱。70 d后的一周内萌发率则陡然上升，且种子去壳、去皮后会促进萌发。

图4-4反映了在种子发育过程中，带壳、去壳和去皮的情况下萌发率的变化。去皮种子花后70~77 d萌发率从6.67%迅速升高到88.33%，随后萌发率逐渐降低到18.89%，到花后112 d后萌发率趋于平稳，直至果实完全成熟，萌发率降至15.56%。

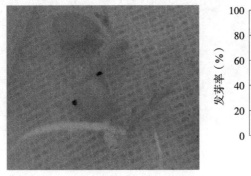

图4-3 未成熟的欧李种子去壳后的萌发状态　　**图4-4 欧李种子发育过程中萌发率变化**

去壳种子花后 70～84 d 萌发率从 0 迅速升高到 42.22%，随后萌发率逐渐降低，到花后 112 d 后萌发率趋于平稳，直至果实完全成熟，萌发率降至 0。带壳种子从花后 70 d 到果实完全成熟，萌发率一直为 0。

从以上看出，去皮种子在种子的形成阶段均可以萌发，但不同时期萌发率不同；而去壳种子尽管在种子发育的中期有一定的萌发率，但由于种皮的存在，在发育的 70 d 内和最后阶段 154 d 时均不能萌发；带壳的种子无论哪个时期均不能萌发。整体上，3 种情况下种子萌发率：带壳＜去壳＜去皮。可见，种壳和种皮对种子萌发具有一定的抑制作用，并且种壳的抑制作用强于种皮，种壳和种皮都存在的情况下，抑制种子的萌发力最强，导致种子完全不能萌发。

从表面上看，种壳和种皮的存在限制种子萌发，似乎来自机械阻力，实际上这只是在种子具备了萌发能力下所表现出来的影响因素，而更为重要的是生理因素，且这种生理因素占主导地位。因为脱去种皮和种壳之后，种子在后期的萌发率仍然很低，表示随着种子逐渐发育，种子的内部尤其是胚中积累了某些不利于发芽的物质控制着种子的萌发，即种子进入了生理性休眠。当然，由于种皮和种壳的存在也在氧气供给、呼吸作用、水分、物质转化等方面发生了变化。

2. 欧李种子形成过程中透气性的变化

（1）种壳透气性（种子呼吸强度）变化。欧李带壳、去壳、去皮种子呼吸强度比较结果如图 4-5 所示。从图 4-5（左图）中可以看出，随着种子形成，带壳和去壳种子呼吸强度逐渐降低后趋于稳定。种子形成前期，去壳种子呼吸强度远远大于带壳种子，可见，随着种壳的形成，种壳产生了一定的透气障碍，限制了氧气的供给，降低了呼吸强度；但花后 112～140 d 后，去壳种子呼吸强度小于或与带壳种子相近，均表现为呼吸强度极弱。可能此时由于种子已经进入了休眠，就算此时去壳，也不能提高已经进入休眠的种子的呼吸强度，从而表现出一致的极弱呼吸。但最后这种极弱的呼吸显然是前期种壳不断加厚和致密导致了透气性降低的结果。

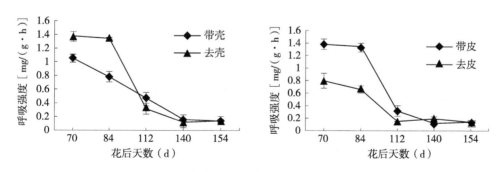

图 4-5　欧李种子形成过程中种子呼吸强度变化

（2）种皮透气性（种子呼吸强度）变化。如图 4-5（右图）中所示，随着种子形成，带皮和去皮种子呼吸强度同样逐渐降低后趋于稳定。因此，种皮的存在也在一定程度上降低了通气性，最后使种子处于休眠状态。但是与种壳存在的情况不同，种子形成前期，带皮种子呼吸强度大于去皮种子，通过试验证明，这是由于种皮本身具有呼吸引起的，而种壳的呼吸作用极弱。但种皮的存在到底阻遏了多大程度的透气难以判断。

（3）种壳透水性变化。种壳形成后，对于内部的种子吸水将有一定的阻遏作用，测定一段时间内带壳种子吸水后与吸水前重量的变化可以反映种壳对种子吸水的影响。采用一段时间内的连续测定可以反映出不同发育阶段种壳对水分通透性的阻遏强度。吸水较多的种子，说明种壳的透性

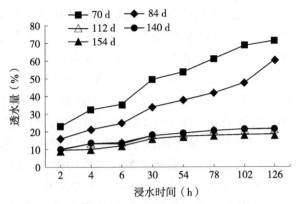

图4-6 不同发育程度欧李种子透水量

大，即对水进入种子的阻力较小。欧李种子不同发育阶段种子吸水曲线如图4-6所示，花后70 d和84 d种子，在5 d的时间内随着浸水时间的增加，种子透水率逐渐增高，但前者高于后者，两者均明显高于花后112 d、140 d、154 d种子，而112 d后，欧李种子的透水量则不再增加。因此说明，随着种子发育时间的延长，欧李种壳的致密性在不断增加，使得水分的通透性不断降低。随着浸水时间的增加，种子透水率逐渐增加，最后趋于平稳。

透水随着种子的发育进程逐渐降低，70～112 d时，透水性急速降低，但112 d后，种壳基本上已发育完成，透水性降低缓慢，且趋于平稳。说明此时欧李种壳的致密度不会再有大的变化，同时与上面谈到的种子透气性和萌发率相联系，均在112 d时有了明显的变化，说明在花后10周，欧李种子的外壳和种皮对欧李种子的萌发就会产生一个质的变化。

3. 欧李种子萌发抑制物的提取与验证

欧李种子发育过程中早期能够萌发，之后便不能萌发，其原因从前面的研究可以看出是由于种壳和种皮的包裹限制了通气和透水，从而致使种子不能萌发，但这不是唯一的原因，经过笔者研究，发现种子不萌发的另一个原因是种子中积累了阻止其萌发的抑制物质。

（1）欧李种子不同溶剂浸提液抑制活性。用蒸馏水和6种有机溶剂对成熟后去壳的欧李种子进行抑制物的提取，去掉有机溶剂后加水来测试对白菜种子萌发的影响。结果发现，对照的萌发率为96.67%，6种溶剂浸提液处理的白菜种子萌发率都低于对照，但是乙醇提取液、甲醇提取液、乙醚提取液与对照的萌发率不存在显著性差异，种子的萌发率在92%以上；石油醚提取液、乙酸乙酯提取液和蒸馏水提取液与对照的差异显著，前两者种子萌发率分别降低到78.89%和63.33%，蒸馏水浸提液处理的白菜种子萌发率最低，为0，并且与其他溶剂浸提液差异显著。这一结果说明，种子中确实存在着某种抑制物质，且这种物质是水溶性的物质，那么，这种物质存在于种子的哪一部分，需将种子按照部位分割后，进行单独提取。

（2）欧李种子不同部位抑制物的提取与验证。把欧李种子分割成种壳、种皮、子叶（含胚）后用蒸馏水进行提取，各部分浸提液处理白菜种子萌发率明显低于对照

（蒸馏水），并且与对照存在极显著差异。子叶（含胚）浸提液处理的白菜种子萌发率最低，为 14.44%，种壳和种皮浸提液处理的白菜种子萌发率较高，分别为 68.89% 和 64.44%，但与对照之间存在极显著差异。种壳与种皮之间没有显著差异，但种壳和种皮与子叶之间均差异极显著。可见，3 个部位中，子叶中抑制物含量最多。

从以上分析可以看出，没有休眠的欧李种子，种壳和种皮的存在是导致不能萌发的主要原因，而成熟种子的各部位中含有的水溶性抑制物也能在一定程度上阻止发芽。即成熟种子中含有大量抑制发芽的物质是欧李不能发芽的主要原因。

二、欧李种子形成过程中水分及其有机物的生理变化

1. 种子水分含量变化

欧李种子形成过程中，种子中含水量变化如图 4-7 所示。种子中总含水量和自由水含量逐渐降低，花后 112 d 后趋于稳定，一直保持到休眠后。花后 70～74 d 束缚水含量迅速升高，随后趋于稳定。观察发现花后 70 d 时子叶形态上还未完全固化，直到 74 d 完全固化。认为子叶形态上完全固化后，束缚水处于一定水平，此时种子萌发力也相应提高。

2. 种子粗脂肪含量的变化

欧李种子形成过程中，种子脂肪含量变化如图 4-8 所示。花后 70～112 d 粗脂肪含量逐渐增加，到花后 112 d 后趋于平稳。可见随着种子萌发率降低，其他物质转化成大量粗脂肪，贮存在种子中，当花后 112 d 后种子萌发率趋于平稳，种子进入休眠时，脂肪含量也趋于平稳，达到了 30% 以上。

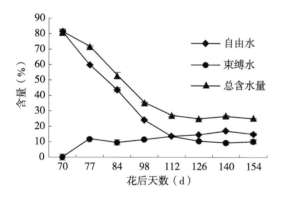

图 4-7　欧李种子形成过程中水分含量变化

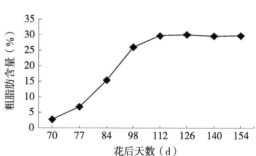

图 4-8　欧李种子形成过程中脂肪含量变化

3. 种子可溶性糖、淀粉含量的变化

欧李种子形成过程中，种子中可溶性糖、淀粉含量变化如图 4-9 所示。可溶性糖含量在花后 70～98 d 先缓慢升高再迅速升高，随后有所降低，花后 112 d 后又逐渐升高，但升高幅度不大。淀粉含量在花后 70～126 d 先下降再迅速升高，随后又逐渐降低，但降低幅度不大。种子成熟过程中，可溶性糖、淀粉含量总体上呈升高趋势，并且可溶性糖含量始终高于淀粉含量。可见随着种子萌发率逐渐降低，其他物质逐渐转

化成可溶性糖和淀粉，当花后 112 d 后种子萌发率趋于平稳，种子进入休眠时，可溶性糖逐渐升高，淀粉含量先升高后降低，但变化幅度都不大。

4.种子蛋白质含量的变化

欧李种子形成过程中，种子中蛋白质含量变化如图 4-10 所示。花后 70～112 d 蛋白质含量先迅速升高，再在 126 d 迅速下降，下降高于前期水平；随后蛋白质含量又迅速升高，直至果实完熟。可见随着种子萌发率逐渐降低，其他物质转化成蛋白质贮存在种子中，当种子萌发率趋于平稳，种子进入休眠时，种子中蛋白质含量继续增加。

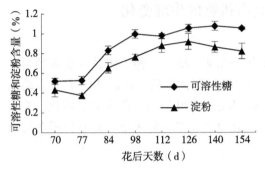 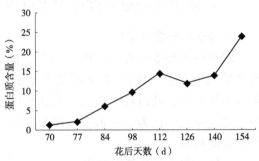

图 4-9　欧李种子形成过程中可溶性糖、淀粉　　图 4-10　欧李种子形成过程中蛋白质
变化含量动态变化　　　　　　　　　含量动态

综上所述，欧李花后 70 d 到花后 154 d 果实成熟。种子发育前期，本身具有萌发能力，但由于种壳种皮的抑制使种子不能萌发，随着种子不断发育，种子萌发率逐渐降低，种子逐渐具有休眠性。此时，种子呼吸强度、种壳透水率、种子自由水、总含水量逐渐降低，而束缚水、可溶性糖、淀粉、粗脂肪、蛋白质含量逐渐升高。到花后 112 d 后，种子萌发率急剧减低，并趋于平稳，种子进入休眠。此时，除蛋白质含量继续升高外，种子呼吸强度、种壳透水率、种子自由水、总含水量趋于平稳，且处于低位水平，而束缚水、可溶性糖、淀粉、粗脂肪含量也逐渐趋于平稳，但处于高位水平。种子种壳存在透气障碍，种子中含有抑制发芽的物质，并且子叶（含胚）中较多。可以说，欧李种子在成熟后不能发芽，是多种生理因素导致的，因此欧李种子的休眠属于综合性生理休眠。

植物激素等物质也会参与种子发育过程。方洁（2007）对欧李果实包括种子发育过程中的激素含量进行了测定，发现种子中的 IAA 在幼果期含量较高，成熟时含量较低，在整个生长发育过程中呈现前期上升后期下降的变化趋势，但是在果肉中检测不到 IAA 的存在；随着果实的发育，果肉中的 GA_3 含量逐渐下降，而种子中的 GA_3 含量变化呈"上升—下降"的趋势；果肉和种子中的 ZT（玉米素）在幼果期较高，之后下降；果肉中的 ABA 在幼果期较低，到果实成熟期最高，但在种子中检测不到。这一结果与笔者研究的种子发育的前期能够萌发，而在后期不能萌发的结果一致。在种子中检测不到 ABA，提示种子在后期抑制萌发的物质可能不是 ABA。

三、种子层积过程中影响休眠解除的因素

1. 层积"三要素"对带壳种子休眠解除的影响

欧李种子发育成熟后，进入了生理等综合休眠状态，不进行层积处理，种子不能萌发，为了探究层积过程中温度、水分和通气三要素对休眠解除过程中的影响，按三因素三水平（表4-1）设计了正交试验。基质为沙子。

表4-1　欧李解除休眠三因素三水平处理设置

水平	因素		
	A 温度（℃）	B 湿度（沙子最大持水量的）（%）	C 透气性
1	0	0	不处理
2	5	12.5	裂缝
3	10	25	去壳

层积处理 100 d 后，将种子放在 15℃ 恒温培养箱中进行 7 d 催芽，发芽情况见表4-2。

表4-2　温度、湿度、通气层积处理对欧李休眠种子解除休眠的影响

处理编号	因素和水平				萌发率（%）		Tt
	A（温度）	B（水分）	C（透气性）	空列	重复1	重复2	
1	1	1	1	1	0	0	0
2	1	2	2	2	0	0	0
3	1	3	3	3	76.67	76.67	153.34
4	2	1	2	3	0	0	0
5	2	2	3	1	70	70	140
6	2	3	1	2			
7	3	1	3	2	0	0	0
8	3	2	1	3	0	0	0
9	3	3	2	1	4.44	2.22	6.66
R	24.45	26.67	48.89				

注：R 表示因素的极差。

从表4-2可以看出，9个处理中，只有2个处理可以发芽，其他处理均不能发芽或接近于不发芽。这种实验结果，充分说明了欧李休眠种子在3因素中的3个水平中都存在1个限制发芽的水平，只要有1个水平是不适合的，欧李的萌芽率就为0，即不能解除休眠。这3个抑制发芽的水平分别是温度为10℃、湿度为干沙、带壳无裂缝的种子。反之只要3个水平都合适就可以解除休眠，如处理3和处理5，即温度为0℃、湿度为25%、去壳种子，或者温度为5℃、湿度为12.5%、去壳种子。从这一点上看，欧李种子层积必须满足一定的温度、湿度和通气，尤其是通气和湿度。

2. 层积"三要素"对层积的欧李种子去壳催芽及除休眠的影响

上面试验中层积了 100 d 的带壳种子是否是因为在催芽过程中有种壳的存在导致了不发芽，因此把种壳去除后进行催芽，发芽率见表 4-3。

表 4-3　层积处理后的欧李种子去壳催芽萌发率

处理编号	因素和水平			萌发率（%）		Tt
	A	B	C	重复1	重复2	
1	1	1	1	0	0	0
2	1	2	2	20	16.7	36.67
3	1	3	3	76.67	76.67	153.34
4	2	1	2	3.33	0	3.33
5	2	2	3	70	70	140
6	2	3	1	23.33	20	43.33
7	3	1	3	0	0	0
8	3	2	1	6.67	6.67	13.34
9	3	3	2	23.33	20	43.33
R	22.22	31.11	39.44			

将表 4-3 与表 4-2 进行对比分析，可以看出，层积后的种子再继续去壳后仍然是处理 3 与处理 5 的萌发率较高；处理 1 和处理 7 也相同，萌发率均为 0。其余处理 2、处理 4、处理 6、处理 8、处理 9 萌发率均有所提高，但萌发率仍然很低。这一结果说明在催芽阶段加强通气或者去除机械阻力（即去壳）对欧李种子的萌发有一定的后补作用，同时这种作用仅发生在温度和水分满足而通气没有满足的条件下，说明催芽过程中的后通气条件对层积中的不通气有一定的补偿效果，但效果甚微。这里再一次证明欧李层积中的 3 个因素均是限制因素，温度和水分都可以人为控制，但欧李种子带壳限制了层积中的通气性，尽管自然条件下，种壳破裂后可以实现通气，但是若无人干预，在短时间内要打破欧李带壳种子的休眠是很难实现的。

3. 层积"三要素"对层积后的欧李种子去种皮催芽及解除休眠的影响

前一个试验说明了层积后的带壳种子经去壳催芽对提高萌发率有微效作用，那么会不会是尽管去壳但种皮依然会有一定的限制呢？继续对层积后的欧李种子进行去种皮，之后进行催芽，萌发情况见表 4-4。与表 4-2、表 4-3 进行比较，此处理下萌发率与前 2 个实验完全不同的是，所有处理的种子都可以萌发，而前 2 个实验中可以萌发的处理萌发率继续提高，尤其是处理 6 在前 2 次试验萌发率均低的情况下得到了成倍的提高，这说明在层积中由于未通气或通气不良造成的萌发率低下的影响因素主要存在于种皮中，且对于种皮的这种抑制在 5℃ 比在 0℃ 下更容易消除。

表 4-4　层积后的欧李种子去种皮催芽萌发率

处理编号	因素和水平			萌发率（%）		Tt
	A	B	C	重复1	重复2	
1	1	1	1	3.33	3.33	6.66
2	1	2	2	43.33	40	83.33
3	1	3	3	91.67	86.96	178.63
4	2	1	2	20	16.67	36.67
5	2	2	3	76	79.17	155.17
6	2	3	1	77.78	73.08	150.86
7	3	1	3	6.25	6.45	12.7
8	3	2	1	32	32	64
9	3	3	2	36.67	36.67	73.34
R	32.11	57.8	25.526 67			

从以上的 3 个实验可以看出，解除欧李休眠的因素有 3 个，且缺一不可。要快速解除休眠，必须对欧李进行去壳，最好是去除种皮后在适宜的条件下进行层积。但去种皮经常会伤害欧李种子，所以，继续对欧李种子进行种壳裂缝和去壳层积，以对上面的实验进行再次实际验证。

4. 种壳裂缝、去壳后层积处理对解除休眠的影响

去壳、裂缝、不处理种壳的 3 种欧李种子经过 170 d 的层积，自然发芽，每 2 周测定 1 次萌发率，其结果如图 4-11 所示。3 个处理随着层积时间的延长，萌发率逐渐升高。去壳种子在层积 100 d 时，萌发率就达到了最高，为 70.57%，此时裂缝种子和不处理种壳的种子萌发率分别为 21.02% 和 4.93%，到 170 d

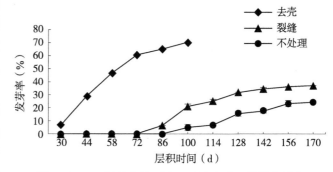

图 4-11　不同种壳处理层积对欧李种子萌发的影响

也只有 37.15% 和 24.37%，仅为去壳种子 70 d 的一半左右。可见，去壳即改善欧李种子在层积过程中的通气条件可以明显缩短层积时间。种壳裂缝可以提高种子的萌发率，但程度有限。如果不去壳、不裂缝要达到较高的种子萌发率，欧李需要 170～200 d，约 6 个月，甚至更长。自然条件下，一个冬季较难满足长达 6 个月适宜的层积条件，因此自然掉落的欧李种子一般翌年很少萌发，而在第三年由于种壳的裂口，通气性得到改善，只要有 2～3 个月的适宜温度和水分，种子便会在春季萌发。这也就解释了自然条件下欧李通常需要 2 个冬季才能萌发的原因。

综上所述，欧李种子的各种层积处理中，对于带壳种子来说，种壳的透气性是影响种子萌发的主要因素。在带种壳的情况下，种子呼吸需要的氧气难以进入种壳包裹

的种子内部，使种子休眠发生时积累的大量抑制种子发芽的物质继续存留在种皮之中。在层积中，温度、水分和通气3个因素互为条件，但由于欧李种子本身种壳的致密性，导致通气成为限制欧李种子在层积过程中的主要因素。生产实践中，温度和水分都是容易解决和控制的，而解决种壳的通气性可以通过种壳裂缝或使种壳的密度降低（硫酸处理），转变成能够通气的种壳，将会缩短欧李的层积时间。完全将种壳去掉当然是最好的方法，但是在实践中发现，完全去壳经常会使种仁受到机械外力的伤害，反而造成了种子的加速腐烂，同样造成了总萌发率的下降，需要进一步改进去壳的方法。综合分析温度、湿度和通气三因素在层积中的影响，层积时，以温度为5℃、沙子含水量25%和去壳对层积解除休眠的效果最好，即中等温度、最大沙子持水量、不带壳种子裸露于沙子中的处理可以使种子在100 d时解除休眠，而带壳处理的种子只有当种壳产生裂壳或裂缝之后，才能记录其层积时间，如果种子没有裂壳或裂缝，层积是无效的，在生产实践中要特别注意。

四、欧李种子层积前其他处理对休眠解除的影响

1. 去种皮、浸泡赤霉素和泡水对种子萌发率的影响

对休眠种子不进行层积采取破壳后去种皮、浸泡赤霉素、泡水等处理后发现对发芽率有一定的促进作用，但效果甚微。

去皮处理中，全去皮种子萌发率最高，为31.11%，去胚端皮次之，为15.56%，去胚尖种皮最低，为1.11%。

不去种皮的欧李种子浸泡不同浓度赤霉素处理后发现，50 mg/kg的浓度萌发率最高，为13.33%，150 mg/kg、200 mg/kg、250 mg/kg、500 mg/kg的浓度分别为0%、3.33%、10%和8.33%。

未层积种子去壳后但不去种皮经泡水不同时间处理后，泡水7 d萌发率最高，为3.33%，对照、泡水1 d和泡水3 d萌发率最低，为0%。延长泡水时间可以提高去壳未层积种萌发率，但效果不显著。

2. 不同泡水温度对未层积种子去胚尖种皮后发芽与生长的影响

对去壳的种子继续去掉胚尖的种皮，并在不同的温水中浸泡3 d（每天换水1次），随后催芽，结果见表4-5。从表4-5中可以看出，20～30℃温水浸泡后可以极显著提高种子的萌发率，35℃有可能温度过高，给种子造成伤害，从而降低了发芽率。同时还观察到，尽管不层积去胚尖种皮经过泡水后，种子能够达到较高的发芽率，但发芽后不能正常生长，有些种子只有上胚轴极少量的伸长而无胚根的生长，即不能发育成正常的苗子，形成了生理小苗。而正常层积后的种子发芽后上下胚轴就能正常生长，苗子进入了正常的生长状态。因此，尽管未层积的经过去种皮和温水浸泡能发芽，但不能进入正常生长状态，其主要原因还是种子胚和子叶等没有经过由层积条件作用下的生理后熟过程。这就得到如下结论，一些能够促进休眠种子萌发的处理对于其正常生长可能没有实际意义，也暗示着休眠的真正解除，才能使种子的内部生理达到生长的状态。

表 4-5 欧李种子未层积去胚尖种皮后不同温水浸泡对发芽率和株高的比较

处理	发芽率（%）	株高（cm）
20℃浸泡	76.67aA	1.67bB
25℃浸泡	78.89aA	2.00bB
30℃浸泡	80.01aA	2.00bB
35℃浸泡	13.31bC	2.00bB
CK1（不浸泡不去种皮）	2.22cC	2.13bB
CK2（不浸泡去胚尖种皮）	36.23bB	1.95bB
层积后	82.5aA	11.5aA

未经层积的处理尽管去种皮、泡水后能够发芽，但发芽率低、生长不正常，那么短时间层积处理是否可以对这些情况加以改善呢？经过层积 60 d 后再对种子施以去壳、去种皮、浸泡赤霉素、泡水等处理，发现对种子萌发率均有一定的提高，但效果甚微，均不能达到 50% 以上的萌发率，因此，短时间层积和其他处理的结合对解除欧李种子的休眠也没有实际意义。

五、层积条件下欧李种子休眠解除的生理变化

在温度为 5℃、沙子含水量为 25%，并对种子去壳的条件下层积种子，每隔 10 d 测定种子的萌发率，其结果如图 4-12 所示。0～30 d，种子萌发率逐渐升高，30 d 后种子萌发率陡然升高，到 70 d 时达到了最高萌发率，约为 75%。实际上 70 d 后种子的萌发率还能提高，但由于破壳时对有些种子造成伤害，造成了此时的萌发率稍稍有所下降。因此，种子在适宜的层积条件下应该在 70～100 d 全部解除休眠。

1. 层积条件下欧李种子呼吸强度变化

5℃、25% 湿沙、去壳带皮种子层积过程中，呼吸强度如图 4-13 所示。层积 10～40 d 时，种子呼吸强度逐渐降低，40 d 后种子呼吸强度迅速升高，直至种子萌发。前期呼吸强度降低可能是由于种子吸水造成了透气性变差，因此，层积过程中，随着种子萌发率逐渐升高，预示着休眠逐渐解除，层积 80 d 种子开始萌动时，种子呼吸强度逐渐增强。

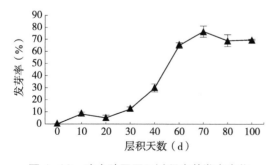

图 4-12 欧李种子层积过程中萌发率变化

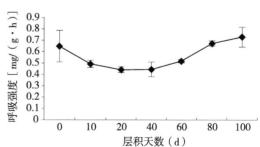

图 4-13 层积过程中欧李种子呼吸强度变化

2. 种子水分含量变化

种子含水量变化如图4-14，层积0~10 d时，总含水量迅速升高，随后平稳变化，到80 d时，又迅速升高，呈"S"形变化趋势。自由水和束缚水0~10 d时也稍微有所上升，随后波动变化，到80 d时，自由水迅速上升，束缚水稍微有所下降，但总体上自由水和束缚水呈上升趋势。

可见层积过程中，种子先迅速吸水，达到一定水平后，水分开始被利用进行各种代谢活动，束缚水、自由水波动较大，此时种子萌发率逐步增高，休眠逐渐解除，到层积80 d，种子开始萌动时，种子含水量再次迅速升高。

3. 种子粗脂肪含量的变化

层积过程中，粗脂肪含量变化如图4-15所示。层积0~20 d时，粗脂肪含量先迅速下降，随后粗脂肪含量缓慢升高后又迅速降低，总体上呈下降趋势。可见，随着种子萌发率增加，种子休眠逐渐解除，粗脂肪逐渐降低，转化为其他物质，为种子萌发作准备。

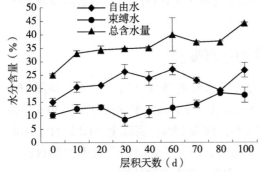 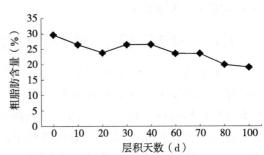

图4-14　层积过程中欧李种子水分含量变化　　图4-15　层积过程中欧李种子粗脂肪含量变化

4. 种子可溶性糖、淀粉含量的变化

层积过程中，可溶性糖、淀粉含量变化如图4-16所示。在层积10 d时可溶性糖含量迅速降低，随后波动变化，层积60~80 d时又迅速升高，最后又有所降低，升高和降低都低于最初水平。淀粉含量在层积10~70 d时波动变化，层积80 d时又迅速升高，随后又有所降低，升高和降低都高于最初水平。可见，层积过程中，糖含量波动变化，参与种子中的各种代谢活动，此时种子萌发率逐渐升高，休眠逐渐解除，当80 d种子开始萌动时，其他物质转化成可溶性糖和淀粉，可溶性糖和淀粉增加到一定水平，为种子萌发做好准备。

5. 种子蛋白质含量的变化

层积过程中，蛋白质含量变化如图4-17所示。层积10 d后，蛋白质含量先迅速下降，随后波动变化，30 d后，蛋白质含量迅速升高，70~100 d时，蛋白质含量又迅速下降，下降与最初蛋白质含量水平相近。可见，种子层积过程中，随着种子萌发率逐渐增高，休眠逐渐解除，蛋白质含量波动变化后迅速升高，其他物质转化成蛋白质，参与各种代谢活动，到80 d种子开始萌动时，蛋白质含量迅速降低，转化成其他物质，为种子萌发做准备。

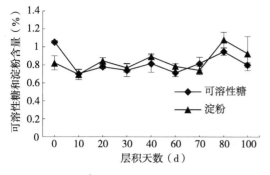

图4-16　层积过程中欧李种子可溶性糖、淀粉
含量变化

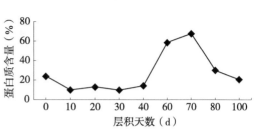

图4-17　层积过程中欧李种子蛋白
含量变化

综上所述，5℃、25%湿沙、去壳带皮种子层积处理中，随着层积时间的延长，种子萌发率逐渐升高，表示着休眠逐渐解除。此时种子呼吸强度逐渐增强；种子迅速吸水后，处于一定水平，但自由水和束缚水波动变化；粗脂肪逐渐降低；可溶性糖、淀粉波动变化；蛋白质波动变化后迅速升高；这些物质共同参与种子休眠解除中的代谢活动。到层积80 d后，种子开始萌动，此时呼吸强度继续升高，种子迅速吸水，粗脂肪、蛋白含量迅速降低，转化为其他物质，可溶性糖、淀粉含量迅速升高，其他物质转化为可溶性糖和淀粉，共同为种子萌发做好准备。

六、打破欧李种子休眠与提高欧李种子萌发的途径

通过前面对欧李形成过程中和休眠过程中的生理变化进行分析，可以把欧李种子打破休眠和提高种子萌发率的途径进行如下总结。

一是在种子未进入休眠期前可以采集种子进行催芽播种，使欧李种子的萌发时间提早1~2年。

二是成熟后的种子必须采用诸如层积处理的方法进行打破。层积过程中最大通气、合理温度和水分缺一不可，尤其是创造出种子适宜的通气条件（如去壳、裂缝和去种皮）可大大缩短欧李种子的休眠期。层积期间的温度以0~5℃最为适宜，变温处理则效果更好。

三是欧李种子的种壳厚且致密，可以通过机械去壳和降低种壳密度的方式缩短解除欧李种子休眠的时间。

四是脱壳的种子层积前可以通过20~30℃的温水浸泡5 d提早萌发和提高发芽率。

五是及时防治种子处理和催芽过程中的腐烂。

第二节　欧李芽休眠与萌发生理

落叶果树芽在冬季适时地进入休眠，对于本身能够安全度过严寒具有重要的生存意义。欧李为多年生落叶灌木，其抗寒性较强，这种抗寒性同样与休眠之间有着重要的联系，而休眠的发生与解除则是多年生果树停止生长和进入生长的实质所在。对欧

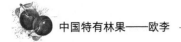

李芽休眠与解除过程中的生理变化的深入了解，不仅可以帮助我们理解休眠的实质，而且对于栽培尤其是欧李的设施栽培具有指导意义。

一、欧李芽休眠信号的建立与传导

植物在自然环境下接收到秋季时的短日照、低温信号后开始引起休眠，但是每种植物对短日照和低温的反映不同。有的是单一短日照，有的是单一低温，有的是二者共同引起，在共同引起中又分为短日照主导型和低温主导型。

对于大部分植物，长日照促进生长，而短日照抑制生长。一些研究指出，木本植物休眠的起始首先是由于秋季日照缩短所诱发的。Nitsch（1967）和 Van Hugstee（1967）指出，木本植物越冬中进入生理休眠的动因与光周期有关。Jian 等（1997）通过控制实验，证明在暖和的条件下（21～25℃），单一的短日照能诱发杨树植株进入生理休眠。Fennell 等（1991）研究表明，美洲葡萄在单一短日照条件下能够完全进入休眠。简令成等（2004）对杨树和桑树进行室外人工补充光照实验进一步证实，只有日照缩短才会引起植株进入生理休眠。

而另一些研究表明，在北方寒冷地区的某些木本植物可被低温单独诱导进入休眠。束怀瑞等（1999）认为，诱导苹果树进入真休眠，主要是低温的作用，对短日照和干燥条件反应不甚敏感。可见，低温也是休眠诱导的因素。Howe 等（2000）也证明在休眠诱导研究中低温值得重视。例如，葡萄在 20℃以下比在 24℃下进入休眠要早，若日平均最低温≥20℃则葡萄几乎不进入休眠，在低纬度地区葡萄因气温较高而保持常绿并可常年结果。但是，简令成等（2004）研究表明，保持日照长度不变，晚夏时期的自然温度降低不能诱导植株停止生长并进入休眠，这说明低温的作用可能被长日照来抵消。

众所周知，在季节变换过程中，温度的降低，每年是不稳定的，有些年份低温来得早，有些年份则可能来得晚，这样植物不能如期进入休眠，得不到稳定的抗寒锻炼；然而光周期的变化在季节的转变中，年复一年始终是恒定的，"选择"光周期变化（日照变短）作为生理休眠的诱导信号而不是温度变化的这些植物均有稳定的休眠发生期，但是"选择"温度变化（低温）作为生理休眠的诱导信号的这些植物能够在同样日照长度下较快地适应新的环境，但是却容易被忽高忽低的温度变化所"蒙骗"，从而引发一些异常的生长表现。近年来，随着欧李种植面积的扩大，个别地区时有枝条"抽条"的现象，据观察，这是由于在晚秋的时候出现了异常的高温导致欧李不能及时进入休眠所导致，而不是通常的"生理干旱"导致，这也暗示着欧李可能对休眠信号的选择是后一种即低温。对欧李休眠信号的研究，不仅能够加深我们对休眠机理的认识，也有助于这一问题的解决。

1. 不同恒定温度和光周期信号对欧李苗的休眠诱导

早在 2006 年 8 月期间，笔者利用欧李容器苗，在人工气候箱条件下，设置不同温度、不同光周期处理（光照强度为 1 万 lx）处理 4 周后，对苗子全部摘叶和摘心之后，在适宜生长的培养室中观察了温度和光周期对欧李休眠的诱导。结果见表 4-6。

表 4-6　高温下各种光周期对欧李苗休眠诱导的情况

温度（℃）	光周期（光／暗）（h）	萌芽所需天数（d）
25	6/18	6A
25	10/14	6A
25	14/10	6A

注：培养室条件为：温度（昼／夜）25℃/21℃，光照 2 400～3 000 lx，昼夜间隔为 14 h/10 h 的条件下培养 30 d。

在一定程度上，芽萌发所需天数的长短与芽接收休眠信号的强弱有关。由表 4-6 可知，在高温 25℃下的 3 种光周期处理中，芽萌发所需天数均为 6 d，不存在显著性差异，植株没有感受休眠诱导信号，即在高温下不论日照长短怎样变化，对芽都不能产生休眠诱导。

进一步降低温度分别到 22℃、18℃和 14℃，再测定在 3 种光照长度下的萌芽所需天数和萌芽后的生长量时，其结果有了显著的变化，见表 4-7。

表 4-7　恒定温度和光周期对欧李苗休眠诱导的情况

温度（℃）	光周期（光／暗）（h）	萌芽所需天数（d）	萌芽后的生长量（cm）
14	6/18	9A	1.1C
	10/14	8B	1.0D
	14/10	7C	2.1A
18	6/18	7C	0.4F
	10/14	7C	0.3G
	14/10	7C	1.2B
22	6/18	6D	0.4F
	10/14	6D	0.5E
	14/10	6D	0.2H

注：表中不同大写字母表示邓肯氏新复极差 $P = 0.01$ 水平差异显著。

从表 4-7 中可以看出，高温 22℃下的 3 种光周期处理，芽萌发所需天数均为 6 d，不存在显著性差异，与高温 25℃表现出相同的结果，表明在大于 22℃的高温条件下不论日照长短怎样变化，对芽都不能产生休眠诱导。

中等温度 18℃下的 3 种光周期处理，芽萌发所需天数均为 7 d，3 种光周期之间不存在显著性差异，但与 22℃下的 3 种光周期处理之间存在极显著性差异。说明低温推迟了萌芽的时间，但这种推迟与光照的长短仍然没有关系。

低温 14℃下的 3 种光周期处理之间芽萌发的时间存在极显著性差异，且随光照时间的变短，萌芽所需天数逐渐延长。同时看到低温下长日照 14 h/10 h（光／暗）的处理与中等温度 18℃下的 3 个光周期没有显著差异，但低温下所有光照处理均与高温下形成了极显著差异。这个结果说明，降低温度到 14℃时，欧李接收了强烈的休眠信号，而且短日照有加强的作用，长日照则有抵消休眠信号的作用。长日照可以使低温 14℃

下的作用与中等温度 18℃相同。

综上可见，在低温和光周期对芽休眠的影响来看，从单一因素来说，低温 14℃是诱导休眠的强信号，中等温度 18℃是休眠诱导的弱信号，高温 22℃对休眠诱导不起信号作用。从综合因素来说，低温 14℃和短日照 6 h 及 10 h 是综合强信号，低温 14℃和长日照及中温 18℃的 3 种光照均可以起到综合弱信号的诱导作用。由此可推知，欧李诱导休眠信号为低温主导的综合休眠信号，即低温为关键性诱导因子，具有比短日照更明显的作用，短日照可以促进低温信号的作用；在高温下，短日照不起信号作用，也就是高温在一定程度上可以抵消短日照的诱导作用。

芽萌发后能否正常生长，也能够说明芽是否接收了休眠的信号。经过数据分析发现，低温和中等温度的所有处理萌芽后的生长量均极显著高于高温处理，这似乎暗示着经过低温信号处理后，当欧李重新恢复生长后具有更强的生长势，尤其是低温下的长日照处理生长量最大，随后就是中等温度下的长日照处理。这种情况与春天芽在完全解除休眠后能够快速生长而在没有完全解除休眠后芽生长较慢的现象很相似。即低温为芽的生长准备了较为充足的更适合于营养生长的物质，而低温时的长日照更加促进了这些营养物质的储备，因此芽的生长势更强。从这一点上讲，休眠不仅是为了安全越冬，还有助于恢复生长之后具有更强大的生长势，如同动物的睡眠一样，经过睡眠精神更加充足，这便是多年生落叶植物能够继续生存的一个普遍生理现象。

2. 变温信号与延长诱导处理对欧李苗的休眠诱导

自然界的温度经常处于忽高忽低的变化之中，尤其在秋季变化更加剧烈。在人工气候箱中，模拟在高温下温度突然降低之后对休眠诱导的影响，同样用萌芽天数和生长量来进行评价，以反映欧李对此信号变化的感受状态。

在 25℃ 3 种光周期处理下，第一个芽萌发所需天数均为 6 d，可视为无休眠诱导信号接收或微休眠信号接收。将此温度的 3 种光周期处理下的苗子进行第二次处理，并设置适当长日照、中日照、短日照下，继续休眠诱导 3 周，摘叶后催芽培养，其发芽天数和生长量见表 4-8。

表 4-8　改变温度和光周期对欧李苗休眠诱导的情况

第一次处理		第二次处理			
温度（℃）	光周期（h）	温度（℃）	光周期（h）	萌芽所需天数（d）	萌芽后生长量（cm）
25	6/18（光/暗）	14	6/18（光/暗）	11A	0.76C
		18	10/14（光/暗）	9C	0.15H
		22	14/10（光/暗）	9C	0.15H
25	10/14（光/暗）	14	6/18（光/暗）	10B	0.88B
		18	10/14（光/暗）	9C	0.18G
		22	14/10（光/暗）	9C	0.21F
25	14/10（光/暗）	14	6/18（光/暗）	10B	0.89A
		18	10/14（光/暗）	9C	0.27E
		22	14/10（光/暗）	9C	0.60D

由表4-8可知，延长休眠诱导后，所有处理萌芽天数都延长了3 d以上，说明这些处理都接收了休眠信号的诱导。尤其是22℃下与表4-6相比较，尽管22℃时处理4周时与25℃的萌芽天数一样，没有接收休眠信号，但是第二次延长处理时间至7周时，即便是长日照下的芽体也接收了休眠信号，不仅说明芽休眠信号的接收需要一个逐渐积累的过程，而且温度越高需要的时间越长。不同处理下接收休眠信号的强度不同。

在第一次处理为25℃、6 h/18 h（高温短日照），再继续诱导第二次处理为14℃、6 h/18 h（光/暗）处理条件下，萌芽所需天数最长为11 d，与所有处理形成了极显著的差异，而处理18℃、10 h/14 h（光/暗）和处理22℃、14 h/10 h（光/暗）之间不存在显著性差异，萌芽所需天数都为9 d。进一步说明当欧李芽遇到低温和短日照的综合强信号后会在3周内接收休眠信号，并对前一阶段的高温下的短日照信号也可以体现出来累加效应。

在第一次处理为25℃、10 h/14 h（高温中日照），再经过第二次处理的降低温度诱导后，处理14℃、6 h/18 h（光/暗）萌芽所需天数为10 d，极显著高于处理18℃、10 h/14 h（光/暗）和处理22℃、14 h/10 h（光/暗），后两者之间不存在显著性差异。进一步说明低温、短日照条件下接收的休眠信号比前期为高温短日照的条件要低。

在第一次处理为25℃、14 h/10 h（高温长日照），再经过第二次降温后，与高温中日照的情况下基本相同，不再赘述。

综上，在前期为高温、不同的日照长度下，给予比前期温度降低的温度，连续处理3周，欧李的芽体便可以得到休眠信号，此时仍然以低温和短日照为强信号，并可以对前期的短日照信号进行累加表现。高温摘叶催芽，可以将短时间内积累的休眠信号解除，从而使得芽再次萌发。

从萌芽后的生长量来看，与恒温处理下的结果基本相似，表现在两个方面，即第一次处理芽光照时间越长，芽恢复生长后的生长势越强；第二次处理芽休眠信号越强，恢复生长后的生长势越强。芽生长势为第一次处理高温长日照（0.89 cm）＞高温中日照（0.88 cm）＞高温短日照（0.76 cm），且三者之间存在极显著差异。暗示着第一次处理芽体内积累的光合营养物质越多，在接收第二次处理的低温短日照的强休眠诱导信号后，又充分进行了"睡眠"，因此，生长量越大。

但是这种情况在第二次处理接收弱信号后则表现不尽一致。在弱信号情况下，第一次处理为高温长日照，第二次处理也为长日照（14 h/10 h）且较高温（22℃）时生长势最高（0.60 cm），其次为第一次处理为长日照和第二次处理为中日照、温度为中温（18℃）的处理（0.27 cm），再后为第一次处理中日照、第二次处理长日照且为较高温的处理（0.21 cm）和第二次处理中温中日照的处理（0.18 cm）。长势最差的为第一次处理为短日照、第二次处理为中温中日照、高温长日照的2个处理（0.15 cm），且二者之间差异不显著。这种情况说明在弱休眠信号的诱导下，弱休眠信号的诱导总体上也表现出前期光合产物积累较多的处理在恢复生长后生长势也较强，但给予芽子的"睡眠"强度小于强休眠信号给予芽子的"睡眠"强度，因而导致总体上恢复生长势的能力较弱。

3. 欧李休眠诱导信号接收器官

在给予欧李温度为14℃、光周期为6 h/18 h（光/暗）强休眠信号下，将欧李苗子处理成全叶（保留枝条上全部叶片）、无叶（摘掉全部叶片）、老叶（保留枝条下半部所有叶片）、幼叶（保留枝条上半部所有叶片）4 个处理进行休眠诱导，其结果见表4-9。4 种处理下，欧李的萌芽天数均比无休眠信号时推迟，说明都有休眠信号的接收，无叶的处理说明芽子本身或枝条也可以接收休眠信号，但是以仅保留上部幼叶的处理芽子萌发所需天数最长为 11 d，全叶和老叶次之，但均高于无叶，因此叶子和芽均能接收休眠信号，但叶子为主要器官，枝条上部的幼叶叶片比老叶感应性更强。

表4-9　不同叶片类型对休眠信号的接收情况

项目	叶片类型			
	全叶	无叶	幼叶	老叶
萌芽所需天数（d）	9B	7D	11A	8C

注：表中大写字母分别表示邓肯氏新复极差 $P = 0.01$。

二、欧李休眠诱导期间生理生化指标的变化

植物在整个生长发育过程中，受到各种内外因素的影响，这就需要植物体正确地辨别各种信息并作出相应的反应，以确保正常的生长和发育。欧李苗在接收到休眠信号后，引发体内发生一系列生理生化变化，使其进入休眠并达到与环境相适应。将欧李苗子置于设置为诱导休眠的强信号下，即温度为 14℃，光周期为 6 h/18 h，在 30 d 的诱导时间中，与无休眠信号 [25℃，光周期为 14 h/10 h（光/暗）] 相比，发生了如下变化。

1. 欧李休眠信号诱导期间碳水化合物含量的变化

如图 4-18 所示，欧李叶片可溶性糖含量 30 d 内的变化趋势与对照相一致，但是对照的含量一直高于处理的含量，说明短日照低温信号降低了可溶性糖的产生和积累。

枝条中可溶性糖含量变化趋势与叶片基本相似，见图 4-19。但枝条中可溶性糖含量在任何时期都比叶片中可溶性糖含量低。如在 7 月 15 日诱导处理枝条中可溶性糖含量为 38.82%，而叶片中可溶性糖含量为 53.01%。

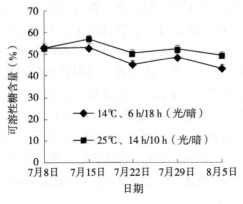

图 4-18　叶片中可溶性糖含量的变化

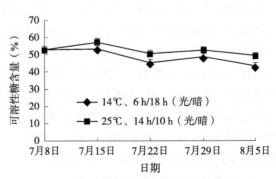

图 4-19　枝条中可溶性糖含量的变化

2. 欧李休眠诱导期间叶片、枝条中淀粉含量的变化

由图 4-20 可知，诱导期内叶片中的淀粉含量在低温短日照处理下出现先下降后上升再下降的趋势，且在后期低于对照，而对照在中后期一直表现为上升的趋势，原因可能是叶片中的淀粉在休眠信号的诱导下分解或向枝条、根部中转移。对照在 7 月 15 日后淀粉含量一直上升，这是由于其叶片中可合成大量的可溶性糖并转化成淀粉。

枝条中淀粉含量变化趋势没有叶片复杂，如图 4-21 所示。诱导处理植株枝条中淀粉含量在 7 月 15 日前呈上升趋势，含量达到最大为 16.14%，原因可能是 7 月 15 日前叶片中的淀粉向枝条中转移，随后，枝条在休眠诱导信号的作用下淀粉向根系转移。对照植株淀粉含量变化比较平稳，在 7 月 29 日有一个下降过程，也可能与向根部转移有关。

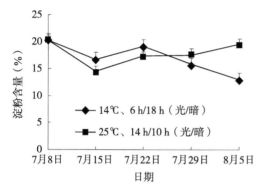

图 4-20　叶片中淀粉含量的变化

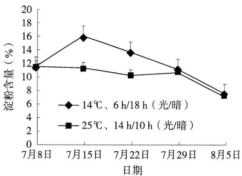

图 4-21　枝条中淀粉含量的变化

3. 欧李休眠信号诱导期间可溶性蛋白质含量的变化

如图 4-22 所示，从 7 月 7 日至 8 月 4 日诱导处理植株叶片中可溶性蛋白质含量一直呈上升趋势，从 7 月 28 日至 8 月 4 日增加不明显，基本保持稳定。与对照相比，其含量在任何时期均高于对照。对照植株在 7 月 14 日前可溶性蛋白质含量基本不变，随后急剧增加，7 月 21 日后呈缓慢增加趋势。这说明在休眠诱导下，叶片中增加了更多的蛋白质用于适应新的环境条件。

诱导处理枝条中可溶性蛋白质含量在 7 月 21 日前呈缓慢增加趋势，随后变化比较平稳。与对照相比，与叶片相反，含量较对照偏低，见图 4-23。

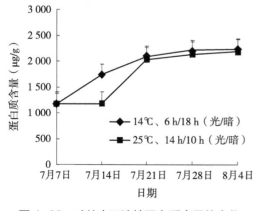

图 4-22　叶片中可溶性蛋白质含量的变化

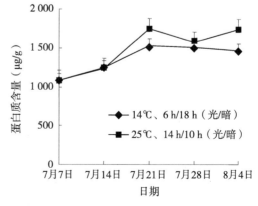

图 4-23　枝条中可溶性蛋白质含量的变化

4. 欧李休眠信号诱导期间水分含量的变化

如图 4-24 所示，在 7 月 15 日前诱导处理和对照的植株叶片中自由水含量呈下降趋势，随后，自由水含量保持稳定，诱导处理保持在 30% 左右，对照保持在 40% 左右。含量上，诱导处理植株一直低于对照。束缚水含量表现为上升趋势，如图 4-25 所示，诱导处理植株束缚水含量呈"上升—下降—上升"的趋势，在 7 月 22 日出现峰值为 33.10%；对照的束缚水含量缓慢上升随后缓慢下降。在整个诱导期间，诱导处理植株的束缚水含量均明显高于对照。束缚水 / 自由水比值变化趋势与束缚水含量变化趋势基本一致。

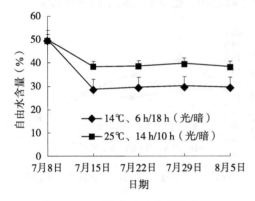

图 4-24　叶片自由水含量的变化　　　　图 4-25　叶片束缚水含量的变化

5. 欧李休眠信号诱导期间过氧化物酶活性的变化

欧李叶片在诱导处理初期活性变化不明显，与对照一致（图 4-26），变化趋势为"下降—上升—下降—上升"，变化较激烈。对照的活性在 7 月 28 日前变化比较平稳，随后急剧上升。诱导处理和对照枝条中 POD 活性变化趋势大体相似，如图 4-27 所示，诱导处理的活性变化为"下降—上升—下降—上升"，对照表现为先下降后上升。在 7 月 14—21 日变化比较平稳。

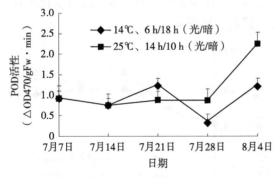

图 4-26　叶片中 POD 活性的变化　　　　图 4-27　枝条中 POD 活性的变化

6. 欧李休眠信号诱导期间叶片细胞膜透性的变化

由图 4-28 可知，欧李植株感受到休眠信号后，并在其诱导下电导率变化趋势为

"下降—上升—下降"，总体上呈下降趋势。对照呈先上升后下降又上升，在7月20日前诱导处理的电导率明显低于对照，随后又明显高于对照。处理结束时又低于对照，说明经过较长时间的处理后，叶片逐渐适应了环境信号，膜透性减少。

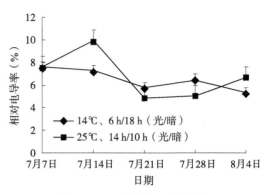

图4-28　叶片电导率的变化

综上，通过对芽在恒定温度和光照长度下的观察，叶片、芽和枝条均可以接收到以低温为主的休眠信号，休眠信号不断地在欧李的器官中积累，引发了叶片、枝条及芽中的生理变化，相对于没有休眠信号诱导的植株，可溶性糖含量在叶片和枝条中下降、淀粉在叶片中下降和在枝条中上升、可溶性蛋白在叶片中下降和在枝条中上升、束缚水/自由水比值的上升、酶活性的改变及膜透性的降低等，这些均与芽接收到休眠信号后启动了一系列的生理反应有关，随着休眠信号的持续加强，芽会逐渐进入休眠状态。但是芽在未彻底进入休眠之前，可以发生逆转，即芽可以被适宜的高温来打破，只是接收信号的强度越强，打破的时间即萌发所需要的天数越长，如果芽彻底进入了休眠，就必须通过另外的方法（如一定的低温）进行打破。休眠信号的强度主要来源于低温的程度和持续的天数，短日照和持续天数也是欧李的休眠信号，但可以被一定的高温解除或彻底抵消，而长日照对低温引起的休眠信号抵消作用微弱。在欧李无休眠栽培中一定要注意温度的调控，否则温度降低到一定程度（如22℃以下）和较长时间后，再加上短日照欧李便可以进入休眠状态，将会导致栽培失败。休眠诱导过程中激素、酶和基因等必然也发生一系列的变化，这里不再赘述。

三、芽休眠开始后与解除过程中的生理变化

1. 自然条件下欧李休眠发生与解除的时间进度与阶段划分

（1）休眠发生与解除的观察。为了探究欧李在休眠过程中的生理变化，首先应了解欧李休眠进度，因此，选用5个欧李品种对其休眠的发生与解除的时间段进行了测定，见表4-10至表4-12。

表4-10　农大5号和9-8欧李休眠开始及解除过程中水培法测定的萌芽率

（2003年9—12月）

日期	品种（系）			
	农大5号		9-8	
	花芽萌芽率（%）	叶芽萌芽率（%）	花芽萌芽率（%）	叶芽萌芽率（%）
9月1日	100	100	100	100
9月10日	80	71.6	100	100
9月20日	70	67	70	60
10月1日	53	50	56.7	53.3

日期	品种（系）			
	农大5号		9-8	
	花芽萌芽率（%）	叶芽萌芽率（%）	花芽萌芽率（%）	叶芽萌芽率（%）
10月5日	47	45	51.6	50
10月10日	42	40	46.6	43
10月15日	19	13.8	31.6	27
10月20日	8.3	6.6	23.3	18.3
10月25日	3.3	0	10	8.3
11月1日	10	8.3	0	0
11月5日	20	17	13.3	11.6
11月10日	40	39	26.6	25
11月15日	63	51.6	45	43.3
11月20日	67	58.3	65	52
12月1日	72	70	70	57
12月10日	75	71.6	71.6	61

表4-11　农大5号和中实-3欧李休眠开始及解除过程中水培法测定的萌芽率

（2005年7—12月）

日期	品种（系）			
	农大5号		中实-3	
	花芽萌芽率（%）	叶芽萌芽率（%）	花芽萌芽（%）	叶芽萌芽率（%）
7月20日	100	100	87	83
7月30日	100	100	79	76
8月10日	100	100	71	69
8月20日	92	100	68	63
8月30日	87	100	63	60
9月10日	84	92	59	58
9月20日	81	83	56	54
9月25日	78	76	52	51
9月30日	69	63	40	39
10月5日	53	51	14	17
10月10日	47	48	9	13
10月15日	45	36	7	0
10月20日	40	8	18	8
10月25日	36	4	29	14
10月30日	46	39	42	20
11月10日	48	42	51	35

日期	品种（系）			
	农大 5 号		中实-3	
	花芽萌芽率（%）	叶芽萌芽率（%）	花芽萌芽（%）	叶芽萌芽率（%）
11 月 20 日	54	58	63	46
11 月 30 日	76	69	78	50
12 月 10 日	100	88	92	83
12 月 20 日			100	86

表 4-12　农大 3 号和农大 4 号欧李休眠开始和解除过程中水培法测定的萌芽率

（2006 年 7—12 月）

日期	品种			
	农大 3 号		农大 4 号	
	花芽萌芽率（%）	叶芽萌发率（%）	花芽萌发率（%）	叶芽萌发率（%）
7 月 10 日	100	100	100	100
8 月 10 日	100	96	100	100
9 月 5 日	95	92	100	93
9 月 10 日	90	80	96	89
9 月 15 日	80	67	90	83
9 月 20 日	70	61	83	77
9 月 25 日	62	58	75	69
10 月 1 日	55	51	64	60
10 月 5 日	46	44	53	52
10 月 10 日	44	36	46	41
10 月 15 日	25	19	34	20
10 月 20 日	19	12	16	14
10 月 25 日	8	2	10	6
11 月 1 日	3	0	4	0
11 月 5 日	12	10	14	8
11 月 10 日	19	16	28	25
11 月 15 日	37	38	44	40
11 月 20 日	46	43	58	51
11 月 25 日	54	52	64	57
12 月 1 日	66	60	73	64
12 月 5 日	77	68	81	70
12 月 10 日	83	75	90	77
12 月 15 日	92	81	100	86
12 月 20 日	100	84		

从以上 3 个表中可以看出，大田中 5 个欧李品种不同时间段采集到的枝条在水培下芽萌发率不同，但有一定的变化规律。即由最初的高萌发率慢慢进入低萌发率或不萌发，再由低萌发率逐渐进入到高萌发率。这个过程实际包含了未休眠、开始休眠、开始解除休眠、完全解除休眠 4 个过程，只是不同品种、不同年份之间具体的时间不同，但总体差异不大。同一品种不同年份之间叶芽相差 5～10 d、花芽相差 15～20 d；同一年份不同品种之间大部分相近，个别品种提早休眠 20 d；叶芽较花芽提早休眠10～15 d，且休眠程度较深。

（2）休眠发生与解除的阶段划分。关于植物芽休眠的划分有多种划分方法，Lang等（1987）把休眠分为相关休眠（生物环境及休眠以外的生理因素，如顶端优势、激素等引起的休眠，又称条件休眠）、内休眠（由休眠结构本身的因素如需冷量、光周期反应调控的休眠，又称真休眠）和生态休眠（指环境因子如温度、水分胁迫等引起的休眠，又称后休眠）。在这一分类系统的基础上，笔者进一步对内休眠发生和解除的阶段加以细分，发生期和解除期分别细分为 4 个阶段，见表 4-13，以便更好地理解真休眠过程中的生理变化。

表 4-13　欧李芽休眠发生期和休眠解除期的阶段划分

休眠发生期		休眠解除期	
阶段划分	萌芽率指标	阶段划分	萌芽率指标
极浅休眠	100%≥萌芽率>70%	极低度解除	0<萌芽率≤20%
浅休眠	70%≥萌芽率>50%	低度解除	20%<萌芽率≤50%
深休眠	50%≥萌芽率>20%	高度解除	50%<萌芽率≤70%
极深休眠	20%≥萌芽率>0	极高度解除	70%<萌芽率≤100%

笔者认为在休眠发生期，萌芽率<100%之后便开始进入休眠，在 100%≥萌芽率>70% 阶段休眠实际上为一个较浅的阶段，最高只有 30% 的芽子不能萌发，此时如果施以高温（25℃）或低温（5℃），即使是休眠的芽子也易被打破，因此可称为"极浅休眠"；在 70%≥萌芽率>50% 的阶段，也只有 50% 以上芽子能够萌发，因此可称为"浅休眠"；在 50%≥萌芽率>20% 阶段，芽子已经大部分不能萌发，此时必须施以较长时间的低温才能使已经进入休眠的芽子萌发，可称为"深休眠"阶段；在 20%≥萌芽率>0 时，芽子几乎或全部不能萌发，此阶段可称为"极深休眠"。同样，休眠解除期也依据芽再次萌发的情况划分为极低度解除、低度解除、高度解除和极高度解除，这里不再赘述。

按照表 4-13 的划分，结合多年来的芽萌发率的测定，可以看出，欧李一般在 8 月下旬至 9 月上旬便进入极浅休眠期，在 9 月中旬至 9 月下旬进入浅休眠期，在 10 月上旬至 10 月中旬进入深休眠期，在 10 月下旬至 11 月上旬进入极深休眠期。进入每一个休眠阶段的快慢程度与当年这一阶段低温（低于 22℃、大于 10℃）的变化程度以及连续度有关，如果低温和高温不断反复，则进入程度减慢，如果连续不断的低温则进入的程度快且深。

解除休眠是在极深休眠之后发生的，欧李一般在 10 月下旬至 11 月上旬进入极低度解除，在 11 月中旬进入低度解除，在 11 月下旬进入高度解除，在 12 月上旬进入极高度解除。与发生休眠时的低温不同，此时低于 10℃以下高于 0℃以上的温度是休眠解除的有效温度，但不同的温度对芽解除休眠的效力不同，一般以这个区间内较高温度即 7～10℃最为有效，同时温度的变化比恒温更有效力。随着这个区间的温度不断积累，芽便有不同程度的萌发，田间情况下芽休眠的程度会有不同，原来休眠浅的芽将较早解除，而原来休眠深的芽则较迟解除。但随着低温积累的不断加深，芽的萌发率越来越高，直至全部萌发。

2. 欧李休眠发生和解除过程中枝条水分含量的变化

根据上面芽休眠阶段的划分和田间的实际观察，大致在 11 月 1 日前后可以把芽休眠分为两个阶段，11 月 1 日前为休眠发生期，11 月 1 日后为休眠解除期，这样便于了解在休眠发生和解除中各种生理变化的规律。

在整个休眠期内，农大 3 号和农大 4 号两品种枝条总含水量（图 4-29 A）呈平缓下降趋势。但在休眠发生期下降较大，分别较最初下降了 8.1%、6.1%，在休眠解除期下降较为缓慢，分别为 2.3%、4.3%。这主要由自由水的含量下降引起。就自由水而言（图 4-29 B），休眠发生期下降较大，分别为 14.6% 和 11.7%，在休眠解除期下降较为缓慢，分别为 5.1% 和 9.5%。但是束缚水一直在升高（图 4-29 C），农大 3 号和农大 4 号在休眠发生期较最初上升了 12.3% 和 11.1%，在休眠解除期上升较慢，分别为 4.6% 和 8.3%。在束缚水和自由水含量的比值也一直表现为上升趋势（图 4-29 D）。

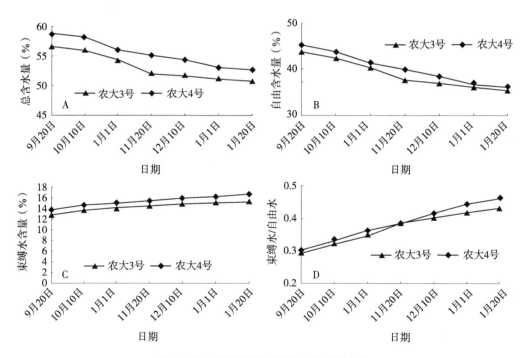

图 4-29　欧李休眠过程中水分含量变化

（A：总含水量；B：自由水含量；C：束缚水含量；D：束缚水 / 自由水）

总之，在自然休眠期内随着气温的降低，欧李树体内水分的含量在下降，同时部分自由水向束缚水转化，来提高植株的抗寒性。欧李自然休眠结束后进入被迫休眠阶段，由于外界气温仍较低，树体内的生理活动较弱，总含水量、自由水含量仍在平缓下降，束缚水含量、束缚水/自由水仍持续上升。值得注意的是，在解除休眠的过程中，当接近高度解除阶段时，总水分和自由水下降的趋势明显变慢。

3. 欧李休眠发生和解除过程中枝条碳水化合物的含量变化

农大3号、农大4号两个品种枝条中可溶性糖含量（图4-30 A）在整个休眠期出现先缓慢上升后急速上升再缓慢下降的相同变化趋势，而淀粉含量正好与可溶性糖含量相反，呈先缓慢下降后急速下降再缓慢上升的变化趋势（图4-30 B）。农大3号品种可溶性糖含量从最初的22.9 mg/g DW上升到结束时的43.3 mg/g DW，农大4号也从31.9 mg/g DW上升到54.7 mg/g DW；农大3号淀粉含量从最初的51.5 mg/g DW下降到25.1 mg/g DW，农大4号也从最初的58.1 mg/g DW下降到29.7 mg/g DW。可溶性糖和淀粉之间这种反向变化正好说明了两者之间的相互转化，尽管大部分时间处在寒冷的冬天，但是枝条内的这种物质间的生理转化却一直没有停止。结合休眠发生和解除的不同阶段，可以这样认为，枝条内淀粉含量的不断下降和可溶性糖含量的不断增高一方面是为了植物抗寒的需要，同时也是对休眠过程的积极应对。在芽进入到深休眠期的11月1日时，休眠的发生期已经结束，之后便进入解除休眠阶段，但是可溶性糖含量并没有急速升高，而是在20 d之后的11月20日才突然升高，因为在此期芽处于低度解除期，11月20日之后芽处于高度解除期，此时枝条为芽准备了充足的可溶性糖，且与淀粉的急速下降有关。到12月10日，芽已处于极高度解除，即超过80%的芽均可以萌发，此时休眠解除也基本完成，因而可溶性糖含量便保持在高位水平。反映出此时已经为芽萌发准备了充足的营养物质，因此芽的休眠发生与解除与可溶性糖和淀粉含量变化密切相关。

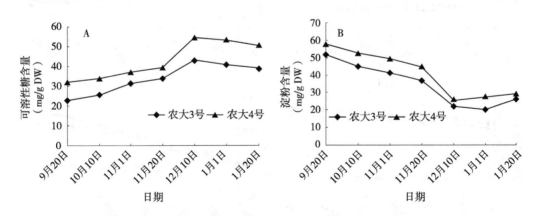

图4-30　欧李休眠过程中可溶性糖（A）和淀粉 (B) 含量的变化

将每个品种的可溶性糖和淀粉的含量变化合并在一个图中后发生了一个非常有趣的现象，即每个品种在休眠期中的糖和淀粉含量都出现了一个"剪刀状"图形，如图4-31所示，且可溶性糖和淀粉含量的交叉点基本上位于休眠的低度解除期，有些品种在休眠前期还会多一个交叉点，见图 4-32。根据不同品种间"剪刀状"图形的张开大小，将欧李在休眠发生与解除过程中糖和淀粉的变化分为 3 种类型，即缓慢升糖型（农大 3 号和农大 4 号）、中速升糖型（中实-3）和快速升糖型（农大 5 号），见表 4-14。

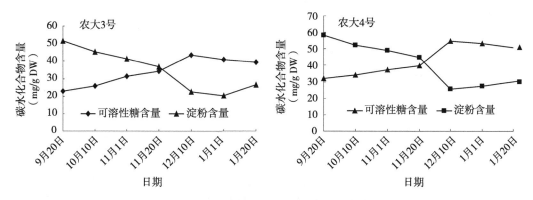

图 4-31　两个欧李品种休眠期枝条可溶性糖和淀粉含量的变化

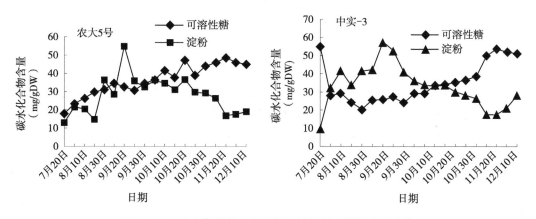

图 4-32　欧李休眠前和休眠期可溶性糖及淀粉含量变化

表 4-14　不同欧李品种在休眠的不同时期可溶性糖和淀粉含量的变化特点

休眠的不同时期	类型划分与特点		
	缓慢升糖型（农大 3 号和农大 4 号）	中速升可溶性糖型（中实-3）	快速升糖型（农大 5 号）
极浅休眠期	淀粉含量高于可溶性糖含量 130% 左右	（8 月 10 日）淀粉含量高于可溶性糖含量 40% 左右	淀粉含量高于可溶性糖 90% 左右
浅休眠期	淀粉含量高于可溶性糖含量 110% 左右	淀粉含量高于可溶性糖含量 60% 左右	淀粉含量急剧下降，可溶性糖含量迅速上升，最后形成交叉
深休眠期	淀粉含量高于可溶性糖含量 90% 左右	（9 月 30 日）淀粉含量高于可溶性糖含量 70% 左右	（10 月 10—15 日）此时可溶性糖含量超过淀粉含量 20% 左右

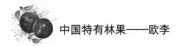

休眠的不同时期	类型划分与特点		
	缓慢升糖型 （农大3号和农大4号）	中速升可溶性糖型 （中实-3）	快速升糖型 （农大5号）
极深休眠期	（11月1日）淀粉含量高于可溶性糖含量40%左右	淀粉含量和可溶性糖含量迅速接近，并且最终形成交叉	（10月20—25日）可溶性糖含量继续高于淀粉含量，约高出30%
极低度解除期	（11月5—10日）淀粉含量仍然高于可溶性糖含量30%左右	（10月20—30日）可溶性糖含量高于淀粉15%	（10月30日）很快进入到低度解除期，可溶性糖含量高于淀粉含量50%左右
低度解除期	（11月15—20日）淀粉和可溶性糖含量接近，11月20日左右有一个交叉	（11月10—20日）可溶性糖含量高于淀粉含量95%	（11月10日）可溶性糖含量高于淀粉含量70%左右
高度解除期	（11月25日至12月1日）淀粉和可溶性糖含量发生逆转，可溶性糖含量超过淀粉含量25%左右	（11月30日）可溶性糖含量达到最高，淀粉含量达到最低，可溶性糖含量高出淀粉200%左右	（11月20—30日）可溶性糖含量高于淀粉含量180%左右
极高度解除期	（12月5—15日）可溶性糖含量继续超过淀粉含量的115%左右	可溶性糖含量下降，淀粉开始回升，但仍然是可溶性糖含量高于淀粉含量，约高出115%	（12月10日）可溶性糖含量仍然很高，高于淀粉含量146%

在欧李休眠期间前期可溶性糖含量低于淀粉，后期可溶性糖含量超过淀粉含量，在这个变化过程中，芽子完成了休眠发生和解除的生理变化过程。但4个品种可溶性糖含量升高的速度不同。有的在短时间（休眠发生期）内可溶性糖含量超过淀粉，此种类型可称为快速升糖型品种，有的在很长时间（休眠解除期）内才能超过淀粉，此种类型的品种可称为慢速升糖型，介于两者之间的称为中速升糖型。这种不同品种间的变化，可能与低温需求量有关，糖升高慢的品种需要的低温时间较长，反之则短，如农大3号0～7.2℃需330 h，农大4号需286 h，而农大5号仅需要269 h。在试验中还发现，农大5号的花芽即使在深休眠期也有较高的萌发率，说明此品种休眠较浅。

另外，唐洪梅（2012）观察了欧李一年生枝芽和木质部、韧皮部中可溶性糖、淀粉含量的变化。休眠期欧李芽中淀粉酶活性的变化趋势明显不同于木质部、韧皮部中淀粉酶活性的变化趋势，而且芽中淀粉酶的活性有明显高于木质部、韧皮部中淀粉酶活性的趋势。芽、木质部、韧皮部中淀粉含量持续减少，而芽中蔗糖、麦芽糖、糊精含量明显高于木质部和韧皮部，也进一步说明了欧李休眠解除过程中芽中淀粉下降，而可溶性糖逐渐升高的生理机制。

4. 休眠期根系中碳水化合物的变化

一般来说，根系没有明显的休眠，因此可溶性糖没有较大变化，在生长后期基本上保持在较低水平，只是淀粉含量变化较大。在从生长期到进入休眠期时，淀粉逐渐积累，但低度解除期过后，淀粉含量迅速下降（图4-33），淀粉开始向可溶性糖转化，但在根系中可溶性糖没有明显升高，可能是被转运或其他生理活动所利用。根系这种可溶性糖在芽休眠发生和休眠解除中没有变化的情况可能与其本身没有休眠有关，值得进一步研究。

5. 欧李枝条中可溶性蛋白质、游离氨基酸含量的变化

由图 4-34 可知，在欧李的整个期间，欧李枝条中可溶性蛋白质含量呈先上升后下降的变化趋势，峰值出现在 11 月 15 日左右。此时芽不仅度过了极

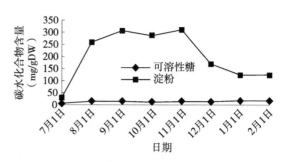

图 4-33　欧李休眠期根系碳水化合物含量变化

深休眠期，而且进入了高度休眠解除期，说明当芽休眠过后对可溶性蛋白质需求需要积累到较高的水平。

由图 4-35 可知，欧李枝条中游离氨基酸含量在休眠发生期一直呈下降趋势，在 11 月 1 日时迅速上升超过最初时的含量，此时芽已度过极深休眠期，进入到极低度休眠解除期，因此，此时的游离氨基酸主要是为芽提供合成新的蛋白质原料。之后游离氨基酸的含量继续缓慢上升。欧李枝条中的可溶性蛋白质与游离氨基酸基本上是互为消长变化趋势。游离氨基酸随着蛋白质合成的加强而下降，随蛋白质分解的加强而上升，反映了芽在休眠过程中的不同时期对合成新的蛋白质的需求。

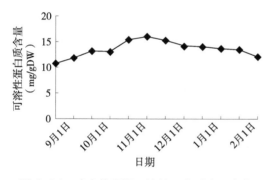

图 4-34　欧李休眠期可溶性蛋白质含量变化

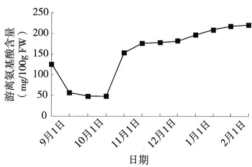

图 4-35　欧李休眠期游离氨基酸含量变化

脯氨酸也是一种氨基酸，可以反映植物对逆境的抗性强弱。由图 4-36 可知，随着休眠的发生和解除，欧李枝条内游离脯氨酸含量一直呈上升趋势。这是由于在休眠发生后，气温的不断降低，土壤结冻，水分供应减少，使欧李枝条内的水分含量不断减少，而脯氨酸亲水性极强，能稳定原生质胶体及组织内的代谢过程，因而能降低凝固点，有防止细胞脱水的作用。欧李植株十分抗寒，与枝条内脯氨酸

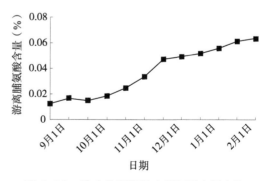

图 4-36　欧李休眠期游离脯氨酸含量变化

的含量在冬季的不断增加有关。

6. 休眠期内欧李枝条过氧化物酶（POD）活性的变化

POD 是植物体内普遍存在活性较高的一种酶，它能清除超氧自由基形成的 H_2O_2，还可分解叶绿素及生长素。不同的发育时期有不同的 POD 同工酶在起作用，它可以增强细胞壁、增强组织的木质化程度，形成阻碍病菌入侵的机械屏障，如图 4-37 所示，2 个欧李品种在整个休眠过程中 POD 活性变化都呈上升的变化趋势。以农大 3 号为例，在休眠前期枝条内 POD 活性较低，平均在 6.63 △ OD/（g FW·min），随着低温的积累，从 11 月 1 日开始，POD 活性迅速上升，枝条由 11 月 1 日的 7.7 △ OD/（g FW·min）上升到 11 月 20 日的 11.6 △ OD/（g FW·min），增加了 51.3%，当进入低度解除期时（11 月 20 日）活性并没有下降，反而持续增加；到 1 月 20 日 POD 活性为 12.9 △ OD/（g FW·min），比 9 月 20 日增加了 2.28～2.7 倍，因此说明在休眠解除期 POD 酶发挥了重要的作用。

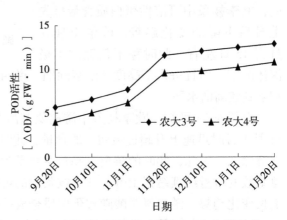

图 4-37 休眠期内欧李枝条 POD 活性变化

综上，芽休眠的发生和解除是在欧李植株体内一定的生理活动中进行和完成的。引起休眠的信号为低温和短日照，且低温起主导作用，短日照具有加强低温的作用。当芽在极浅休眠和浅休眠阶段，芽休眠和萌发可以逆转，取决于气温的高低。当芽进入深休眠和极深休眠后，大部分的芽将不能萌发，需要较低的温度（0～10℃）积累到一定小时后才能萌发，不同的芽休眠的深浅不同，芽解除休眠的迟早不同，但欧李大部分的品种和芽具有较早解除休眠的特性。在生理变化上，枝条内快速升糖的品种类型解除休眠的时间较早。在自然条件下，尽管芽休眠早已在 12 月上旬就达到了高度解除或极高度解除休眠的状态，但由于此时的环境仍然为严冬，芽处在被迫休眠状态而不能萌发。此时体内的保护酶系统、束缚水、脯氨酸等抗逆境的物质保护着已经完成了休眠解除的芽，等待着春季的到来。

第三节　欧李水分生理

大量的研究证实，欧李为抗旱性极强的林果树种，但这并不意味着水分对欧李的生长、结果不重要。在人工栽培条件下要想获得理想的产量和经济收入，满足植株水分的供应是极为重要的栽培措施，因为一切旺盛的生理活动都在适宜的水分条件下才能完成。

一、欧李植株体内的水分含量特征

1.不同器官的含水量年变化

表4-15列出了欧李在生长季和休眠期各种器官的含水量。从表4-15中可以看出，器官中的含水量以果实为最多，果壳由果实的内果皮形成，十分坚硬，含水量最低，但在休眠季水分的含量也较高。

表4-15　欧李植株主要器官不同时期的水分含量

时期	新梢	一年生枝	二年生枝	多年生枝	整花	花蕾	叶	果实	带核种子	侧根	须根	地下茎
春季	76.9	57.1	45.7	44.0	78.4	78.7	69.1	82.5	—	55.2	53.1	54.0
休眠期	—	46.0	38.4	38.1	—	—	—	—	20.7	52.3	47.3	51.5

2.欧李叶片在一天中的含水率变化

欧李叶片的含水率会随着季节在变化，一天中也会随着时间的变化而变化。图4-38是秋季（9月10日）一天中欧李、杏和枣叶片含水量和水势的变化图。从中可以看出，一天中，叶片的相对含水量6:00最高，随后下降，到14:00最低，叶片的水势与含水量变化一致。欧李叶片在9月时，含水量高于杏和枣，且一天中含水量变化幅度较小，但水势变化却较大，说明欧李能够通过快速的水势降低迅速弥补叶片中水分的降低，不仅保证了叶片较高的含水量，而且保证了叶片中其他生理活动如光合作用的进行。这可能与欧李能够通过快速增加一些降低水势的物质如脯氨酸等有关。近来研究发现，欧李的叶片中存在较多的次生代谢物质如多酚、黄酮等类物质，尤其是单宁一类物质较多，可能也参与叶片的渗透调节之中，从而使欧李能够随着叶片内水分的轻微减少而导致其水势大幅度下降，从而提高了欧李对土壤水分的利用率和抗旱能力。

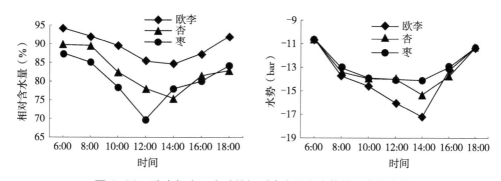

图4-38　欧李与杏、枣叶片相对含水量和水势的日变化比较

二、欧李植株的耗水特征

1.低耗水特征

根据植物对水分利用将其分为节水型和耗水型两类，节水型植物在植株大小上表

现为矮小，且根冠比大；在叶片形态上表现为叶小，且茸毛较多，气孔小且密度大，气孔的开张与关闭可有效调节植物体内水分的过度丧失；木质部导管直径小，以便在低温和缺水时形成气穴和木栓；在叶水势上表现为低渗透势，且细胞壁硬而弹性高。而耗水型植物特征则与之相反。欧李的植株形态与组织结构符合节水型植物的特点，即具有低耗水的特征。

有人观察过一年生欧李单株小苗，生长季节内的耗水量很小，约为389 g，这可能与幼苗的生长量较小以及没有结果有关。郑松州（2013）用盆栽法也测定了欧李一年生实生苗与长柄扁桃和龙桑在8月的平均日耗水量，仅为25～27 g，比长柄扁桃少37～39 g，仅为长柄扁桃的39.06%～42.19%；比龙桑少62～64 g，仅为龙桑的28.09%～30.33%。同时测定到，欧李在不同土壤持水量的净光合速率平均为17.93 μmol/（m²·s），长柄扁桃为20.8 g，龙桑仅为9.03 g。可以看出，欧李耗水量比其他2种植物的耗水量小60%～70%，但净光合速率高于龙桑的1倍，接近长柄扁桃，因此，欧李为低耗水性植物。

随着苗木的生长，器官的数量和植株体积在不断扩大，尤其是每年的结果会逐渐增加其耗水量。欧李生长过程中的耗水包括4个方面：植物体生理活动所需的维持细胞膨压用水、蒸腾作用通过表皮和角质层自然蒸发用于降低体温的用水、用以制造光合产物的同化用水、每年生长结束后脱落性（或衰老死亡）器官丢失掉的水分。

维持细胞膨压用水是植株能否存活的基本用水，存在于植物体内，随着体积的增大，其含水量也不断增大。通过表4-15可知，含水量占植物重量的40%～80%，不同季节会有一定的差异。

光合用水是在根系吸收之后通过绿色组织如叶片、绿茎等光合作用固定碳和此过程中分解掉的水分，碳固定过程中的水被分解，氧气释放到大气中。在此期间由于气孔开放，植株体内的水也被释放到大气当中，即气孔开放导致的蒸腾作用，这是欧李植株的主要用水。

叶片在一天中的蒸腾速率因日照和气温的变化而发生变化，与杏和枣比较后发现欧李的蒸腾速率高于前二者（表4-16），综合多人对欧李植株的蒸腾速率的测定，欧李的蒸腾速率在45～324 g/（m²·h）。这样一种蒸腾的表现，可能更多的是表示气孔开放的程度较大，有利于光合作用的进行。蒸腾比率为植物每蒸腾1 kg水制造的光合产物，经测算，欧李为5～8 g/kg，比一般数植物（1～5 g/kg）相对要高；蒸腾系数即每制造1 g干物质的用水量，欧李为200 g左右，比一般植物（125～1 000 g）相对要低。亩产量在1 000 kg时的欧李植株理论上每年每亩大约需要制造200 kg（果实与其他器官各占50%）的干物质，这样通过植株体内蒸腾的水分就需要40 t左右，分配到亩栽800株欧李每株植物体上为50 kg。由于田间条件下的灌水大部分的水分并不能及时被植物吸收，因而灌水量可能要比植物需求的大出许多。边雅茹等（2015）对宁夏压砂地单株产量在1 kg左右的欧李进行田间灌水量试验，发现每亩地灌水量在30 t时的生长和产量均比15 t好，似乎比理论值小，这是因为试验地的密度为37株/亩，比正常的密度少了21倍，如果按照正常的密度推算，该研究的每亩灌水量就需要达到600 t左右。张洪银等（2020）同样在宁西玉泉营农场进行灌水试验，亩栽量800余株的二年生欧李在 55% 下限的灌水条件下，植株生长表现最优，单株产量 229.02 g，亩产量为 166.3 kg，此灌溉条件下，亩耗水量为 334 m^3，除去降雨，亩灌溉定额为 246 m^3。这个灌水量比理论蒸腾需水量（40 t）高出了 6.15 倍。因此，欧李植株的耗水量因年龄和产量而变化，亩耗水量因植株的种植密度、年龄、产量和种植地点而变化。实际上，大田中进行灌水的量大部分直接蒸发到大气中，只有很少部分真正被植物蒸腾。根据测算，一般每年每亩地欧李植株的蒸腾用水在 50 t 左右，但是要保证欧李植株这样的一个蒸腾用水量，土壤 0～40 cm 的田间含水量需达到田间最大持水量的 55% 以上，自然降雨与土壤蒸发的不对称性使土壤经常出现低于这个含水量，因此就需要灌溉。灌溉量要远远大于植株的蒸腾用水量。

表 4-16　欧李与杏、枣叶片蒸腾强度日变化的比较　　　　[g/（$m^2 \cdot h$）]

测定时间	欧李	杏	枣
6:00	81.62	58.59	53.31
8:00	136.44	61.76	70.73
10:00	216.76	264.07	148.77
12:00	331.95	279.33	151.75
14:00	257.36	159.10	103.86
16:00	51.71	19.23	16.26
18:00	29.35	16.76	13.88
平均	157.88	122.69	79.79

　　脱落性器官包括落叶和果实。实际上这些器官的用水也应包含在前面的两种用水中。但由于叶片和果实每年都要从树体上脱落，因此有时并不能体现在总用水量中。每株欧李按照结果量 1.5 kg、果实含水量 80% 进行估算，仅果实就需要消耗掉 1.2 kg 的水分，这样每亩地按 1 000 kg 果实，就需要从树体上带走 800 kg 的水分。叶片的落叶也同样从树体上带走了一定的水分，与果实相比较少。

　　欧李的耗水量会随着土壤含水量的变化而变化。当土壤含水量减少时，欧李植株也随即减少耗水量，在土壤田间持水量降低到最大持水量的 75%、50% 和 25% 时，欧李的日均耗水量也相应降低到最大耗水量的 83.8%、67.57% 和 35.16%，表明欧李对可通过减少自身耗水来增强对干旱的适应性，但耗水量降低的同时，尤其是当出现较严重的干旱时，欧李产量也会随之降低。

　　以上是对欧李树体整体耗水特征的分析，不同的发育阶段，欧李耗水不同。在生长季的耗水量要明显大于休眠期。白天的耗水量要大于晚上的 10 倍以上。枝条快速生长期和果实膨大期均是欧李耗水量最大的时期。

　　2. 形态和解剖构造特征对耗水的影响

　　叶片是欧李蒸腾作用耗水的主要器官，其耗水占到总耗水量的 90% 以上。欧李叶片小，叶柄短而粗、叶脉发达，角质层厚，气孔小但密度大，具有典型的抗旱特征。

　　欧李短而粗的叶柄有利于水分从茎上的快速传导和运输。发达的叶脉呈网状结构，这种网状叶脉和较大的维管束鞘细胞可促进水分从叶脉基部向叶肉细胞传输，是植物对干旱胁迫的另一响应方式，而致密的机械组织则能够在逆境中抵御物理损伤和因失水萎蔫而造成的不良影响。

在解剖构造上，欧李的叶片属于异面叶，近上表皮的叶肉组织细胞呈长柱形，排列紧密整齐，为栅栏组织，主要作用是光合作用。而靠近下表皮的叶肉细胞形状不规则，排列疏松，细胞间隙大而多，呈海绵状，为海绵组织，主要承担气体交换和蒸腾作用，见图4-39。与苹果、桃的叶片相比，欧李的栅栏组织较薄，海绵组织较厚，但排列均较为紧密，细胞间隙比苹果和桃要小，

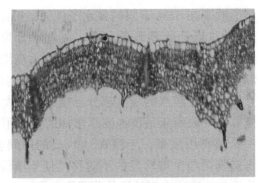

图4-39 欧李叶片解剖构造

该特征有助于 CO_2 等气体从气孔下室到光合作用场所的传导，又可抵消因气孔关闭和叶肉结构的变化所引起的 CO_2 传导率的降低，从而提高植物对水分的利用率，表现出欧李的抗旱适应性，同时还有利于欧李气孔的分化，因此欧李的叶下表皮分化了大量的气孔，这种高密度气孔的分布可能是欧李在水分蒸腾上的一个主要特点。

欧李的气孔密度一般高于其他植物几倍以上，如表4-17。欧李的气孔密度不仅比枣和杏高出几倍，也比桃、榆叶梅、樱桃、苹果、梨高出许多倍。气孔对物质的扩散符合小孔定律，欧李比其他植物的气孔更小，这样小孔扩散的速度较快，意味着欧李的蒸腾速率较高，但欧李只是当环境水分较高时，才表现出较高的蒸腾速率，环境中一旦缺少水分，气孔便立即降低气孔导度或关闭气孔，以此来实现欧李对水分的高效利用。小而灵活的气孔使欧李具备了"水少能避旱、水足快利用"的高超水分利用本领。欧李叶片气孔密度较大的原因可能与欧李的表皮细胞类型有一定的关系。

表4-17 欧李、枣、杏叶片气孔密度及大小比较

树种	气孔密度（个/mm²）	气孔纵径（μm）	气孔横径（μm）
欧李	923	2.0	1.0
枣	164	5.0	2.0
杏	152	8.0	4.0

气孔的分布特征、密度和面积等受水分状况的影响。缺水条件下，气孔多分布于叶片下表皮，该分布模式既可促进植物与外界环境气体交换，又能保持水分。气孔密度随着环境中水分和湿度减少而增加，但气孔面积则向小型化发展，气孔多下陷形成气孔窝或其上有突出的角质膜（Sam et al.，2000；Bosabalidis et al.，2002；高建平等，2003）。但目前对这些变化的原因尚不明确，可能是由于水分胁迫对叶面积扩展的限制而导致气孔密度增加，小而密的气孔同时也具有较高的灵活性（章英才等，2003），因此有利于植物保持体内水分和保证有效的呼吸作用，是植物适应旱生环境的表现。

据任艳军等（2011）利用扫描电子显微镜对燕山山脉欧李叶片表面微形态特征进行观测认为，欧李叶表皮细胞形态存在两种类型：一类是上下表皮细胞向下凹陷相互连接形成蜂窝状，另一类是上下表皮细胞向上隆起近圆形，且上表皮细胞均具条纹状

的角质层；叶片上表皮仅有表皮毛而无气孔分布，叶片下表皮仅有气孔分布。叶片上表皮毛均为单细胞构成的单毛类型，粗短且尖细。气孔突出于表皮细胞，属无规则型。气孔平均长度（8.22±1.30）μm，宽度（2.55±0.65）μm，大小（21.64±8.60）μm²，密度（836.23±197.16）个/mm²，与笔者观测的结果在气孔密度较为相近，而气孔大小差异较大。对于只观测到上表皮仅有毛，而下表皮无毛的情况可能是取材仅用的是欧李种，没有观测到毛叶欧李种的缘故。对于欧李叶片上下都有两种细胞的存在可能有利于气孔细胞的分化和活动，而气孔分布于下表皮，则是由于上表皮的角质层限制了气孔的分化。

据观察，毛叶欧李种的下表皮存在着大量的表皮毛，见图4-40，且幼叶时下表皮毛居多，几乎布满了整个叶面，将整个叶片的表面遮盖了起来。成熟叶片的下表皮毛减少。下表皮毛均从叶脉上发出，无论叶脉粗细，均可产生表皮毛，由于叶脉贯穿整个叶片，因此表皮毛也就在叶片的各个部位均有出现，只是在主叶脉上发生较多，且长度和基部的粗度均较大。而分枝较末端的叶脉上表皮毛相对较少，且长度和粗度均较小。另外，毛叶欧李的上表皮毛在幼叶时也有较少的分布，其形状粗短尖细，叶片成熟后则没有分布。毛叶欧李在下表皮着生密集的表皮毛可能对光合作用有利，

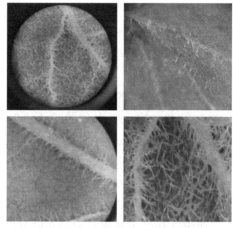

图4-40 毛叶欧李幼叶与成熟叶表皮毛

（上左：幼叶下表皮；上右：幼叶上表皮；
下左：成熟叶下表皮；下右：表皮毛发生位置）

因为在密集的表皮毛下，气孔的活动会得到一定的保护，如防止阳光的直射对气孔细胞造成的伤害。同时，在密集的表皮毛的遮挡下，相当于对气孔进行了遮阳处理，使叶片和气孔不至于在阳光照射下很快增温，降低了叶片的温度，也有利于气孔的开放，从而有利于光合作用的正常进行，制造较多的有机养分，充足的有机养分又进一步提高了欧李的抗旱性。

欧李枝条和根系导管的解剖构造也影响着水分的运输。马建军等（2014）观察到燕山欧李的导管主要是孔纹导管，少数为网纹导管，直径在21～60μm，均值为38.45μm，长度在151～400μm，均值为245.68μm。李小燕等观察到内蒙古欧李的导管直径较小，为13.04μm，密度为41.47个/mm²；根的导管为27.58μm，密度为37.34个/mm²，且欧李根部维管组织很发达，导管数量多、口径大，木质部占有较大的宽度，韧皮部的薄壁细胞间有发达的胞间隙等结构特点，有利于其对水分的吸收和横向、纵向运输，增强了欧李的抗旱能力。符浼溪（2017）对欧李根系的解剖观察，发现欧李根系的导管直径随着根系级次的增加逐渐变大，1、2级根分别为15.31μm和17.82μm，而4、5级根分别为33.14μm和37.79μm，枝条中也可能存在随着级次增大而变化的情况。因此，测定导管的直径时应注意材料的统一。

三、水分胁迫对欧李生理变化的影响

适宜的土壤供水，可以给欧李植株的生理变化创造出最为适宜的水分环境，有利于各种生理活动的正常进行，而不适宜的水分供给，则抑制生理活动的进行。欧李尽管为抗旱的植物，但是在水分胁迫下正常的生理活动也会受到较大的影响，从而影响生长与结果。水分胁迫包括土壤水分缺乏和过多两种情况，分别加以论述。

（一）土壤水分亏缺对叶片生理的影响

以盆栽二年生的欧李为试材，盆土的田间最大持水量为27.31%，采用灌水称量法设置了下面4个土壤含水量处理，分别为：田间最大持水量的70%（CK）、55%（轻度缺水即处理1）、40%（中度缺水即处理2）、20%（严重缺水即处理3），试验于5月5日开始进行胁迫处理。6月14日后开始持续断水，9 d后即6月23日复水。分别于6月14日、6月19日、6月23日、6月28日测定各处理的生理指标。

1. 对叶片含水量的影响

欧李在40 d的土壤水分胁迫下，叶片内的含水量发生了变化，见表4-18。轻度缺水处理下相对含水量与对照相差不大，但自由水含量下降，束缚水含量升高。而中度缺水和严重缺水导致了相对含水量的大量下降，且自由水含量比CK下降了22.2%～29.8%，束缚水上升了28.3%～35.8%，尤其是严重缺水的情况下，自由水与束缚水的比例几乎接近1:1，比对照增加了1倍，说明轻度干旱胁迫对叶片的水分影响不大，而中度和严重缺水胁迫都对叶片的水分尤其是自由水含量造成了严重的影响。

表4-18　土壤缺水对欧李叶片含水量的影响

处理	相对含水量（%）	自由水含量（%）	束缚水含量（%）	自由水/束缚水
CK	95.41	65.2	32.1	2.03
处理1	94.95	62.0	38.5	1.61
处理2	85.15	50.7	41.2	1.23
处理3	84.94	45.8	43.6	1.05

在断水之后，这种影响会继续加大，如图4-41，9 d后，中度和严重缺水的处理叶片的相对含水量分别降低到60%和68%。复水后5 d，含水量可恢复到断水之前。说明欧李的持续水分胁迫可使叶片含水量持续下降，当水分再次满足时，可以恢复到一定水平，即欧李对水分胁迫具有一定的可塑性。

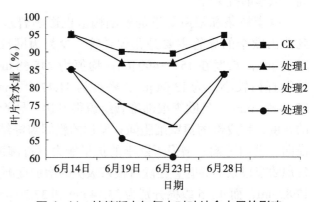

图4-41　持续断水与复水对叶片含水量的影响

2. 对叶片水势的影响

在40 d的水分胁迫下，叶片的水势在不断下降，尤其以中度和重度胁迫的下降明显，但二者之间相近，即土壤含水量一旦降低到田间最大持水量的40%以下时，对叶片的水势下降的影响程度基本相同。持续断水开始后，所有处理的叶片水势继续下降，分别为-15.2 bar、-16.8 bar和-17.5 bar，对照（CK）为-14.9 bar，但明显分成了2个类型，对照和轻度缺水是一个类型，表现为轻微下降，且二者之间差异不大，而中度和重度

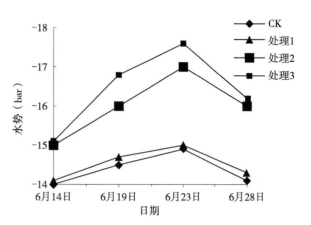

图4-42　水分胁迫对叶片水势的影响

缺水均下降较大，且二者之间差异较大，尤其是重度缺水，水势下降最大，说明由于断水叶片通过降低水势来蓄积吸水的能力在加强。复水后5 d，水势很快回升，但是恢复的程度不同，其中对照、轻度缺水恢复较好，基本上恢复到断水前的水平，而中度、严重缺水胁迫植株由于受到了损伤，恢复较差（图4-42），可能随着土壤水分的加大，会缓慢恢复。这也再次说明欧李对干旱胁迫有一定的抵抗能力。

3. 对丙二醛含量的影响

丙二醛是膜脂质的过氧化产物，其含量的多少可以反映组织的过氧化和细胞的损伤程度。由表4-19可知，随着水分胁迫程度的增加，丙二醛的含量在不断增加，并随着胁迫时间的延长，尤其是断水后第9天时各处理均达到了最高含量，且以重度胁迫最高，这说明水分胁迫可引起细胞膜脂的过氧化反应发生，因而会对细胞产生损伤。

表4-19　水分胁迫对欧李叶片丙二醛含量的影响　　　　　　　　　　　　　（μmol/g）

时间	处理			
	对照	轻度胁迫	中度胁迫	重度胁迫
6月14日	14.2	15.3	20.3	27.6
6月19日	15.3	18.9	31.4	43.4
6月23日	15.7	23.4	49.6	67.8
6月28日	15.8	17.3	19.3	28.5

4. 对细胞质膜相对透性的影响

细胞质膜具有选择性透性，一般较为稳定，在质膜受到损害时，透性会变大。从表4-20中可以看到，随着水分胁迫程度的加深，透性变大，在复水后，对照和轻度胁迫都能较快降低并恢复到最初水平，但中度和重度胁迫则较难恢复，因此，严重的水分胁迫将会使细胞膜的透性变大，从而使细胞的衰老加快。

表 4-20　不同水分胁迫下欧李细胞质膜的相对透性　　　　（%）

时间	处理			
	对照	轻度胁迫	中度胁迫	重度胁迫
6 月 14 日	13.31	13.57	14.85	15.24
6 月 19 日	13.80	17.80	26.70	36.60
6 月 23 日	14.50	23.70	44.60	57.40
6 月 28 日	13.60	14.50	18.50	30.10

水分胁迫对其他生理指标的影响，将在本章第四节中讨论。

（二）水分亏缺对生长发育的影响

1. 对新梢加长和加粗生长的影响

由表 4-21 可知，在轻度胁迫下，新梢长度和粗度虽比对照有所降低，但差异不显著，而中度和重度胁迫均显著抑制了加长和加粗生长，加长生长分别比对照降低了57.45% 和 74.47%，加粗生长分别比对照降低了 68.52% 和 72.22%。

表 4-21　水分胁迫对欧李新梢加长与加粗生长的影响

测定日期（2023 年）	CK		轻度胁迫		中度胁迫		重度胁迫	
	长度（cm）	粗度（cm）	长度（cm）	粗度（cm）	长度（cm）	粗度（cm）	长度（cm）	粗度（cm）
5 月 5 日	10.7	0.148	10.4	0.116	9.3	0.086	10.7	0.122
5 月 13 日	12.3	0.168	12.0	0.176	10.5	0.090	10.7	0.130
5 月 20 日	13.2	0.200	13.1	0.190	10.7	0.100	10.8	0.136
5 月 27 日	13.8	0.208	13.7	0.200	10.9	0.108	10.9	0.140
6 月 3 日	14.4	0.210	14.0	0.206	11.2	0.113	11.5	0.143
6 月 10 日	15.0	0.200	14.5	0.210	11.3	0.113	11.7	0.145
6 月 17 日	15.4	0.256	14.6	0.250	11.5	0.120	11.9	0.152
总生长量	4.7a	0.108a	4.6a	0.134a	2.0b	0.034Ab	1.2c	0.030B

注：小写字母表示 0.05 水平差异显著，大写字母表示 0.01 水平差异显著。

2. 对叶片生长的影响

尽管轻度缺水对欧李的新梢生长没有显著影响，但对叶面积却有显著影响，叶面积比对照降低了30.82%，中度和重度胁迫影响更大，分别比对照降低了 57.2% 和65.06%，见表 4-22。

表 4-22　缺水对欧李叶面积的影响

处理	对照	轻度缺水	中度缺水	重度缺水
单叶面积	10.21	7.38	4.73	3.52
	10.04	6.48	4.05	3.35
	9.54	7.05	3.97	2.54
平均	9.93a	6.87Ab	4.25Abc	3.47ABC

注：小写字母表示 0.05 水平差异显著，大写字母表示 0.01 水平差异显著。

3. 对坐果率的影响

从表 4-23 可以看出，轻度胁迫对坐果率的影响不显著，中度和重度胁迫极显著影响坐果率，重度胁迫下欧李不能坐果。

表 4-23　水分胁迫对欧李坐果率的影响

处理	总果数（个）	落果数（个）	坐果率（%）
对照	58	9	86.6a
轻度缺水	44	9	83.0a
中度缺水	48	36	26.5Ab
重度缺水	50	50	0AB

注：小写字母表示 0.05 水平差异显著，大写字母表示 0.01 水平差异显著。

4. 对果实生长的影响

由图 4-43 可以看出轻度水分亏缺的情况下，尽管果实的纵径和横径均有不同程度的降低，但整体影响不大，一旦土壤的含水量降低到 40% 即中度缺水时，果实的纵横径均在各个时期出现明显降低，尤其是果实的两个快速生长期，在中度缺水的情况下都没有发生，这便直接影响果实的大小和重量，从而使产量降低。

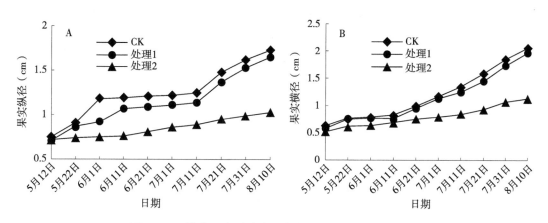

图 4-43　缺水程度对欧李果实生长过程中纵横径的影响

5. 对果实品质的影响

从表 4-24 可以看出，轻度胁迫对果实品质与对照相比，影响不大，反而可以提高果实的含糖量，但同时有机酸的含量也同时增加，因而糖酸比低于对照。而中度胁迫下，对品质产生了严重的影响，果个明显减小，仅为对照的 31.58%，含糖量仅为对照的 31.00%，有机酸含量比对照提高了 94.12%，从而使糖酸比低于 1，果实基本上没有商品价值。

表 4-24　水分亏缺对欧李果实品质的影响

处理	果重（g）	硬度（kg/cm²）	含糖量（%）	有机酸（%）	糖酸比	可溶性固形物（%）	维生素 C（mg/100 g）
对照	9.5	2.4	6.71	1.19	5.6	13	93.8
轻度胁迫	8.0	5.6	8.16	1.94	4.2	14	106.3
中度胁迫	3.0	8.0	2.08	2.31	0.9	8	131.3

综上，当土壤相对含水量为田间最大持水量的（55±3.0）% 时，欧李生长发育基本不受抑制，而且在一定程度上还有利于糖含量的提升，改善了果实品质。但当土壤含水量继续下降时，欧李生长发育受到了明显的抑制，枝叶生长量明显减小，坐果率降低或不能坐果，果实品质也随之极大地降低。

（三）土壤水分过多时对植株的生理影响

欧李在野生状态下，多生长在地势较高没有积水的地方，这说明欧李并不喜涝或不抗涝。在土壤积水较多的情况下，植株体内如保护酶系统、有害物质的积累和有机物质的代谢等会发生显著变化，从而影响欧李的正常生长与发育。研究水涝对欧李的影响，可以采用双套盆法模拟淹水条件。

1. 对保护酶活性的影响

据邬晓勇等（2016）对欧李在水涝胁迫下的研究，植物体内的 SOD 酶活性在淹水 3 d 内大量降低，而 POD 酶适量地增加；一段时间后（4～5 d），SOD 酶不降反增，而 POD 酶活性降低；之后的 6～7 d SOD 酶和 POD 酶都同时呈现了下降趋势，最后趋于稳定，而对照的 POD 活性在后期则不断升高（图 4-44），所以水涝胁迫在短期内会引起保护酶的升高，而较长时间后则会对保护酶的活性产生不利的影响，说明水涝下欧李有一定的抵抗力，但时间不能过长。

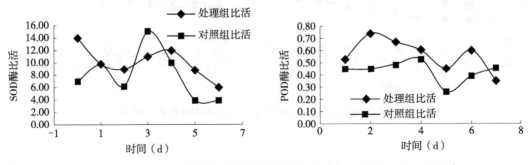

图 4-44　水涝下欧李叶片中保护酶的活性变化（左：SOD；右：POD）

2.对叶片中丙二醛和活性氧含量的影响

由图4-45可知，经过水涝处理的欧李丙二醛含量在3 d内会迅速升高，比对照高出了50%左右，之后虽有下降但一直都高于对照，说明水涝胁迫确实可以促使欧李产生丙二醛，从而使植物细胞膜遭到破坏。活性氧的变化规律与对照相似，但含量上一直高于对照，说明水涝胁迫可以促使欧李产生氧自由基。如前所述，植物体内的保护酶会对这些有害物进行分解，保护着细胞膜免受危害。

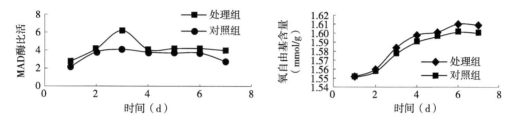

图4-45　水涝下欧李叶片中丙二醛和活性氧含量变化（左：丙二醛；右：活性氧）

3.对叶片内还原糖含量的影响

由图4-46可以看出，欧李在水涝胁迫的40 h内，还原糖的含量迅速升高，且高于对照，随后又持续下降到与对照的含量相接近的水平。许多研究指出，水涝胁迫能使还原性糖在植物体内积累，从而使植物在水涝胁迫下能够适应并产生抗性。欧李前期还原糖的升高，可能与此有关。而后期的下降，可能与根系一直处于

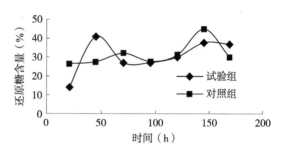

图4-46　水涝下欧李叶片中还原糖含量变化

低氧或缺氧状态，导致了无氧呼吸，消耗了大量的还原糖。丙二醛和活性氧的大量积累也会影响光合作用，造成还原糖的含量下降。

综上所述，水涝胁迫的情况下，欧李根系处于低氧或缺氧状态，使欧李体内发生了应急生理变化，结合SOD和POD两个酶的互补作用及丙二醛、活性氧、还原糖等物质的变化，推测欧李在水涝情况下引起体内的生理变化机制是：SOD酶活性受抑制→活性氧增加→还原糖含量增加→可溶性蛋白增加→SOD酶、POD酶活性增强→清除活性氧→淹水胁迫加深→活性氧再增加→MDA积累→保护酶活性降低→质膜受损→光合作用等生理反应破坏。因此，栽培上要注意欧李不耐涝的特性，加强排水排涝。

第四节　欧李光合生理

光合作用是欧李产量形成的基础，光合作用的强弱受到内部生理因素和外部环境因素的共同影响。内部因素包括叶片结构、叶绿素含量、叶片矿质元素、叶片质量、叶龄、气孔导度、渗透调节等，而外部因素包括光强、光质、温度和水分等。欧李为喜光树种，光照强度对欧李光合作用的影响已在第三章中进行了讨论，这里重点讨论

水分等对光合作用的影响。

一、欧李光合作用的季节变化与日变化

据姚泽等（2020）对4个欧李品种在甘肃民勤6月、7月、8月、9月的净光合速率的测定结果中可以看到，尽管不同品种不同月份净光合速率的排序有所不同，但最高的净光合速率均发生在7月，高出其他月份的一倍以上。在11:00最高值，7月的净光合速率超过了20 μmol CO_2/（$m^2 \cdot s$），而其他月份仅为10 μmol CO_2/（$m^2 \cdot s$）左右。同时指出，这种变化与果实的成熟期有关，一旦果实成熟，欧李便下调光合能力。

对一天中欧李在设施栽培下设施内外的净光合速率进行测定时发现，6月设施外欧李的日平均光合速率在6 μmol CO_2/（$m^2 \cdot s$）左右，而设施内的在7.5 μmol CO_2/（$m^2 \cdot s$）左右，且均出现双峰，第一次高峰分别出现在10:00和9:00（图4-47）。同时观察到，在水分条件较好的情况下，欧李光合作用的"午休"主要是非气孔因素造成。

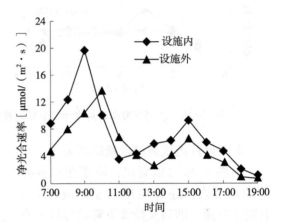

图4-47 欧李设施内外的净光合速率日变化

而姚泽在甘肃民勤测定的日变化中，11:00出现高峰，在13:00出现低谷，15:00再次出现高峰之后随之下降。7月这种变化最为激烈，而其余3个月，日间变化幅度较小。对其各月份的日平均净光合速率进行估算：欧李7月一天中净光合时间可达12 h，平均净光合速率可达15 μmol CO_2/（$m^2 \cdot s$）左右。6月一天中净光合时间可达10 h，平均净光合速率可达10 μmol CO_2/（$m^2 \cdot s$）左右，8月和9月一天中净光合时间也可达10 h，但平均净光合速率要低于6月，大约在8.5 μmol CO_2/（$m^2 \cdot s$）。日间变化主要受到光照强度、温度、水分和蒸腾速率的影响。甘肃民勤属于典型温带大陆性干旱荒漠气候，年均降水仅为113.2 mm，试验地为碱性沙土，沙层深厚，肥力很差，全盐0.146%，有机质0.198%，全氮0.008%，全磷0.116%，pH值8.3。在这样的条件下，欧李的净光合速率比在晋中太谷要高出许多，这说明欧李通过较强的光合能力使其具有较强的抗旱能力。

二、水分胁迫对光合作用的影响

1. 对气孔导度的影响

气孔是植物叶片与外界进行气体交换的主要通道。通过气孔扩散的气体有 O_2、CO_2 和水蒸气。气孔可以根据环境条件的变化来调节自己开度的大小，从而使植物在损失水分较少的条件下获取最多的 CO_2。用气孔导度可以反映气孔的开张度，气孔导度越大，开张度越大，蒸腾作用也越强。欧李的叶片上具有高密度的气孔，大约为900个/mm^2，是欧李抗旱的一个主要原因。从图4-48中可以看出，水分胁迫使欧李气孔导度下降，胁迫程度越强，下降速度越快，而且随胁迫时间延长，下降幅度增大。严重缺水胁迫

下，气孔导度几乎直线下降，即在 9 d 后几乎下降到 0，这说明水分胁迫下欧李能够自动关闭气孔以减少水分的蒸腾，但不利的一面也同样限制了 CO_2 的吸收，影响光合作用的进行。复水后，各处理植株叶片的气孔导度均有所恢复，但恢复的程度却不同。轻度胁迫的欧李植株恢复能力最强，而严重水分胁迫的欧李植株恢复能力最差。同时还发

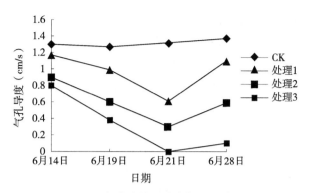

图 4-48 水分胁迫对欧李气孔导度的影响

现，对照即在土壤含水量为最大持水量的 70% 时，对气孔导度几乎不产生影响，尽管轻度干旱气孔导度也在下降，但复水后可迅速恢复。

一天中，气孔导度随着光照、温度发生变化，对照的气孔导度从 6:00 开始，不断上升，在 13:00 达到最高，随后不断下降到开始值。轻度胁迫则是在 11:00 达到最高，比对照提前了 2 h，而中度、重度胁迫分别在 9:00 和 10:00 就达到最高，且气孔导度远远低于对照和轻度胁迫，这样一天中，中度和重度水分胁迫导致气孔大多数的时间处于半关闭或接近关闭的状态，势必要影响光合作用对 CO_2 的吸收。

2. 对蒸腾速率的影响

进入水分胁迫后 20 d 时，叶片的蒸腾作用便发生了明显的变化。对照的蒸腾速率最大为 1.4 mmol H_2O/（$m^2 \cdot s$），轻度、中度和重度胁迫的蒸腾速率依次减小，分别为 1.14 mmol H_2O/（$m^2 \cdot s$）、1.07 mmol H_2O/（$m^2 \cdot s$）、0.45 mmol H_2O/（$m^2 \cdot s$）。所有处理之间的差异显著，说明水分胁迫程度的不同，可以显著降低蒸腾速率，这与前述的气孔导度有关。

3. 对叶绿素含量的影响

叶绿素是植物进行光合作用的主要色素，是一类含脂的色素家族，位于类囊体膜。它在光合作用的光吸收中起核心作用。一般情况下，叶绿素含量越高，植物吸收的光能越多，但叶绿素会因为体内酶和环境的变化不断降解和合成。从图 4-49 中可以看出，水分胁迫明显降低了欧李叶片的叶绿素含量，而且胁迫程度越严重，时间越长，降低幅度越大。复水后各处理均有所回升，但对照和轻度胁迫不明显，而中度和重度胁迫回升十分明显，说明了欧李的组织再生能力较强。

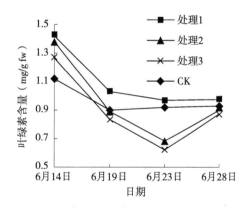

图 4-49 水分胁迫对欧李叶绿素含量的影响

4. 对光合作用的影响

光合作用是植物获得有机营养的主要生理活动，受到许多内外因素的影响。由图 4-50 可以看出，欧李受到水分胁迫时，其光合速率呈下降趋势，且下降趋势随胁

迫程度加剧而加大，于 6 月 23 日达最低值，分别为 23.7 mg CO_2/（$dm^2 \cdot h$）、15.5 mg CO_2/（$dm^2 \cdot h$）、10.0 mg CO_2/（$dm^2 \cdot h$）和 1.3 mg CO_2/（$dm^2 \cdot h$）。复水后，都有所恢复，但恢复能力各不相同，处理 1＞处理 2＞处理 3。这说明，不同胁迫对植株造成损伤不同，严重胁迫由于使植株本身受到严重伤害，因而恢复力最差。

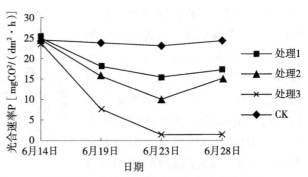
图 4-50　水分胁迫对欧李光合速率的影响

综上所述，缺水情况下，欧李叶片相对含水量、叶水势降低，自由水含量下降，束缚水含量升高，气孔导度减小，叶绿素含量下降，细胞质膜相对透性增大，丙二醛积累，蒸腾速率降低，从而导致欧李光合速率下降。光合速率下降幅度为：严重缺水＞中度缺水＞轻度缺水。复水后，轻度缺水首先恢复到原来水平，中度缺水次之，严重缺水植株表现出干旱后效应，较难恢复到最初的水平。

第五节　欧李矿质营养

植物从土壤中吸收水分的同时，还要吸收各种矿质元素，用以维持正常的生理活动。植物吸收的这些元素，有的作为植物体的组成成分，有的参与植物生理功能的调节，有的兼具有这两种功能。因此，矿质元素状况对植物产量、品质至关重要。为了丰富欧李的栽培管理技术，有必要了解欧李树体的矿质养分的年周期变化。

一、欧李树体各器官矿质元素的年周期变化

1. 一年生枝条矿质元素年周期变化

（1）大量矿质元素年周期变化。欧李一年生枝条实际为当年的结果枝，一旦萌芽后，其上的花芽便开花结果，并且还会萌发大量的上位枝，因此需要消耗大量的矿质营养。大量元素的变化情况可以反映养分的消耗情况。大量元素主要包括氮（N）、磷（P）、钾（K）、钙（Ca）、镁（Mg）。采取枝条中部的一段部位分析各元素的含量。

年周期中钙和钾的变化趋势相同，都是在萌芽期开始升高，到开花期最高，随后含量逐渐下降，果实采摘后有一定的回升，到休眠期回升到接近萌芽期的水平。说明钙和钾在生长前期由根系进行较快的运输，但随后消耗大于积累，导致其含量降低。而氮、磷、镁的变化趋势相同，都是在萌芽期最高，随后开始下降，到果实成熟期最低，果实采摘后有一定的回升，说明萌芽开花结果及新梢生长需要从一年生枝中消耗大量氮元素（图 4-51）。

年周期中，大量元素在一年生枝条中的含量排序为钙＞氮＞钾＞镁＞磷，其 6 个时期的平均含量分别为 9.2 g/kg、6.0 g/kg、1.6 g/kg、1.2 g/kg、0.5 g/kg。可以看出，钙和氮的含量远高于其他 3 种元素，尤其是钙高于氮 1.5 倍左右，高于其他元素数倍。欧

李果实着生在一年生枝条上，枝条中的高钙含量可能与欧李果实中的钙含量较高有关。一般果树枝条中氮元素含量最高，如侯芩（2012）对梨树枝条中的氮和钙生长期中的测定，氮含量在1%左右，钙的含量仅为0.5%，钙含量明显低于氮含量，而欧李则是钙含量高于氮含量。这种特点不仅是欧李果实中钙含量高的原因，也可能是灌木类果树和乔木类果树之间的一个区别特征，值得深入研究。

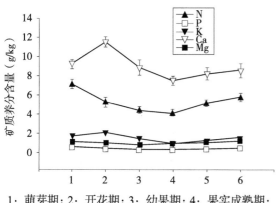

1：萌芽期；2：开花期；3：幼果期；4：果实成熟期；

5：落叶期；6：休眠期

图4-51　一年生枝条大量元素含量年周期变化

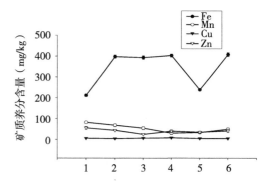

1：萌芽期；2：开花期；3：幼果期；4：果实成熟期；5：落叶期；6：休眠期

图4-52　一年生枝条微量元素含量年周期变化

（2）微量元素含量年周期变化。微量矿质元素主要包括铁（Fe）、锰（Mn）、锌（Zn）、铜（Cu）等，采取枝条中部的一段部位分析各元素的含量。

研究发现，一年生枝条年周期中，铁的含量萌芽时稍低，之后便上升到最高水平，并一直保持到果实成熟，落叶期下降，到休眠期又恢复到最高水平。而其他3个元素变化为：锰和锌元素的含量变化趋势较平缓，总趋势是，萌芽期开始下降到果实成熟期或幼果期，之后稍有回升，铜无明显波动变化，几乎呈一条平缓的直线。

年周期中，微量元素在枝条中的含量排序为铁>锰>锌>铜，其6个时期的平均含量大约分别为铁含量366.7 mg/kg、61.3 mg/kg、38.5 mg/kg、7.5 mg/kg。可以看出，铁含量远远高于其他3个元素的含量。

（3）欧李枝条不同部位和根系中氮和钙元素在萌芽期和休眠期含量的对比。从整体上看，随着欧李生长，矿质元素含量在降低，到果实成熟后，又开始逐渐恢复，为了探讨结果枝在结果之后快速衰亡和枝条不同部位芽的质量，尤其是基生芽强旺的原因，对枝条上、中、下3个部位以及主根、侧根和须根中氮和钙2种主要元素在萌芽期到休眠期含量的恢复情况进行了对比，如图4-53。

从图4-53中可以看出枝上段2种元素恢复幅度较小，而枝中部和基部基本恢复到萌芽时的水平，且枝条基部休眠期的含量均高于枝中部和枝上部。这种差异的存在可能正是欧李这种灌木类果树在矿质营养上所具备的特点。由于此特点，欧李枝上部的新梢生长势会逐渐减弱，而中部尤其是枝基部会产生生长势很强的基生枝。也进一步说明了欧李等灌木树种枝条上部逐渐衰退的原因，即矿质营养的积累主要在枝条的下段和主根上，而枝条上部的积累的相对较少，导致枝条上部的芽逐渐变弱，生长势逐渐变差，引起衰退。

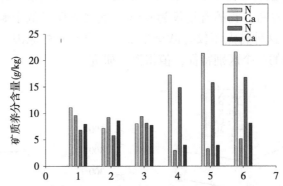

1：枝条上段；2：枝条中段；3：枝条基部；4：主根；5：侧根；6：须根

图4-53 枝条不同部位和根部中氮、钙在萌芽期和休眠期含量的对比

综上，一年生枝中钙和铁含量较高是欧李的一个显著特征，在枝条基部和主根上贮存较高元素含量是欧李基生芽较为强旺的一个原因。

2.新梢中矿质元素含量年周期变化

（1）新梢大量元素年周期变化。新梢采样时期包括开花期、幼果期、果实成熟期、落叶期4个时期。氮、磷和钾3种元素含量的变化趋势基本相同，均呈逐渐降低的趋势。而钙和镁几乎形成了两条波浪平行的线，即变化趋势极为一致，均是在开花期最低，随后上升，在果实成熟期达到最高，之后下降到与开花期相近的水平，见图4-54。

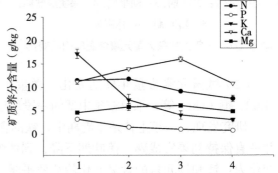

1：开花期；2：幼果期；3：果实成熟期；4：落叶期

图4-54 欧李新梢大量元素含量年周期变化

年周期中，大量元素在新梢中的平均含量排序为钙＞氮＞钾＞镁＞磷，其平均含量分别为10.1 g/kg、7.9 g/kg、5.5 g/kg、4.5 g/kg、1.5 g/kg。可以看出，钙除在开花期低于钾元素外，其他时期一直处于各元素的最高，尤其是生长后期，这也说明一年生枝的高钙含量是来源于上年度新梢的高钙储备，同时，一年生枝中的钙又转移到新梢中，使新梢中的钙处于最高含量。与一年生枝相比，含量顺序没有发生变化，但含量上均高于一年生枝。

（2）新梢微量元素含量年周期变化。年周期中，新梢中的4种微量元素中，铁元素的含量整体呈下降趋势，开花期含量最高，幼果期有大幅度的下降，之后稳定到果实成熟期，落叶期含量又有明显上升，但低于开花期。锌和锰的变化趋势相同，整体呈上升趋势，尽管在落叶期稍有下降，也高于萌芽期。铜年周期中无明显的变化，几乎呈一条直线（图4-55）。

年周期中，微量元素在新梢中的平均含量排序为铁＞锌＞锰＞铜，其平均含量分别为 455.5 mg/kg、99.5 mg/kg、43.3 mg/kg、7.6 mg/kg。可以看出，铁的含量远高于其他元素，这与一年生枝相同，但含量上所有元素均高于一年生枝，同时含量的顺序上锌高于锰的含量，与一年生枝不同。

欧李花芽容易形成的可能原因在这里值得讨论。作者提出，欧李花芽形成于当年的新梢上，而欧李新梢内钙含量较高的特点，可能是其叶芽容

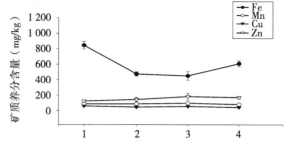

1：开花期；2：幼果期；3：果实成熟期；4：落叶期

图 4-55　新梢微量元素含量年周期变化

易转化成花芽的一个重要生理调节机制。这种机制表现在草酸钙调解下的细胞中可溶性钙与不溶性钙之间的平衡。有研究证实，草酸钙晶体的形成可调节离子平衡和渗透，通常在特定区域内的植物细胞才能形成草酸钙晶体。在草酸钙的形成过程中，可使细胞内出现某种极性，从而使胞内膜发生特异性变化，最后导致芽的生理分化从叶芽转化为花芽的分化（叶盛等，2000）。马建军等（2009）观察到萌芽期欧李基生结果枝中钙的形态在韧皮部中的总体表现，顺序为草酸钙>磷酸钙>果胶钙>水溶钙>剩余钙。随着萌动期发育进程，韧皮部中不同形态钙分配均无明显改变，在木质部中尽管总体表现为果胶钙>磷酸钙>草酸钙>水溶钙>剩余钙，但 20 d 后，草酸钙增加了 8% 左右，而其他形态的钙表现为下降或增加不大，也预示着花芽分化的开始与草酸钙的增加有一定的关系，新梢中钙的形态与花芽分化的关系还需进一步研究。

3. 欧李叶片矿质元素含量年周期变化

（1）叶片大量元素含量年周期变化。叶片是光合作用和蒸腾作用的主要器官，年周期中的开花期、幼果期和成熟期期间，氮、磷和钾元素的含量变化趋势一致，均是下降趋势，而钙和镁的变化趋势一致，都是从最低逐渐上升到最高含量，见图 4-56。

叶片年周期中，3 个时期各元素的平均含量排序为氮>钙>钾>镁>磷，其平均含量分别为 28.7 g/kg、12.3 g/kg、9.1 g/kg、4.5 g/kg、1.8 g/kg。

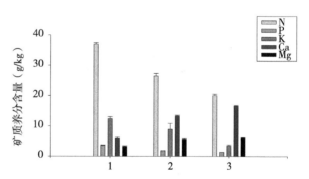

1：开花期；2：幼果期；3：果实成熟期

图 4-56　欧李叶片大量元素含量年周期变化

从这里看出，叶片中的氮含量高于钙，可能是测定中缺少了落叶期的原因所致，因为钙的含量一直处于上升的趋势，同时测定了另一个品种农大 5 号，在果实成熟期时，叶片中的钙含量已经超过了氮含量，所有叶片中各元素含量之间的排序尤其是氮和钙之间可能随着时间和品种的不同发生变化，但总体而言，叶片中氮和钙的含量均高于一年生枝和新梢中的含量，二元素之间氮在不断下降，而钙在不断上升。

（2）微量元素的年周期变化。年周期叶片在 3 个时期中铁和锰的含量呈上升趋势，

锌在幼果期有所下降，但之后在果实成熟期又上升到最高，铜的含量基本没有变化，见图4-57。

在3个时期的平均含量上，铁＞锰＞锌＞铜，其平均含量约为733.3 mg/kg、96.6 mg/kg、70.2 mg/kg、5.0 mg/kg，可以看到，铁含量远远高于其他微量元素，且高于一年生枝和新梢。

4. 欧李果实矿质元素含量年周期变化

（1）果实大量元素含量年周期变化。欧李果实只分析了幼果期和果实成熟期之间的变化。从大量元素来看，氮、钾、磷、钙、镁元素的含量均为果实成熟期低于幼果期，见图4-58。从含量高低上看，在幼果期含量高低的顺序为氮＞钾＞钙＞磷＞镁，在成熟期的含量顺序为钾＞氮＞磷＞钙＞镁，这与叶片、新梢和一年生枝中各元素的排序有较明显的不同，可能是与叶片和果实在同一时期对矿质营养元素的竞争有关。同时钾含量在成熟期上升为第一含量，钾含量的上升与欧李果实前期一直不膨大，而在果实成熟前的半个月急速膨大有关，大果型的农大5号比小果型的农大4号钾含量超出了1倍，因此钾元素的多少与果实膨大有关，有些产区果实在成熟期不能膨大，除了无霜期不够的原因之外，缺钾可能是一个重要的原因。

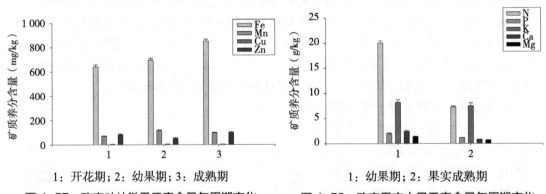

图4-57　欧李叶片微量元素含量年周期变化　　图4-58　欧李果实大量元素含量年周期变化

（2）果实中微量元素的年周期变化。分别测定了果实为红皮红肉和黄皮黄肉的2个欧李品种，前者为农大4号，后者为农大5号，见图4-59。从2个品种来看，铁含量的变化不同，前者在果实成熟期显著增高，而后者则反而比幼果期稍稍偏低，因此发现，果实的颜色不同，对铁的需求表现不同，前者即红色果实需要较多的铁。锌与铁的情况一致，红肉品种在果实成熟期高于幼果期，而黄肉品种低于幼果期。锰元素2个品种变化一致，均是在果实成熟期下降，而铜元素2个时期变化不大。

王培林（2021）分析了太行山欧李品系果实钙含量在222～289 mg/kg，平均含量246.55 mg/kg；镁含量在52～123 mg/kg，平均含量74.81 mg/kg；锰含量在0.80～1.20 mg/kg，平均含量1.02 mg/kg。燕山欧李品系果实钙含量在234～239 mg/kg，平均含量247 mg/kg；镁含量在34～96 mg/kg，平均含量67.74 mg/kg；锰含量在0.80～1.30 mg/kg，平均含量1.08 mg/kg。与笔者的分析结果较为相近。

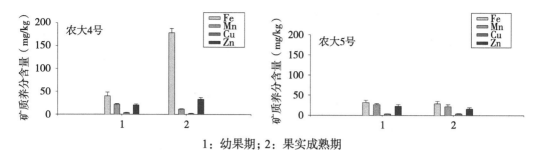

1：幼果期；2：果实成熟期

图 4-59　欧李果实中微量元素含量年周期变化

5. 欧李主根矿质元素年周期含量变化

（1）主根大量元素年周期含量变化。在年周期中，主根的元素变化可以分为 2 个类型，一类是氮元素，是一种高含量的不稳定变化状态，另一类为其他 4 种元素，是一种较低含量的较平稳状态，见图 4-60。氮元素在主根中的含量最高，且明显高于其他元素。萌芽期氮元素含量最高，开花期有小幅度下降，幼果期下降明显，果实成熟期含量最低，随后两个时期有较大回升。磷含量低于氮和钙，稍高于镁和钾，年周期变化不大。钾元素含量不高，略高于磷，变化趋势相似。钙元素含量明显低于氮元素，年周期变化平稳，有小幅度上升趋势。镁元素含量最低，在萌芽期含量低，随后持续上升。

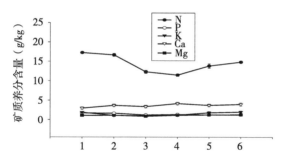

1：萌芽期；2：开花期；3：幼果期；4：果实成熟期；5：落叶期；6：休眠期

图 4-60　欧李主根大量元素含量年周期变化

含量的排序上为氮＞钙＞磷＞钾＞镁，氮的平均含量大约为 14.5 g/kg，钙大约为 3.5 g/kg。从图中可以看出，主根中氮元素远远高于其他 4 种元素，也明显高于地上部一年生枝，但低于叶片。氮含量高的部位可以代表生长中心，主根中存留有较多的氮，说明了主根是欧李的生长中心，这也是欧李根冠比大的原因。另外，主根中大量元素的含量的排序也明显区别于地上部，钙处于第二位，而磷升上到第三位，钾下降到第四位，镁含量下降到最后一位。即主根中相比于枝条磷含量较高，而钾和镁含量降低。

（2）主根微量元素年周期变化。年周期中，铁含量从萌芽期到开花期迅速上升，开花期后含量逐渐下降至落叶期，休眠期稍有回升。从与地上部一年生枝的比较看来，其含量低于枝条中部。锰元素在萌芽期含量略高，随年周期的变化含量不断下降，但变化不明显。锌元素开花期的含量略高于萌芽期，幼果期基本回到最初，但此后含量不断上升，休眠期含量达到最高。铜元素无明显变化，几乎呈"一"字形直线，见图4-61。

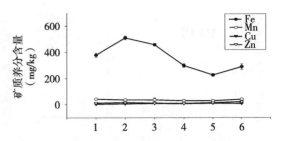

1：萌芽期；2：开花期；3：幼果期；
4：果实成熟期；5：落叶期；6：休眠期

图4-61　欧李主根微量元素含量年周期变化

主根中微量元素的排序上，铁＞锰＞锌＞铜，可以看到，铁元素明显高于其他微量元素，达到了358 mg/kg，而其他元素均在20 mg/kg以下。

　　6.**欧李侧根矿质元素含量年周期变化**

　　（1）侧根大量元素年周期变化。年周期中侧根中氮元素的含量最高，萌芽后上升，到开花期达到最高，随后一直下降至果实成熟期，果实采收后，开始回升至落叶期。钙元素与氮元素的变化趋势基本相同，只是最高含量的时期推后到幼果期。磷萌芽期的含量较高，此后不断下降，最低含量是在果实成熟期，随后的两个时期略有回升。钾元素整体上是呈上升的趋势。镁元素与磷元素基本相同，见图4-62。

　　年周期中，侧根中大量元素的排序为氮＞钙＞磷＞钾＞镁，与主根大量元素含量顺序相同。氮元素平均含量为17.7 g/kg，钙元素为3.9 g/kg，稍高于主根中的含量。

　　（2）欧李侧根微量元素年周期变化。年周期中，侧根中微量元素铁变化趋势与主根相似，锌含量整体呈下降趋势，而铜和锰年周期变化不明显，含量稳定，见图4-63。

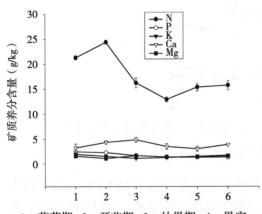

1：萌芽期；2：开花期；3：幼果期；4：果实
成熟期；5：落叶期；6：休眠期

图4-62　欧李侧根大量元素含量年周期变化

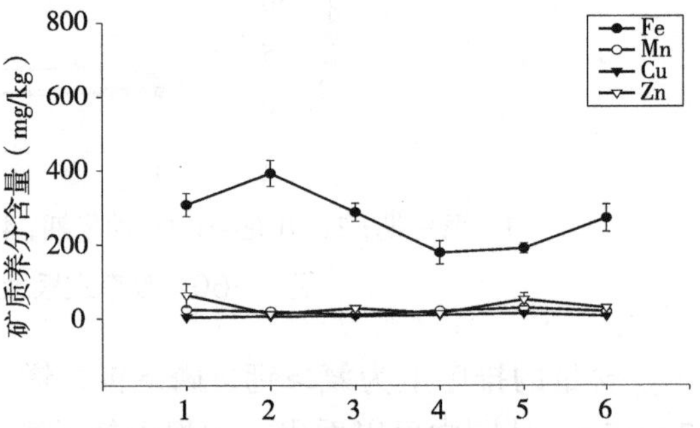

1：萌芽期；2：开花期；3：幼果期；4：果实
成熟期；5：落叶期；6：休眠期

图4-63　欧李侧根微量元素含量年周期变化

　　侧根中各元素含量的排序为铁＞锌＞锰＞铜，铁平均含量大约为280 mg/kg，低于主根，也低于新梢、叶片和一年生枝，说明铁移动到地上部进行了积累。

　　7.**欧李须根矿质元素含量年周期变化**

　　（1）须根大量元素含量年周期变化。须根大量元素年周期中，氮和磷元素萌芽期含量最高，随后含量不断下降，果实成熟期降至最低，果实收获后含量又有明显回升。

钾含量在幼果期含量最低，随后含量逐渐上升，在休眠期达到最高水平，略高于最初的萌芽期。钙元素均呈波浪形曲线，萌芽期含量较低，在随后的开花期有明显的上升，幼果期又有下降，在果实成熟期有所回升，随后的落叶期含量明显下降，在最后的休眠期含量又有明显上升。镁元素含量几乎与钙变化趋势相同（图4-64）。

年周期中，须根中各个大量元素的排序为氮＞钙＞镁＞钾＞磷，其含量分别大约为16.3 g/kg、7.5 g/kg、2.8 g/kg、1.9 g/kg、1.2 g/kg，可以看出，须根对大量元素的吸收和侧根与主根中的运转与积累有一定的差异，主要发生在镁和磷元素之间。

（2）须根微量元素年周期变化。年周期中，铁和锰元素除在落叶期有下降外整体呈上升趋势，铁元素在须根中明显高于其他微量元素。锌元素一直在上升，铜元素基本稳定，无明显含量变化，见图4-65。

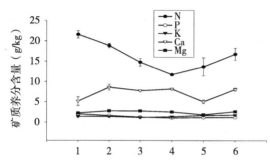

1：萌芽期；2：开花期；3：幼果期；4：果实
成熟期；5：落叶期；6：休眠期

图4-64 欧李须根大量元素含量年周期变化

1：萌芽期；2：开花期；3：幼果期；4：果实
成熟期；5：落叶期；6：休眠期

图4-65 欧李须根微量元素含量年周期变化

须根中的微量元素的含量排序为铁＞锌＞锰＞铜，其中铁的平均含量为669.2 mg/kg，这种排序与侧根一致，与主根不同，表现为锌和锰之间的排序不同，说明从须根而来的微量元素，在侧根中没有积累差异，但在主根中积累了较多的锰元素。

综上所述，欧李同一器官中矿质元素的年周期含量变化随物候期的变化呈现一定的消长规律。这种规律受树种本身的生理要求所决定，因而也会在不同品种之间产生差异，当然也必然受到环境条件的影响而发生变化。但欧李矿质元素的含量几个特点应当值得注意。

一是一年生枝条、新梢甚至叶片中的钙含量高于其他元素，即含量居首位。

二是铁元素在微量元素中远远高于其他元素，尤其是果实为红色品种。

三是根系和一年生枝条的基部氮元素含量较高。

四是各器官中多数元素在果实成熟期后会有一定的升高。

二、欧李矿质元素间相关性分析与高钙含量的成因

1.欧李单一器官中矿质元素间的相关性

众所周知，土壤中和植物体内不同元素之间存在促进和拮抗作用，这种作用机理主要来源于元素之间形成的化合物在水中的溶解性和植物原生质膜同种电荷离子之间

的竞争性。作为元素在植物体内的相关分析表现出的正相关和负相关则不能简单地理解为元素之间的相互促进和拮抗，而应结合元素在器官中的来源、作用和移动性等来全面考虑，才能正确评价植物的营养水平。通过对以上欧李6种器官中9种矿质元素的分析，发现在同一器官中，某一元素与其他元素存在正相关或负相关，而在另一器官或另一品种中表现却不一致。

表4-25至表4-28分别是欧李农大4号一年生枝中部、新梢、叶片和须根各元素的相关性分析，在一年生枝条中部，磷元素与其他元素的作用较明显，磷和氮呈极显著正相关，与锰、锌呈极显著正相关，钙和钾呈极显著正相关，其他元素之间相互作用不明显。而在新梢中磷与氮、钾呈极显著正相关；氮与钾呈极显著正相关；钙和镁显著正相关，其他元素间无显著相关。在叶片氮与钙呈显著负相关，磷和镁呈极显著负相关，其他元素间无明显相关性。须根中，钙与其他元素的作用较明显，与镁、铁、锰都呈显著正相关，磷和氮呈极显著正相关，磷和锌呈显著负相关，锰和铜、镁呈显著正相关，其他元素之间作用不明显。这种复杂的相关现象，可能与元素的性质和在器官中的作用不同而有所区别，因此在判定植物是否因为某种元素过高而引起了某种元素缺乏时不能过于片面，而某种元素的缺乏导致了另一种或几种元素的缺乏才是这种相关性分析的重要目的。氮、磷、钾、镁元素是容易移动和转移利用的元素，锰、钙是不易移动和转移利用的元素，而铁、锌、铜的移动性介于上述二者之间，缺乏时不易移动，供应充足时可以转移利用。叶片中氮含量和钙之间虽然呈负相关关系，但并不意味着降低钙含量就可以增加氮含量，钙含量的增高是由于叶片进行了较大的蒸腾作用，钙随着蒸腾流进入叶片，水分蒸发后，钙由于不易转移到其他器官中便被保留在叶片中，形成了高钙。而氮的降低则可能是由于蒸腾作用强的同时光合作用也强，碳水化合物就多，叶片中的氮则被大量地合成了氨基酸等物质转移分配到其他器官的生长中，这个时候需要增加叶片中的氮，而不是降低叶片中的钙。叶氮的增高可进一步提高叶片的光合速率，从而提高植物对有限水分的利用效率。因此，从这一点上，对欧李植株增施氮肥显得格外重要，当然也不可缺少其他元素。

表4-25　农大4号欧李一年生枝条中部年周期内各元素间相关性分析

	N	P	K	Ca	Mg	Fe	Mn	Cu
P	0.920**							
K	0.562	0.523						
Ca	0.291	0.324	0.931**					
Mg	0.630	0.588	0.063	-0.158				
Fe	-0.634	-0.433	-0.051	0.105	-0.288			
Mn	0.740	0.826*	0.798	0.699	0.086	-0.273		
Cu	-0.431	-0.158	-0.713	-0.548	-0.269	0.146	-0.256	
Zn	0.788	0.871*	0.391	0.280	0.755	-0.437	0.583	-0.137

注：V=4, 0.811 ($P<0.05$) *, 0.917 ($P<0.01$) **。

表 4-26　农大 4 号新梢年周期内各元素间相关性分析

	N	P	K	Ca	Mg	Fe	Mn	Cu
P	0.999**							
K	0.998**	0.999**						
Ca	−0.375	−0.356	−0.380					
Mg	−0.551	−0.528	−0.544	0.962*				
Fe	0.837	0.818	0.823	−0.770	−0.905			
Mn	−0.035	−0.028	−0.062	0.892	0.735	−0.420		
Cu	0.750	0.740	0.713	0.139	−0.131	0.520	0.556	
Zn	−0.877	−0.889	−0.906	0.486	0.540	−0.709	0.334	−0.364

注：V=2，0.950（$P<0.05$）*，0.990（$P<0.01$）**。

表 4-27　农大 4 号叶片年周期内各元素间相关性分析

	N	P	K	Ca	Mg	Fe	Mn	Cu
P	0.983							
K	0.963	0.898						
Ca	−0.997*	−0.994	−0.940					
Mg	−0.979	−1.000**	−0.887	0.991				
Fe	−0.919	−0.831	−0.991	0.887	0.818			
Mn	−0.695	−0.815	−0.476	0.747	0.828	0.354		
Cu	−0.593	−0.730	−0.354	0.651	0.745	0.226	0.991	
Zn	−0.245	−0.063	−0.497	0.172	0.041	0.608	−0.527	−0.636

注：V=1，0.997（$P<0.05$）*，1.000（$P<0.01$）**。

表 4-28　农大 4 号须根年周期内各元素间相关性分析

	N	P	K	Ca	Mg	Fe	Mn	Cu
P	0.935**							
K	0.036	−0.192						
Ca	−0.225	−0.362	−0.238					
Mg	0.094	−0.023	−0.463	0.899*				
Fe	−0.119	−0.361	0.012	0.823*	0.794			
Mn	0.157	0.125	−0.512	0.845*	0.902*	0.526		
Cu	0.446	0.446	−0.574	0.592	0.782	0.276	0.916*	
Zn	−0.740	−0.897*	0.266	0.523	0.240	0.682	−0.003	−0.369

　　须根是从土壤中吸收水分和矿质元素的器官，在农大 4 号须根的元素相关性分析中发现，钙与镁、铁、锰元素呈显著正相关，与铜、锌尽管不显著，但也为正相关，

但与大量元素中氮、磷、钾的相关性均表现为不显著的负相关，这说明在须根大量吸收钙的同时，较多地吸收了镁、铁和钼以及铜、锌等微量元素，而对氮、磷、钾的吸收相对排斥。

同样是须根，农大5号品种元素之间的相关性则与农大4号不同，如表4-29。须根中锰元素和磷元素较为活泼，对其他元素作用较明显，锰与氮、磷、钙、铜呈显著正相关，与镁呈极显著正相关；氮和锌、磷呈极显著正相关；磷与铜、锌呈显著性相关。而钙则与镁呈极显著正相关，与锰呈显著正相关，与铁表现为不显著负相关，与氮、磷表现为不显著正相关，与钾表现为不显著负相关，这可能与品种对元素的需要性有关。农大4号的叶色较绿，果实为红色，需要较多的铁元素，而农大5号的叶色较淡，果实为黄色，不需要较多的铁元素，同时农大5号生长势较强，需要较多的氮，而锰元素则可以促进氮素代谢、直接参与植物的光合作用、调节植物体内氧化还原状况等，在促使钙增高的同时，氮、锰的含量也在增加，这便造成了品种不同，对元素的需要量不同，植物通过主动吸收和选择吸收形成了元素之间的协同性。

表4-29　农大5号须根年周期内各元素间相关性分析

	N	P	K	Ca	Mg	Fe	Mn	Cu
P	0.928**							
K	0.350	0.331						
Ca	0.425	0.431	−0.097					
Mg	0.726	0.702	0.171	0.922**				
Fe	−0.120	−0.152	−0.672	−0.495	−0.511			
Mn	0.834*	0.842*	0.250	0.831*	0.973**	−0.458		
Cu	0.763	0.828*	−0.077	0.759	0.844*	−0.158	0.901*	
Zn	0.944**	0.850*	0.222	0.371	0.638	−0.025	0.754	0.785

注：V=4，0.811（$P<0.05$）*，0.917（$P<0.01$）**。

2. 地上部高钙含量的成因

大量的研究证实欧李的枝条、叶片和果实中钙的含量较高，但对其成因却研究甚少，除去欧李体内的特有基因等因素外，在矿质元素的吸收和代谢方面主要可能有三方面的原因。

（1）欧李须根对钙的主动吸收较高，为欧李枝、叶、果中提供了足够的钙源。根系对矿质元素的高强度吸收是植物体内具有高矿质元素的基础，这种吸收可以是被动的吸收或者主动性的选择吸收，北方土壤一般钙含量丰富，在5～7 g/kg。笔者实验地的土壤含钙量平均为2 535.37 mg/kg，但欧李须根中的钙含量最高达到11 g/kg以上，全年平均含量可以达到7.5 g/kg以上，即须根中的钙含量高于土壤中的钙含量，这说明欧李的根系对钙的吸收不单单是被动吸收，更多的是主动吸收。欧李须根中虽然钙的含量处于第二位，氮含量处于第一位，氮含量不仅与吸收有关，也可能与须根中存在着内生固氮菌有关（白洁等，2022），因此排除固氮菌的影响，钙的吸收可能要比氮元素高。欧李须根中钙含量是一般果树根系很难达到的。如苹果矮化砧的根系钙含量全年平均 2 g/kg 左右，发芽期最高也在 5 g/kg 左右（王有年，1998）。梨根系全年平均钙含量为 1.5 g/kg，最高只有 2.5%（侯岑等，2012）。至于为什么欧李须根会高强度地吸收土壤中的钙，可能与欧李的根系分泌物为根际环境创造了有利于吸收钙的环境条件、须根表面存在钙吸收蛋白引起主动吸收等有关，值得深入研究。

（2）欧李蒸腾流中的钙在枝、叶中的截留率较高。欧李叶片小，但气孔的密度极高，超过一般果树的几倍以上，且叶脉十分发达，这样在土壤水分适宜的情况下，蒸腾会快速和灵活进行。同时，欧李植株低矮，水分从吸收到蒸发的距离较短，一般不超过 2 m，这样单位时间内携带有钙等矿质元素的水分交换频次较高。而乔木果树树体一般高达 3～5 m，再加上根系吸水的距离，水分运输距离较长，每次吸水到被蒸腾掉的时间就长，这样就导致高大的乔木果树水分的交换频次就低。通常水分被蒸腾作用消耗之后，蒸腾液流中的钙便被截留到了地上部的末端部位，由于钙在树体内的移动性较差，树体地上部的末端器官包括叶片、新梢、一年生枝和果实中便会存留较多的钙。实际上在蒸腾期间叶片起到了一个过滤钙的作用，单位时间内过滤的水分越多，钙被叶片截留的也就越多，时间越长，积累的钙便越来越多，导致叶片中的钙含量在不断增加，在秋季时含量达到了 3% 左右。在新梢和果实中，幼嫩的新梢和幼果也具有蒸腾作用，被须根吸收的钙除运输到叶片中外，也会在新梢和幼果中大量滞留，随着时间的延长，尽管新梢的蒸腾作用在逐渐丧失，但滞留在新梢中的钙会逐渐增加，在幼果期后，便上升到 9 个元素的最高含量并一直保持到休眠期，这也为翌年一年生枝钙的分配提供了较高的储备。一年生枝由于上一年度新梢对钙的大量储备，使一年生枝在开始生长的萌芽期便居于 9 个元素的最高含量，并一直保持到休眠期，在生长期间钙一边源源不断地得到须根的补充，一边满足其上新着生的新梢、叶片和果实对钙的需求。

（3）欧李果实中的高钙含量由果实生长需求、蒸腾液流所决定。欧李果实着生在一年生枝条上，如前所述一年生枝条中储备了最高的钙含量，这就为果实中的钙提供了供应源。枝条中的高钙含量首先被输送到果柄中，欧李的果柄短而粗，很容易将钙继续输送到果实中。一般情况下果柄中会再次形成一个高钙的环境，可以高出果肉几倍，但输送的多少由果实的生长需求来决定，即由基因型来决定的。宋雯佩（2018）研究柑橘、毛叶枣、枇杷、苹果、梨、荔枝、龙眼、葡萄 8 个树种 11 个品种在果实钙摄取方面的种间差异时指出，从果树摄取钙的速率上看，果个较大的仁果类摄取钙能力最高，而小型的葡萄浆果最低；而从果实摄取钙活性来看，具假种皮果实最高，葡萄浆果最低。欧李果实的内果皮形成了较硬的种壳，需要大量的钙元素，调动了钙在往种壳的积累过程中往果肉中也有积累，这可能是欧李果实高钙含量的内因。同时，欧李的幼果期果实同样发生着蒸腾作用，尤其是欧李果实外表皮没有毛、没有果粉，在硬核期的一段时间内，果皮果肉一直保持绿色，能够较长时间地进行光合作用和蒸腾作用，这样相对于其他果皮有毛、有果粉的果树，欧李的果实蒸腾作用较为强烈，蒸腾液流中同时又含有从须根而来的较多的钙，水分蒸腾之后同样也就留下了较高的钙。

叶片与果实之间的比例也会影响果实中钙的含量。叶果比越大，说明叶片数量就越多，不仅可以提高果实的品质，也增加了蒸发量，但同时叶子多的情况下，蒸发量越大，也促进了钙在果实中的积累。经测定，当叶果比分别为5∶1、4∶1和3∶1时，果实中的钙含量分别为0.24%、0.23%和0.19%，前二者钙含量高于后者20%以上，经显著性检测，极显著高于后者，因此也说明了欧李果实中的钙不仅受到树种本身遗传特性的影响，同时也受到蒸腾强度的影响。

三、欧李树体中矿质元素的分配

由于在年周期中欧李生长中心的变化以及器官的重量和元素含量的不同，矿质元素在年周期中分配到各个器官中的比例不同，了解矿质元素的分配特性，便于种植者在栽培上结合欧李的生长时期对欧李进行及时和精准施肥。欧李矿质元素在不同时期不同器官中的分配比例见表4-30。

1. 萌芽期矿质元素在各器官的分配

由表4-30可知，农大4号品种在萌芽期共有6个器官进行各个元素的分配，各器官的重量比排序为主根>侧根>枝中部>枝基部>枝上部＝须根。对分配最多的前3个器官进行统计，9个元素中6个元素包括氮、磷、钾、镁、铁、铜，均按照器官的重量占比大的分配的便多，而钙、锰、锌元素则没有按照器官重量比的顺序进行分布。钙、锰元素分配顺序是主根>枝中部>侧根，锌元素的分配顺序为侧根>枝中部>枝上部，这主要是钙、锰元素的移动性最差或这些器官对3种元素在此期有高度需求有关。

2. 开花期各器官的分配

开花期8个器官的重量排序为主根>叶片>枝中部>侧根>枝上部>新梢>须根>枝基部，9个元素各不相同。氮元素、磷元素为主根>叶片>侧根，镁元素为主根>叶片>枝中部>新梢，钾元素为叶片>主根>新梢，钙元素为主根>枝中部>叶片，铁、锰元素为主根>叶片>枝中部>须根，铜元素为主根>须根>枝上部，锌元素为新梢>叶片>枝中部，说明开花期元素进行了重新分配，钾、钙、铁、锰、锌元素迅速转移到叶片、新梢中，使其成为这些元素的分配中心或次中心。

3. 幼果期各器官的分配

幼果期增添了两个器官果肉和核皮，全部10个器官的重量排序为主根>叶片>侧根>果肉>枝中部>枝上部>新梢>枝基部>须根>核皮。此期，仅铜元素按照重量比分配到主根中的数量最多，其他8个元素都把最多的比例分配到了重量位居第二的叶片中，说明了在幼果期叶片是生长中心，大多数元素都把最大的比例分配到需求量最大的叶片中，尤其是镁和锰元素的50%左右分配到了叶片之中。除铜元素外，第二位分配的包括主根、果肉和侧根，主根中得到第二位分配的元素为氮、磷、钙、铁、锰，果肉中为钾元素，侧根为镁和锌，而氮、磷、钙、铁、锰则以较少的比例分配到侧根中。可以看到随着器官的增加，分配中心再次发生了转移。其中钾元素的第二位分配从开花期的主根转移到果肉之中。因此幼果期果实对钾的需求量便大大增加，这不同于其他果树后期才注重增补钾肥，如果缺钾，欧李必须在幼果期就开始补钾。另外，在开花期，叶片的生长对钾的需求量已经大为增加，因此补钾还应再行提前到开花期。

4. 果实成熟期各器官元素的分配

果实成熟期共 9 种器官，按重量排序为主根＞果肉＞侧根＞叶片＞枝中部＞枝上部＞新梢＞枝基部＞须根，与幼果期相比，果肉的重量上升到第二位，侧根为第三位，超过了叶片，但相差不大。磷和铜元素按器官重量最多分配到主根中，而钾超过 50% 的量分配到了果肉之中（黄肉品种超过 70%），说明钾的分配已从以叶片为中心转向了以果肉为中心。氮、钙、镁、铁、锰、锌 6 个元素仍然以叶片中的分配量最大，铜仍然以主根中分配最大。氮、钙、镁、铁、锰均在主根中进行了次分配，钾在叶片中也进行了次分配，锌在果肉中进行了次分配。因此果实成熟期应重视钾和锌的补充。

值得注意的是果肉虽然重量在此期已处于第二位，但钙在此期果肉中的分配并没有出现明显的增大，反而比幼果期还减少了分配，说明果实对钙的摄取可能是随着蒸腾流缓慢地进入到果实中，或者是叶片的蒸腾作用利用了更多的水分，而只有少部分蒸腾液流进入到果实之中，因此钙在果实中的积累没有集中分配，这点与马建军等（2011）认为欧李果实在成熟期有一个吸收高峰不同。这里由于没有测定钙在果壳中的分配，也可能果壳中的钙竞争大于果肉，使果肉中没有出现分配中心。因此，果实中的钙的补充需在前期如幼果期甚至更前的时间进行更为有利。

5. 落叶期矿质元素的分配

进入落叶期，新梢上的叶片落掉，矿质营养回流，分配中心再次集中到主根和侧根上，除锌元素第一分配中心为侧根外，其他 8 个元素的第一分配中心均为主根。分配的次中心为侧根，氮、磷、钾、镁、锰、铜 6 种元素均第二位分配到侧根，其余 3 种元素，钙次中心为枝中部，铁为枝基部，锌为新梢，说明这 3 种元素的移动性较差，尽管大部分已回流到主根，但仍然有较多的量保留在离主根较远的枝条上。

6. 休眠期矿质元素的分配

新梢在休眠期转变为一年生枝，矿质元素的分配基本上接近于萌芽期，元素的分配均按照重量分配的规律第一位均集中到主根上，第二位即次中心为侧根。而移动性差的元素如钙、锰次中心均在枝条的中部。

综上所述，在萌芽期、落叶期和休眠期，除移动性较差的元素外，大部分的元素按器官的重量比分配。在这 3 个时期，主根或侧根的重量比较大，大部分的矿质元素则按重量比分配到了主根或侧根上。而在开花期、幼果期和果实成熟期元素则以生长中心进行分配，这 3 个时期中以开花期和幼果期叶片生长为中心，尽管重量上叶片不是第一位，但大多数元素分配最大的量却是叶片。钾元素的移动性最强，在果实成熟期钾元素则最大地分配到果实之中。而移动性较差的元素如钙、锰、锌则受叶片蒸腾流的影响，在蒸腾流的末端保留得较多，果实中的钙没有发现集中分配的时期，可能是随着蒸腾流逐渐积累了较多的钙或者是随着果壳的硬化积累了较多的钙。

表 4-30 欧李植株各器官矿质元素的分配

时期	器官或部位	干重（g）	重量占比（%）	矿质元素分配比例（%）								
				N	P	K	Ca	Mg	Fe	Mn	Cu	Zn
萌芽期	上部	2.07	3.07	3.02	2.15	6.65	10.29	5.35	3.36	5.71	6.61	11.87
	中部	6.18	9.15	4.18	3.71	8.69	21.21	8.98	6.01	18.44	9.86	19.55
	基部	2.31	3.42	1.79	2.62	3.21	8.27	3.91	3.43	5.87	1.95	3.56
	主根	44.93	66.53	57.28	54.82	54.74	38.67	47.11	61.02	53.32	47.13	8.28
	侧根	9.97	14.76	30.07	33.41	24.04	18.10	28.84	21.15	13.22	26.31	54.66
	须根	2.07	3.07	3.67	3.29	2.66	3.45	5.82	5.04	3.44	8.15	2.06
开花期	上部	3.28	4.70	2.51	2.38	6.57	9.80	4.29	3.43	5.72	6.38	8.13
	中部	6.92	9.92	3.37	3.32	7.22	22.23	7.42	8.78	16.68	4.91	11.79
	基部	2.26	3.24	1.70	1.85	2.27	6.66	2.53	3.76	4.50	3.45	2.44
	主根	38.02	54.52	51.67	52.26	18.49	34.48	39.58	54.44	42.75	60.06	6.90
	侧根	5.01	7.18	6.82	6.52	2.33	3.69	6.70	3.78	2.07	3.46	1.51
	须根	2.37	3.40	3.92	3.45	1.62	5.40	6.57	6.08	6.29	9.90	3.00
	新梢	2.47	3.54	3.38	4.31	12.97	4.70	7.12	3.77	2.52	5.65	41.12
	叶片	9.40	13.48	26.63	25.93	48.54	13.04	25.79	15.98	19.47	6.20	25.11
幼果期	上部	7.20	5.25	1.88	1.97	2.91	7.06	2.76	4.92	4.19	8.80	8.54
	中部	10.10	7.36	1.94	2.13	2.38	9.32	2.53	6.44	7.64	7.09	5.64
	基部	4.25	3.10	0.96	1.62	0.98	4.05	1.35	5.70	2.84	2.93	3.33
	主根	38.02	27.70	20.41	22.92	6.55	13.37	10.27	28.15	18.95	20.93	3.58
	侧根	20.50	14.94	14.53	16.91	3.87	10.41	10.62	9.57	3.03	17.52	12.95
	须根	4.16	3.03	2.67	2.62	0.82	3.36	3.54	6.52	3.73	8.80	5.14
	新梢	5.93	4.32	2.37	3.00	5.52	6.68	8.12	3.18	3.07	3.52	10.90
	叶片	29.55	21.53	34.12	25.65	43.80	40.80	50.85	33.42	49.34	18.45	35.92
	果肉	15.91	11.59	13.90	15.23	21.48	3.96	6.77	1.03	4.90	6.61	7.48
	核皮	1.63	1.19	7.22	7.95	11.69	0.99	3.19	1.07	2.31	5.35	6.53
果实成熟期	上部	5.68	3.54	1.71	3.77	1.37	0.44	2.67	2.23	1.25	1.22	0.19
	中部	14.39	8.96	3.31	3.28	2.71	11.33	4.66	9.70	7.36	11.04	9.36
	基部	3.69	2.30	1.15	1.69	1.00	2.78	1.47	4.56	3.01	2.10	2.39
	主根	39.69	24.72	25.78	28.36	9.82	17.37	13.89	19.74	19.86	27.96	5.37
	侧根	26.61	16.57	19.43	19.71	7.07	9.85	11.23	7.97	9.59	27.45	6.48
	须根	3.02	1.88	2.00	1.71	0.85	2.59	2.30	4.88	3.30	4.41	3.38
	新梢	5.05	3.15	2.02	1.80	3.19	6.62	7.12	2.64	3.84	6.44	9.15
	叶片	26.29	16.37	29.79	17.85	18.40	45.84	48.85	37.52	44.70	13.14	43.93
	果肉	36.14	22.51	14.81	21.83	55.60	3.18	7.81	10.77	7.09	6.25	19.75

时期	器官或部位	干重（g）	重量占比（%）	矿质元素分配比例（%）								
				N	P	K	Ca	Mg	Fe	Mn	Cu	Zn
落叶期	上部	7.27	8.15	4.63	4.48	7.49	11.85	7.49	9.23	8.95	6.28	10.13
	中部	9.21	10.33	4.47	4.07	7.93	17.66	8.05	8.18	11.25	4.98	12.77
	基部	5.20	5.83	3.51	4.40	5.88	9.22	4.95	22.84	6.38	3.64	8.13
	主根	48.57	54.46	63.40	63.97	57.54	42.15	49.52	40.73	51.83	57.34	11.23
	侧根	13.11	14.70	19.20	18.57	13.26	9.41	15.60	9.30	14.20	24.02	38.95
	须根	2.15	2.41	2.76	2.68	2.40	2.53	3.27	3.82	3.03	2.17	4.09
	新梢	3.67	4.12	2.03	1.82	5.50	7.18	11.12	5.90	4.37	1.57	14.69
休眠期	上部	5.56	8.38	4.41	4.34	6.41	12.65	8.20	7.49	4.42	7.71	8.07
	中部	9.39	14.16	6.33	6.70	12.57	23.10	12.08	17.59	19.96	9.61	12.85
	基部	2.47	3.72	2.33	3.65	3.80	5.47	3.53	9.77	5.56	0.78	3.10
	主根	28.77	43.38	49.68	49.14	47.73	32.79	39.29	33.01	48.95	45.06	52.43
	侧根	17.36	26.17	31.86	31.63	25.28	19.56	29.29	18.77	14.24	27.87	16.73
	须根	2.77	4.18	5.40	4.53	4.21	6.44	7.60	13.37	6.88	8.97	6.83

注：表中上部、中部和基部指一年生枝条。

第六节　欧李有机营养和次生物质代谢

植物的有机营养包括糖、酸、氨基酸、蛋白质、核酸以及类黄酮等次生代谢物质。植物可以通过根系吸收少部分的有机营养，如含氮化合物（尿素、氨基酸、酰胺），含磷化合物［（RNA、DNA 及其降解产物（核苷酸、嘧啶、嘌呤和肌醇-磷酸等）］，多种可溶性糖（蔗糖、阿拉伯糖、果糖、葡萄糖、麦芽糖等），一些酚类、有机酸（香草酸、丁香酸等）也可以被根系少量吸收。但有机营养的主要来源是光合产物和由碳水化合物与根系大量吸收的矿质元素合成的各种有机物质，有机营养占到了植物干重的90% 以上，植物缺乏有机营养时，生长衰退，即使是满足了矿质元素的供应，也不能恢复健壮生长。

关于枝条、根系中有机营养的代谢变化在第二节中已经叙述，下面主要对果实中的有机营养进行叙述。

一、欧李果实中可溶性糖的组成与糖含量的变化

1. 欧李可溶性糖的组成

对 25 个具有代表性的欧李品种（系）果实中的糖（包括糖醇）通过气相色谱仪进行分析，测定结果见表4-31。从表4-31 中可以看出欧李果实中的糖由果糖、葡萄糖、蔗糖、甘露醇、山梨醇、肌醇、棉籽糖等组成，前3种糖含量较高，后4种

糖的含量较少或者某些品种中没有。果实中的总糖平均含量为 81.39 mg/g，变化幅度为 47.3～138 mg/g。其中果糖平均含量 32.83 mg/g，变化幅度 10.28～64.56 mg/g，占总糖比 40.34%；葡萄糖平均含量 13.36 mg/g，变化幅度 0.8～26.74 mg/g，占总糖比 16.41%；蔗糖平均含量 32.99 mg/g，变化幅度 12.96～69.18 mg/g，占总糖比 40.53%；其他糖平均值为 2.22 mg/g，变化幅度 0～8.2 mg/g，占总糖比 2.73%。欧李糖积累的类型，有的认为是果糖积累型，有的认为是蔗糖积累型，主要由测定的欧李品种不同而造成，根据多个资源的平均值和占比来看，整体上为果糖、蔗糖共同积累型。由于葡萄糖的含量较低，同时由于果实中还含有较高的维生素和黄酮等物质，因而是一种低糖保健水果。

表 4-31　25 个欧李代表品种（系）果实中糖的组成　　　　　（mg/g）

品种（系）	糖分组成				
	果糖	葡萄糖	蔗糖	其他糖	总糖
晋欧 1 号	30.02	13.19	13.26	2.46	58.93
晋欧 2 号	25.78	15.12	33.32	2.88	77.1
农大 3 号	39.8	12.65	14.32	2.65	69.42
农大 5 号	31.75	14.35	16.38	2.33	64.81
农大 7 号	20.09	9.57	38.91	1.63	70.2
紫果	18.94	15.71	25.59	4.06	64.3
白果	31.8	5.5	13.84	0.96	52.1
干果	50.13	22.56	50.18	3.23	126.1
晚 -3	24.48	15.81	22.49	2.02	64.8
晚 -4	26.78	14.8	25.68	1.94	69.2
中实 -3	38.3	11.04	51.35	1.82	102.51
J-2	18.84	12.23	25.55	1.08	57.7
Y13-09	64.56	26.74	38.5	8.2	138
Y23-04	10.28	7.33	29.69	0	47.3
Y09-14	39.75	0.8	51.87	0.88	93.3
Y07-16	40.63	9.49	69.18	0	119.3
Y03-09	20.08	7.9	37.92	3	68.9
Y02-19	34.57	14.89	34.84	0	84.3
Y07-14	40.32	18.79	14.69	3.1	76.9
Y05-17	30.04	8.57	61.43	1.16	101.2
10-32	27.25	12.13	23.96	1.56	64.9
02-16	46.66	20.07	27.3	2.67	96.7
99-02	37.85	19.96	34.15	1.84	93.8
03-32	31.97	12.67	12.96	3	60.6
01-01	40.19	12.01	57.28	3.02	112.5
平均	32.83	13.36	32.99	2.22	81.39

2. 欧李果实发育过程中可溶性糖含量的变化

（1）不同品种在生长期果实中总糖含量的变化。总糖是影响果实品质的重要因素之一，从图4-66可以看出，农大3号、农大4号和农大5号品种总糖的总体变化趋势为：在整个果实生长发育过程初期总糖的含量增加缓慢，后期增长速度变快。农大3号和农大5号品种总糖的变化趋势一致，在8月1日以前增长缓慢，以后增长较快，并且农大3号品种果实中总糖的含量在整个生育期中都大于农大5号品种果实中总糖的含量。农大4号品种总糖含量在整个生育期增长速率在增加，但变化幅度不大。

（2）不同品种在生长期果实中果糖含量的变化。果糖含量的高低是影响果实中总糖含量的主要因素。从图4-67可以看出，农大3号、农大4号和农大5号3个欧李品种果糖的总体变化趋势为：在整个果实生长发育过程初期果糖的含量增加较慢，果实进入硬核期后，果糖的含量增加较快，在8月17日至9月期间果糖含量的增加速度又减缓，呈现"S"形变化曲线。农大4号的果实生育期较长，但果糖含量并没有出现超过其余2个发育期较短的品种。因此，果糖主要在中期增长，且与品种的特性有关。

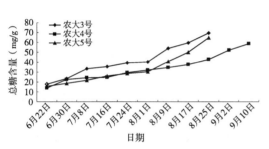

图4-66　欧李果实发育期总糖含量变化　　　图4-67　欧李果实发育期中果糖含量变化

（3）不同品种在生长期果实中葡萄糖含量的变化。葡萄糖也是影响果实中总糖含量的主要成分之一，从图4-68可以看出，农大3号、农大4号、农大5号在整个果实生长发育过程中葡萄糖的含量随着果实的成熟逐渐增加。在6月22日至8月9日增速比较缓慢，在8月9日至成熟期间增速较快。而晚熟品种农大4号在8月25日以后葡萄糖含量增长变缓。农大3号在整个发育过程中从结果初期到成熟期，葡萄糖含量从2.64 mg/g增加到12.65 mg/g。而农大4号葡萄糖含量从2.5 mg/g增加到13.19 mg/g。农大5号葡萄糖含量从2.68 mg/g增加到14.35 mg/g。

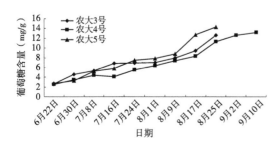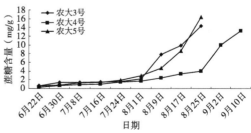

图4-68　欧李果实发育期葡萄糖含量变化　　　图4-69　欧李果实发育期蔗糖含量变化

（4）不同品种在各生长期果实中蔗糖含量的变化。蔗糖是欧李果实成熟时主要的糖类物质，从图4-69中可以看出，蔗糖总体的变化趋势为：蔗糖的含量在果实发育前期表现缓慢增加，在果实进入发育后期后，各品种中蔗糖含量快速增加。具体表现为：农大3号和农大5号在6月22日至8月1日期间蔗糖的含量变化缓慢，8月1日以后，蔗糖的含量迅速增加。农大4号品种果实中蔗糖的含量从6月22日至8月25日期间增长较慢，从8月25日以后，蔗糖的含量迅速增加。因此，果实膨大开始后是蔗糖的快速增长期，即果实的膨大与蔗糖的快速增长有关。

（5）山梨糖醇的含量变化。山梨糖醇含量随着果实发育进程的推进持续增加，到花后131 d达到最高，含量范围为1.25～2.36 mg/g，与蔗糖、葡萄糖和果糖相比，整体含量较低，见图4-70。

果实的甜度很大程度上是由果实的糖分及与酸比例决定的，而可溶性糖含量通常随着果实的生长发育不断变化，在果实的成熟期达到最高。不同物种果实糖积累的模式不尽相同，如梨果实

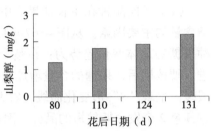

图4-70　欧李果实中山梨糖醇的变化

主要积累果糖，葡萄果实主要积累葡萄糖和果糖，蔗糖含量甚微，而桃果实则以蔗糖为主要积累形式。研究中发现欧李果实糖积累的主要形式是果糖或蔗糖或二者同时积累，而葡萄糖的积累量较低，山梨糖醇最低。

蔷薇科植物果实中糖的积累主要是由叶片合成的蔗糖和山梨糖醇通过韧皮部的运输转化而来的。山梨醇是蔷薇科植物主要的光合产物运输形式，研究中发现山梨糖醇转运蛋白的表达量远远高于蔗糖转运蛋白（SOT）的表达量，说明山梨糖醇在欧李中也是主要的运输形式，而且进入果实的山梨糖醇应该多于蔗糖，但在果实生长发育过程中山梨糖醇的含量却远远低于蔗糖，主要原因可能是山梨糖醇一旦卸载，就被山梨醇脱氢酶、山梨醇氧化酶等迅速转化成果糖和葡萄糖，山梨糖醇在果实中很少积累，这与山梨醇在桃果实中的代谢过程是一致的。

蔗糖和山梨糖醇由韧皮部卸载到果实后，进一步转化为其他物质，作为植物组织的构件、储藏物质或能量的重要来源。在欧李果实发育的前中期经韧皮部运进果实的蔗糖和山梨糖醇较多，同时使蔗糖和山梨糖醇迅速转化成果糖或葡萄糖，参与糖酵解、三羧酸循环等代谢途径，为细胞分裂和果实快速生长提供所需的能量。随着果实的生长发育，需要的能量和碳骨架减少，相应的酶活性和基因的表达降低，运进的糖只有一小部分用于各种代谢途径，果糖、蔗糖和葡萄糖在这个阶段开始在液泡中积累。在果实发育的最后阶段，果糖、葡萄糖基本不参与各种代谢途径而进入液泡积累起来；果糖和蔗糖的积累出现了高峰期，尤其是蔗糖，在后期出现了快速积累，一部分来自运进的蔗糖的直接积累，还有一部分由于在后期果实内可能来自蔗糖的重新合成；果实中可溶性糖总含量达到最高，果实成熟，甜度增加。总糖在成熟期积累达到最高与多数果树的糖积累一致，但在糖的类型上有的品种为蔗糖积累型，有的为果糖积累型，有的为果糖和蔗糖共同积累型，整体上表现为果糖、蔗糖共同积累型。

核果类果树桃和杏，在幼果时果中含蔗糖很少，可溶性碳水化合物主要是果糖和

葡萄糖，成熟时蔗糖含量迅速增加成为主要的可溶性糖，欧李在蔗糖的积累中与桃和杏一致。但就3种糖的比例来看，欧李与樱桃、桃、杏、李都不相同。樱桃中不含或很少含蔗糖，主要含果糖和葡萄糖，两者含量接近。桃、杏和李中葡萄糖含量高于果糖。李中含有较高的山梨糖醇，占可溶性糖的50%，而欧李中山梨糖醇含量很少。因此，欧李果实中的糖的含量组分在核果类中有其明显的特征。

欧李果实中糖的积累主要在果实发育后期，因此，为提高欧李果实的糖含量，从技术途径上可以考虑在欧李果实发育初期以施氮肥为主促进果实体积的增长，但果实进入快速生长期后，应加强对钾、磷、锰、镁等对糖积累影响较大的矿质肥料的施用，并且要控制氮肥的施用，同时生长后期适当的水分胁迫有利于糖的积累。

欧李果实中还含有淀粉和纤维素，但含量较低，淀粉含量为1.51%左右，粗纤维0.53%左右，欧李果实不存在后熟，在采收时就已成熟，并在成熟前发生明显的呼吸跃变，与苹果、梨、桃、李和杏等果实相同。在欧李成熟或采后淀粉分解对提高欧李的含糖量有影响，但由于含量较低，其研究不多。

二、欧李果实中有机酸的组成及含量变化

1. 欧李品种果实中有机酸组成

对25个具有代表性的欧李品种和品系果实中的有机酸通过气相色谱仪进行分析，选取15个有代表性的结果见表4-32。可以看出欧李果实中的酸由苹果酸、柠檬酸及其他酸等组成，其他酸包括琥珀酸、酒石酸以及草酸等。果实中的总酸平均含量为10.59 mg/g，变化幅度为3.3~20.8 mg/g。其中苹果酸平均含量8.53 mg/g，变化幅度2.75~16.51 mg/g，占总酸比80.55%；柠檬酸平均含量1.74 mg/g，变化幅度0~3.83 mg/g，占总酸比16.43%；其他酸平均含量0.32 mg/g，变化幅度0~0.91 mg/g，占总酸比3.02%。对京欧1号、京欧2号和京欧3号的酸含量分析，也发现在酸的组成上为苹果酸>柠檬酸>琥珀酸>酒石酸>草酸，其中苹果酸和柠檬酸的含量分别占到70%~75%和12%~16%。从酸的积累来看，所有品系均是苹果酸含量大于柠檬酸，且苹果酸的平均占比超过了80%，因此可以确定欧李酸的积累为苹果酸积累型。

表4-32　欧李果实中主要糖酸组成成分

品系	总酸（mg/g）	苹果酸（mg/g）	柠檬酸（mg/g）	其他酸（mg/g）	糖/酸
晋欧2号	13.9	9.95	3.10	0.85	5.55
农大3号	7.81	5.45	2.13	0.23	8.89
农大4号	14.72	12.69	1.68	0.35	4.00
农大5号	9.38	7.96	1.21	0.21	6.91
紫果	12	8.49	3.02	0.49	5.36
白果	10.5	8.9	1.28	0.32	4.96
干果	11.8	10.14	1.66	0	10.69
晚-3	13.8	10.13	3.67	0	4.70

品系	总酸（mg/g）	苹果酸（mg/g）	柠檬酸（mg/g）	其他酸（mg/g）	糖/酸
J-2	20.8	16.51	3.43	0.86	2.77
Y13-09	18.3	15.31	2.29	0.7	7.54
Y09-14	8.6	6.87	1.47	0.26	10.85
99-02	19	14.26	3.83	0.91	4.94
02-16	14.13	12.21	1.49	0.43	6.84
03-32	18.1	14.48	2.91	0.71	3.35
01-01	12	8.01	3.51	0.48	9.38

2. 欧李果实在生长期中有机酸含量的变化

由图 4-71 可知，3 个欧李品种果实发育过程中苹果酸、柠檬酸以及总酸的含量动态变化趋势大致相同，均在果实生长前期（幼果期和硬核期）缓慢上升，且积累量较低，但苹果酸的积累量明显高于柠檬酸；进入果实发育后期（果实膨大期和着色期）迅速上升，接近成熟时又骤然下降，直到成熟，此时也是以积累苹果酸为主。果实有机酸含量的升降变化规律可能主要受苹果酸代谢相关酶活性影响。3 个品种在果实发育的前期总酸含量差异不大，而在成熟的前期时，高酸品种酸增高的幅度大，而接近成熟时降低的幅度小，这是高酸品种的酸含量高的原因之一。对 3 个品种在生长期的有机酸动态变化的分析再次说明，欧李果实中酸的组分上与苹果、梨、桃、李及部分杏品种（华县大接杏、新世纪、沙金红）相似，以苹果酸为主，柠檬酸次之；而柑橘、凯特杏和泰安水杏果实中则以柠檬酸为主。

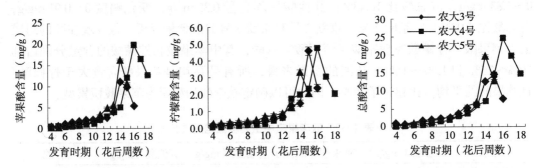

图 4-71 欧李果实发育过程中苹果酸（左）、柠檬酸（中）和总酸（右）含量的变化

果实内酸类物质多为呼吸产物，也可由蛋白质或氨基酸分解形成。不同果实或不同时期的同种果实内含酸量是不同的。影响果实含酸量的因素主要有温度、光照、矿物营养等。在苹果、葡萄、柿、菠萝、温州蜜柑、酸樱桃等多种果树上研究表明，热量较高比热量较低的地区果实含酸量低。桃的有机酸含量变化为果实发育初期最高，之后迅速降至低谷，随后稍有增加后再降低至成熟时最低，欧李与桃表现出极大的不同。

一种果实的风味由多种物质决定，其中糖酸的组分、含量以及糖酸的比值可决定甜酸的程度。通过对欧李糖组成成分的分析，在糖分组成的比例上欧李明显区别于其他果树，而酸的组分则与很多果实相似，这也是欧李果实风味独特的原因之一，说明欧李在糖酸合成上有自身代谢途径。欧李的酸度较高，主要是后期有机酸积累较多，而分解或转化较少，这与大多数果树有所不同，与酸枣、山楂、柠檬等酸度较高的果树较为一致，其机理待进一步研究。

三、欧李果实中氨基酸组成与含量变化

氨基酸是蛋白质的基本单位，主要用于维持机体氮素平衡，以及生物体内各类蛋白质、酶、抗体和激素的合成，具有促进机体生长发育和维持渗透平衡的作用。同时，氨基酸也是果实中一类重要的生物活性物质，是评价果实营养品质的一项重要指标。氨基酸含量及组成不但影响果实品质、营养价值和保健价值，还与果实风味具有密切联系。研究表明，氨基酸有一定的味感，根据氨基酸对味觉的贡献和呈味性，分为甜味、鲜味和苦味等。

1. 欧李果实中氨基酸的组成与含量

经过对 3 个主要欧李品种的测定分析发现，欧李果实中各种氨基酸含量见表 4-33。

表 4-33　欧李果实中氨基酸的组成与含量

序号	名称		单位	品种		
				晋欧 1 号	农大 6 号	农大 7 号
1	天冬氨酸	ASP	g/100 g	0.06	0.06	0.06
2	苏氨酸	THR	g/100 g	0.02	0.02	0.02
3	丝氨酸	SER	g/100 g	0.03	0.03	0.03
4	谷氨酸	GLN	g/100 g	0.09	0.06	0.08
5	脯氨酸	PRO	g/100 g	0.01	0.07	0.01
6	甘氨酸	GLY	g/100 g	0.04	0.04	0.04
7	丙氨酸	ALA	g/100 g	0.04	0.03	0.04
8	胱氨酸	CYS	g/100 g	0.00	0.04	0.00
9	缬氨酸	VAL	g/100 g	0.04	0.00	0.04
10	蛋氨酸	MET	g/100 g	0.00	0.00	0.00
11	异亮氨酸	ILE	g/100 g	0.02	0.02	0.02
12	亮氨酸	LEU	g/100 g	0.05	0.03	0.05
13	酪氨酸	TYR	g/100 g	0.01	0.01	0.01
14	苯丙氨酸	PHE	g/100 g	0.03	0.02	0.03
15	赖氨酸	LYS	g/100 g	0.01	0.01	0.02
16	组氨酸	HIS	g/100 g	0.02	0.01	0.02
17	精氨酸	ARG	g/100 g	0.01	0.01	0.01
	氨基酸总和		g/100 g	0.48	0.46	0.48
	粗蛋白质		%	0.6	0.5	0.7

　　一般认为，组成植物体内的蛋白质的氨基酸有 18 种之多，表 4-33 列出的欧李果实中只检测到 17 种氨基酸，色氨酸没有检测到。色氨酸没有检测到的原因可能有 3 个，一是品种不同，有些品种含有色氨酸，有些品种则不含有；二是测定的前处理酸解时将色氨酸分解了；三是仪器条件所限。上述 3 个品种中未检测到色氨酸，可能是品种的原因。色氨酸在植物体内或细胞中参与吲哚乙酸的合成，经脱羧、脱氨、氧化，生成吲哚乙酸，结合方洁（2007）对欧李果肉中吲哚乙酸（IAA）的检测，也未发现欧李果肉中有吲哚乙酸的存在，可以推测某些欧李品种的果肉中确实不含有色氨酸。另外，王培林（2021）对 11 个来自太行山的欧李品种和品系的氨基酸也进行了分析，发现有 6 个品种或品系中没有检测到色氨酸，其中就包括上述的 3 个品种。但有的品系色氨酸则很高，如"农优Ⅳ"达到了 897.00 mg/kg；说明色氨酸的含量在品种或品系之间差异十分明显。这种氨基酸组成在品种间的差异不仅表现在色氨酸上，还表现在其他氨基酸上如缬氨酸、胱氨酸、精氨酸、丝氨酸、酪氨酸等，这些氨基酸在某些品种上会出现检测不到的情况。其余的 12 种氨基酸较为稳定，在品种或品系间只是含量的高低不同。因此，整体上欧李含有组成蛋白质的 18 种氨基酸，只是在品种上有一定差异。

　　18 种氨基酸中，以谷氨酸和脯氨酸的含量最高，其次为天冬氨酸、亮氨酸和甘氨酸，其余的氨基酸较低，且不同的研究结果有一定的差异，可能与品种和产地有一定的关系。谷氨酸在光呼吸氮代谢中发挥作用，可降低植物体内硝酸盐的含量；脯氨酸在干旱胁迫下起着渗透调节作用；天冬氨酸主要降低硝酸盐含量；亮氨酸为植物生长促进剂；甘氨酸对磷、钾的吸收有促进作用，增加维生素 C 和糖含量等。

　　除组成蛋白质的氨基酸之外，欧李果实中还含有一些其他游离氨基酸，如 γ- 氨基丁酸（GABA）、甲硫氨酸、瓜氨酸以及其他经氨基酸转氨基后的酰胺类如天冬酰胺、谷氨酰胺等，也有人将这些化合物归结到游离氨基酸中，在欧李果实中也有较高的含量。王培林（2021）研究发现，农大 3 号、农大 4 号、农大 5 号、农大 6 号、农大 7 号以及 DG-1 果实中的 γ- 氨基丁酸含量最高分别为 274.0 mg/kg、164.0 mg/kg、203.0 mg/kg、248.0 mg/kg、188.0 mg/kg、240.0 mg/kg；天冬酰胺的含量分别为 779.0 mg/kg、929.0 mg/kg、607.0 mg/kg、728.0 mg/kg、930.0 mg/kg、1 159.0 mg/kg，其含量远高于蛋白质结构氨基酸含量的 10 倍以上。GABA 主要是由 L- 谷氨酸在 L- 谷氨酸脱羧酶（GAD）催化下脱羧产生的，GABA 在 GABA 转氨酶作用下生成琥珀酸半醛和丙氨酸进入三羧酸循环。欧李果实中酸度较高，有利于增强 GAD 的活性，导致谷氨酸脱羧形成GABA。另外，由于细胞质 pH 值降低，GABA 转氨酶活性降低，GABA 分解减弱，造成欧李果中 GABA 的积累。同时，欧李果中钙含量高，在受到逆境胁迫时，胞外或胞内 Ca^{2+} 释放，Ca^{2+} 与其受体蛋白钙调素（CaM）结合能激活 GAD 的活性，也会使欧李果实中 GABA 含量增加。欧李果实中的 γ- 氨基丁酸含量高于一般水果是欧李果实营养成分上的一个显著特点，加之葡萄糖含量低，因此从这个角度出发欧李果实也是糖尿病患者适宜的水果。

　　欧李果实中氨基酸的总量为 0.46%～0.48%，处于果品氨基酸含量的中等水平。蛋白质的含量为 0.5%～0.7%。欧李果实内种仁氨基酸和蛋白质的含量远远高于果肉中的含量，分别达到 14%、27% 以上。氨基酸总量的变化还会因种植区域、海拔等环境因素而改变。

2. 果实中氨基酸与蛋白质的动态变化

从图 4-72 可以看出，果实中氨基酸的含量在前期缓慢下降之后又迅速上升最高点，之后便一直下降，到果实成熟期降低为最低点，而蛋白质的含量在果实成熟期稍有回升。从氨基酸和蛋白质的总量变化可以看出，氨基酸的降低并没有引起蛋白质的升高，因此氨基酸可能转化为其他物质，包括有机酸、类黄酮等次生代谢物质，须进一步研究。

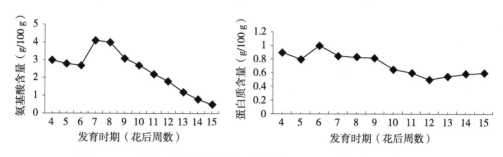

图 4-72　欧李果实发育期氨基酸（左）和蛋白质（右）含量的变化

四、维生素的组成、含量与生理作用

所谓"维生素"是指人体必需而不能自身合成需外源摄取的一类微量有机化合物。尽管现在很多维生素都能人工合成，但与自然资源中如动植物体内的天然维生素在功能和安全方面仍有一定的区别，因此植物食物为人类直接提供天然的维生素是植物的一大功能。经检测，欧李果实中含有多种维生素，包括维生素 A、维生素 B、维生素 C 以及微量的维生素 D 等。

1. 维生素 D

维生素 D 在绝大部分植物中不存在，仅有极个别的植物中含有，如粉绿色叶茄、昼花夜香树叶以及苜蓿等。经中国农业大学测定，发现欧李的果实中含有微量的维生素 D，含量为 14.25～17.88 μg/100 g。

实际上，维生素 D 是一个总称，由类固醇衍生而来，以维生素 D_2 和维生素 D_3 最为重要。维生素 D_2 来源于植物的麦角固醇，维生素 D_3 由动物细胞内 7- 脱氢胆固醇转化而来，两者皆由日光作用即紫外线照射形成。而动物体内不能形成 D_2，但可以形成 D_3，因此从维生素的概念上讲，只有 D_2 是真正的维生素。植物中的麦角固醇在紫外线的作用下，吸收了波长在 290～310 nm 光量子能量，将麦角固醇中的 B 环打开，便形成了维生素 D_2。麦角固醇的分子结构与动物中的 7- 脱氢胆固醇很相似，只是在其 C22～C23 位是双键，在 C24 位多一甲基，这也形成了维生素 D_2 和

图 4-73　植物和动物维生素 D 结构的区别

维生素 D_3 分子结构的区别（图 4-73）。欧李果实中含有维生素 D_2，可能对欧李固定钙有一定的作用，值得深入研究。

2. 维生素 B_6

维生素 B_6 又称为吡哆素，包含吡哆醇、吡哆醛及吡哆胺，是一种水溶性的维生素，遇光或碱容易破坏，不耐高温。维生素 B_6 为无色的晶体，易溶于水及乙醇，在酸液中稳定，碱液中易被破坏。欧李果实属于酸性汁液，因此有利于维生素 B_6 的稳定保持，总含量在 26.3～33.2 μg/100 g。有研究指出，维生素 B_6 作为一种重要的辅酶和抗氧化物质，对植物的生长发育及应对外界胁迫尤其是种子的形成起着重要的作用。

3. 维生素 C

维生素 C 属于水溶性维生素，在水果中主要以还原型存在，氧化型和结合型仅少量存在。在欧李果实的含量，不同果实成熟度或不同的品种有较大差异，一般在 20～30 mg/100 g。如图 4-74，果实的发育期时期不同，维生素 C 含量差异较大。果实

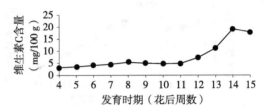

图 4-74　欧李果实发育中维生素 C 含量变化

生长的前期较低，在果实迅速膨大期开始出现骤然上升，在果实成熟期稍有下降，但仍然处于较高水平。维生素 C 在幼果期含量低而在成熟期含量高的特点与山葡萄相似，而与李子等果树相反。目前已知植物维生素 C 合成途径主要有 4 条：L- 半乳糖途径、糖醛酸途径、L- 古洛糖途径和肌醇途径。多条合成途径共存是植物在进化过程中形成的对生态环境和自身发育的适应和调节，其中以 L- 半乳糖途径为主导，其他合成途径作为分支对植物维生素 C 合成起补充作用。但是，特定生长环境和组织部位影响不同途径发挥作用。糖醛酸途径出现在植物的生殖生长阶段，此时植物叶片已经出现衰老，合成维生素 C 的能力大大下降，而细胞的膨大、花粉的发育和果实的成熟仍需要较多的维生素 C 以对抗外界环境的氧化胁迫，因此植物利用胞壁裂解的多糖经糖醛酸途径转变为维生素 C，对种子的成熟和后代的延续起到了保护作用，欧李在果实膨大期维生素 C 含量骤然上升的现象可能与糖醛酸途径有关，值得深入研究。

4. 维生素 E

维生素 E 属于脂溶性维生素，包含 4 种生育酚和 4 种生育三烯酚。维生素 E 是各种维生素中抗氧化很强的维生素，尤其是清除过氧化氢能力方面首屈一指。欧李果实中含有 4 种生育酚，但 β- 生育酚和 δ- 生育酚含量均较低，以 α- 生育酚和 γ- 生育酚为主，其中 α- 生育酚的含量高达 1.42～1.87 mg/100 g，这就保证了欧李果实具有较高的抗氧化性。欧李果实表皮没有茸毛和果粉，且颜色光亮，可能与维生素 E 对细胞膜的保护有较大的关系。

现已研究证明，维生素 E 与植物的抗氧化、膜的稳定性有关。维生素 E 优良的抗氧化作用主要归功于它的色烷醇环头部能够提供酚醛双键给脂质自由基。在均质溶液中，α- 生育酚因为色烷醇环上的羟基更容易被电子释放底物捕获而具有更强的供氢能力，这是衡量维生素 E 抗氧化能力的主要因素。生育酚在叶绿体中大量存在，它能够

保护脂质双分子层上的多不饱和脂肪酸免受脂肪酸氧化酶的攻击，在保护光合器官的完整性方面起着重要作用。生育酚也是维持种子休眠状态和正常萌发的重要脂质抗氧化剂，因此在欧李种子中含量较高，可达到 55 mg/100 g，保证了欧李种子可以较长时间地进行保存。利用欧李种子榨取的油脂，其维生素 E 含量也较高，使欧李油可以保存到 3 年以上而不引起酸化变质。生育酚通过调控叶片光合物质的运输，影响碳水化合物的代谢、分配和积累；生育酚也参与花器官的发育和衰老的过程；生育酚还参与植物的信号转导和基因表达调控，在低温、高温、强光、盐胁迫和干旱等不同胁迫处理的情况下，野生型植株的生育酚含量上升，相对应的生育酚合成基因的表达也增强，表明生育酚对环境胁迫具有一定的抵抗能力。

5. 叶酸

叶酸也称为维生素 B$_9$，是一种水溶性维生素。欧李果实中含量在 0.023～0.061 mg/100 g。尽管含量较低，但有许多生理功能，主要参与氨基酸、蛋白质以及 DNA 合成与代谢。

五、欧李果实中香气物质的组成与含量变化

果实的香气物质是植物体内产生的次生代谢产物，与本身的基因型、果实发育阶段、不同的栽培条件均有关，是果实品质的重要指标。欧李果实成熟后香气十分浓郁，且香气独特，因此，开展欧李香气物质的组分和含量的研究对欧李的利用和品质改良具有重要意义。

1. 欧李果实的香气组分与含量

对 87 份欧李品种或品系的香气进行测定分析，总香气组分有 2 000 多种，但很多成分在阈值以下，因此可以忽略不计。最终发现欧李共含有 640 种香气成分，总含量范围为：0.842 8～295.77 mg/kg，平均含量为 53.85 mg/kg。含量最低的种质为 03-38 品系，最高的种质为 JO-2 品系。

（1）香气的组分分类。640 种组分，按照化合物的性质，可以分为 11 类物质，包括酯类（E）154 种、醇类（A）165 种、醛类（B）43 种、酮类（K）66 种、内酯（L）12 种、酸类（C）44 种、烷烃（D）35 种、烯烃（F）58 种、萜类（T）12 种、酚类（P）10 种、其他氧化物（O）41 种。这 11 类香气成分表现出如下特点。

11 类香气含量的最高量从高到低的排列顺序为：E＞A＞B＞O＞K＞L＞T＞C＞F＞D＞P。

含有化合物组分数量从高到低的顺序为：A＞E＞K＞F＞C＞B＞O＞D＞L＝T＞P。

在种质中最高占比从高到低排列为：E＞A＞B＞O＞C＞D＞T＞K＞L＞F＞P。

各类香气含量范围变异系数从高到低排列为：O＞C＞T＞L＞P＞K＞E＞D＞B＞F＞A。

各类香气含有组分的数量变异系数从高到低排列为：C＞T＞P＞L＞D＞O＞F＞A＞K＞E＞B。

各类香气化合物均值占总香气化合物均值的百分比从高到低排列为：E＞A＞B＞K＞O＞L＞F＞T＞D＞C＞P。

（2）平均含量超过0.1%的单一香气化合物。在87份欧李种质中，单一香气化合物含量平均值占比超过0.1%的组分，其中酯类23种、醇类21种、醛类11种、酮类8种、内酯3种、酸类1种、烷烃1种、烯烃3种、萜类3种、酚类0种、其他氧化物3种，共计77种。

（3）最大含量超过1%的单一香气化合物。各种单一香气化合物中最大占比超过1%的109种；在10%~20%的14种；在20%~30%的5种［包括2种乙酸香叶酯以及芳樟醇、反式芳樟醇氧化物（呋喃类）］；在40%~50%的2种（氧化芳樟醇碳酸乙酯、青叶醛）；超过50%的1种（2-己烯醛）。

（4）香气种类的分布。不同种质中含有的香气化合物的组分数不同，87份欧李种质平均含有的组分为90.69种。酯类、醇类、醛类、酮类、烯烃和其他氧化物是87份种质中共有的香气成分，烷烃存在于84份种质中，酸类存在于82份种质中，内酯和萜类均存在于78份种质中，酚类存在于71份种质中。

在酯类化合物中，不同欧李种质酯类的总含量为0.227 3~180.958 1 mg/kg，占到总香气化合物含量的7.41%~76.91%；平均含量27.72 mg/kg，占总香气含量平均值的42.25%，是11类物质中占比最高的香气类型。单一化合物占香气总量超过1%的24种，超过10%的6种，超过30%的2种，超过40%的1种。在154种酯类化合物中，不同种质含有的香气组分不同，每份种质含有单一化合物组分10~35种，平均含有组分22.76种。没有一种单一组分是所有种质中都含有的香气成分，但86份种质中含均含有的香气成分有2种，分别是：氧化芳樟醇碳酸乙酯和乙酸己酯，含量范围分别是：0.001~82.647 8 mg/kg和0.001~10.926 5 mg/kg；85份种质中含有梨醇酯，含量范围为0.001~13.664 1 mg/kg。

在醇类化合物中，不同欧李种质醇类的总含量范围0.346 2~75.966 5 mg/kg，占香气总含量的12.68%~74.04%；平均含量14.77 mg/kg，占香气总含量平均值的27.42%，仅次于酯类的平均含量。单一化合物占香气总量超过1%的有34种，超过10%的有6种，超过30%的有1种。每份种质中含有的醇类单一化合物的组分数为11~32种，平均含有组分23.73种。所有种质中均含有的醇类仅有1种，即芳樟醇，含量为0.162 3~12.356 mg/kg；86份种质中含有α-松油醇，含量0.001~12.793 4 mg/kg，83份种质含有香叶醇，含量0.001~20.199 1 mg/kg，80份种质中含有的化合物有2种，分别是橙花醇和月桂烯醇，含量分别是0.001~11.764 4 mg/kg和0.001~3.180 9 mg/kg。

在醛类化合物中，不同种质醛类的总含量为0.22~39.57 mg/kg，平均含量6.53 mg/kg，占总香气含量12.13%。单一香气化合物最大占比超过1%的11种，超过10%的3种，超过40%的2种，超过50%的1种。每份种质中含有的醛类单一化合物的组分数为6~19种，平均含有组分数11.4种。所有种质中均含有的醛类是4-二甲基-3-环己烯-1-乙醛，含量范围是0.012 1~2.212 mg/kg；86份种质中含有的是青叶醛，含量范围是0.001~31.475 4 mg/kg。

在酮类化合物中，不同种质酮类的总含量为0.014 4~14.528 7 mg/kg，平均含量为1.38 mg/kg，占总香气含量的2.56%；每份种质含有醛类的单一化合物的组分数在3~13种，平均含有组分7.71种。单一香气化合物最大占比超过1%的7种。82份种质中含有的香气成分为 4-（2,6,6- 三甲基环己 -1,3- 二烯基）-3- 烯 -2- 酮，含量范围 0.001～1.089 1 mg/kg、70 份种质中含有的香气成分是 β- 紫罗兰酮，含量范围是 0.001～0.343 7 mg/kg。

在内酯化合物中，不同种质的总含量为 0.001～8.758 8 mg/kg，由于部分种质中不含有内酯化合物，因此平均含量较低 0.72 mg/kg；组分含有 0～8 种，平均含有组分 2.7 种，单一香气化合物最大占比超过 1% 的 3 种。73 份种质中含有 γ- 癸内酯，含量范围是 0.001～5.174 8 mg/kg。

在酸类香气化合物中，不同种质的含量为 0.001～4.929 2 mg/kg，平均含量 0.26 mg/kg；含有酸类的组分为 0～11 种，平均含有组分 2.80 种。单一香气化合物最大占比超过 1% 的 6 种，含量较高的化合物有 4 种（棕榈油酸、肉豆蔻酸、甘氨酰 -L- 脯氨酸和 3- 氨基 -2，3- 二氢苯甲酸），含量范围分别是：0.001～0.555 mg/kg、0.001～0.753 6 mg/kg、0.001～0.384 2 mg/kg 和 0.001～1.273 9 mg/kg。

在烷烃类香气化合物中，不同种质的含量范围 0.010 8～2.171 mg/kg，平均含量 0.26 mg/kg，含有组分 0～11 种，平均含有组分 4.76 种，含量较高的有 3 种（十六烷、正十四烷和正十五烷），含量范围分别是 0.001～0.497 1 mg/kg、0.001～0.695 9 mg/kg 和 0.001～0.765 1 mg/kg。

在烯烃类香气化合物中，不同种质的含量为 0.010 8～2.171 mg/kg，平均含有量 0.414 8 mg/kg，平均含有组分 5.60 种，含量范围较高的有 4 种（对伞花烃、对二甲苯、2,2- 二苯基丙烷和 1- 亚甲基 -1H- 茚），含量分别是：0.001～0.034 mg/kg、0.001～0.223 4 mg/kg、0.001～0.069 6 mg/kg 和 0.001～1.290 4 mg/kg。

在萜类香气化合物中，不同种质的含量为 0～5.250 4 mg/kg，平均含量 0.36 mg/kg，平均含有萜类组分 1.87 种，单一香气化合物最大占比量大于 1% 的 3 种；含量较多的香气化合物 1 种（α- 法呢烯），含量为 0.001～2.406 mg/kg。

在其他氧化物类的香气化合物，含量范围 0.004 7～34.040 3 mg/kg，平均含有量 1.21 mg/kg，含有组分为 1～8 种，平均含有组分 4.03 种。含量较高的香气化合物有 2 种（玫瑰醚和反式芳樟醇氧化物），含量范围分别是 0.001～0.106 6 mg/kg 和 0.001～33.614 1 mg/kg。

在酚类香气化合物中有 10 种，含量范围 0.001～0.353 6 mg/kg，平均含量 0.04 mg/kg，醛类化合物，不仅含量低，而且组分的种类也较少，仅有 2 种。

综上分析，可以看出，欧李果实中的香气化合物的组成成分具有如下特点。

一是组分种类多而复杂，从目前报道的主要水果的组分来看，大多数水果的香气组分在 100～300 种，如桃 110 种、苹果 300 种、葡萄 280 种（刘向平等，2009）、香蕉、李子、梨的香气组分最少，仅 60 多种（陈计峦，2005），这也可能与测定的种质数有关，但更多与遗传因素造成树种之间的特性差异有关，笔者测定的欧李香气成分达到了 640 种，远远高出了一般果树的香气组分，这种高组分的特点也与人们对欧李的普遍认知一致。这样多的香气成分，当人们第一次品尝到成熟的欧李果实时，也会感觉到欧李似乎是多种果实的混合风味。

二是不同种质含有的化合物组分种类和数量不同，即没有香气相同的欧李种质，这一特点可以用于种质之间差异性的鉴定。尤其是有 206 种单一香气化合物仅在一种特异的种质中含有，这便为种质鉴定提供了一种快捷的方法。

三是欧李所有种质资源中只有 2 种香气化合物，即芳樟醇和 4- 二甲基 -3- 环己烯 -1- 乙醛为全部种质共有的化合物。芳樟醇是全世界排在首位的香气物质，在所有化妆品、食品的调香中首当其用，没有一瓶香水里不含有芳樟醇，尽管此化合物可以合成，但是天然食品如果实中则无法添加，必须通过植物本身的合成而产生，因此含有此香气成分的果品就会大大提高消费者的认同感和食欲感。因此，其含量越高，则此种果品的品质就越高。欧李果实中芳樟醇的含量为 0.162 3～12.356 mg/kg，占到总香气含量的 2.45%～31.04%，平均 7.36%，可以说芳樟醇是欧李香气的主要来源之一。同时欧李果实中还含有许多芳樟醇合成的前体化合物，如松节油、月桂烯、橙花醇、香叶醇、月桂醇及松油醇等，保证了欧李芳樟醇可以源源不断地进行合成。据报道，在番石榴、桃、李、菠萝和西番莲等果实中也含有芳樟醇（魏长宾等，2009），但多数水果芳樟醇的含量较少。对于第 2 种共有的成分即 4- 二甲基 -3- 环己烯 -1- 乙醛，在其他水果如果梅、杏、甜樱桃和葡萄中也有，但含量均较低，而在欧李含量较高为 0.012 1～2.212 mg/kg，占到总香气成分的 0～7.032 3%。

四是构成欧李独特香气特征典型化合物有十多种。除上面提到的 87 份种质中共有的芳樟醇和 4- 二甲基 -3- 环己烯 -1- 乙醛外，有 5 种香气化合物在超过 90% 的种质中含有，且含量较高。86 份种质中均含有的香气化合物 4 种，分别是：Ethyl2-（5-methyl-5-vinyltetrahydro furan-2-yl）propan-2-yl carbonate、乙酸己酯、α- 松油醇和青叶醛。第 1 种香气化合物十分罕见，欧李中的含量为 0～82.65 mg/kg，含量平均值占到总香气平均值的 19.09%，由于此物质目前没有 CAS 号，也没有简写的中文名称，暂且将其称为 "氧化芳樟醇碳酸乙酯"，可能与氧化芳樟醇的合成有关，而氧化芳樟醇的香气比芳樟醇更为强烈，这也可能是欧李有些种质含有强烈的香气原因。或许这个香气成分是欧李果实中一种独特的香气成分；第 2 种为乙酸己酯，是大多数水果中都含有的香气成分，含量平均值占到了总香气成分的 2.90%；第 3 种 α- 松油醇，既是香气成分也是合成芳樟醇的前体物质；第 4 种青叶醛，在许多果实如苹果、桃以及茶叶中广泛存在。另外，梨醇酯在 85 份种质中存在，香叶醇在 83 份种质中存在，4-（2,6,6-三甲基环己-1,3-二烯基）-3-烯-2-酮在 82 份种质中存在，2,6-二甲基-5,7-辛二烯-2-醇、橙花醇和月桂烯醇均在 80 份种质中存在。还有 2 种乙酸香叶酯虽然达不到 90% 以上的种质中含有，但均值占比较高，分别为 10% 和 6.37%，也应看作是主要香气成分。因此，以上 14 种香气化合物可以作为欧李的典型化合物，这些化合物的均值之和占到了总香气含量的 69.84%，并与其他香气化合物一起共同形成了欧李特有的香气。为了方便查找，将欧李的 14 种主要香气成分列表，见表 4-34。

表 4-34 欧李果实主要香气化合物

序号	香气化合物名称	欧李种质中含有分数与含量
1	芳樟醇	87 份种质全部含有，其含量范围为 0.16～12.36 mg/kg，占到总香气含量的 2.45%～31.04%，平均占到总香气含量的 7.36%
2	4- 二甲基 -3- 环己烯 -1- 乙醛	87 份种质全部含有，其含量范围为 0.01～2.21 mg/kg，占到总香气成分的 0～7.03%。平均占到总香气含量的 0.68%
3	氧化芳樟醇碳酸乙酯	86 份种质含有，其含量范围为 0～82.65 mg/kg，含量平均值占到总香气平均值的 19.09%
4	乙酸己酯	86 份种质含有，0.001～10.93 mg/kg，含量平均值占到了总香气成分的 2.90%
5	α- 松油醇	86 份种质含有，其含量范围为 0.001～12.79 mg/kg，平均占到总香气含量的 4.96%
6	青叶醛	86 份种质含有，其含量范围为 0.001～31.48 mg/kg，平均占到总香气含量的 6.77%
7	梨醇酯	85 份种质含有，其含量范围为 0.001～13.66 mg/kg，平均占到总香气含量的 3.19%
8	4-（2,6,6- 三甲基环己 -1,3- 二烯基）-3- 烯 -2- 酮	82 份种质含有，其含量范围为 0.001～1.09 mg/kg，平均占到总香气含量的 0.34%
9	香叶醇	83 份种质含有，其含量范围为 0.001～20.199 1 mg/kg，平均占到总香气含量的 4.86%
10	2,6- 二甲基 -5,7- 辛二烯 -2- 醇	80 份种质含有，其含量范围为 0.001～20.247 1 mg/kg，平均占到总香气含量的 2.21%
11	橙花醇	80 份种质含有，其含量范围为 0.001～11.764 4 mg/kg，平均占到总香气含量的 0.80%
12	月桂烯醇	80 份种质含有，其含量范围为 0.001～3.180 9 mg/kg，平均占到总香气含量的 0.31%
13	乙酸香叶酯	51 份种质中含有，含量 0.001～74.58 mg/kg，平均占到总香气含量的 10%
14	3,7- 二甲基 -2,6- 辛二烯 -1- 醇乙酸酯	38 份种质中含有，含量为 0.001～69.29 mg/kg，平均占到总香气含量的 6.37%

2. 欧李香气成分在果实发育过程中的变化

图 4-75 是欧李 2 个品种的果实发育过程中各类香气含量的变化，可以看到 2 个品种从幼果期到着色初期各类香气的含量均较低，进入着色中期后含量开始迅速上升，鲜食品种 7 号的上升幅度大于加工品种农大 4 号，在商熟期香气含量基本上继续上升，到完熟期达到最大。但鲜食品种农大 7 号的总香气含量几乎超出了加工品种农大 4 号的一倍，说明了香气在鲜食品种尤其重要。

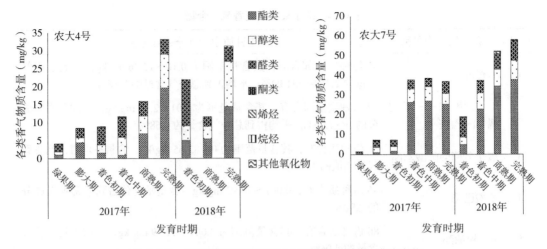

图 4-75　欧李果实发育过程中不同年份的香气成分变化

2 年间香气的变化趋势基本相同。尽管农大 4 号在翌年的商熟期有所下降，这可能与当时气候有关，但在完熟期仍然达到了最高含量。

在果实发育过程中，香气的组分也在发生变化，农大 4 号整个发育过程中，共检测到香气成分 46 种，酯类 20 种，醇类 14 种，醛类 7 种，烯烃 2 种，其他氧化物、烷烃和酮类各 1 种。2017 年幼果期 13 种，果实膨大期 21 种，着色初期 13 种，着色中期 16 种，商熟期 16 种，完熟期 13 种；2018 年着色初期 13 种，商熟期 20 种，完熟期 17 种。香气组分数量的变化趋势为上升→下降→上升→下降，香气种类最丰富的时期是膨大期或商熟期。正己醛只在绿果期和膨大期出现，随后含量下降；着色初期、着色中期、商熟期和完熟期共有的香气有 2 种，分别是 α- 松油醇和 2- 甲基 -4- 戊醛，前者含量一直上升，而后者含量先下降后上升；完熟期和商熟期共有的香气成分 3 种：包括梨醇酯、乙酸己酯和 2-甲基-3-丁烯-2-醇；在着色中期香叶醇消失，在商熟期和完熟期 4-二甲基-3-环己烯-1-乙醛消失，在完熟期 3-己烯-1-醇消失。

氧化芳樟醇碳酸乙酯、芳樟醇、壬醛和青叶醛在农大 4 号果实发育的各个发育阶段均有，前 2 种在不断上升，后 2 种在后期不断降低。

农大 7 号整个发育过程中，共检测到香气化合物 54 种，酯类 21 种，醇类 13 种，醛类 7 种，酮类 3 种，烯烃 4 种，烷烃 1 种，萜类 3 种，其他氧化物 2 种。香气组分最丰富的时期是商熟期。香气种类的变化趋势是下降→上升→下降。

农大 7 号果实中乙酸香叶酯和香叶醇在着色中期、商熟期和完熟期均有，含量逐渐上升；梨醇酯、乙酸己酯和 3-甲基-3-丁烯-乙酯是商熟和完熟期共有的 3 种香气；氧化芳樟醇碳酸乙酯、芳樟醇、α-松油醇和青叶醛是各个时期均有的 4 种香气。

3. 欧李果实香气形成与保持的影响因素

（1）栽培方式与光照强度对香气的影响。图 4-76 反映了露地、温室 2 种栽培方式和 2 种光照强度下对农大 6 号和农大 7 号 2 个欧李品种香气含量与组分变化的影响。露地栽培下的总香气含量最高，温室栽培下低于露地栽培，高于遮阴处理，但农大

7 号低于 50% 的遮阴处理高于 80% 的遮阴，对于 2 个品种之间的这种差异有待于进一步查明原因。在组成成分上，农大 6 号露地和温室栽培均只有酯类、醇类和醛类，而遮阴后，果实香气化合物虽然总量降低，但组成出现了酮类、烯烃和烷烃。总组分上露地 16 种，温室栽培 22 种，50% 遮阴 26 种，80% 遮阴 28 种。露地下特有的香气化合物有 2 种，分别是橙花醇和 3-甲基-3-丁烯-1-醇；温室栽培特有的香气化合物有 5 种，分别是 4-戊烯基己酯、3-甲基-2-丁烯基己酯、3-己烯-1-醇、4-己烯-1-乙酯和 2-异丙基-5-甲基六角-4-烯醛；50% 遮阴特有的香气化合物有 2 种，分别是 4-二甲基-3-环己烯-1-乙醛和（Z）-6,10-二甲基-5,9-十一二烯-2-酮；80% 遮阴特有的香气化合物有 5 种，分别是乙酸丁酯、乙酸叶醇酯、2,2,4-三甲基-1,3-戊二醇二异丁酸酯、正己醛和 4-（2,6,6-三甲基环己-1,3-二烯基）-3-烯-2-酮。说明了光照增强有利于香气总含量的提高，但光照降低有利于香气组分的增多。

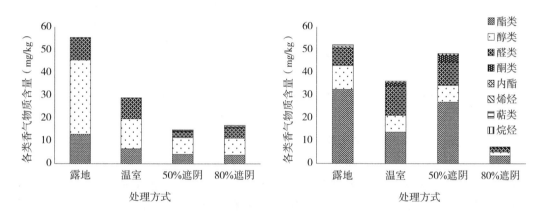

图 4-76　栽培方式与遮阴对农大 6 号（左图）和农大 7 号（右图）果实香气含量的影响

农大 7 号也表现出在光照减弱的情况下香气组分增多的情况，但不明显。露地 20 种，温室栽培 25 种，50% 遮阴下有 23 种，80% 遮阴下有 21 种。各种处理也都表现出每种处理下的特有香气成分，但具体组分与农大 6 号不同，这是品种原因造成的。

（2）冷冻贮藏对欧李果实香气化合物的影响。图 4-77 是 2 年间分别对农大 4 号和农大 7 号在 -40℃冷冻贮藏 6 个月和 18 个月后各类香气的含量变化情况，可以看到冷冻贮藏条件下，总香气含量下降率十分明显，可能一方面是由于果实中的已有香气挥发，另一方面在冷冻条件下香气合成受阻，因而导致香气总量严重减少。冷冻处理 18 个月的欧李香气含量损失更严重，酯类、醇类、醛类和烯烃类含量均大幅下滑，而冷冻 6 个月，香气化合物中出现了酮类和酸类。

农大 4 号 6 个月后总香气含量下降 92.58%，酯类下降 86.36%，醇类下降 91.86%，醛类下降 99.52%；18 个月后，总香气含量下降 96.48%，酯类下降 93.64%，醇类下降 94.51%，醛类下降 99.70%。总体上来看，贮藏时间越长，香气损失得越严重。从单一香气化合物来看，在贮藏 6 个月或 18 个月后，香气含量损失接近或等于 100% 的有 10 种，分别是 4-戊烯-1-乙酸酯、1-亚甲基-1H-茚、壬醛、2-甲基-4-戊醛、青叶醛、

2,2,4-三甲基-1,3-戊二醇二异丁酸酯、丙酸2-甲基-3-羟基-2,4,4-三甲基戊酯、4-己烯-1-乙醇、癸醛和四氢-2-甲基-2-呋喃醇。含量损失较少的有2种，分别是乙酸叶醇酯和乙醇，损失率分别为84.30%和77.94%。冷冻贮藏下也会产生一些新的香气化合物，仅在冷冻果中含有的香气化合物有5种，分别是邻苯二甲酸二丁酯、3-甲基-3-丁烯-1-醇乙酯、4-二甲基-3-环己烯-1-乙醛、4,6-二甲基-2-庚酮和乙酸。

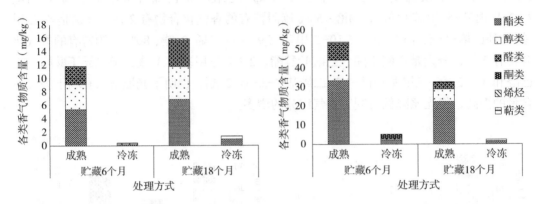

图4-77 冷冻处理对农大4号（左图）和农大7号（右图）果实香气含量的影响

农大7号和农大6号表现出相同的趋势，只是化合物的组分上有所不同。贮藏6个月后，总香气含量下降90.09%，酯类下降93.55%，醇类下降94.25%，醛类下降99.48%；贮藏18个月后，总香气含量下降92.64%，酯类下降92.27%，醇类下降90.09%，醛类下降100%。从单一香气化合物来看，含量损失接近或等于100%的有16种，分别是4-戊烯-1-乙酸酯、丁酸己酯、4-戊烯基己酯、2-甲基-3-羟基-2,4,4-三甲基戊酯丙酸、3-甲基-2-丁烯基己酸酯、2,5-己二醇、2,6-二甲基-5,7-辛二烯-2-醇、2-甲基-4-戊醛、正己醛、6-戊基-2H-吡喃-2-酮、对二甲苯、d-柠檬烯、青叶醛、壬醛、癸醛和2-Hydroxymethyl-2-methylcyclopentan-ol。在冷冻果中也出现了新的香气化合物，共有3种，分别是（Z）-乙酸4-己烯-1-醇、4-二甲基-3-环己烯-1-乙醛和（Z）-6,10-二甲基-5,9-十一二烯-2-酮。

六、多酚与黄酮类物质的组成与含量变化

（一）欧李果实中的黄酮类物质的含量与组成

1. 果实中不同部位的类黄酮含量

25种欧李种质果肉、果皮和种仁类黄酮总含量的分析见表4-35。

表 4-35　不同欧李种质果实各部位类黄酮总含量

序号	品种	类黄酮总含量（mg/g）		
		果肉含量	果皮含量	种仁含量
1	农大 3 号	7.838	60.837 4	32.622 1
2	农大 4 号	10.405 2	40.317 2	11.687
3	农大 5 号	4.761 7	37.330 2	30.445 5
4	农大 6 号	4.259 4	50.188 9	20.701 1
5	农大 7 号	7.190 6	45.045 4	18.654 3
6	DG-1	7.273 2	72.798 6	32.689 1
7	Y03-09	10.923 1	40.129 7	22.390 1
8	Y04-26	6.620 2	47.242 1	30.266
9	Y07-14	6.995 2	45.716 4	18.725 4
10	Y09-14	8.626	56.832 5	13.536 7
11	Y13-03	9.158 4	26.346 8	9.885 1
12	Y23-04	7.402 6	34.463 8	9.851 6
13	晋欧 3 号	8.076 8	55.064 4	15.812 1
14	G1	7.854 1	29.651 3	27.498 7
15	黑钙	9.364 1	45.689 6	24.685 9
16	闻粉里	5.598 9	40.786	8.125 1
17	晚 3	5.828 8	33.445 8	20.361 4
18	01-01	4.621 8	33.654 1	14.941 5
19	02-16	5.328 7	55.458 7	32.454 7
20	晋欧 2 号	6.458 7	37.853 9	19.73
21	03-32	13.325 4	49.683 7	28.364
22	05-17	6.956 4	40.982 1	29.139 5
23	10-32	16.912 6	56.082 4	25.981 6
24	20-09	4.429 5	36.584 1	23.246
25	99-02	8.291 1	52.238 2	18.290 1
	平均	7.780 0	44.976 9	21.603 4

　　在第二章中已经对欧李整果的总黄酮含量进行了叙述，这里主要从欧李果实的不同部位进行叙述。

　　从表 4-35 可以看到，欧李果肉、果皮和种仁中的类黄酮总含量不同，果皮中最多，范围 26.346 8～72.798 6 mg/g，种质平均含量 44.976 9 mg/g，果肉中较低，平均含量为 7.78 mg/g，种仁居中为 21.603 4 mg/g。果皮、果肉和种仁间的含量高低不存在相关性。

2. 欧李果实黄酮类物质主要成分

黄酮类化合物是植物中广泛分布的一大类次级代谢产物，已报道的化合物超过10 000 种。关于黄酮物质的分类，有多种方法，按照中央三碳链的氧化情形、三碳链可否形成环以及 B 环连接位置等不同特点，类黄酮化合物主要可以分为黄酮类、花色苷类、异黄酮类、黄酮醇类、二氢查尔酮类和黄烷酮类等，利用反向高效液相色谱法进行测定，检测到欧李果实中各类黄酮的组分，见图 4-78。可以看出，欧李果实中类黄酮物质黄烷醇类最高，其次为二氢查耳酮类，两者之和占到欧李果实总黄酮含量的86%。花色苷和黄酮醇含量较少，但黄酮醇物质种类最多。

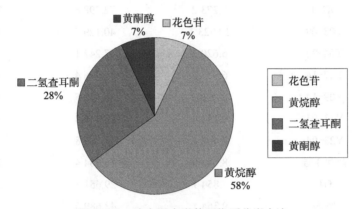

图 4-78　欧李果实类黄酮物质分类占比

采用反向高效液相色谱法共鉴定出 20 份欧李种质的果实中有 14 种类黄酮物质，尽管与后期笔者鉴定的 171 种类黄酮成分差异较大，但可以从侧面反映欧李类黄酮的成分特征。黄烷醇有 4 种，包括原花青素 B_2、儿茶素、表儿茶素、原花青素 B_1，总含量为 191.2～1 068.6 μg/g，平均值为 497.22 μg/g；二氢查耳酮有 3 种，包括根皮素-葡萄糖木糖苷、根皮苷异构体、根皮素-3-O-二葡萄糖苷，总含量为 36.5～609.8 μg/g，平均值为 247.83 μg/g；黄酮醇有 6 种，包括槲皮素-3-O-葡萄糖苷、扁蓄苷异构体、槲皮素-7-O-葡萄糖苷、乙酰槲皮素-7-O-葡萄糖苷、杨梅素，槲皮素，总含量为13.6～154.6 μg/g，平均值为 58.77 μg/g；花色苷 1 种，为矢车菊素-3-O-葡萄糖苷，总含量为 0～146.7 μg/g，平均值为 54.81 μg/g。其中儿茶素、表儿茶素、根皮素-3-O-二葡萄糖苷，原花青素 B_1、原花青素 B_2、槲皮素、乙酰槲皮素-7-O-葡萄糖苷、槲皮素-7-O-葡萄糖苷 8 种类黄酮物质存在于所有种质资源中，为欧李种质资源的共有类黄酮物质。而根皮素-葡萄糖木糖苷、根皮苷异构体、槲皮素-3-O-葡萄糖苷、扁蓄苷异构体、杨梅素、矢车菊素-3-O-葡萄糖苷这 6 种类黄酮物质在有些欧李种质中不存在。

利用超高效液相色谱和串联质谱对农大 4 号和农大 5 号 2 个欧李品种果实中类黄酮的化学成分进行分析，共检测到了 171 种类黄酮代谢物。其中农大 4 号检测到170 种，农大 5 号检测到 145 种。将所检测到的类黄酮代谢物进行分类后，发现共七大类，分别为黄烷醇、花青素、黄酮、黄酮醇、黄酮类、黄烷酮和异黄酮，农大 4 号和农大 5 号欧李果实中黄酮的数量最多，分别为 60 种和 55 种，占比分别为 35.29% 和 37.93%，数量最少的均为异黄酮，分别为 6 种和 3 种，占比分别为 3.53% 和 2.07%。两个品种之间比较，数量差异最大的为花青素，农大 4 号检测到 20 种，农大 5 号检测到 12 种，相差 8 种。

（二）欧李植株器官发育过程中黄酮和多酚含量的变化

1. 欧李真根中类黄酮和多酚含量动态变化

如图 4-79 可知，不同品种及不同时期真根中类黄酮与多酚含量不同。农大 4 号、农大 6 号、农大 7 号和 01-01 真根中类黄酮不同时期含量范围分别为 135.61～191.64 mg/g DW、124.58～135.16 mg/g DW、136.14 ～176.16 mg/g DW 和 114.62 ～169.58 mg/g DW，多酚含量范围分别为 73.27～95.25 mg/g DW、63.21～75.82 mg/g DW、73.22～82.43 mg/g DW 和 59.98～75.34 mg/g DW，即农大 4 号真根中类黄酮和多酚含量相对较高。欧李真根的类黄酮、多酚含量呈现先快速上升，之后下降，后缓慢上升趋势，5 月达到最大值。对于类黄酮，除农大 6 号品种在 5 月的类黄酮含量未显著高于 3 月外，其他品种在 5 月的类黄酮含量显著高于 3 月，其他时期之间则无显著差异。对于多酚，农大 4 号品种在 3 月和 5 月有显著差异，其他时期无显著差异，其他品种也无显著差异。欧李真根类黄酮平均含量为 142.32 mg/g DW，多酚平均含量为 72.83 mg/g DW。

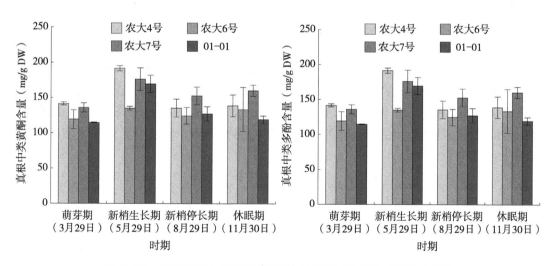

图 4-79 欧李真根中类黄酮（左图）和多酚（右图）含量动态变化

2. 欧李地下茎中类黄酮和多酚含量动态变化

如图 4-80 可知，不同品种及不同时期地下茎中类黄酮和多酚含量不同。农大 4 号、农大 6 号、农大 7 号和 01-01 地下茎中类黄酮含量范围分别为 107.15～156.77 mg/g DW、112.13～131.52 mg/g DW、148.24～178.30 mg/g DW 和 117.82～146.28 mg/g DW，其多酚含量范围分别为 61.31 ～80.42 mg/g DW、60.67～68.93 mg/g DW、77.46～93.50 mg/g DW 和 58.98～76.08 mg/g DW，即农大 7 号地下茎类黄酮和多酚含量相对较高。其变化趋

势和真根变化趋势相同。农大4号在5月的类黄酮和多酚含量明显高于3月，其他时期无显著差异。欧李地下茎类黄酮平均含量为135.91 mg/g DW，多酚平均含量为71.96 mg/g DW。

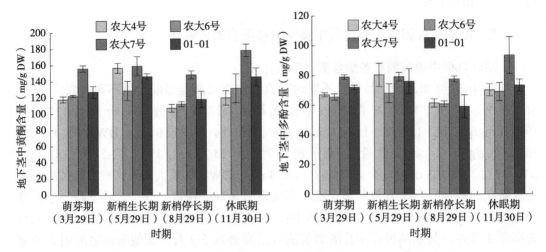

图4-80　欧李地下茎中类黄酮（左图）和多酚（右图）含量动态变化

3. 欧李二年生结果枝中类黄酮和多酚含量动态变化

如图4-81可知，不同品种及不同时期二年生结果枝的类黄酮与多酚含量不同。农大4号、农大6号、01-01和农大7号二年生结果枝中类黄酮含量范围分别为68.36～85.30 mg/g DW、60.40～94.23 mg/g DW、47.86～123.85 mg/g DW和63.15～105.44 mg/g DW，其多酚含量范围分别为40.53～46.56 mg/g DW、34.94～60.39 mg/g DW、39.95～70.78 mg/g DW和40.93～52.15 mg/g DW，除农大4号之外，其余品种结果枝类黄酮及多酚含量呈现先下降后上升的趋势。结果枝于11月最高，5月类黄酮及多酚含量最低。欧李二年生结果枝类黄酮平均含量为77.59 mg/g DW，多酚平均含量为46.04 mg/g DW。

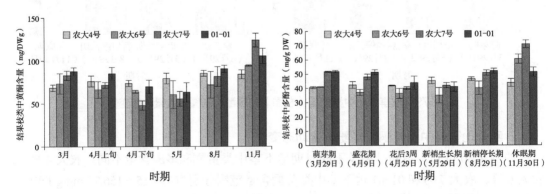

图4-81　欧李二年生结果枝中类黄酮（左图）和多酚（右图）含量动态变化

4. 欧李基生新梢中类黄酮和多酚含量动态变化

如图 4-82 可知，不同品种及不同时期基生新梢中类黄酮与多酚含量不同。农大 4 号、农大 6 号、农大 7 号和 01-01 基生新梢中类黄酮含量范围分别为 23.37～83.62 mg/g DW、28.77～70.81 mg/g DW、34.38～94.02 mg/g DW 和 24.97～87.62 mg/g DW，其多酚含量范围分别为 14.59～44.21 mg/g DW、13.98～39.32 mg/g DW、18.83～46.56 mg/g DW 和 14.82～45.04 mg/g DW。欧李基生新梢全年变化趋势是先下降后快速上升，于 5 月类黄酮和多酚含量最低，进入休眠期时达到最大值。欧李基生新梢类黄酮平均含量为 49.84 mg/g DW，多酚平均含量为 28.14 mg/g DW。

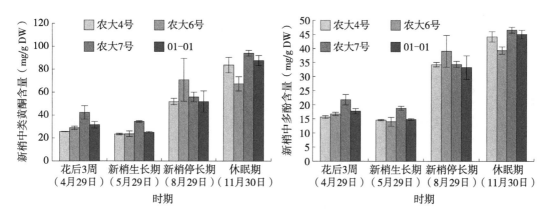

图 4-82　欧李基生新梢中类黄酮（左图）和多酚（右图）含量动态变化

5. 欧李花朵中类黄酮和多酚含量动态变化

如图 4-83 可知，不同品种及不同时期花朵中类黄酮与多酚含量不同。农大 4 号、农大 6 号、农大 7 号和 01-01 花朵中类黄酮含量范围分别为 37.91～50.65 mg/g DW、29.84～48.38 mg/g DW、34.91～51.25 mg/g DW 和 29.24～44.05 mg/g DW，其多酚含量范围分别为 32.24～41.99 mg/g DW、27.98～37.06 mg/g DW、30.79～36.64 mg/g DW 和 29.99～39.58 mg/g DW，即农大 4 号花朵中类黄酮和多酚含量相对较高。除农大 4 号外，农大 6 号、农大 7 号和 01-01 总体呈下降趋势。欧李花朵类黄酮平均含量为 40.94 mg/g DW，多酚平均含量为 34.74 mg/g DW。

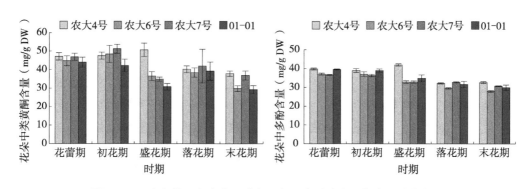

图 4-83　欧李花朵中类黄酮（左图）和多酚（右图）含量动态变化

6. 欧李果实中类黄酮和多酚含量动态变化

如图 4-84 可知，不同品种及不同时期果实中类黄酮与多酚含量不同。农大 4 号、农大 6 号、农大 7 号和 01-01 果实中类黄酮含量范围分别为 31.71～311.31 mg/g DW、21.31～281.06 mg/g DW、38.07～313.46 mg/g DW 和 28.71～319.84 mg/g DW，其多酚含量范围分别为 24.62～93.51 mg/g DW、13.52～90.61 mg/g DW、19.05～93.60 mg/g DW 和 23.95～99.20 mg/g DW。随着果实的发育，类黄酮及多酚含量呈快速下降趋势。除成熟期外，4 个品种在不同时期均有显著差异。欧李果实全年类黄酮平均含量为 141.36 mg/g DW，多酚平均含量为 51.12 mg/g DW。

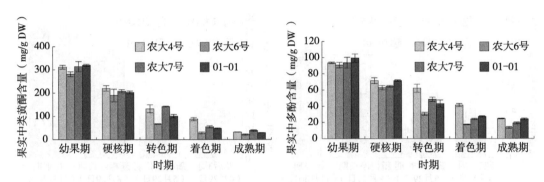

图 4-84　欧李果实中类黄酮（左图）和多酚（右图）含量动态变化

7. 欧李叶片中类黄酮和多酚含量动态变化

农大 4 号（图 4-85）不同时期叶片中类黄酮与多酚含量不同，类黄酮含量范围为 25.00～107.31 mg/g DW，其多酚含量范围为 20.14～54.61 mg/g DW。叶片中类黄酮与多酚含量整体呈上升趋势。在叶片快速生长期，类黄酮与多酚含量呈下降趋势，当叶片停止生长后，类黄酮和多酚含量一段时间内不断上升，后期接近落叶期时基本稳定。欧李叶片不同品种类黄酮平均含量为 67.76 mg/g DW，多酚平均含量为 37.46 mg/g DW。

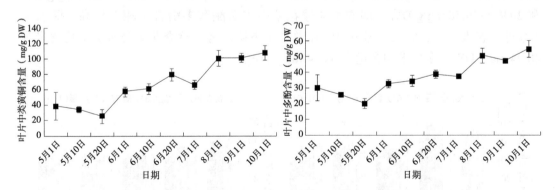

图 4-85　欧李叶片中类黄酮（左图）和多酚（右图）含量动态变化

综上，欧李不同器官干重情况下年周期内各个时期的类黄酮平均含量高低为：真根＞果实＞地下茎＞结果枝＞叶片＞基生新梢＞花朵，多酚含量高低为：真根＞地下茎＞果实＞结果枝＞叶片＞花朵＞基生新梢，但不同时期各个器官的含量不同。真根和地下茎的最高时期出现新梢生长期，其他时期含量相接近；二年生结果枝类黄酮在休眠期最高，其他时期相接近；基生新梢在 5 月类黄酮与多酚含量达最低值，休眠期最高；花朵盛花期达最大值，落花期下降；果实幼果期最高，成熟后最低；欧李叶片在其生长期较低，成熟后逐渐上升到最高。经显著性检测，同一器官的类黄酮与多酚含量表现出极显著正相关，对于欧李果实类黄酮含量与二年生结果枝类黄酮含量呈显著负相关，与基生新梢和叶片类黄酮含量呈极显著负相关，与花朵类黄酮含量呈极显著正相关，而与地下部没有显著相关性。尽管有人指出，类黄酮类物质可能在地下部合成，然后转移到地上部，生长后期叶片中的类黄酮可以转移到地下部，就欧李来看，地下器官与地上器官没有相关性。这里需指出的是尽管欧李果实幼果期时的平均含量高于叶片，但在果实成熟后含量却远远低于叶片，这在利用上要加以注意。

第五章
欧李育种

第一节 欧李育种目标

作为一种新兴的林果树种，欧李的利用价值是确定育种目标的主要依据。如前所述，欧李的主要利用方面包括生态利用、果树利用、观赏利用、药用、茶用、油用、牧用等，因此，利用目的不同，其育种目标不同。

一、生态利用的育种目标

欧李从研究到目前的初步产业化，实际上走过一条独特的发展道路，即"生态产业化、产业生态化"之路。在发展欧李的初期，正值我国实行退耕还林和生态恢复的背景之下，欧李具有生态和经济的双重效应，因此，给欧李的发展带来了机遇，欧李要作为生态恢复利用，必须具有较强的抗逆性，同时要具有适当的经济产量。

1. 长势强壮

欧李为小灌木，一般高度在 40～80 cm，但长势强壮的植株可达到 90 cm 以上，甚至达到 150 cm。长势强壮的欧李还表现在连续生长能力强（上位枝的长度长，可超过30 cm），平茬后的基生枝萌发数量多、长度长，枝条粗壮，垂直根系较深、水平根系分布较广等方面。生态利用的育种目标要首先将长势强壮作为一个主要目标，这样才能在生态占位中保持欧李获得在光照、土壤养分等方面的竞争优势，不被杂草或其他灌木取代。

2. 结果能力中等

欧李会因结果过多，使生长减弱，导致生态作用减弱，因此育种目标可选育坐果率中等品种，以保障欧李的长势。

3. 抗逆能力和用途

抗逆方面包括抗旱、抗寒、耐刈割、耐啃食和耐火烧等。在用途上要考虑产仁率、花色、花期和叶色变化等育种目标，使生态恢复与经济、观赏和美化环境统一起来。

二、果树利用的育种目标

作为一种新兴的水果利用，必须符合消费者和生产者的要求，两者缺一不可。野生欧李的口感较酸或涩味较重，消费者难以接受，营养或保健价值即使再高，也难以得到鲜食消费者的认可。但再好的品质如果种植环节过于烦琐造成生产成本较大或适应性差也不能得到生产者的认可。因此果树利用应从如下方面考虑育种目标。

1.坐果率

果树育种的首要目标是产量，较高的坐果率是保证产量的基础。由于欧李果实属小果类，故要求欧李坐果率应大于 35%，在这样一个坐果率的要求下，每个节位坐果 1～3 个，欧李的单枝产量可达到 0.3～0.5 kg，亩留结果枝 4 000 条，产量可达到 1 000 kg 以上。

2.果实大小

欧李种质中的单果重大多在 5～10 g，作为果树利用的选育目标应大于 10 g 以上，可提高产量和品质，目前的品种大多数在 10 g 左右，选育出单果重在 12 g 以上，且其他性状方面优良的品种是重点方向。

3.鲜食品质

鲜食是欧李重点育种目标之一。鲜食品质包括外观品质和内在品质。外观上要求外形美观，果形端正，颜色鲜艳；内在品质上要求可溶性固形物含量在 15% 左右，可滴定酸含量在 0.5% 以下，固酸比大于 30，涩味轻、可食率在 90% 以上等。

4.植株的姿态

目前生产上的品种欧李植株的姿态多以开张或半开张为主，结果负重后，枝条下垂。今后应以直立型为主要育种目标，可解决欧李因植株低矮、枝条倒伏拖地带来的病害加重或机械收获不易的问题。

三、其他用途的育种目标

在观赏利用育种方面应重点选育花期长、颜色多样、花朵大而密集、叶色具彩叶性状的品种。

在药用方面重点选育坐果率高（大于 50%）、出仁率高、药效成分含量高的品种。

在油用方面重点选育长势强、坐果率高、出仁率和出油率均高的品种。

在茶用方面重点选育叶片大小中等、茶多酚、γ- 氨基丁酸含量较高，且苦杏仁苷、单宁含量较低以及香气浓郁的品种。

第二节　欧李育种方法

相比于传统果树，欧李的育种史较短，起始于 20 世纪 80 年代从野生欧李的直接选优，经过 30 多年的育种实践，欧李的育种方法经历了 3 个大的阶段（三步），在每个阶段具体的育种方法不同。可将欧李的育种方法概括为"三步三选＋优系无性高效扩繁"的育种方法，见图 5-1。

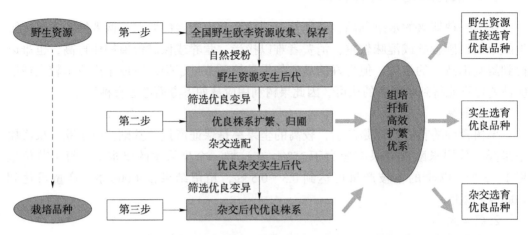

图 5-1　欧李"三步三选 + 优系无性高效扩繁"育种方法

第一步，系统收集野生欧李种质资源，全面了解和掌握欧李的基本形态特征和生长结果习性，综合评价农艺性状和抗逆性。欧李的农艺性状包括生长势、株高、姿态、生育期、始果年龄、连续结果能力、丰产性、稳产性、果实性状与品质等。抗逆性包括越冬性、抗晚霜能力、抗病能力、抗旱能力等。在此阶段中，可以从野生资源中选择性状优良的种质直接培育为栽培品种，如晋欧 1 号品种的选育。

第二步，从野生资源自然授粉获得的实生后代中筛选优异株系（优系），优系无性扩繁 100 株归圃，建立优系资源圃，优系进一步筛选鉴定培育为栽培品种，如晋欧 2 号、农大 6 号、农大 7 号等品种的选育。

第三步，以优系为亲本设计杂交组合，创制杂交后代群体，从中筛选优良变异，培育为栽培品种。3 种选种方法筛选出的优异资源，需利用"组培 + 扦插"的繁育技术体系，可在 3～4 年完成优系从 1～10 000 株的高效扩繁速度，为开展区域试验提供了充足的优系种苗，从而加快品种的选育进程。

欧李目前育种开展较多的有野生选育、实生播种选育和杂交选育 3 种方法，前二者实际上是选择育种，而杂交育种则是根据育种目标设计的定向育种。另外，还进行了倍性育种、诱变育种和远缘（与樱桃）杂交育种等工作。尽管近年来欧李的分子生物学技术得到了快速的发展，但还没有在欧李的育种中得到应用，随着欧李再生体系的完善和转基因技术的发展，必定会应用到欧李育种之中，将加快欧李的育种进程，出现更多优良品种。截至 2021 年，已经采用野生选育和实生选育方法选育了 6 个不同类型的欧李品种，采用杂交育种方法创制了 2 万多株杂交实生后代，已经筛选、扩繁出了若干有潜力的优系，可以陆续开展品种保护和品种审定，为欧李产业发展培育更加优良的多样化品种。

第三节　欧李杂交育种

欧李采用野生选育和实生选育已经培育出了许多品种，经过 30 多年的育种积累，目前欧李已具备了杂交育种条件，通过杂交育种可以定向培育出生产上更为需要的品种，建议有条件的育种单位和个人应制定育种计划，加快进行这一工作。

一、亲本的选择与培养

杂交育种首先是要正确合理地选择与育种目标相配套的母本和父本。尽管在常规杂交中，一般认为母本和父本有同样的重要地位，但根据笔者杂交实践来看，后代杂种的分离更多的偏向于母本，如生长势、树体的姿势以及果实的颜色、大小等，因此，母本的确定更为重要。

1. 亲本的选择

在欧李的常规杂交中，母本和父本的选择应注意如下方面。

（1）具有较多优良性状的亲本作为母本。这样的选择一是考虑细胞质基因控制的性状只能通过母性遗传，二是考虑欧李后代的分离更多的偏向于母本。因此在育种时，首先应对亲本的优良性状进行分析之后，把优良性状多的作为母本。被生产大量栽培的品种一般均具有较多的优良性状，便可以作为母本。但欧李生产上广泛栽培的品种还较少，因此，进行定性育种选择一个具有多种优良性状的母本还比较困难，还需要不断地创造出新的种质。

（2）母本与父本的优缺点能够互补。这种互补不是在数量性状上的互补，如小果型欧李与大果型欧李进行杂交，后代中大多数株系的果实仍然表现为更小的果实，而不能得到更多的大果型株系。因此，互补时要用质量性状进行互补，仅对个别不良性状进行互补。如果实低酸黄色的母本，其黄色为缺点，此时可用果实低酸红色的父本进行杂交，便可以得到更为低酸果实为红色的株系。

（3）选择长势强和不同生态型的种质作为亲本。欧李为灌木，常常因为结果较多，导致植株生长偏弱，不利于生产上的稳产、高产。不同生态型的种质由于适应范围更广，可以使杂种后代的长势和适应性增强。因此，亲本之间来源的距离越远越好。

2. 亲本的种植与培养

欧李杂交育种需要提前对亲本的种植进行合理设计和提前培养，这样对后面的杂交工作将十分有利。

母本与父本确定后，一个组合的杂交后代的种子数量至少需要 1 000 粒以上，单株欧李的结果量一般在 100 个左右，因此母本与父本的数量至少达到 10 株以上，为了保险期间，可达到 20 株，考虑正反交的影响，母本与父本的数量应相等。

种植时，母本与父本按照相邻行种植的方式，母本一行，父本一行，行距和株距均为 60～70 cm，这样便于将来的授粉和种子采集。由于亲本之间经常要调换，在实际工作中可以用盆栽种植亲本的方式进行快速调换，因此，欧李育种需要提前培育大量的盆栽苗，可以实现盆栽亲本之间的互相授粉，也可以把盆栽亲本的一方移动到地栽亲本的一方进行授粉（图5-2）。

图 5-2　欧李盆栽杂交亲本和网室杂交

二、花粉采集与授粉

欧李杂交授粉按照上面的亲本设计培养后，一般不需要单独采集花粉再人工点授，这样实践证明坐果率较低。由于欧李绝大多数为异花结实，因此也不必去雄，只需将另一个亲本的花粉采集后转移到需要授粉的柱头上就可以实现，常用如下方法。

在欧李开花前一周用50～100目的尼龙网将杂交亲本的植株全部覆盖起来，高度最好达到1.5 m，这样便于授粉时人的活动。欧李开花在9:00—11:00，开放后的花药较湿润，颜色鲜亮，也较大，但不能立即开始散粉，2～4 h后，花药开始干燥，颜色变暗并开裂，此时花粉开始散出。人工授粉在散粉开始后进行，一般为12:00—17:00。授粉采用鸡毛掸滚授的方法进行。鸡毛掸先用95%的酒精洗过，然后再用清水冲洗干净，晾干后备用。

具体授粉时，手持鸡毛掸进入网室内，用鸡毛掸从亲本之一的植株花朵上滚动，花粉即刻黏附到鸡毛上，然后将鸡毛掸移动到另一亲本的花朵上进行滚动，此时，黏附到鸡毛掸上的花粉便可能黏附到另一亲本的柱头上，这样便完成了授粉。虽然这种授粉不像点授那样精准，但能反复多次，依然可以实现与点授一样的效果，且避免了点授时用力过重对柱头的损伤以及由于花粉保存期间的失活。其优点还有不会带有其他花粉、不用套袋、用工较少、授粉效率较高等。一般每天授粉两次，12:00左右1次，15:00左右1次，连续授粉3～4 d，便可以达到较好的授粉效果。

三、杂交种子的采集

由于欧李杂交授粉采用滚授的方法进行，因而同时可以获得两亲本间的正反交组合，最终产生两个组合的杂交种子。采种时，应分开采种，不能混淆。采种时间可分为早采和正常采两个时期。根据研究，欧李种子在形成过程中，在花后70～80 d采集，种子不会进入生理休眠，此时种子已基本形成，可进行采集并立即去除种壳播种，萌发率可以达到40%，如果再去掉种皮，萌发率可以达到80%以上，这样可以缩短育种进程 1～2 年。正常成熟的种子采集后则需进行层积处理，而不能提前萌发。

四、杂交种子的播种与管理

早采种子的播种需在当年进行，播种时可借助于营养钵等育苗容器进行播种。发芽后的苗木可在容器中生长一年后，再定植到大田之中。正常采集的种子可按照第六章实生繁殖技术进行播种育苗。为了便于日后杂种后代之间的调查，可以对田间播种的苗子在生长一年后，按照一定株行距再进行一次倒栽。

五、后代实生苗的选优

由于欧李的童期很短，经过倒栽到大田中的杂种苗木，一般在翌年均会开花结果，其他性状也会在翌年表现出来，因此，翌年就必须开展杂种后代的选优。根据孟德尔遗传后代分离定律，在杂种后代中所有基因进行了彻底的分离，因此在基因型上没有相同的后代，表现出来的性状也各不相同，同时基因进行了重新组合，有些后代就会出现超亲性状，或对亲本中的某一缺点进行了互补，使某一单株的综合性状更为优良。有些性状是明显可以观察到的，如生长势、果实颜色和大小等，有些性状则需要仪器进行测定或人体的味觉器官进行感知，如口感和香气等。

对于果实品质的选优，由于杂种的成熟期分离较为严重，单株之间的成熟期差异较大，且一旦错过最佳可食期，果实的品质就会发生较大的变化，将影响评价结果。因此一般在第一株杂种果实成熟后，每隔 3～5 d 就需要一次田间观察和采果。采果的最佳时期为果实稍变软，田间采集后，应立即进行品尝，并对较好的单株进行描述和记录，带回到实验室进行分析的果实应存放于 0℃ 的冰箱中，随后进行糖、酸含量以及香气等成分的分析，对于田间品尝和实验室测定均表现优良的单株，可在当年就确定为优系。

杂种圃地中的株系在不同的年份之间其生长与结果会发生变化，因此杂种圃需要保持 5 年左右，每年都需对所留的杂种进行观察记载，尤其要对已经确定为优系的单株更要详细观察和记录，并要对杂种圃地进行细致的栽培管理，如若发现性状表现太差的植株也可以随时剔除，以减少管理成本。

六、优系的扩繁与一致性评价

如果时间来得及和扦插条件都具备的情况下，选出优系的当年秋季就可以利用扦插繁殖的方式进行优系的扩繁，翌年春季萌芽期也可以进行嫁接繁殖，砧木可选用长势强壮的欧李本砧进行嫁接。

理论上，扦插和嫁接获得的无性系苗木应与原优系在性状上保持一致，但有时会因栽培条件的改变以及气候的变化发生一些饰变，如果个大小会随着单株结果量的多少以及施肥和灌水多少发生改变，因此，在品种选育中，应进行不同生态区、不同条件下的一致性评价，评价中需排除引起饰变的因素，这就需要扩繁出较多的无性系，并进行多点评价。根据多年的育种实践，一个优系一般需扩繁到 5 000 株以上，才能满足评价的需求。年度之间也会发生变化，因此，从育种开始到评价结束一个欧李品种的育成理论上至少需要 10 年以上的时间，实际育种工作中，由于自然因素和人为因素的干扰，常常需要 15 年的时间或更长。

七、欧李杂种的遗传变异分析

（一）欧李杂交后代果实糖、酸含量遗传变异分析

欧李果实糖、酸含量及其糖酸比是欧李鲜食品质的重要指标，尤其是酸含量，选育出酸含量最好在 0.5% 左右的品种是欧李鲜食育种的重要内容。以农大 6 号 × 农大 7 号、DS-1×Y03-09 和 DS-1×99-02 3 个杂交组合的 F_1 后代各 80 株左右测定其果实可溶性固形物（SCC）和可滴定酸（TA）含量变化，经分析后代的变异范围、变异系数、遗传传递力和优势率等指标，表现出如下特点。

1. 杂交后代果实 TA 和 SSC 含量变化极大，均出现育种目标所要求的单一性状

农大 6 号 × 农大 7 号 F_1 代果实的 TA 的变化范围为 0.540%～2.825%，SSC 的变化范围为 9.17%～18.35%。后代酸含量和可溶性固形物含量均可出现育种目标要求的优系。

DS-1×99-02 F_1 代果实的 TA 的变化范围为 0.453%～2.542%，SSC 的变化范围为 11.41%～26.00%。后代酸含量和可溶性固形物含量均可出现育种目标要求的优系，尤其是可溶性固形物含量。

DS-1×Y03-09 F_1 代果实的 TA 的变化范围为 0.599%～2.796%，SSC 的变化范围为 10.15%～20.16%。后代酸含量和可溶性固形物含量均可出现育种目标要求的优系。

图 5-3 是 3 个杂交组合 F_1 代果实 TA 和 SCC 的变化范围以及平均值和极值，可以明显看出，每个杂交组合的后代酸的极值均低于亲本，糖的极值均高于亲本，表明只要合理选择亲本，在 F_1 代完全可以得到比亲本更低酸、比亲本更高糖的优系，这些优系也可以成为下一步继续育种的亲本，尤其是低酸育种的亲本。

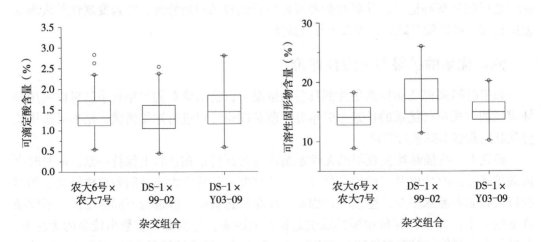

图 5-3　欧李 3 个杂交组合 F_1 代可滴定酸和可溶性固形物含量及分布范围

2. 杂交后代果实 TA 不同酸度下株系出现的频次为偏正态分布，而 SSC 为正态分布

　　（1）农大 6 号 × 农大 7 号杂交组合后代的表现。母本的酸度属高酸，父本的酸度属中酸，F_1 代的 TA 呈连续变异的偏态分布（图 5-4），且趋向较低酸的亲本一方（农大 7 号），表明欧李果实 TA 的遗传属于多基因控制的数量性状，但也不能排除由一个或一个以上的主效基因与微效基因共同控制的复杂性遗传的可能性。F_1 代果实的 SSC 频次属于正态分布型，表明 SSC 为微效基因控制。

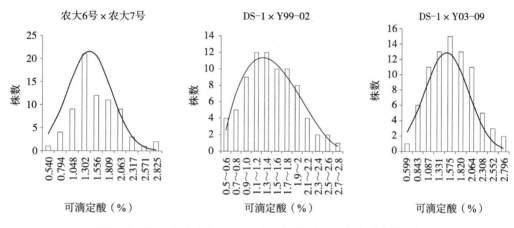

图 5-4　欧李 3 个杂交组合 F_1 代可滴定酸含量在株数上的分布

　　（2）DS-1 × 99-02 杂交组合后代的表现。母本的酸度属低酸，父本的酸度属中酸，F_1 代群体果实的 TA 变化也呈连续分布，不同酸度下株系出现的频次也呈偏正态分布，但偏向于高酸亲本的一方。F_1 代 SSC，多集中高糖区域，高糖后代所占比例较高，且呈连续变异，频次呈正态分布，再次表明 SSC 具有典型的数量性状遗传特征，属于微效多基因控制的数量性状。

　　（3）DS-1 × Y03-09 杂交组合的表现。母本为低酸，父本属高酸，F_1 代果实的 TA 变化呈连续变异，也属于偏正态分布，酸度频次多集中在双亲中间区域，是低酸与高酸亲本的分离特性。F_1 代的 SSC 多集中在双亲之间，即呈正态分布，与其他 2 个组合相同。

　　经过对欧李控制酸度基因的挖掘，尽管有许多基因与酸度有关，但目前发现了几个关键基因，如根据欧李果实转录组的基因注释信息，筛选出与有机酸生物代谢途径相关的 14 种功能基因的同源基因 57 个，筛选出 2 个 *MDH* 基因、1 个 *tDT* 基因、1 个 *ME* 基因、1 个 *PEPCK* 基因、1 个 *VHA* 基因共 6 个基因。控制糖代谢的基因更多，其关键基因有 12 个基因，分别为：*ChSPS1*、*ChSPS2*、*ChSS1*、*ChSS3*、*ChvAINV*、*ChNINV3*、*ChCWINV*、*ChHK1*、*ChFK2*、*ChSUT4*、*ChSOT2* 和 *ChSDH2*。

　　3. 杂交后代的遗传变异的优势率与传递力

　　（1）农大 6 号 × 农大 7 号杂交组合。如表 5-1 所示，该组合下 F_1 代的 TA 平均值为 1.410%，稍低于亲中值（1.470%），表现为衰退变异，主要是基因的加性效应的影响，优势率为 -4.05%，遗传传递力为 95.95%，超高亲率为 27.4%，后代出现较多的低亲植株，低于低亲的比率为 45.21%，F₁ 代表现出偏低遗传。F₁ 代的 SSC 的平均值为 14.02%，高于亲中值（13.39%），优势率为 4.74%，遗传传递力强，为 104.74%，超低亲率较低，为 21.92%，后代出现较多的超高亲植株，占 41.1%，F₁ 代表现偏高遗传。其中，SSC 和 TA 的变异系数分别 15.08% 和 32.41%，TA 的变异系数大于 SSC 的变异系数，表明可滴定酸的选择潜力更大。该组合 SSC 趋向高亲遗传，TA 为趋向低亲遗传，有向更低的酸度变异的倾向，杂交后代更偏向于父本遗传，从这个杂交组合后代中选出低酸或中酸品种的机会更多。

表 5-1　农大 6 号 × 农大 7 号欧李 F₁ 代群体果实性状的遗传变异

性状	F₁ 代群体					
	后代平均值 ± 标准差	变异系数（%）	遗传传递力（%）	优势率（%）	超高亲率（%）	低亲率（%）
TA（%）	1.41 ± 0.457	32.41	95.95	-4.05	27.4	45.21
SSC（%）	14.02 ± 2.11	15.08	104.74	4.74	41.1	21.92

注：TA（%），农大 6 号 =1.657，农大 7 号 =1.282，亲中值 =1.470；SSC（%），农大 6 号 =12.47，农大 7 号 =14.30，亲中值 =13.39。

（2）DS-1×99-02 杂交组合。从表 5-2 可知，DS-1×99-02 F₁ 代果实 TA 平均值 1.37%，高于亲中值（0.900%），优势率为 52.44%，遗传传递力强，为 152.44%，超高亲率为 71.87%，低于亲本的比率为 7.81%，F₁ 代表现出偏高遗传。F₁ 代的 SSC 的平均值为 17.85%，高于亲中值 13.26%，优势率为 34.62%，遗传传递力强，为 134.62%，超低亲率 3.13% 较低，后代出现较多的超高亲植株，占 73.44%，F₁ 代表现出偏高遗传。TA 和 SSC 的变异系数均超过 20%，其中，TA 的变异系数为 36.52%，SSC 的变异系数为 22.58%，本组合选育比母本更低的低酸品种的概率较小，但选育高糖的概率较大。

表 5-2　DS-1×99-02 欧李 F₁ 代群体果实性状的遗传变异

性状	F₁ 代群体					
	后代平均值 ± 标准差	变异系数（%）	遗传传递力（%）	优势率（%）	超高亲率（%）	低于低亲率（%）
TA（%）	1.37 ± 0.501	36.52	152.44	52.44	71.87	7.81
SSC（%）	17.85 ± 4.03	22.58	134.62	34.62	73.44	3.13

注：TA（%），DS-1=0.727，99-02=1.073，亲中值 =0.900；SC（%），DS-1=11.71，99-02=14.81，亲中值 =13.26。

（3）DS-1×Y03-09 杂交组合。如表 5-3 所示，F₁ 代果实 TA 平均值 1.495%，低于亲中值（1.743%），表现为衰退变异，优势率为 14.23%，遗传传递力为 85.77%，超高亲率为 12.5%，尽管表现为衰退变异，但后代出现较少的低亲植株，低于亲本的比率仅为 6.25%。F₁ 代的 SSC 的平均值为 15.03%，高于亲中值（14.105%），优势率为 6.56%，遗传传递力强，为 106.56%，超低亲率 5% 较低，后代出现超高亲植株，占 26.25%。F₁ 代表现出偏高遗传。其中，SSC 的变异系数为 13.76%，TA 的变异系数为

32.84%，超过了20%，表明TA的选择潜力更大。该组合TA趋向于低亲遗传，但是比率较低，因此选育比母本更低的低酸和高糖品种的概率均较小。

表5-3　DS-1×Y03-09欧李F$_1$代群体果实性状的遗传变异

性状	F$_1$代群体					
	后代平均值±标准差	变异系数（%）	遗传传递力（%）	优势率（%）	超高亲率（%）	低于低亲率（%）
TA（%）	1.495±0.491	32.84	85.77	14.23	12.5	6.25
SSC（%）	15.03±2.068	13.76	106.56	6.56	26.25	5

注：TA（%），DS-1=0.727，Y03-09=2.758，亲中值=1.743；SSC（%），DS-1=11.71，Y03-09=16.5，亲中值=14.105。

综上所述，对于降低酸度和提高糖度的育种，由于不同亲本所含有的基因和基因连锁紧密度不同，在后代中的基因组合则不同，其遗传倾向也不同。整体上，酸的遗传传递力低于糖，但变异系数大于糖，且均有表现低于亲本的后代，因此在杂种后代中选择出低酸品种的概率还是较高的。因此选育低酸品种的组合亲本的酸度都应较低或中等，如果亲本有一个是高酸，则选育低酸的可能性就小。近年来，笔者已经利用多个杂交组合选育出了许多低酸的优系，有些低酸优系的综合性状甚至超过了目前的主栽品种，将会很快改变目前欧李市场中缺乏优良的鲜食品种这一不利的局面。

（二）欧李生长势与叶片长度变异的遗传分析

生长势是欧李关系高产、稳产以及抗逆性的重要指标。采用欧李品系DS-1×03-35、DS-1×99-02两组杂交组合正反交的后代变异情况进行分析，其遗传变化特点如下。

1. 正反交后代的生长势变化

根据表5-4可知，DS-1与03-35杂交后代单株中生长势存在着广泛的分离，表现在茎粗和株高的变化方面，但各性状差异相对较小。相比较株高，茎粗的变异系数大于株高，且正交大于反交。后代正交情况下平均值高于反交，有利于粗度的增加，即偏向于父本03-35。在高度上，反交情况下平均值高于正交，但变异系数小于正交，有利于高度的增加，即偏向于父本DS-1。

经过遗传分析，茎粗在正交情况下，达到了37.31%的超高亲率，而株高则为0。

表5-4　DS-1×03-35正反交后代茎粗和株高的变异

性状	组合方式	最小值	最大值	平均值	变异系数（%）	遗传传递力	超高亲率（%）
茎粗（mm）	正交	6.01	21.87	10.17	24.29	126.81	37.31
茎粗（mm）	反交	5.04	12.36	8.67	19.72	108.10	19.35
株高（cm）	正交	49.20	113.00	73.19	21.67	56.64	0
株高（cm）	反交	52.30	105.40	82.88	12.37	64.14	0

注：株高（cm），DS-1=136.58，03-35=121.87，亲中值=129.23；茎粗（mm），DS-1=6.69，03-35=9.34，亲中值=8.02。

根据表 5-5 可知，99-02 与 DS-1 杂交后代单株中生长势也表现出广泛的分离，同样茎粗的变化幅度大于株高，但茎粗的变异幅度是反交大于正交，而平均值接近。对于株高正反交变异幅度接近，但平均值正交高于反交，即偏向于母本 DS-1。

表 5-5　DS-1 与 99-02 正反交后代生长势的变异

性状	组合方式	最小值	最大值	平均值	变异系数（%）	遗传传递力	超高亲率（%）
茎粗（mm）	正交	4.28	10.88	7.76	18.02	154.27	33.87
茎粗（mm）	反交	4.59	18.81	7.58	27.17	150.70	21.19
株高（cm）	正交	56.90	110.00	80.81	17.04	59.54	0
株高（cm）	反交	50.60	102.00	72.84	15.48	53.67	0

注：株高（cm），DS-1=136.58，99-02=134.86，亲中值 =135.72；茎粗（mm），DS-1=6.69，99-02=3.63，亲中值 =5.03。

综上可见，在株高的选育上，DS-1 是一个优良的亲本；而在茎的粗度上，03-35 是一个优良的母本，因此 DS-1 与 03-35 是一个较好的组合。根据观察，田间情况下两个亲本无论株高还是茎粗都表现较好，生长势也较强。尤其是株高方面，后代已无一能超过其亲本平均值。

2. 正反交后代叶形的变化

田间情况下观察，亲本 DS-1 的叶形比 03-35 更为细长，选用此两个亲本进行正反交后代的叶形指数进行分析，发现叶长的后代变异在长度上更偏向于正交情况下的母本，而反交则降低叶长，叶形指数也相同，见表 5-6。

表 5-6　DS-1×03-35 正反交后代的叶形变化

性状	组合方式	最小值	最大值	平均值	标准差	变异系数（%）
叶长（cm）	正交	49.83	110.32	67.45	8.60	12.75
叶长（cm）	反交	40.09	74.69	58.50	8.22	14.05
叶宽（cm）	正交	21.36	35.29	27.69	2.49	8.99
叶宽（cm）	反交	19.39	31.44	25.92	2.73	10.53
叶形指数	正交	2.00	3.81	2.45	0.26	10.61
叶形指数	反交	1.92	2.90	2.27	0.22	9.69

（三）欧李果实颜色的遗传变异

果实表皮颜色是果实的主要经济性状之一，因不同树种的果实颜色不一样，遗传的规律也不相同。果实皮色是带数量遗传特点的质量性状遗传，过国南（1994）、盛炳成等（1993）研究认为，苹果上果皮表色和底色均为主效基因控制，不仅由一个或两个简单的显性基因所支配，还受一个或多个受生长环境条件影响的辅助基因所控制。基因型和环境条件共同作用下，才能使果实的红色性状以不同程度显示。欧李的果实

颜色遗传基本上与苹果相似。

1. 果皮颜色在 F₁ 代中的分离

从图 5-5（左）可看出，4 个母本欧李实生后代的果面颜色分离出深红、红、黄底红晕、黄 4 种颜色，母本不同其后代果面颜色分离及分布有差异。母本 90-03 果面颜色为黄底红晕，其后代分离出深红、黄底红晕、黄 3 种颜色，出现的频率分别为 45.45%、36.36%、18.18%。母本 91-88 果面颜色为深红，其后代只分离出深红、红 2 种颜色，出现的频率分别为 75% 和 25%。母本 20-03 果面颜色为黄色，其后代分离出深红、红、黄 3 种颜色，出现的频率分别为 18.18%、27.27%、54.55%。母本晚 -3 果面颜色为黄底红晕，其后代分离出深红、红、黄底红晕 2 种颜色，出现的频率分别为 60%、20%、20%。由此初步认为，深红色果后代中只能分离出深红、红色两种颜色果实；而黄色果后代可分离出深红、红、黄 3 种颜色果实；黄底红晕果后代能分离出深红、红色、黄底红晕、黄色 4 种颜色的果实，可初步认为欧李果皮颜色中红色对其他颜色为显性，而黄色和黄底红晕则受父本果色基因型的影响。

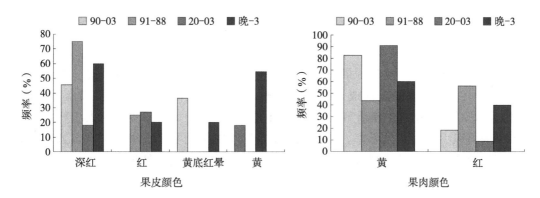

图 5-5　4 个母本欧李果皮与果肉颜色在 F₁ 代中的分离比例（左：果皮；右：果肉）

2. 果肉颜色在 F₁ 代中的分离

从图 5-5（右）可看出，4 个欧李实生后代的果肉颜色分离出黄、红 2 种，总体看分离出黄色的比例较大。母本不同其后代分离及分布有差异。母本 90-03 的果肉颜色为黄色，其后代分离出黄色果肉的频率较高，为 82.82%。母本 91-88 果肉颜色为红色，后代分离出红肉的比例较高，为 56.25%，分离出黄肉的比例为 43.75%。母本 20-03 的果肉颜色为黄色，其后代有 90.91% 分离出黄肉，分离出红肉的比例为 9.09%。母本晚 -3 果肉颜色为黄色，其后代分离出黄肉的频率为 60.00%，红肉为 40.00%。所以可初步推断，欧李实生后代果肉的颜色受父母本影响，但主要受母本基因型影响较大，父本影响较小。

另外，对欧李实生后代果实的核黏离情况进行调查分析，初步认为后代中的黏离核受其母本和父本基因型共同决定，可能存在加性效应或基因互作。

以上是欧李几个关键性状的遗传变异的初步分析，其他性状如果实香气、贮藏性能、抗病及一些活性物质的遗传等性状与育种方法也值得深入研究，以促进欧李育种的整体发展。

第六章
欧李繁殖

第一节　欧李实生繁殖

欧李自然条件下，成熟的果实果肉腐烂或干燥后掉落到地面，种子逐步埋入土壤中，经 1～2 年后能够萌发形成一株新的苗木。但是，这种自然繁殖往往发芽率较低，还会因离母株太近引起的重茬和竞争导致苗子死亡，因而成苗率更低。人工实生播种育苗，则可以大大提高成活率。良种化栽培欧李不能采用实生播种这一育苗方式，但杂交育种获得的杂交种子则必须通过实生播种育苗才能完成育种过程，因此有必要掌握实生播种育苗技术。

一、种子的成熟与休眠

如第四章中所述，欧李在授粉受精后，胚即开始发育，最初为一团白色的浆状物质，50 d 后种子的外部形态逐渐形成，70 d 时，内部的透明状胚乳消失，子叶形成，种子具备了发芽能力，但内部的营养物质积累并不充分，因此，此后种子继续发育，直到果实成熟时，种子也完全发育成熟（第四章图 4-2），但此时种子由于系统发育的原因进入了生理休眠，不能自然萌发。

二、种子的采集

通常情况下，种子在果实充分成熟之后进行采集。采收后，随即将果肉剥离，一般用取核机将果核从果实中分离出来，并将果核上的果肉用水清洗干净，晾干后备用。有冷库的地方也可以随即将种子进行层积处理，以提早解除种子的休眠。

去掉果肉的种子称为带核的种子，不同品种的出核率不同，一般每 100 kg 成熟的果实可出带核的种子 5～10 kg。

三、种子处理

1. 裂壳处理

自然成熟的欧李种子随即进入了生理休眠，野外自然掉落到土壤中的欧李种子一般需经过 2 个冬季才能解除休眠并萌发，这是由于欧李种子的外面被厚而坚硬、致密的内果皮（种壳）包裹着，阻隔了种子的通气条件，种子并不能解除休眠而长期处于不能萌发的状态。只有当种壳被冰冻胀裂（2 个冬季）、阳光暴晒（一个夏季）或微生物的长期作用之后，种壳才能出现裂缝。之后，在

图 6-1　欧李种子的裂壳处理效果

第二个冬春季节，种子才能解除休眠。欧李解除休眠需要 3 个条件，即通气、低温和一定的水分。如果种子没有进行裂壳处理，即使有低温和水分等层积条件的保证，也不能打破休眠。因此，模拟自然条件对种壳提前进行人为裂壳处理便首先为种子打破休眠提供了通气条件，其方法有浓硫酸处理、冰冻与解冻反复处理、泡水与日晒反复处理等方式。在此处理下，种壳的腹缝线裂开，即裂壳，如图 6-1。此时层积种子的透气性增强，使种子的层积效果增强。经过观察，裂壳处理的种子，通常可在层积 90～120 d 后打破休眠，而没有裂壳的种子则往往需要 2 年才能打破休眠。

2. 层积处理

在播种前对种子进行层积处理。将裂壳的种子在温水（30℃）中充分浸泡 24～48 h，捞出种子，将含水量 25% 左右的细湿沙与种子按（3～5）：1 的比例混合均匀，选择适宜容器或种子袋装入，放置于 0～10℃地窖中（注意记录每个容器中的种子重量，以便于春季播种时确定播种量之用）。一般需要 90～120 d，期间需注意检查水分和温度的变化情况，当发现种子较干时，要添加水分，保持种子内部的种仁水分充足。

四、播种

种子播种育苗，以春播为主。当层积的种子在春季有 30% 的种子发芽（露出胚根）后，即可播种。在播种前一年的秋季，应选好地块，按每亩 3 m³ 有机肥施入土壤并进行深翻施肥。春播前一周灌足底水。土壤稍干后，耙平并整成宽 1.2 m 的畦子，畦内按行距 30 cm，开出深 5 cm 的小沟。将层积好的种子带沙撒入沟内，覆土厚度 3～4 cm，并踩实。按照每亩出苗 3 万株左右确定播种量。按照出苗率 70% 估算，由于不同品种的欧李种子大小和重量不同，每亩土地的播种量见表 6-1，为 8～25 kg。

表6-1 欧李重要育种亲本的种子重量与播种量

品种	种子百粒重（g）	每千克种子粒数（个）	每亩播种量（kg）	出苗率（%）
农大3号	41.50	2 410	17～20	70
农大4号	30.85	3 240	13～15	70
农大5号	38.95	2 560	16～18	70
农大6号	40.51	2 490	17～20	70
农大7号	53.30	1 870	22～25	70
晋欧2号	22.94	4 360	10～12	70
DS-1	22.37	4 470	10～12	70
石3-19-3	20.12	4 970	8～10	70
09-01	48.15	2 076	20～22	70
平均	35.41	2 845	14～17	70

五、播后管理

全年中耕除草3～4次，封垄后停止。幼苗刚出土时尽量少灌水，以免过湿引起根系腐烂。速生期根据需要灌水，雨季注意排水。幼苗高度达到10～15 cm时，施氮肥1次。生长中期（6—7月）追施磷钾肥1次，用量为每亩10～15 kg，施追肥后及时灌水。生长后期（7月下旬后）控制施肥、灌水，以利于幼苗木质化。土壤上冻前，灌足越冬水。一般情况下二年生苗木可出圃。

第二节　欧李组织培养繁殖

组织培养繁殖有许多优点，如可快速出苗、保持品种特性、极少带有病毒等。但是设施和设备投资较大，移栽成活率低下也给生产上带来不便。笔者在欧李的研究中，主要是利用组织培养解决新品种最初的扩繁问题。育种过程中，选育的优良品种一般只有1株，这就需要利用组织培养的方法将此单株扩繁到50株以上后，再利用扦插的方法就可以实现量产。因此，组织培养为新品种苗木的最初扩繁提供了方便。如果设施、设备条件完善，技术力量雄厚，也可以应用到生产上。笔者曾在2001—2004年利用组织培养的方法繁育了10多万株苗木。

欧李组织培养繁殖需建立组培室和炼苗室，组培室包括灭菌室、接种室和培养室等，炼苗室为环境可调控的温室，其大小可按照育苗规模来进行设计，可由专业人员设计建立，这里不再介绍，主要介绍组培过程中的育苗技术。

一、外植体进入

外植体即在植物组织培养中，作为离体培养材料的器官或者组织的片段。欧李的外植体可以是茎段或叶片，叶片作为外植体时需要进行不定芽的诱导，较为复杂，这里只介绍茎段。

1. 外植体的采集

在生长季田间植株上采集新梢的上端 10 cm 的茎段，采集后立即将叶片摘除，保湿带回实验室进行下一步处理。

2. 外植体的消毒

带回实验室的茎段由于会带有各种杂菌，因此必须消毒。常用升汞和酒精结合消毒。两种消毒剂的消毒时间会因茎段的采集季节、粗细、消毒剂的浓度而不同，采用 0.1% 升汞和 75% 的酒精消毒，前者消毒时间为 8～12 min，后者为 15～18 s，可在春季获得较低的污染率（≤10%）和较高的成活率（≥80%）。

3. 外植体的接种（初代培养）

消毒过的茎段需要在超净工作台中先分割成带有 1～2 个芽的茎段，之后将茎段基部接入到配制好并消毒过的初代培养基中。初代培养基主要为外植体茎段上的芽提供营养和所需的激素，因此常用的培养基为 MS 培养基，并在其中添加不同浓度的 BA，BA 常用浓度在 0.5 mg/L 左右，有些品种可能还需要添加生长素如 NAA 或 IBA。20 d 后，欧李茎段上的侧芽可萌发并生长到 1～2 cm，此时，可进行下一步的增殖培养。

二、增殖与继代培养

将初代培养出来的芽从茎段上切割下来，再次接入增殖培养基中，以扩大茎段的数量，即为增殖培养。增殖培养后，其后的继续增殖称为继代培养。

1. 增殖培养

欧李茎段的增殖需要在初代培养的基础上继续调整培养基中激动素与生长素的浓度和比例，使茎段上的芽萌发出更多的分枝，并要求新萌发的茎段不能玻璃化，幼叶生长平展、无卷曲，一般增殖倍数达到 3～5 倍较为合适。常用的增殖培养基为 MS 培养基，不同品种添加生长调节剂的浓度稍有不同。例如，农大 5 号为：MS+NAA0.05 mg/L+6-BA 0.8 mg/L；农大 6 号为：MS+NAA0.1 mg/L+6-BA 0.5 mg/L；晋欧 3 号为：MS+NAA 0.02 mg/L+6-BA 0.8 mg/L。

2. 继代培养

增殖后欧李的茎段成倍增加，但往往还不能满足需求，需继续扩大，因此需对增殖后的茎段继续分割和接种，随着继代次数的增加，茎段会逐渐变弱，表现为叶子变小，茎段变细，一般继代的次数可控制在 10 代左右。发现继代苗变弱后，可以用壮苗培养基使其生长变强。

3. 壮苗培养

欧李壮苗培养基一般选用减少了激动素的配方来减少芽的分化数量，从而改变茎段的长势。一般经过 1 次壮苗（25～30 d）后，茎段的生长势便可恢复。不同品种壮苗的配方如下，农大 5 号为：MS+IAA0.05 mg/L+6-BA 0.1 mg/L；农大 6 号为：MS+IAA0.05 mg/L+6-BA 0.1 mg/L；晋欧 3 号为：MS+IAA0.05 mg/L+6-BA 0.05 mg/L。

在壮苗培养中，如果发现叶片生长还不能达到正常大小，或有徒长的现象，可以

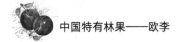

考虑适当添加铁盐和钾盐，铁盐可提高到 41.7 mg/L，而钾盐（磷酸二氢钾）的浓度可提高到 230 mg/L，此时叶片大小和株高将会发生较大的改变。

三、生根培养

经过壮苗后的欧李茎段，叶片放大，茎上有 3～5 个大叶片，此时可以进入生根阶段，即把壮苗后的茎段转入到生根培养基中，经过多个品种试验，生根培养基的配方较为一致，为 1/2MS+IAA1.2 mg/L，如果生根率偏低，可增加 IAA 的浓度，配方变为 1/2MS+IAA2.4 mg/L，则一般均可以在 25 d 左右获得较高的生根率（80% 左右）。有报道，当欧李茎段生长势过强时，加入适量的多效唑（0.01～0.05 mg/L），可提高生根率。

四、炼苗

完成生根的组培苗，在定植之前，须经过闭瓶炼苗和开瓶炼苗 2 个阶段进行炼苗。闭瓶炼苗时，将生根的瓶苗不要打开瓶盖，直接放入温度 25℃、光照强度 1 万～2 万 lx 的温室中 7～10 d，之后打开瓶盖，增加光照强度到 3 万 lx 左右，进行开瓶炼苗 2～3 d，便可完成炼苗。此时，组培苗的叶片可比炼苗前增大一倍，叶色进一步变得暗绿，厚度也有一定增加。

五、定植

将生根的组培瓶苗定植到土壤或配制的基质中且能够获得较高的成活率，是组织培养繁殖欧李苗木的最后一个关键步骤。但往往由于方法不正确，使得成活率较低或全部死亡。因此，务必注意以下几个关键环节。

1. 定植季节与设施

夏季温度太高，且病菌较为严重；冬季温度较低，幼苗生长缓慢。春季和早秋阶段温度、光照适宜，环境控制容易，是定植的适宜季节。当然有条件时，选择在环境控制高级的设施中则不受季节的限制。生产中，定植一般选择在温室中进行。

2. 基质与消毒

基质可选用泥炭和珍珠岩进行混合配制，比例为 2:1。消毒可用高温、高压灭菌的方法，也可用 500 倍液的高锰酸钾进行淋洗消毒。

3. 定植

将组培苗从瓶中用镊子夹出，放于 500 倍液 80% 的多菌灵水中，清洗干净组培苗上的培养基，然后定植于消毒过的基质上。定植过程中要随定植随喷水，以免幼苗的叶片脱水。

4. 扣棚

定植完成后要及时用塑料布搭建成小拱棚，全部覆盖苗子，以提高空气湿度，达到 90% 以上。

5. 病菌防护

一般在定植后的 7～9 d 需打开弓棚，向苗木上喷布一次杀菌剂，可选用多菌灵或甲基硫菌灵。

第三节 欧李扦插繁殖

扦插繁殖与实生繁殖相比能够保持木本植株的优良特性，与组织培养相比具有繁殖周期短、操作简单、方便和成本较低的特点，是欧李的良种扩繁的主要育苗方式。

欧李扦插繁殖对欧李的育种具有特殊的意义。如前所述，欧李实际上在3 000年前就有利用，在清代皇宫还派人在东北有专门的种植，民间也或多或少有人进行栽培，但到目前竟没有一个栽培品种流传下来。究其原因，一是欧李的实生播种育苗，后代会发生较大变异，因而种子育苗不能繁殖优良品种。但主要还是因为欧李是一种灌木，地上部的枝条会在3~5年后逐渐死亡，因此不能像大多数果树那样可以通过嫁接来繁殖，也不能像其他果树如葡萄、石榴等通过硬枝扦插来繁殖。除分株繁殖外，仅有的嫩枝扦插又需要较为严格的环境条件，而在古代是无法满足的。因而，即使人们发现了一株较好的欧李品种，也因得不到无性系的苗子而无法将优良品种扩大和保存下来。随着科技和其他材料技术的发展与应用，环境控制包括温度、湿度和光照、消毒等已能够满足嫩枝扦插的技术要求，在20世纪50—60年代逐渐产生了利用植物的新梢进行扦插的繁殖方式，欧李的扦插繁殖便是基于这一方式并经过长期的摸索逐渐发展成与育种、苗木繁殖相互促进的良种扩繁的重要技术措施，这一措施不仅使欧李的良种得到稳定和长期保存，而且也能为欧李生产的大量用苗提供保障。

一、欧李扦插育苗的繁殖器官

经过大量的实践探索，欧李扦插的繁殖主要有2种器官，即新梢和地下茎。尽管有报道硬枝也可以扦插成活，但是生根率和成活率均较低，不适宜作扦插繁殖的材料。

新梢即当年生长的带有叶片的枝条，分上位新梢、基生新梢。上位新梢是早春或初夏扦插所用的器官，由于可以带芽鳞扦插，因此可以降低扦插腐烂的发生。多年实践证明，上位新梢是较好的一种扦插繁殖材料，由于上位新梢上的叶片较小，可以提高扦插密度，从而提高繁殖效率。

基生新梢前期生长迅速，因此早春形成的枝条较嫩，但生长到30~50 cm时，枝条的半木质化程度形成，可以用来扦插，其上的叶片较大，光合能力强，发根较多，生长旺盛，利用弥雾插床当年扦插，当年就可以出圃。

地下茎是欧李不同于一般果树所特有的繁殖器官，且数量较多，因此也可以作为繁殖器官。地下茎也具有硬枝扦插的特性，如没有叶片、有未萌发的芽体等，但比一年生枝粗壮，有时会着生细小的根系。扦插后，其上的休眠芽萌发，茎段上产生根系，由于茎段较粗壮，发根后生长很旺，是晚秋与早春季节扦插较好的材料，地下茎扦插也可以看作是替代一般果树所采用的硬枝扦插。对其繁殖的方法简述如下：选择粗度5~10 mm地下茎，剪成5~8 cm长的段，捆成小捆，并保持其形态学上下端口一致，将生态学的下段2~3 cm放入生根剂中浸泡2~3 h。生根剂可用NAA配制成200 mg/L浓度。扦插时在畦内开出10 cm左右深的小沟，将插条芽朝上直立或斜向放入小沟中，株距10 cm，覆土厚度超过根条上端2 cm。发芽前尽量少灌水，发芽后土肥水管理与嫩枝扦插相同。地下茎扦插育成的苗木生长较旺，一般秋季落叶后，便可出圃。

关于嫩枝（新梢）扦插育苗将在下面详细叙述。

二、欧李扦插期间的发根过程与机理

1. 发根过程

以嫩梢扦插为例，扦插后，3 d 左右插条上的皮孔明显突起（图6-2 A），经生根剂处理的插条基部组织7～10 d 开始变得蓬松，且逐渐膨大加粗，10～12 d 时可以看到少量愈伤组织的产生（图6-2 B）。12 d 后有少量根系开始产生，可见到白色根突出表皮（图6-2 C）。易生根的品种此后便开始大量生根，到20～25 d 时生根基本完成（图6-2 D），到30 d 时，大约80%可生根的插条已经完成生根，30～35 d 时，发根基本结束。此后先产生的根系上开始产生侧根（图6-2 E），并可以从基质中吸收水分和其他养分。当根系开始具备吸收能力后，原插条便具备了成为一株独立生长的植株个体的基本特征，也即成为一株新生的苗木

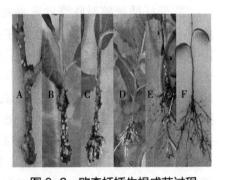

图6-2　欧李扦插生根成苗过程

注：图中字母表示扦插后的时期，其中，A 为 3 d；B 为 10～12 d；C 为 12～20 d；D 为 20～25 d；E 为 30～35 d；F 为 45～60 d。

（图6-2 F）。难生根的品种，到15 d 时主要为愈伤组织的继续膨大，此时大部分愈伤组织大小为 0.2～0.3 cm，最大可以长到 1 cm 左右，根系的大量产生期在 25～30 d，比易生根的品种推迟 10 d 左右。

采用石蜡切片法取材观察表明，欧李嫩枝插穗在靠近切口外缘处产生愈伤组织最早，而位于木质部的愈伤组织相对来说产生得要晚一些。从扦插后每 3 d 取材进行石蜡切片中发现，此时基部的膨大主要是皮层细胞加速分裂而致，6～9 d 时愈伤组织形成，9 d 以后形成层细胞分裂，形成不定根原始体，表现为形成薄壁细胞团，并逐渐伸向皮层发展，最后突破皮层，伸向枝条外部。伸向枝条外部的根系，可观察到维管束的结构（图6-3）。

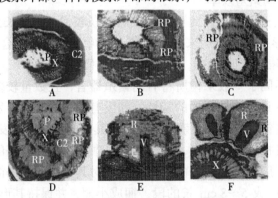

图6-3　欧李插条生根过程切片观察

注：RP—根原始体；X—木质部；C2—形成层；P—髓部；R—不定根；V—维管束；Cor—皮层。
图 A：原初插条横切面（无根原基）；图 B：形成层细胞分裂根原基；图 C：对称根原基；图 D：连续根原基；图 E：突破皮层的根原基；图 F：不定根中的维管束形成。

对欧李扦插前的嫩枝和硬枝进行了大量的解剖观察，均未发现有潜伏的根原基存在。无论是插穗木质部、韧皮部、皮层、形成层等部位都未发现根原基，也就是说欧李的插条只有在扦插后尤其是生长调节剂处理后才会产生大量的根原基（嫩枝），而对于硬枝即使是生长调节剂处理后也很难产生根原基，因此对于欧李的扦插主要选择嫩枝扦插，这是由于嫩枝的根原基诱导较硬枝容易得多。杨秀峰等（2009）也观察到扦插前茎的横切面上未见潜伏根原始体，扦插后不定根根原基由形成层细胞分化而成，因此，按照对植物生根类型的划分，欧李不定根应属于诱导生根型。其生根阶段可总结为：在扦插后的0～8 d为根原基的诱导阶段；8～12 d为根原基的形成阶段；12～16 d为根原基突破表皮形成不定根的阶段，此时，插条叶腋间的叶芽也随之萌发；16 d以后为不定根的伸长生长阶段（图6-4）。当然，此阶段的划分在不同品种之间稍有不同。

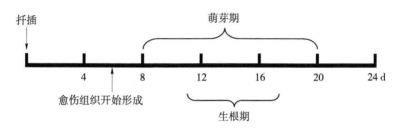

图6-4　扦插生根阶段示意图

2. 发根部位

　　欧李嫩枝扦插后，发根部位主要为皮部生根型。解剖观察主要是形成层的细胞经诱导后分化为根原基。由于欧李为诱导性生根，因此有时也会从愈伤组织处生根，但所占比例极低（1%左右），同时愈伤组织上产生的根系表现出数量少（一般为单根），如果不进行倒栽的情况下在插床上能够成活和生长，最后形成单根苗。这些单根苗生长较弱，很容易因管理不当造成死亡。尤其是当育苗方式采用生根后二次倒栽的时候，很难成活。有些品种如农大3号、农大6号生根较难，常形成较大的愈伤组织，这些愈伤组织在一定的时期内通过诱导剂诱导后可以分化出根原基，从而提高生根率和成活率。

　　皮部生根的苗子根系可出现在切口处，但更多的根系出现在插条生根剂处理的基部1～2 cm部位，并埋在扦插基质中。个别品种根系可以出现在基质以上插条的中部，即根系暴露于空气中，这种生根情况可以反映出该品种容易生根，但暴露到空气中的根系在炼苗阶段便死亡。因此，生根剂处理插条时，一般浸蘸的深度以1～2 cm为宜。杨秀峰等观察经使用ABT生根粉2号后，生根部位从切口愈伤处产生的新根大幅度增加，说明激素可能促进了切口处的生根。

3. 生根机理

　　植物扦插生根机理的研究方面有许多报道，包括解剖学、生理学和分子生物学水平上的研究。欧李的扦插生根机理与其他植物大同小异。对欧李扦插生根过程中利用各种处理观察生根与插条内营养物质与激素的变化情况，其生根的机理可归纳如下：

欧李嫩枝插条离开母体后，首先要保障插条处在适宜的温度、湿度和光照条件下，以利于插条生理活性的保持和发挥。插条基部在生根剂的处理后，在0~8d内（根原基诱导期），插条内部的生长素（IAA）含量迅速升高，而赤霉素、激动素和脱落酸含量降低（图6-5C、图6-5D、图6-5E、图6-5F），生长素/赤霉素比值发生改变（增加），POD、PPO酶活性增强，调运营养物质的能力增强，其4d内淀粉含量迅速下降，可溶性糖迅速增加，且碳氮比处于高位水平，有利于细胞极性的改变，4~8d时可溶性糖含量继续下降，而蛋白含量迅速增加到最高值，体现出细胞分裂和分化对营养物质需求的生理特征，即为根原基的分化贮备了大量营养和结构物质；8~12d时（根原基形成期），生长素上升到最高水平，可溶性糖迅速下降到最低水平，此时解剖构造可观察到根原基形成，并向外开始伸长；12d后，生长素（IAA含量）含量下降，赤霉素含量开始上升，此时，根系加长生长开始，根系向外伸出，并逐渐加长，完成了整个生根过程。因此生根的过程中是内源激素间不断变化和平衡的结果，尤其是生长素的含量变化尤其重要，生长素可使细胞的极性发生变化，从而在没有根原基的情况下，形成层的细胞分化出根原基，最后形成了插条上的根系。由于细胞的分裂、分化和生长均需要能量，因而插条内的营养物质包括糖、蛋白质的含量高则对生根和成活更加有利，因此不论是插前和插后均应保持插条具有充足的营养物质供给。在扦插前对采穗圃的新梢进行诱导剂的处理，不仅提高了插条中营养物质的含量，见图6-5A、图6-5B，也调节了内源激素的平衡状态，这样便有利于根原基的迅速产生，最终提高了插条的生根率。

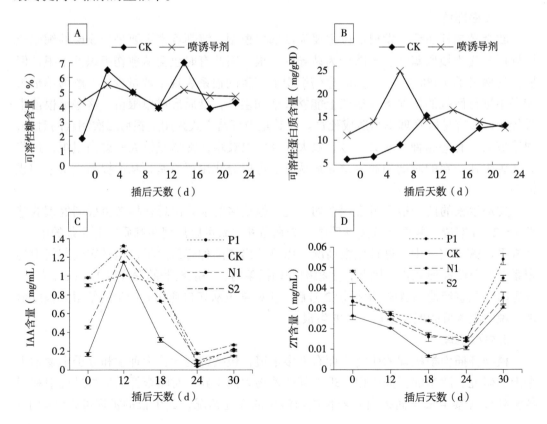

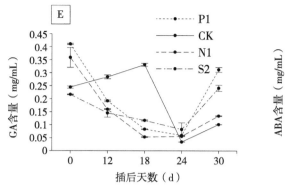 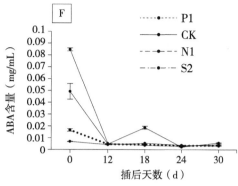

图 6-5 欧李插条采前处理后扦插过程中营养物质与激素的变化

注：图 A 至图 F 分别代表插条中可溶性糖、可溶性蛋白质、IAA、ZT、GA、ABA 的含量变化；图例中的 P1、N1、S2、CK 分别代表插条采集前喷施多效唑（100）、烯效唑（50）、NAA（20）和清水。

三、欧李插条生根的关键因素

1. 不同品种欧李嫩枝扦插生根的难易程度

尽管欧李整体上属于易生根的树种，但品种之间的生根率仍然存在较大的差异，经多年试验和生产实践观察，不同欧李品种依据生根难易程度可分为 3 种类型。

第一种为易生根品种：农大 4 号、农大 7 号、京欧 1 号以及一些新的种质如 10-06、3-39-17-1、石 2-21-1 等。这些品种生产上进行繁殖表现的生根率一般均可达到 80% 以上，且有些品种的生根部位可以延伸到基质以外的茎段上。

第二种为中等生根品种：农大 6 号、农大 5 号、晋欧 2 号、晋欧 3 号等大多数品种，这些品种生产上进行繁殖表现为生根率在 50%～60%。

第三种为难生根的品种：农大 3 号、Y03-09、15-51 等，生产上进行繁殖表现为生根率在 20% 以下，且生根速度很慢，前期主要为愈伤组织的生长，30 d 以后才有根系的少量发生。

许多扦插繁殖研究中也发现容易生根的树种，也会遇到个别很难生根的品种，要达到理想的生根率，必须采取一些特殊的措施才能实现。随着欧李品种的不断出现，品种间生根难易程度差别越来越大。主要表现在一般的生根剂处理后，这些难生根的品种表现为愈伤组织较大，生根率很低，即使生根的苗子，根系数量也很少，出现根系的时间也较迟，一般在 20 d 以后。其原因有待于进一步研究，但一般表现为长势强的品种，尤其是基生枝生长旺盛的品种生根较难，可能与枝条内源激素的含量以及不同激素间的平衡有关。

2. 插条质量对生根的影响

插条质量包括茎的木质化程度或幼嫩程度、插条的粗细、插条上叶片的多少和发育状态。插条木质化程度是影响插条质量的主要因素，插条木质化程度太低，插后很容易腐烂，插条木质化程度太高，则细胞老化，很难产生根原基，导致不能生根。插条木质化程度合适，即使是一些生根率低的品种，也能获得较高的生根率。根据多年的扦插实践和观察，木质化程度适中和叶片质量较好的插条表现如下。

（1）枝条尤其是生根部位的茎段生长时间为20～30 d。

（2）插条用手折成90°以上时，不会被折断。

（3）插条上有2～3个大叶片，这些叶片以已经发育成熟为佳。

（4）插条的顶端未停止生长。

插条上的叶片数量也影响生根率。没有叶片的插条不能生根，也不能产生愈伤组织。随着叶片数量的增多，生根率逐渐增高（表6-2）。但超过一定限度后，叶片之间互相遮阴，密不透风，会造成病菌繁殖，使插条腐烂率增高，最终导致整体生根率下降。

表6-2　插条不同叶片数量对扦插生根的影响

处理	生根时间（d）	愈伤发生率（%）	生根率（%）	成活率（%）	平均根数	最多根条数	最长根长（cm）
1片叶	13	97.76ABab	68.35ABbc	43.01BCc	7.4	10	37.6
2片叶	12	100 Aa	75.46Aab	46.18BCbc	11.2	18	36.3
3片叶	12	96.96ABabc	78.98Aab	58.24ABab	15.2	25	35.2
半叶1片	15	92.56 Bc	52.98Bd	35.02Cd	4.2	7	28.3
半叶2片	14	94.19ABbc	58.16Bcd	43.99BCc	6.6	13	37.1
半叶3片	14	98.55ABab	80.34Aa	65.63Aa	9.2	11	40.6
无叶	0	0.00	0.00	0.00	0	0	0

注：同列不同小写或大写字母分别表示LSD检验达显著（$P \leqslant 0.05$）或极显著（$P \leqslant 0.01$）水平，相同字母表示无显著差异。

叶片的质量同样对生根率的影响较大。采条前对田间植株喷布营养液或植物生长调节剂（诱导剂）可以提高叶片的内含物含量，从而提高叶片质量，最终提高了插条的生根率和成活率。如表6-3，采条前7～10 d喷施0.2%的磷酸二氢钾和300 mg/L的多效唑，提高了叶片叶绿素的含量，从而均可以提高生根率和成活率，发根数量、最多根条数也有一定程度的增加。

表6-3　插条母穗处理对扦插生根的影响

处理	生根时间（d）	愈伤发生率（%）	生根率（%）	成活率（%）	平均根数	最多根条数	最长根长（cm）
KH_2PO_4上	13	99.21Aab	83.5Aa	52.49ABabc	7.4	10	38.6
KH_2PO_4中	12	99.50Aab	60.16Bbc	54.50ABab	4.8	8	35.0
KH_2PO_4下	13	97.04Aab	53.71Bc	36.67CDde	9	13	32.0
平均		98.58	65.79	47.89	7.07	10.33	35.20
多效唑上	11	100.0A a	83.37Aa	60.00Aa	7.6	15	36.8
多效唑中	11	99.26Aab	62.97Bbc	47.41BCDabcd	4.2	6	31

续表

处理	生根时间 （d）	愈伤发生率 （%）	生根率 （%）	成活率 （%）	平均 根数	最多根 条数	最长根长 （cm）
多效唑下	11	97.78Aab	58.00Bbc	38.52 BCDcde	3.8	6	27.6
平均		99.01	68.11	48.64	5.20	9.00	31.80
CK 上部	12	85.90Bc	68.54ABb	51.14ABCabcd	5	9	37.6
CK 中部	13	95.56Ab	68.15Bb	42.22BCDbcde	5.4	9	36
CK 下部	12	96.99Aab	54.0Bc	33.65De	5	9	26.4
平均		92.82	63.56	42.34	5.13	9.00	33.33

注：同列不同小写或大写字母分别表示 LSD 检验达显著（$P \leqslant 0.05$）或极显著（$P \leqslant 0.01$）水平，相同字母表示无显著差异。

从表 6-3 中还可以看出，如果对欧李的新梢进行分段扦插，则以中部和上部的枝段为宜，其生根率、根系条数、成活率均较高，而下段插条由于木质化程度较高以及叶片的质量较差，生根率在各种处理下均较低。

3. 植物生长调节剂对欧李生根的影响

如前所述，欧李的根原基形成为诱导型生根，那么，诱导剂便是一个主要影响因子。植物生根的诱导剂最主要的有生长素类包括 NAA、IBA、IAA 等，以及一些辅助因子包括水杨酸、甲壳素、间苯二酚、维生素等。前者主要通过浓度、处理时间、处理部位、使用方式以及生长素之间的相互配比等影响欧李插条的生根。但同种生根剂对不同的品种生根影响不同，如果要想达到生产上满意的生根率和成活率，必须进行单一品种的多次试验，选择出适合于单一品种的生根剂。

利用植物生长调节剂配制的各种生根剂其浓度和处理时间的长短对嫩枝扦插有着极为重要的影响，表现在浓度过低，促进生根的效果不明显，且浓度过低时常常产生较大的愈伤组织。而浓度过高时会引起插条基部大量腐烂，如果基部腐烂超过了 15%，没有其他因素影响外，一般是由于生根剂的浓度过高而引起的。插条在生根剂（液体）中的处理时间一般不要超过 2 h，过长也会造成基部腐烂，尤其是高浓度的情况下，因此，欧李嫩枝扦插一般用速蘸可以较好地解决因时间过长引起的腐烂问题（图 6-6）。

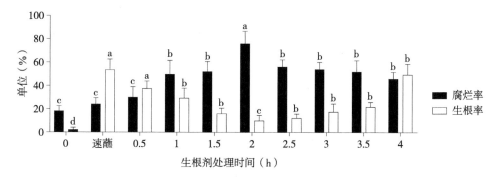

图 6-6　生根剂处理浸泡时间对欧李插条生根率和腐烂率的影响

生根剂浓度的确定与插条的幼嫩程度或木质化程度关系很大。当木质化程度较高时，可以采用稍高浓度的生根剂，而较为幼嫩的插条则应采用低浓度。为保证插条基部的木质化程度较为一致，同一品种的插条最好采用生长天数较为一致的上位枝作为插条，且采条时最好为全条，长度一般以5～8 cm为宜。

没有一种生根剂适合于所有的欧李品种扦插，因此在针对某一品种进行扦插时，必须针对品种进行生根剂的试验，以确定生根剂的种类、浓度。

生根剂可以配制成水剂或粉剂，由于欧李的枝条较细，水剂则更适合于欧李扦插。

4. 愈伤组织对生根的影响

欧李插条扦插后，一般在10 d左右可以看到基部切口处的愈伤组织。实际上，愈伤组织在3 d后就开始产生，只是此时生长较慢，难以用肉眼观察到。愈伤组织的产生对生根既有有利的一面，也有不利的一面。有利是指产生的愈伤组织对伤口可以起到保护作用，可以阻止病菌对伤口的侵染，使插条不会在几天内腐烂。同时，愈伤组织也具有吸收水分的能力，可以减轻插条的失水。如果没有愈伤组织，病菌就会进入伤口，使插条基部最先开始腐烂，这种腐烂开始后，插条的吸水能力减弱，叶片很容易萎蔫，同时病菌会沿着皮部的维管束向上腐烂，最终使插条不能生根。其不利的一面是指愈伤组织生长过旺、过大，会消耗插条内部的大量营养，使根原基不能形成，或形成的根原基在营养缺少的情况下迟迟不能突破皮部伸到皮层外面生长，或者根系少仅有1～2条根系，导致插条成为一种"假活苗"。这种苗子可以长期在插床上表现为不死亡，但也不长新根和新梢。过冬后或倒栽的情况下就会死亡，所以称为"假活苗"。因此扦插育苗时要注意愈伤组织不能过大。如果出现过大的愈伤组织，则必须通过插条叶面喷施诱导剂或基质中浇灌诱导剂才能促使其生根。

5. 扦插基质及温度、湿度和光照的影响

扦插基质是影响插条在插后到根系长出期间的一个重要因素，优良的扦插基质具有适宜的理化指标，包括容重、总孔隙度、通气孔隙度、持水孔隙度、持水量、气水比、酸碱性、盐基交换量、电导率、缓冲能力等，这些因素中，对于嫩枝扦插而言，总孔隙度需达到50%以上，其中通气孔隙度为10%，持水孔隙度为40%、气水比为0.25以上、pH值为7.0左右、盐基交换离子（EC值）在0.5 ms/cm是较为适宜的基质理化指标。可以采用泥炭、珍珠岩、蛭石、河沙等材料进行复合配制，最为简单的配制是泥炭与珍珠岩的混合基质，体积之比一般为1～2，并保持无菌。

保持基质无杂菌感染，可对基质进行消毒处理，消毒的方法有多种，化学消毒的方法有高锰酸钾、棉隆等消毒剂，对于防治插条的腐烂有着显著的作用。

温度是影响根系发生的重要因素。温度过低，生根慢且生根率低，温度过高则容易发生杂菌感染，产生腐烂。生根过程中一般要求夜温在15～20℃，昼温在25～30℃，温度的调节可通过电热加温和湿帘降温加以控制。

湿度包括空气湿度和基质湿度两个方面，未生根前空气湿度最好达到90%以上，可以保证叶片平展和新梢处于挺直状态；基质湿度每天需淋水一到数次，使插条基部每天至少有一次充足吸水的过程，尤其是插条插入基质层要保证基质含水量每天至少一次达到饱和状态，但基质不能被水长期淹没，否则插条基部很容易发生腐烂。

光照对嫩枝扦插尤为重要，光照过低，插条上的叶片无法进行光合作用，导致插条因有机养分的缺乏不能生根，光照过强则会引起高温和对嫩梢的烫伤，因此，未生根前的光照强度一般控制在 10 000～30 000 lx。生根之后，可逐渐加强光照，直至适应于露地的光照强度。图 6-7 是在盒插下插条叶片在一天中的净光合速率变化，可以看到无论原插条上的叶片还是扦插后的新生叶片在适宜的光照和温度下，均具有较强的光合效率，因此，嫩枝扦插不可忽视光照。

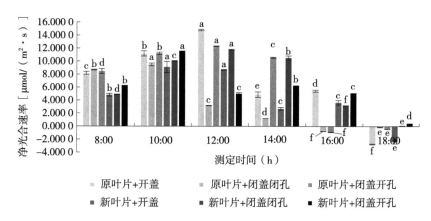

图 6-7　盒插方式下欧李叶片的净光合速率

6. 插条采集到扦插前的保存与处理

插条在离开母树后，切断了水分从母树上供应的来源，体内的水分将会不断丢失，春季从 8:30 采条后，放入大棚内，每 2 h 测定一次插条的失水情况，其失水率见图 6-8。从图 6-8 中可以看出，插条从采集之后便开始失水，白天时失水率直线上升，放置 10 h（即 18:00—19:00）失水率达到 40.09%，此后进入夜晚，失水率不再上升。试验中观察到插条适当失

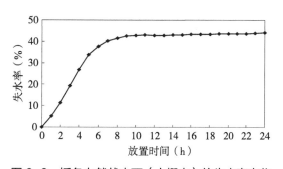

图 6-8　插条自然状态下（大棚内）的失水率变化

水（失水 10%～20%）对于防治插条腐烂和提高生根率有促进作用，但失水过多超过30% 后则会降低生根率（图 6-9）。

据观察，在春季的下午采集的插条往往比上午采集的插条生根率和成活率高，主要是插条基部的腐烂率较低，从而提高了生根率和成活率。这是由于下午采集的插条一般放置一个夜晚在第二天上午才进行扦插，此段时间内插条也会失水，但由于晚上大棚的湿度较高，失水率很少，不会影响插条的生根与成活，反而插条的伤口处在这段时间内稍稍干燥有利于伤口面保护物质的产生，使插条抵抗病菌的能力增强。如果对插条进行生根剂处理后，再行放置一个夜晚，生根剂会随之进入插条的皮层，第二天上午扦插后，插条遇到基质中的水分也会在吸水的过程中加快生根剂在插条组织中的传导，因而表现出更高的生根效果。

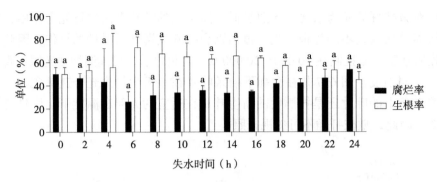

图 6-9　插条放置失水时间与扦插腐烂率及生根率

第四节　欧李嫩枝扦插育苗技术

进行欧李的生产性育苗，需要一系列的包括场地、设施设备、人员和育苗技术，这里从 11 个方面进行介绍。

一、采穗圃建立与管理

采穗圃即提供欧李插条的圃地。通过引种育种单位育成的优良品种苗木在育苗前 1～2 年种植而成，定植在采穗圃中的良种植株可称为母株，用于每年采集插条。圃地应选在育苗基地附近，便于采穗后的就近运输，且有灌溉条件。土壤应选择肥力较高的沙壤土，无重茬问题。种植前土壤应施足底肥。种植方式一般为露地种植，在夏季温度较高的地区，可以将母株定植在温室或大棚内，可以比露地种植提前 15～30 d 进行扦插，以躲开夏季高温对扦插带来的不利影响。

圃地的面积应根据年育苗计划进行确定，一般每亩采穗圃可提供 50 000～100 000 个插条，其母株的种植密度应大于 1 000 株 / 亩。可采用单行种植的方式，株行距为 0.6 m × 1.0 m。

种植母株时不同品种不能混种，品种之间一定要有明显的间隔标志，并进行插牌和绘制定植图。种植成活后一定要对品种的纯度进行检查，当发现杂株后应立即挖出。否则，一株杂苗将会带来后期育苗中严重的品种混杂。

采穗时正值母株的光合营养积累期，采穗使光合器官严重减少，直接影响母株的养分积累，故每年采穗前和采穗后都应及时浇水、施肥，以恢复和保证母株健壮的生长。其生长良好的指标为每年生长 10 个以上的基生枝。采条后的二年生枝应及时疏除，并加强对蚜虫、根瘤病等病害的防治。

二、扦插育苗设施、设备

1. 用于扦插的设施

生产上常用的设施有日光温室、大棚和中棚等，可根据育苗单位的条件进行选择。为控制湿度、温度，也可以采用大棚套中棚的方式，大棚内的中棚可以进行分区布置，以利于育苗量和生产周期调整。一般每个育苗棚的育苗量控制在5万～10万株，这样便于在1～2 d扦插完成，也给扦插的统一管理带来方便。

2. 用于扦插的设备

动力设备为发电机，其功率应大于扦插生产中的用电总功率，其作用主要是提供在停电情况下的扦插设备的供电。

供水设备为潜水泵，潜水泵最好与变频设备连接在一起，保证压力达到喷雾的压力以上，且应有备用设备1～2台，其出水量和压力的大小可根据喷头的多少和压力要求进行计算。

移动式燃油喷雾泵，主要用于停电状态下的短时喷雾。

欧李的嫩枝扦插以弥雾扦插方式进行，因此，为保障弥雾的进行，需配套有主管道、支管道和连接支管与喷头的毛管。支管道一般采用6分塑料管道可保证喷头出水量的要求。弥雾的控制可以手动控制，也可以自动控制，因此需要安装电磁阀、时间控制仪等仪器。

三、扦插基质材料与苗床准备

基质是插条基部在生根期间的载体，优良的扦插基质能够为插条生根长期提供适宜的水分和气体，如前所述，适宜于欧李扦插的基质有很多种，可以就地取材。包括泥炭、珍珠岩、蛭石、干净的河沙、碳化的稻壳，以及炉渣等，经过大量的试验，尽管任何一种基质上欧李插条都可以生根，但均没有2种或2种以上的多种基质配制成的复合基质效果好。复合基质配制时主要考虑不同基质的相互补充。如泥炭基质松软、有机物丰富，且具有持水量高的优点，但一旦吸满水后，基质中的水分很难排出，导致插条基部通气变差，而加入一定比例的珍珠岩后，使泥炭之间形成了隔离，提高了通气空隙比率，使基质有了较为稳定的气水比，有利于生根。

配制好的基质可以铺在整理好的苗床上，一般厚度3～5 cm，苗床的宽度应视机械起苗机的宽度而定，一般为1.1 m左右。基质必须消毒处理，苗床上的基质可用500倍液高锰酸钾液体浇灌消毒，必须浇透基质，如果基质较干燥，需在消毒前将基质首先喷湿，然后消毒。

近年来，一种透明盒扦插育苗的方式逐渐代替了苗床上直接扦插的方式（图6-10，彩图6-1）。透明盒由两部分组成，上面是一个带有透气孔的透明塑料盖子，下面是一个底部带有透水孔的塑料盘子，可以放置育苗基质。实践证明，此育苗方式具有操作简单、可移动、反复使用、病害少、成活率高等优点，尤其适合优良品种的前期扩繁。缺点是苗木成活后需倒栽到大田中，倒栽过程中会损失一部分苗子。这种方式下，需将配好的基质装填到透明盒下面的盘子中，因此，在基质填装到盒内前一般先用棉隆消毒一次，棉隆的使用量一般为300～350 g/m³，盒内填装基质后在扦插前的2～3 d对基质用500倍液高锰酸钾再消毒1次，可保证基质基本无菌。

图 6-10　欧李透明盒扦插育苗

（左：透明小盒；右：扦插后的状态）

此外，还有穴盘扦插、苗床直插、营养块袋扦插等方式（彩图 6-2 至彩图 6-4）。

四、扦插方法

1. 采条与插条制作

欧李上位新梢经过 20～30 d 的生长，长度达到 5 cm 以上时，即可采条。采条时，把长度在 5～8 cm 的嫩梢从母枝连接处用手撕下来，并把基部的小叶捋掉。

撕下来的枝条，每 30～50 条用橡皮筋绑成小捆，立即放入盛有消毒剂或防治病害药液中，经过 10～20 min 便可以捞出放到保湿的容器中备用。如果插条过长（夏季或秋季扦插），或者新梢为基生枝则可以用锋利的剪刀剪取枝条上端 7～10 cm。如果利用基生枝作插条，则需要将基生枝的上中部剪断，带回育苗基地再用切割的方法把枝条按照带有 2 个完整叶片的长度成捆切开，见图 6-11。

图 6-11　不同插条类型与制作结果

（左：母树上的采条位置；右：不同插条类型）

2. 生根剂处理

生根剂可自配或购买。按照使用浓度和浸泡时间的要求，将插条基部 1～2 cm 浸泡到生根剂中，如果采用速蘸生根剂的方法，一般为 30 s。

3. 基质床打孔

欧李嫩梢较为柔软，在基质上直接扦插会造成折断。因此，应预先用打孔器在基质上打一个深度2～3 cm、直径3～4 mm的扦插孔。插孔之间的密度应根据插条的高度和叶片的大小而定，一般上位枝插条为2～3 cm，当枝条长度超过10 cm或者采用基生枝扦插时，孔间的距离则应适当加大到5 cm，或以插条之间的叶片互不遮光为宜。

4. 扦插

把生根剂处理好的插条放入到扦插孔中，深度为1～2 cm，立即封住扦插孔并压实基质，使基质与插条紧密接触。有些品种的插条在生根过程中基部的皮部膨大较快，这时如果基质中的水分较多，基质与枝条之间接触又较为紧密，将会出现因缺少通气而导致腐烂，因此，压实基质的程度视品种而定。

五、扦插棚室环境条件的调控

1. 温度调控

（1）升温。扦插大棚内的升温主要靠光照来调节，但遇到阴天或特殊天气则需要其他加温措施，如电热线加温，这种加温方式在盒插或穴盘扦插很有效，可以在放置扦插容器之前将电热线预先铺在地面上，需要时可以随时通电加温。

（2）降温。降温是扦插后的主要管理措施，由于扦插开始后，温度逐渐升高，在12:00—15:00，设施内经常会出现35℃以上的高温，此时必须降温。可以通过搭盖遮阴网降低光照强度达到降温效果，但最有效的降温是通过大棚装配湿帘风机降温系统进行降温。

2. 湿度调控

（1）增湿。扦插期间由于温度较高，空气相对湿度会降低，可以利用喷水增加空气湿度，但往往又会引起基质湿度过大，解决这一矛盾必须按照插条的生理要求和表现状态进行调控。因此，盒插是一种能解决空气湿度与基质湿度之间矛盾较好的扦插方式。如图6-12，无论晴天还是阴天，除9:00—10:00揭盖浇水外，盒内的湿度基本稳定在90%以上，而盒外的湿度不仅低而且变化幅度较大。因此，利用透明盒扦插可以维持较高的空气湿度，从而就可以减少喷水次数，避免了基质湿度过大造成的不利影响。

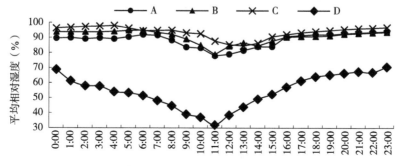

图6-12　盒插方式下盒内外湿度一天中的变化情况

（A：晴天盒内；B：阴天盒内；C：不开盖；D：盒外）

（2）减湿。可以通过增温降低相对湿度，但最有效的方法是通过风机进行排湿。当发现基质中的水分过多时，应停止淋水，并加强光照和对基质进行疏松处理。泥炭基质长时间淋水的情况下容易发生板结，在生根后，要打破板结层，以利于基质中水分的蒸发。

3. 换气

嫩枝扦插中，设施内尤其盒插方式下盒内 CO_2 浓度在日出后会迅速下降，到 12：00 降为最低点，盒内比最高点降低了 27.2%，设施内下降了 54.6%，所以应及时补充 CO_2，最简便的方法就是通风换气。

六、扦插中的施肥与水分管理

嫩枝扦插过程中，插条基部虽然有微弱的吸收矿质元素的能力，但要满足生根和根系生长需要则须进行施肥。可分为以下几个时期。

1. 根诱导期

此期插条刚刚脱离母体，插条内保留的营养会因根原基的形成而大量消耗，如果体内的营养不足，则生根率和根系的数量将会降低，尤其是用基生枝分段扦插的插条，此阶段会由于叶芽的萌发大量消耗体内的营养。可每周喷布 1 次 0.2% 的尿素与 0.2% 的磷酸二氢钾混合叶面肥进行矿质元素的补充。

2. 根系出现和生长期

继续叶面喷施 0.2% 的尿素与 0.2% 的磷酸二氢钾混合液肥，或氨基酸液体肥料，当根系出现须根时，可浇灌冲施肥或各种促进根系生长的菌肥（彩图 6-5）。

3. 新梢生长期

当新梢开始生长后，可使用 5 kg/ 亩尿素每 15 d 追肥 1 次，共 2~3 次。追肥后，要立即进行灌水，有利于肥料的吸收和利用。

在施肥和水分的保证下，育苗床直接扦插的苗子到落叶期便可达到高度 40 cm 以上、有 3~5 条主根的一级苗标准。

七、扦插期间的病害防治

扦插期间由于高温高湿以及基质消毒不彻底，各种病害时有发生，表现在插条基部腐烂、生根后根系腐烂，严重时造成育苗失败。根据多年的观察，扦插期间的病害主要有猝倒病、立枯病、根瘤病、白粉病等病害。

1. 猝倒病

猝倒病是一种土传性病害，其病菌有腐霉菌、疫霉菌、丝核菌等。一般发生在扦插后的 10~15 d，此时大多数的插条还没有生根或刚开始生根。插条开始在茎基部的伤口处染病，初为水渍状，后迅速沿茎向上扩展，病部呈黄褐色，且有较多的水分。此时，带有顶尖幼叶的插条出现打弯的现象，如果整个插条较嫩，便会使插条倒伏而贴于基质或床面，遇到高温时，倒伏速度极快。并且当环境潮湿时，病残体以及周围出现一层絮状白霉，基质也变成粘连状态。

防治措施：①扦插前，基质和插条均应彻底消毒。②扦插一周后，要对基质进行二次消毒，方法可用 80% 的多菌灵 500 倍液喷淋插床。③当发现病株后，要立即清除病苗和周围的基质，并用 1 000 倍液的五氯硝基苯进行喷淋插条和床面。喷淋后，如果是盒插，应打开盖子使五氯硝基苯的气味散失。

2. 立枯病

立枯病由丝核菌属的立枯丝核菌感染引起。一般发生在扦插之后的30～60 d，此时插条已经生根，且根系已生长到 4～5 cm，茎也多变为木质化。发病初期，苗木茎基部与基质接触的皮部出现褐色斑块，随后逐渐扩展到茎的四周，使茎的一周皮部全部烂通。此时，病斑便切断了根系向地上部水分的供应，地上部叶片发生缺水失绿、干枯死亡。由于苗木茎已木质化，死苗并不像猝倒病那样倒伏，而是连带着干枯的叶片直立在苗床上。因此，称为"立枯病"，见图 6-13。

图 6-13　欧李扦插苗立枯病发病初期与后期表现

防治措施：①扦插前，基质和插条均应彻底消毒。②扦插棚中遇到连阴雨天用杀菌剂熏棚一次。③一个月后发现立枯病初发时，要对苗床或育苗盘进行一次杀菌剂淋洗灌根，可采用 50% 福美双 500 倍液或 20% 的噻菌铜 500 倍液。

3. 根瘤病

根瘤病也是一种土传性病害，其病菌为根癌农杆菌，有各种生物型。侵染欧李的为胭脂碱型。病菌从插条基部的伤口侵入。土壤杆菌在附着植物细胞壁后会产生细微的纤丝，将自身及其他细菌包陷在细丝网中，最终以细菌集结体出现在植物细胞壁表面，从而使根癌土壤杆菌将自身的遗传信息插入受伤组织的植物细胞内，即将病原菌所携带的 Ti 质粒中的 T-DNA 转移到植物体细胞中，导致植物细胞不断分裂，最终形成一种叫做"冠瘿瘤"的瘤体组织。这种瘤体组织不断增大，会影响扦插苗的生长，也不符合苗木的质量要求。病菌侵入插条的伤口后，一般 20 d 左右就可发病，最初瘤体仅为米粒大小，30 d 时可生长到黄豆大小，随后会不断长大。

防治方法：生产上有多种化学防治的方法，但往往会由于土壤中的病菌不能完全消除，单纯采用化学方法效果不稳定。近年来生物防治根瘤病的方法开始大量应用，同样可以进行欧李扦插苗的防治。具体方法为：采条后立即将插条基部的伤口部分浸泡到 K84 生物菌剂中，要求菌液的浓度最好达到每毫升含有超过 2 000 万个活 K84 细胞，浸泡 10～20 min 后取出，在保湿环境下放置 4 h 以上再行扦插，根瘤病的发生率可控制在 2% 以下，效果十分稳定。

八、炼苗与移栽

1. 炼苗

无论苗床上扦插留床生长的苗子还是容器扦插随后倒栽的苗子，在生根到快速生

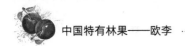

长之间均有一个炼苗期，此期对生根苗能否最终成活和健壮生长影响较大。

炼苗实际上就是让扦插生根后的苗子逐渐能够适应湿度较低、光照更强、温度变化剧烈的一种模拟田间自然状态下的气候条件。插条生根后，最初的根系全部为直接从枝条上发出的单轴根系，这些根系实际上还不具备吸收水分的能力，只有等到侧根和须根发生后，根系才具有强大的吸收能力，当根系产生侧根后，便可以进行炼苗。一般在扦插后的 30～35 d 开始，炼苗应分阶段进行，每 7～10 d 为 1 个阶段，共 3 个阶段。

（1）侧根出现期。此时大部分插条已完成生根过程，约一半的苗子开始出现侧根。此时应停止对插床淋水，减少基质的含水量和空气湿度。每天仅在空气湿度较低的时段向空中或向叶面喷雾 1～2 次。仅在光照较强的中午进行遮阳处理，其他时间尽量延长光照时间。

（2）新梢开始生长期。此时，根系上的须根开始大量出现，部分插条的顶端开始出现新叶，说明苗木本身地上部和地下部已建立起协调的生长系统。每天应加强通风换气和加强光照，此时停止向叶片淋水和喷雾，并让基质尽量降低水分含量。

（3）新梢快速生长期。此时大部分插条的顶端出现 2～3 个新叶，幼苗进入新梢快速生长期。在前一阶段基质充分降水的条件下，结合追肥，可向基质浇灌 1 次透水，此后基质不干不浇水。全天打开遮阳网，并打开育苗大棚边膜，加强通风换气，使苗木适应外界环境。

2. 移栽

容器扦插的苗子在炼苗结束后，可移栽到大田之中进行进一步的生长，以培育成生产上符合标准的苗木。

（1）移栽时间。可选择在炼苗的第二阶段结束或第三阶段结束，炼苗时间越长越有利于提高移栽成活率。移栽应避开夏季的高温和强光照季节，适宜的月份为 8 月中旬至 9 月上旬之间完成移栽，此时高温季节基本结束，且移栽后苗木还有近 2 个月的生长时间。移栽当天最好选择阴天或下午移栽。

（2）移栽。尽量带基质移栽，以免伤害根系。不能带基质移栽的苗子，必须对根系进行预防根瘤病的生物菌剂如 K84 蘸根处理。

（3）栽后管理。移栽后应立即浇水 1 次，并喷施 1 次抗蒸腾剂，减少叶片的水分蒸发。在第二天 10:00 之前将苗子全部进行遮阴，10～15 d 逐渐揭掉遮阳网。

移栽的苗子当年不起苗，生长一年后再行起苗。

九、起苗

苗床上直接扦插并留苗生长的扦插苗，一般当年就可起苗，容器苗一般需再在大田中生长一年，即翌年秋季起苗。作为苗木，一般不要超过 3 年。

1. 起苗

规模化育苗，起苗一定要采用起苗机起苗，可以保证苗木根系完整，提高苗木的质量，并可降低起苗的成本（图 6-14）。起苗时，一旦苗木根系离开土壤，应在 2 个小时内完成分级、消毒等操作，然后立即保湿包装或进行地窖保存。

图 6-14　欧李机械起苗及其根系状态

2. 苗木分级

起苗后，除剔除病虫为害的苗木外，应按照欧李苗木的分级标准对所有苗木进行分级，分级标准见表 6-4。分级时，最好是专业技术人员或经过培训的有实际操作经验的人员。最好能在育苗地边起苗、边分级。分级后的苗子应捆绑成捆，可按照苗木的年龄和根系大小按 25 株、50 株或 100 株成捆，有利于运输和出售。

表 6-4　欧李扦插苗分级指标

苗木等级	一级苗		二级苗	
指标	苗高与枝条	根系	苗高与枝条	根系
标准	苗高≥30 cm，枝条梢端 5 cm 以下完全木质化，枝条基部粗度≥0.3 cm	根条数 3～4 条，粗度≥0.3 cm，长度≥28 cm，无病害	苗高≥20 cm，枝条梢端 5 cm 以下完全木质化，枝条基部粗度≥0.25 cm	根条数 2～3 条，粗度≥0.2 cm，长度≥22 cm，无病害

3. 苗木检疫和消毒

起苗后的苗木应提请当地植物检疫部门进行检疫，同时还应对苗木进行消毒处理。一般用 1% 的碱式硫酸铜进行喷雾消毒，消毒 30 min 后，再用清水对根系进行一次清洗。

如果发现苗床上有根瘤病的苗木，说明苗床上有根瘤病病菌的存在，应边分级、边对伤口进行快速保护，方法是苗木成捆后立即放入 K84 生物菌剂溶液中浸蘸根系，然后再进行保存。进行生物菌剂处理的苗木不能再用杀菌剂消毒。

十、苗木贮存和运输

完成起苗操作后的苗子，尽量控制根系裸露的时间，避免太阳的暴晒，最好在 1 h 内完成分级、消毒等操作，然后立即保湿包装或进行地窖保存。育苗基地应建有苗木保存的地窖，保存苗子时将苗子的根系埋入湿沙之中即可，并最好将温度控制在发芽温度以下。

欧李苗木在贮存期间，根系经常会被病菌感染，根系上产生白色的霉菌并最终导致根系腐烂，除环境中有病菌之外，更重要的原因是起苗和贮存过程中根系失水严重，造成根系抗病力减弱，使病菌容易侵染到根系上，最终导致腐烂。笔者将起苗之后的苗子裸根放置到不同的室温下，每隔 2 h 测定侧根、须根、枝条的含水量变化以及整捆苗木的失水率，并把不同失水时间的苗木再行假植，30 d 后再观察苗木侧根和须根的腐烂情况，发现同样失水时间下，25℃比 5℃下苗木的失水速度更快，前者比后者失水速度整捆苗木大 2.02 倍、侧根大 2.0 倍、须根大 2.40 倍、枝条大 1.9 倍，同时导致侧根和须根的腐烂率更高。因此，起苗后一定要避免日光暴晒和温度过高。据测定（表 6-5），25℃下 24 h 内，整捆苗木重量比最初时降低了 31.37%，平均每小时降低 1.31%。侧根的含水量从最初的 52.16% 降低到 30.04%，平均每小时降低 0.92%。须根从最初的 47.28% 降低到 16.92%，平均每小时降低 1.27%。枝条的含水量由最初的 45.69% 降低到 26.00%，平均每小时降低 0.82%。当整捆苗木失水率达到 6.66% 时，根系开始腐烂，当失水率超过 10% 时，根系腐烂程度明显加重，当失水率达到或超过 30% 时，苗子的侧根腐烂率超过 60%，须根腐烂更为严重。因此。无论在起苗阶段还是贮藏与运输阶段必须注意苗木和根系的保湿，避免失水。

表 6-5　25℃室温下 24 h 内欧李苗木失水变化与苗木腐烂的关系

失水时间（h）	侧根含水量（%）	须根含水量（%）	枝条含水量（%）	整捆苗木失水率（%）	侧根腐烂率（%）	侧根完好指数	须根腐烂率（%）	须根完好指数
0	52.16	47.28	45.69	0	2.12	4.98	2.31	4.98
2	49.73	36.51	45.30	6.66	18.94	4.81	28.92	4.68
4	48.24	35.8	40.59	9.69	29.17	4.67	37.07	4.51
6	47.19	32.00	40.34	13.55	41.69	4.58	43.59	4.28
8	41.49	30.25	33.93	17.05	47.10	4.38	47.64	4.19
10	37.03	27.84	31.67	20.05	51.82	4.34	52.85	4.08
12	36.01	26.23	30.49	20.48	53.36	4.39	55.06	3.93
14	36.99	24.29	29.99	24.48	58.29	4.28	60.48	3.67
16	34.75	22.92	28.33	26.31	59.03	3.74	71.36	2.73
18	34.50	20.64	27.25	29.98	60.98	3.81	80.11	2.35
20	31.30	18.67	26.35	30.98	62.86	3.82	95.08	1.29
22	30.78	17.01	26.38	30.67	63.47	3.63	99.72	1.25
24	30.04	16.92	26.00	31.37	65.00	3.58	100	1.21

注：完好指数为 5:00，根系没有任何腐烂；0:00 全部腐烂。

运输过程中，由于欧李的苗体较小，一般用塑料布铺垫于纸箱的内层，放入成捆的苗子后，先将苗木全部用塑料布包裹起来，最后再将纸箱封住后便可进行运输，在冬春季节，运输的时间可以延长到 5～7 d，运输过程中的温度最好控制在 10℃ 以下。

十一、扦插育苗的"十四字"方针

虽然插条生根是扦插繁殖过程中苗木成活的最为关键的环节，但是，并不是说生根后的插条就必定能够成为一株合格的苗木。从插条采集到插条生根再到苗木生长，最后到起苗、贮存，每个环节都影响苗木的最终成活，笔者将这些环节总结"2句话、14个字"，即"气条剂土温水光，烂瘤炼移综管存"，每个字含义极其丰富，简要介绍如下。

第一句中"气条剂土温水光"的7个字可简要理解如下。

"气"即通气。通气一是为了散热和排湿，二是为了增加二氧化碳。

"条"即插条。嫩枝扦插要求培养制作出叶片质量高、叶片数和插条长度适中、半木质化、枝龄不超过1个月的健壮插条。如何能够培育出适合于扦插的健壮插条是扦插繁殖首先要考虑的要素，包括提前修剪、叶面喷肥、叶面喷生根诱导剂等。

"剂"包括生根剂和诱导剂。要针对品种、条龄和扦插时期正确使用。注意浓度不能过高，否则加重插条基部的腐烂。

"土"即基质。要求气水比在0.3，其他理化指标合适的基质，必须对基质进行消毒灭菌，并保持扦插环境相对无菌。

"温"即温度。昼温25~28℃，夜温15~22℃。

"水"即喷水、淋水和湿度。不同育苗阶段不同，要适度掌握。

"光"即光照。根据育苗阶段和每天中的光照强度进行随时调控。

第二句中的"烂瘤炼移综管存"7个字可简要理解如下。

"烂"即插条基部腐烂和生根后的根系腐烂。由失水、生根剂处理不当以及猝倒病、立枯病等引起，有各种预防方法，要勤观察，早预防。

"瘤"即根瘤病。关键是采条时的预防，可用生物菌剂K84提前进行防治。

"炼移"即炼苗移栽。必须按照苗子的阶段进行抗逆锻炼，分三步完成。

"综管"即综合管理。包括浇水、施肥和病虫防治等促进苗木健康生长的各种措施。

"存"即苗木起苗、运输和保存的各个环节。必须遵循根系保湿原则，将苗木保存在适宜的环境条件下。

综上，欧李扦插繁殖中有多个技术环节，尽管理论上每个环节作用大小不同，但是在生产中则表现出每个环节都同等重要，因为每个环节都可能导致育苗的失败。因此，每个环节都必须加以重视，不可重此轻彼。

第七章
欧李栽培

欧李的适应性较强，耐寒、耐旱、耐瘠薄，对土壤的要求也不是十分苛刻。经引种试栽，在我国长江以北的大部分地区均可以种植，并获得较高的产量，南方有些地区海拔较高，冬季休眠的低温需求达到 500 h 的山地也可以种植。前面章节中已对欧李的生物学特性、栽培生理和繁殖进行了叙述，本章将从欧李建园、管理、采收、病虫草害防治及周年化栽培等方面加以叙述。

第一节　欧李园地建立

一、建园方式与园地选择

根据种植欧李的利用目的可以分为 3 种建园方式，包括生产建园、间作建园和生态建园。下面依据这 3 种建园方式，分述如下。

（一）生产园地的选择

生产性园地是生产果实为主要目的的园地，平地、丘陵地和山地均可以，但要生产出高产、优质的果实，对园地的土壤和灌水条件还需有一定的要求。土壤最好为沙壤土，pH 值≤7.5，有机质≥1%。在降水量低于 600 mm 以下的地区需要配置灌水设施和设备，如滴灌、喷灌等。园地的面积最好在 5 亩以上 100 亩以内，这样有利于生产效率的提高及有利于机械配置、人员管理和运输、销售等作业的实施。

（二）间作园地的选择

欧李较低矮，结果也较早，不影响主栽树种的光照，且可获得早期收益。可选择枣园、核桃园、樱桃园等乔化稀植果园进行间作种植（图 7-1 左），欧李的果实收入可作为这些果园 2～6 年内的主要收入。也可选择退耕还林地，在已经种植了一些乔木林地的行间作为经济间作树种种植，可以果实作为退耕还林的经济收入。

（三）生态园地的选择

欧李具有保水保土和改良土壤、改善生态环境的作用，是我国灌木林地的造林树种。在生态造林时，不仅要保证欧李栽植的成活，还要保证能够正常生长和开花结果，这样即使生产的欧李果实质量较差，但也可以生产欧李种子或者叶子，以加工原料提供给企业，获得生态和经济的双重效益。因此，这样的园地可以不考虑灌溉条件，但要选择在土壤较肥沃的坡地，坡度最好在 25° 以下，降水量最好在 500 mm 以上的地区。降雨较多的地方可以选择阳坡，而降雨较少的地方则要选择阴坡（图 7-1 右）。

枣园间作欧李　　　　　　　　荒坡地撩壕建立的生态欧李园

图 7-1　欧李建园方式

二、主栽品种与授粉树配置

欧李为异花结实植物，单一品种栽植时，只开花，不结果。因此不仅要选好主栽品种，还要选好授粉品种。主栽品种要根据种植目的和当地的无霜期进行选择。当主栽品种选定后，要选择与主栽品种花期相遇、花粉生活力高、授粉受精亲和的授粉品种，授粉品种与主栽品种的比例为（1∶4）～（1∶1），品种的数量可选择 1～2 个。

三、苗木选择与运输、临时贮存

1. 苗木选择

苗木质量的好坏是建园成功的关键。一是要注意苗木种类，扦插苗最好；二是要注意品种纯正；三是要选择根系发达、没有失水干枯现象、具有 3～5 条主侧根、1～3 年生的无病虫害的苗木（图 7-2）。由于欧李为灌木，栽植后还要立即平茬，因此对地上部高度要求不是太严格。但要求枝条必须具有 3～5 个饱满芽子，且粗度在 2～4 mm。

图 7-2　欧李的苗木类别与分级

2. 苗木运输

欧李的根系很容易在暴露的情况下失水，因此运输前必须进行保湿处理。长距离运输时，可以先将根系蘸黏土泥浆裹根，然后装入带有塑料薄膜的纸箱中，纸箱放满苗木后，将塑料膜封严箱子的顶部，最后封好纸箱盖子。在运输过程中，注意不要使纸箱产生破损，以免苗木暴露到空气之中，造成失水。

如果采用厢式货车运输，苗木蘸泥浆后，可以直接进入车厢，运输过程中要保持车厢密封，还要注意车厢内的温度不要超过20℃，最好保持在10℃左右。

3. 临时贮存

运到栽植地点的苗木，同样要注意根系不能失水。纸箱保湿运输来的苗木可以继续放在温度较低的室内，并立即在一周内完成栽植。如果是裸根运输来的苗木，则需立即将苗木假植到土壤或湿沙中，假植后将根系处灌足水，最好在1～2周内完成栽植。

四、栽植时期

用裸根扦插苗进行栽植，可选择秋季和春季进行。秋季栽植的具体时间为欧李落叶后至土壤封冻前。春季栽植的具体时间为土壤解冻后至欧李萌芽前。春季干旱少雨的地方可在秋季土壤水分较大时进行栽植，不仅节省浇定植水，而且成活率较高，苗木在翌年春季的生长也较强。营养钵苗可以不受时间的限制，但最好躲过夏季炎热的月份（7月）。

五、栽植方式与密度

欧李的栽植方式有单行栽植、双行和三行带状栽植等方式。栽植行的方向最好为南北行向。土地肥力差的选择单行栽植，肥力好的可选择双行和三行带状栽植，也便于机械化管理。单行的栽植方式密度为行距1.2～1.4 m，株距0.6～0.7 m，每亩地需苗680～925株；双行带状栽植为窄行距0.6～0.7 m，宽行距1.4～1.6 m，带内株距0.6～0.7 m。每亩地需苗828～1 111株（图7-3）。

图7-3　欧李双行带状种植方式

六、栽植技术

1. 开沟与施肥

欧李栽植密度较高，因此不需要挖坑，生产上常采用机械开沟。开沟时，单行栽植每行开一条深 30～40 cm、宽 40 cm 左右的沟。双行带状栽植时，沿栽植行开出一条深 30～40 cm，宽 80～90 cm 的沟。沟内放入腐熟后的有机肥，并与沟内的土壤搅拌混合均匀，有机肥的施入量为每亩 3～5 m³。

2. 苗木根系修剪、防病和补水处理

运输到栽植地里的苗木会失水，因此，栽植前结合根系修剪、防病，提前对苗木进行补水处理。具体方法为：在定植地地边处挖一个深 40 cm、直径约 1.2 m 的坑，坑内铺设防水塑料布，加入约 150 kg 水备用。将成捆苗木打开，对每株苗木的根系前端剪去 1～2 cm，过长的根系可剪到 25 cm 左右。最后将苗木根系浸泡到水坑中，2～4 h 后便可以拿出栽植。为防治根瘤病，可在坑内按照水分重量的 30% 加入 K84 生物菌剂。为了节约 K84 的用量，也可在容器中将 K84 生物菌剂加水稀释 3 倍，在补水完成后再把根系浸泡到菌液中 5～10 min，然后再行栽植。

3. 苗木定植

为保证苗木根系在入土前根系不直接暴露到阳光下，首先将补完水和 K84 蘸根过的苗木放入一个手提小桶内，随栽苗随取出。栽苗时，按照株距将苗木放入到定植沟内，使根系舒展，并迅速覆土，按照"三埋两踩一提苗"的栽苗方法，使根颈部位稍稍露出地面，便完成一株苗木的定植。注意苗木根系周围的土壤一定要踩实。授粉树栽植时，按照事先设计的比例，每栽植 1～4 行主栽品种，栽 1 行授粉品种，最好不要将授粉品种栽植到主栽品种的行内，这样将来便于管理和采收。栽完一行后修整出沟堰，以便于立即浇水。

规模化栽植时，可选用欧李双行栽苗机完成栽苗，不仅省力，而且效率将比人工提高 10 倍以上，成活率也较高（图 7-4）。

图 7-4　欧李机械种植

七、栽后管理

1. 浇水

为使苗木根系与土壤紧密接触和保证水分的供给，栽苗后当天一定要浇水 1 次，7～10 d 后再浇水 1 次，便可保证苗木根系在发芽期间水分的供给。

2. 平茬与短剪

第二次浇水完成后，要及时进行平茬，即对地上部的枝条留 3～5 cm 剪掉。这样做有利于萌发出来的新梢长势更强旺，也有利于丛状形树形的培养。如果要培养短主干树形，则不需平茬，应在离地面 20 cm 处短剪。

3. 铺设地布

为防止杂草和土壤水分蒸发，可在带内（窄行距内）或带间（宽行距内）铺设防草地布。地布最好铺设成中间高、两边低带有坡度的形状（图7-5），可使雨水迅速集结到植株根系处，显著提高根系周围土壤含水量，有利于促进苗木的生长。

4. 中耕除草

在栽植后第二遍浇水后的7～10 d，将带内的土壤用锄头疏松一次，在杂草生长到20 cm高时，须及时中耕除草，以免杂草遮住光照。

如果早期发现有缺苗的地方，应及时补栽，保证建园时不缺苗。

5. 架设立架

欧李枝条较软，结果后枝条容易倒伏，为解决此问题，可以在每行中插入长度为80 cm的6分钢管或水泥杆，间隔距离为6～8 m，钢管上端用铁丝或耐老化的纤维丝互相连接起来，形成立架，用于将来结果后吊起结果枝（图7-6）。

图7-5 欧李起垄地布覆盖

图7-6 欧李行内的立架

第二节 欧李土肥水管理

一、土壤管理

（一）土壤改良

如果栽植欧李苗木时，有些过沙或过于黏重的土壤，可以在栽植后进行多次合理的改良。

1. 沙地改良

可以引洪水使淤泥沉积进行压沙，也可以客土降沙。还可以通过多施有机肥、秸秆覆盖等方法改良沙地。

2. 黏重地改良

可以客入沙土，也可以通过多施有机肥并掺入沙子进行改良。黏土地一般少进行耕作，可以通过种植绿肥，实现土壤透气性增强。

（二）土壤管理

1. 带间铺地布

建园时没有铺设地布的园地此时可以铺设地布。地布要求抗老化强、能够耐受风吹日晒7～10年，这样可使7～10年带间的土壤不必耕作和除草。此时铺设可将宽行间土壤聚集在行的中间，形成中间高、两边低的垄，然后铺设地布。这样做有利于降雨流到种植带苗木处，尤其是在降雨少的干旱、半干旱区域，很小的降雨便会在地表上形成径流，这样便使无效降雨变成有效灌水。

2. 带内覆草或秸秆

带间进行地布铺设后，仅剩下带内的土壤，这些土壤每年春季用草或秸秆将其覆盖，厚度5～10 cm即可。有条件时，可在秸秆上撒施一些发酵菌，促使秸秆腐熟，变成有机肥。这样不仅减少了土壤水分的蒸发，而且增加了土壤有机质含量。

3. 带边除草

在以上铺地布和覆草的管理下，地布的边缘地带经常会生长杂草，要及时铲除，铲除后的杂草再覆盖到带内。在秋季雨水多的季节里，及时拔草显得十分重要，一般每隔7 d就需拔草1次。

4. 冬季清园

初冬，欧李落叶后，要及时将树上和地下的烂果、枯枝、落叶收集后堆放起来做成堆肥，腐熟后还田。清园时，由于欧李枝条较密，又贴近地面，带内的树叶较难清除，可以用吹风机进行，又快又干净（图7-7）。

图7-7 背负式鼓风机进行欧李清园

二、施肥管理

1. 秋施基肥

基肥也叫底肥，为迟缓性肥料，一般以厩肥、堆肥、家畜粪等有机肥最为常用，也可加入一些迟效性的化肥。有机肥不仅营养全面，而且含有大量的碳水化合物和氨基酸，这些小分子化合物不仅可以直接被根系吸收，而且可以改良土壤环境。因此，有机肥增施后，可以明显改善果实的品质，尤其是口感更为清甜。欧李果实较酸，增加含糖量是改善鲜食口感的一条途径，因此增施有机肥对于欧李尤其重要。

秋季采果后，应及早向欧李土壤中施入有机肥，一般从9月下旬开始。施肥时，在没有铺设地布的带内开深度10 cm、宽度20 cm左右的沟，然后按照施肥量撒入沟内并覆土。可以采用机械开沟（图7-8）。有机肥可购买精细有机肥（不能含有煤灰、煤渣），可亩施入200～400 kg的有机质含量为40%的有机肥，也可购买羊粪、牛粪、猪粪或鸡粪等，但一定要提前腐熟后再用，每亩地施入3 m³。如果使用堆肥，可以不开沟，直接撒入带内即可，厚度为3～5 cm。

2. 春夏施追肥

第四章指出，欧李萌芽生长开始后，树体内的矿质营养会迅速减少，尤其是一年生枝条内的矿质营养。此时，一年生枝条内储备的矿质元素如氮、磷、钾、钙会被转移到新梢、叶片和幼果之中，必须及时得到补充，否则，新梢和叶片将生长不良，还会发生严重的落花落果。

在春夏季节，随着欧李的生长发育，需要分阶段补充速效肥料，可结合浇水将肥料施入土壤之中，也可以用施肥机械开浅沟将肥料施入土壤之中（图7-9）。

图7-8 欧李机械开沟施有机肥

图7-9 欧李机械施追肥

追肥一般在欧李开花前施入一次（花期肥），幼果开始膨大时施入一次（稳果肥），第三次在果实转色期施入一次（膨果肥）。前两次以氮肥为主，施入一定量的磷肥、钾肥和钙肥，足量施入微量元素铁和锌。可用的肥料种类有冲施肥、复合肥或单一的肥料，如尿素、硫酸钾、过磷酸钙等进行平衡搭配后使用。追肥的施肥量应根据施入有机肥的多少和产量的多少来确定。借鉴桃产量1 000 kg时对氮4.8 kg、磷（P_2O_5）2 kg、钾（K_2O）7.6 kg的需求，要想获得欧李1 000～1 500 kg的产量，如果已底施足够的有机肥，只需少量追肥，全年每亩可施入尿素10 kg、硫酸钾15 kg；如果单独使用化肥，在不考虑土壤供肥量的情况下，全年每亩应施入尿素35～52 kg、磷酸二铵29～44 kg、硫酸钾37～56 kg；如果土壤条件较好，则说明有一定的供肥能力，此时，可适当减少化肥的施肥量。

王昊等（2021）以珍珠岩基质栽培的三年生农大4号欧李为试材，研究了欧李氮、磷、钾的需求量，结果指出，当营养液氮质量浓度为120 mg/L时，欧李生长发育状况中庸，果实品质最佳，植株养分积累量最大，产量最高。单株产量可到1.8 kg，每亩产量可达到1 462 kg。以此营养液氮含量条件下欧李植株的吸收规律进行推算，定植12 000株/hm^2的欧李园，全年氮、磷、钾的净需求量分别为266.10 kg、165.45 kg、398.25 kg，折合每亩的需求量为17.74 kg、11.03 kg、26.55 kg。李倩（2019）试验得出五年生欧李最高产量时，氮、磷、钾的施用量分别为18.93 kg、5.31 kg、8.15 kg，而施肥量为12 kg、8 kg、6 kg时品质最好，这些结果明显高于上述单独使用化肥的施肥量，也明显高于一般果树在一定产量下的需肥量，这可能与试验条件以及其他因素有关，值得进一步研究。

3. 叶面喷肥

在欧李叶幕形成后，进行叶面喷肥是一种快速追肥的方法，不仅可快速补充叶片和果实中的矿质元素，也可防治由于某些元素被土壤固定而引起的缺素症。其缺点是维持时间较短，一般只有 7~10 d。因此，须连续喷肥 3 次以上，才能取得较好的效果。

欧李的叶面喷肥时可结合杀虫杀菌剂一起进行，但要注意有些药剂是不能混合喷施的，须单独喷施。

常用的叶面肥有尿素、磷酸二氢钾，二者可以混合使用，也可以加入药剂中一起使用，浓度要低，尿素的浓度在 0.5% 左右，磷酸二氢钾的浓度在 0.2% 左右。

欧李对钙、铁和锌的要求较高，前期可喷施 0.2% 的硫酸亚铁或者有机螯合铁以及 0.1% 硫酸锌。硝酸钙可作为补钙肥，可在前期和果实膨大期分别喷施 1 次，浓度为 1.0%~2.0%，可提高果实含钙量和采后贮藏品质。

三、水分管理

（一）灌水

欧李为低耗水性植物，尽管抗旱性较强，但是要获得较高的经济产量，在干旱和半干旱地区，仍然需要适当的灌溉。

1. 灌水时期

如第三章和第四章所述，欧李年生育期内对水分的需求不同。休眠期需水量较少，生长期内土壤含水量降低到最大持水量的 50% 时即发生轻度缺水，此时如果继续降低土壤含水量，欧李各种器官的发育就会受到严重的影响，降低到 20% 左右时，果实会全部脱落。因此，生长期内的灌水尤为重要。

结合气候因素的影响，一年中欧李的灌水时期可分为花前水、长梢水、稳果水、膨果水、封冻水。5 次灌水要依据土壤含水量和降雨情况来确定是否灌溉。冬季和秋季降雨较多时，花前水和膨果水经常可以省去。由于欧李新梢快速生长期是欧李的需水关键时期，加之此时正是春夏之交降雨较少的季节，因而长梢水则不可缺少，一般在落花后的一个多月（5 月上旬至 6 月中旬）内必须灌水 1 次，特别干旱的情况下，则需灌水 2~3 次。为保证欧李安全越冬，在土壤封冻前灌水 1 次。

2. 灌水方式

灌水方式有地面漫灌、滴灌和喷灌等方式。水源缺乏的地方可以实施滴灌。滴灌时最好与追肥一起进行，即实现水肥一体化灌溉。

3. 灌水量

不同地域、不同年份的降水量不同，因而灌水量也明显不同。边亚茹等（2017）研究了宁夏中卫欧李压砂地的适宜灌水量为 30 m^3/ 亩。张洪银等（2020）指出滴灌条件下以欧李树适宜灌水下限（占田间最大持水量的 55%）、耗水量为 5 009.78 m^3/hm^2 计算，欧李的灌溉定额为 3 688.35 m^3/hm^2，折合每亩灌水量为 245.89 m^3。以上 2 个结果相差很大，因此，灌水量不是一个固定的数值，生产中可以依据土壤含水量和欧李枝

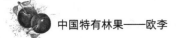

梢生长表现以及结果的多少进行确定。一般每次灌水量应为 30～50 m³/ 亩。

（二）排水

欧李不抗涝。在水淹的情况下，欧李会发生落叶，甚至死亡。因此，一旦遇到欧李园地被洪水淹没，要立即组织排水。另外，地下水位也不能过浅，须在 1 m 以下，否则，应在园地的周围开挖渗水沟和排水沟，以利于降低地下水位。

第三节　欧李整形修剪

为了合理利用光照和合理负载，应对欧李植株进行正确合理的整形与修剪。

一、欧李树形

欧李为小灌木树种，树形较为简单，整体上为丛状形，丛状树形中又可分为多主枝丛状形和短主干伞架形两种树形，见图 7-10。

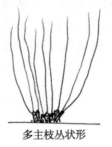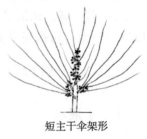

多主枝丛状形　　　短主干伞架形

图 7-10　欧李的树形

（一）多主枝丛状形树形整形过程

1. 定植后当年

定植后无论单枝苗还是分枝苗，所有枝条立即从地面 2～3 cm 处平茬，以促进分枝，一般当年可从近地面处萌发 3～5 个分枝。

2. 第一年冬季

选留一个粗壮的枝条作为结果枝，其余枝条全部从地面 2～3 cm 处继续平茬，平茬后所留下的枝段成为短缩的主枝，翌年可萌发分枝 5～10 个。

3. 翌年冬季

选留 3 个枝条结果，其余枝条全部从近地面处平茬，继续形成短缩的主枝。已经结过果子的枝条留 3～5 cm 回缩成短桩，这样与短缩的主枝一起翌年可能萌发 10 个左右的分枝。

4. 第三年冬季

选留 5 个左右的枝条作为结果枝，多余枝条全部从近地面处平茬，已经结过果子的枝条全部回缩到离地面 3～5 cm 处。至此，多主枝丛状形的树形便基本形成。全树每年从近地面处萌发 10～15 个的分枝，每年留 4～5 个的结果枝。由于每年结果枝都必须回缩，并随着年份的增长，会在近地面处形成较多粗大而短缩的主枝，每年的一年生基生枝便主要由这些主枝基部的芽萌发形成，故称为"多主枝丛状形"（图 7-11）。

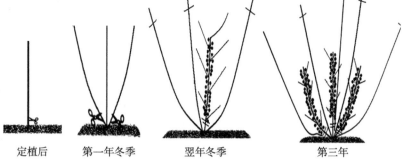

图 7-11 欧李多主枝丛状形树形的整形过程

（二）短主干伞架形树形整形过程

1. 定植后当年

定植后，立即将苗木离地面高度 20 cm 处进行短剪，使其成为将来的短主干。发芽后及时对距地面 10～15 cm 的芽子抹去，并及时将根颈处的萌蘖芽全部抹除，只保留上端 3～4 个新梢。

2. 第一年冬季

对上年度生长的一年生枝条选 2～3 个枝条留 5～8 cm 重短剪，翌年可促发分枝 10个左右；选择一个直立生长的枝条留 25～30 cm 短剪，让其结果。

3. 翌年冬季

此时树冠已经形成，有一个短主干（伞柄），主干上着生十多个一年生枝（伞架），整个树形看似一个伞柄上附着了 10 个左右的伞架，故称为"短主干伞架形"树形（图 7-12）。此树形由于将结果部位提高，不仅可防止果实拖地，也有利于机械采收。

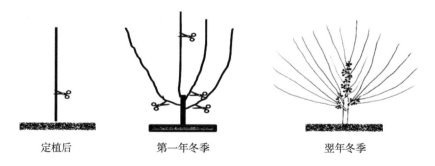

图 7-12 欧李短主干伞架形树形的整形过程

该树形能否整形成功，除了上述的主要技术外，还要注意在苗木栽植时，必须浅栽。即栽植时，根颈必须露出地面 1～2 cm，并保证根颈在以后的管理中不被土壤埋住。

二、欧李修剪

1. 修剪工具

欧李树低矮，为了减少修剪时多次弯腰，可使用带有伸缩柄的长柄修枝剪，并要求剪刀的刀片要长，开口要大，一次可以夹住几个枝条，可提高修剪效率（图7-13）。如果能将手柄与刀部的连接处做成一个带有60°左右的弯曲柄，则更有利于近地面的平茬或回缩修剪。

2. 修剪的方法

欧李修剪的方法也比较简单，冬季修剪主要采用短剪、疏枝和回缩等方法；夏季修剪主要采用吊果枝、摘心等方法。

3. 不同树形的修剪

（1）多主枝丛状形树形。在落花后，首先，需要对结果枝进行吊枝，可用夹子将枝条夹于立架的拉线上。吊枝时，要注意使枝条分散，不能捆绑在一起。其次，对于冬季修剪时保留较多的结果枝，此时可以继续疏除，以减少

图 7-13　欧李长柄修枝剪

结果量。冬季修剪时，每株留3～5个结果枝，其余的一年生枝条全部从基部疏除。保留的结果枝单枝不能太长，可保留50～60 cm进行短剪。对于结果后的二年生长枝可以留2～3 cm进行回缩，以促进翌年其留下来的芽子萌发出强旺的枝条。

多主枝丛状形的结果枝主要靠基生枝结果，但生产上常常会发生从树体基部发出的一年生枝（基生枝）较少情况。此时，不必将结果枝全部回缩，可考虑留下1～2个结果枝，对其较旺的一年生枝（上位枝）进行适当短剪，以弥补基生枝缺少的不足，可保证翌年产量的稳定。

（2）短主干伞架形树形。每年选4～5个较为直立的长度达50 cm、基部粗度在0.3 cm以上的一年生上位枝进行轻短剪，剪留长度为30～40 cm让其结果，对其他一年生枝条则进行重短剪，剪留长度为3～5 cm，以促发新的"伞架枝"。经重短剪的一年生枝条不得少于所留结果枝的数量。对于上年度已经结果枝应从基部往上2 cm处重短剪或从基部疏除（疏枝）。这样每年通过短剪与疏枝使树冠上保留有10个以上新的"伞架枝"，以利于维持树形和生长与结果。

短主干伞架形树形的主要结果为从主干上部萌发的一年生枝，生产中会由于结果过多或地下茎生长过旺，导致这些枝条过少或者过弱。此时，应注意少留结果枝，多重剪和回缩。如果地下茎生长过多，要注意铲断几个，保留1～2条就可。5～6年后，这种树形的长势一般均会减弱，此时可以从萌发的基生枝中选留1个强壮枝按照整形的方法修剪，2年后，便可将原来的株丛从主干基部疏除，用新培养的强旺株丛取代细弱株丛。

4. 机械修剪

高密度种植的欧李园，亩栽株数在1 500株左右时，可以采用机械修剪方式完成

修剪。如定植时按照带内行距 0.5 m、株距 0.5 m、宽行 1.3 m 的带状栽植，亩栽株数可达 1 482 株。修剪时，可采用绿篱修枝机，改装成欧李平茬机（图 7-14），每年将行内的一行全部从基部剪去，另一行留下来结果。这种修剪方法一是可以提高劳动效率，二是可以保证翌年有足够的结果枝条，以保证丰产和稳产。由于欧李单株树的修剪每年都得进行一半以上枝条的更新，这种修剪方法实际上是将带状种植下带内的一行看作是一株树的一半来进行剪除的，正好符合欧李的修剪特点。这种修剪方法与草地果园的管理方式相似，不同的是欧李当年发出的新梢不能结果，用于结果的枝条是上年度平茬后长出的枝条，正好弥补了欧李作为草地果园管理模式下新梢不能结果的缺点。

图 7-14　加装提升手柄的欧李平茬机

图 7-15　机械平茬后欧李的发枝

经观察，定植 3 年后高密度带状欧李，采用单行机械平茬后，每株每年都可萌发 10 个以上的新梢，随着欧李种植年限延长，发枝的数量会越来越多，最多的可以达到 60 个枝条（图 7-15），这样整体上每亩可保证 6 000 个以上的结果枝，每个结果枝按照结果 0.2 kg 左右，亩产可以达到 1 000 kg 以上。留下来的一行用于结果，需要对枝条进行短剪，可用绿篱机在枝条高度 60 cm 处剪断就可。对于枝条生长过密的地方，可在春季开花时进行过密枝疏除，使其合理负载。

第四节　欧李花果管理

一、合理确定负载量

欧李花芽形成十分容易，坐果率也较高，因而生产上常常出现结果过多的现象，不仅会导致当年的果实质量较差，也会影响当年新梢的发育，从而使翌年的产量减少，形成大小年的不利状况。因此，需要根据欧李植株的年龄、生长状况以及土肥水管理情况合理确定负载量。

1. 结果枝数量对产量和新梢生长的影响

欧李植株矮小，单株的结果量不能过多。从图 7-16 可以看出，随着结果枝数量从 1 枝增加到 6 枝，单株产量在持续增加，而新梢的数量则在持续减少，新梢是翌年继续结果的枝条，当年的基生新梢过少，势必要影响翌年的产量。因此，每株的结果枝数量一般控制在 3～5 枝。如果当年的新梢数量过少，如 1～2 条，说明结果枝的数量多了，应及时调整。

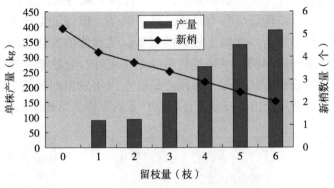

图 7-16　结果枝留量对产量和新梢的影响

2. 根据树龄确定负载量

根据欧李的生长特性，在幼树期主要以根系生长和地面上的分枝增加为主，因此不能结果过多。定植后翌年，根系还没有完全扩展开，还应继续促进根系生长，因此要减少结果对有机营养的消耗，故单株一般为单枝结果，且单枝结果量控制在 0.3 kg 左右，亩产控制在 250 kg 左右。第三年每株可留 2～3 枝结果，亩产量控制在 500 kg 左右。第四年后进入盛果期，每株可留为 4～6 枝结果，每亩地可留结果枝 5 000 条左右，产量稳定在 1 200 kg 左右。

3. 根据叶果比确定负载量

经调查，欧李基生新梢的叶片数量与果实的数量比应达到（3∶1）～（5∶1）。在此叶果比下，欧李当年的结果量不会影响当年和下年的枝条发育。按此推算，单株树产量控制在 1.5 kg 左右，即单株结果 150 个左右，叶片数量需达到 450～750 片，这样，单株树的基生新梢数量按平均长度 80 cm，每个新梢叶片 45 个，需达到 10～16 个。这里应注意树上还有上位枝上的叶片。全树按照 5 个长度在 60 cm 的结果枝，每个结果枝可萌发 20 个左右的上位枝，每个上位枝平均 10 个叶片，可增加 1 000 个左右的小叶片。尽管上位枝的叶片小，但数量较多，其制造的光合产物就近供应到果实，因此，也不能忽视。生产上经常会遇到没有基生新梢的树，也能完成结果，就是这些叶片制造的营养供给了果实的生长发育。因此，结果枝上的叶片制造的营养仅能满足当年结果的需要。为了满足根系和当年新梢生长的需要，每年必须有大量基生新梢，以保证当年生长和翌年的连续结果。

叶果比的大小不仅会影响当年和翌年的结果量，还会影响当年果品的质量。从表 7-1 中可以看出，叶果比低于 3 时，果实小，且可溶性固形物含量低，叶果比在 5 以上时，果实的可滴定酸含量下降，而可溶性固形物含量增加。这样提示我们在鲜食品种的生产时，可以加大叶果比，改善欧李的口感（彩图 7-1 至彩图 7-5）。

表 7-1 不同叶果比对欧李果实可滴定酸和可溶性固形物含量的影响

品种	叶果比	可滴定酸（%）	可溶性固形物（%）
农大 6 号	2 : 1	1.712 ± 0.146	12.03 ± 0.912
	3 : 1	1.691 ± 0.028	13.15 ± 0.693
	6 : 1	1.674 ± 0.069	15.13 ± 0.714
农大 7 号	3 : 1	1.266 ± 0.062	13.77 ± 0.146
	5 : 1	1.265 ± 0.070	13.93 ± 0.230
	10 : 1	1.215 ± 0.099	14.10 ± 0.464

二、疏花疏果与抬升结果高度

（一）疏花疏果

欧李枝条较细，节位之间的间距很近，自然状态下，结果率常高达 40%，导致一个枝条上的结果过多，果实之间紧紧地挤在一起，有些果实还会在生长中途被挤掉，这种结果方式下果实的全面着色和膨大将会受到影响，也不利于采收，还会影响果实大小的整齐度，因此，有必要进行疏花疏果，以提高留下来的果实品质。这项管理工作对以鲜食为目的的生产园尤为重要。

1. 疏花蕾

欧李的花芽很容易形成，从而使每个节位上的花朵数量过多，常常达到十多朵花，大量的开花会造成养分的极大浪费，反而降低了坐果率。因此可在花蕾出现期，叶芽还没有伸出之前进行疏花蕾的工作。疏蕾时，可以用手指直接掐掉花蕾，也可以借助吃饭用的叉子进行刮疏，每节位上留下 2～3 个大花蕾。经过疏蕾后，留下来的花蕾开花后花朵大，雌蕊和雄蕊发育质量高，因而坐果率也高。

2. 疏花

在来不及疏蕾的情况下，可以疏花。疏花时先疏掉靠近地面 15 cm 的花朵，然后再对结果枝中部和上部超过 5 朵花节位上的花进行疏除，也可以间隔 1 个节位不疏花，而疏除下一个节位上的全部花朵，保留每个结果枝上有 100 朵左右的花朵、将来结果 30～40 个即可。

单枝疏花的工作量较大，可以采用化学疏花的方法，可在盛花期喷布 1.0Be° 的石硫合剂杀死雌蕊柱头，使其不能授粉受精造成落花，从而达到疏花的效果，见表 7-2。试验证明，化学疏花不仅可节省劳力，提高功效，也可以提高产量和果实的品质。

表 7-2 石硫合剂疏花对欧李产量和品质的影响

石硫合剂（Be°）	坐果率（%）	平均单枝果重（g）	平均单果重（g）	可溶性固形物（%）	可滴定酸（%）
0.3	34.67	112.74	4.14	8.75	2.50
0.6	32.04	109.87	3.17	8.94	2.37
1.0	28.34	100.00	5.28	10.27	2.43
CK	49.25	90.14	3.82	8.33	2.15

3. 疏果

疏果是在疏蕾、疏花没有及时完成的情况下的一种补救措施，或者是结果后还发现结果过多的情况下进行。疏果越早越好，可以使留下来的果实得到较多的养分供给。疏果时可以采用疏果剪，留下中间的新梢，剪掉四周多余的果实，也可按照间隔节位留果的方式进行疏果。

（二）抬升结果高度

结果部位过低，或者因枝条倒伏，果实接触到土壤上，容易引起烂果，可用吊枝和直立枝结果的方式解决。

1. 吊枝

在果实硬核期，将斜生的结果枝绑缚到立架的横拉线上，以避免结果枝的倒伏（图7-17）。

2. 直立枝结果

选粗壮直立的结果枝结果，结果枝粗度0.4 cm以上。长度不要超过50 cm，这样的结果枝即使不绑缚，也不会发生倒伏。

图7-17 欧李结果枝吊枝

三、果实的采收与采后处理

（一）采收时期的确定

1. 根据果实颜色和硬度确定成熟度

每个品种都有其成熟时的固定颜色，当果实完成着色，手捏不变软为八成熟，手捏果实稍稍有变软的感觉为九成熟，手捏果实便皮破并流出汁液为十成熟。

2. 根据果实的用途确定采收期

鲜食用途的果实，最好在十成熟时采收，这时的果实风味最好，尤其是酸含量在九成熟到十成熟的期间会大幅度降低，因此，十成熟时果实的糖酸比最高，口感也最好，但会带来果实不易运输和贮藏的问题。加工用途的果实，若做果汁，可在九成熟采摘，若做罐头，应在八成熟时采摘。

（二）果实采收

1. 采收的方法

目前欧李的采收以人工采收为主、机械采收为辅（彩图7-6）。

人工采收时又可分为摘采和捋采2种方法。摘采是将果实的果柄从枝条的连接处摘下来，即尽量保留果实带有果柄，这种采摘方法适合于鲜食欧李的采摘，速度较慢，但采摘的果实质量高。捋采时，用手将果实从枝条上捋到容器中，速度较快，但容易将叶片带入容器中，果实也经常没有果柄，造成梗洼处出现伤口，使果实不耐运输和贮藏。捋采时，也可借助于采摘簸箕辅助采摘，可提高效率（图7-18）。

机械采收分为田间直接采收和人工辅助脱果机采收两种。田间直接机械采收方面，山西农业大学的科研人员进行了长期的研究，研发出了田间疏果采收机（图7-19）和田间捋果采收机，但仍需在实际应用中进一步改进。人工辅助脱果机采收是人工先将结果枝从基部整枝剪下来并收集起来，然后再运输到脱果机上将果实从枝条上脱下来，这种采收方式可比人工采摘提高效率1倍以上，果实的损伤率也比较低，可控制在5%以下，是值得推广的一种方式（图7-20）。这种脱果机目前的缺点是脱果时必须人工输送果枝，有必要改进为自动输送。

图7-18　欧李采摘簸箕

图7-19　欧李田间疏果采收机

图7-20　欧李脱果机

2. 分批采收

欧李不同结果枝之间或一个结果枝上往往存在果实成熟不一致的问题，故应分批采收，分批采收一般可分两次采收，第一次采收60%～80%的果实，余下的果实一般在4～5 d后即可采收。

（三）采后处理

采收后的果实常常大小混装，还附带有枝叶、泥土等杂物，必须加以处理。同时欧李果柄较短，果柄与枝条的结合较紧，从而造成采果时果柄易从梗洼处撕开，梗洼处易形成伤口，加之采收往往处于高温季节和果实堆集在一起的呼吸散热，常温下很容易腐烂。因此需及时进行采后处理。

1. 果实分级

目前欧李果实还没有可以依据的分级标准，可以从如下几个方面考虑。一是果实干净，没有杂物；二是没有烂果、虫果；三是大小要均匀一致；四是要保持品种的固有颜色，且均匀一致。在大小的分级上，为了减少果实的翻动次数，可以在田间地头设置一个筛网，一次性将过小的果实以及枝叶、烂果、虫果等分拣出来。

2. 洗果

采收后的欧李果实尽量不要用水洗果，必须洗果时，可以用 1% 左右的稀盐酸加上 1% 的食盐进行洗果。

3. 临时贮藏

采收的果实在室外放置最好不要超过 4 h。当天采收的果实应立即进入到冷库中，冷库的温度应设置到 0～1℃。

4. 包装与运输

用于加工的欧李果实运输必须装筐，且筐不要太大，一般以 15～25 kg 为宜。长途运输必须用冷藏车。果实从冷库中直接进入冷藏车，冷藏车在运输期间温度保持在 0～5℃。用于鲜食的欧李果实应先进行包装，要求果实进入包装盒内后不能相互挤压，在运输的过程中也不能发生滚动、碰撞和挤压，可以采用单果隔离固定放置、整合防挤压包装进行包装处理，运输的过程也需要冷链运输。

第五节　欧李病虫草害防治

随着欧李栽培面积的逐渐扩大，尤其是较大的规模化栽培，使欧李的病虫害以及草害也逐渐蔓延起来，生产上必须加以防治。

一、病害防治

1. 欧李流胶病

发病症状：欧李流胶病常发生于二年生和多年生枝条上，新梢和果实少见。发病后，病斑处先产生"水泡状"隆起，并伴随着透明状的树胶流出，随后变成 0.5 cm 茶褐色质地较硬的结晶体，遇水后则膨胀变为像培养基一样的胶状物（图7-21）。流胶病发生后，枝条表面变成黑色，病斑上部的新梢首先枯死，最后整枝枝条枯死。对枝条上的病菌进行分离、田间接种观察和 ITS 序列分析，初步鉴定为 *Nothophoma spiraeae* 和 *Penicillium goetzii* 两种真菌引起的病害。分离的病原菌接种 7 d 后在接种的伤口周围发生凸起膨大、伤口中央凹陷，14 d 后从病斑附近的侧芽上溢出胶液，胶液初期为透明液体，失水后变成质地较硬的淡黄色硬块，若吸水可膨大为有黏性的胶体，基本与流胶病的病症相同。

图7-21　欧李流胶病

防治方法：①结合修剪和清园工作对病枝进行清除。②春季萌芽期喷布 3 Be° 的石硫合剂进行预防。③新梢生长季喷洒 50% 的多菌灵 800 倍液。

2. 欧李褐腐病

发病症状：褐腐病是欧李的一种严重影响产量的病害，在果实、枝条上均可发病，可引起果实腐烂、枝条枯死（图7-22）。幼果发病轻，近成熟期发病较重。严重时，尤其是雨水较多时，可造成80%的果实腐烂。果实发病初期，在果面上形成浅褐色水渍状圆形病斑，之后病斑蔓延扩展，果肉变褐软腐，病部产生灰色绒球状霉层之后，果实皱缩、干枯，并变成黑色。枝条发病，3—11月均有发病，6—8月最为严重，发病初期，病原菌通过枝条伤口侵染植株，10 d左右，会有淡黄色胶状物质从伤口处流出，类似于流胶病，但随后病原菌开始由枝条表面向内部侵染，同时向上或向下传播，1个月后，枝条开始变黄、变枯，扒开皮层，内部变为黄褐色腐烂状，若遇到雨水多的时期，伤口处会发黑。经多方鉴定，欧李褐腐病病菌为 *Monilinia fructicola*（美澳型核果链核盘菌）。

防治方法：①彻底清园。被病菌侵染的干黑僵果上附着有大量的病原菌，必须对这些病果和病枝进行彻底清除。②春季萌芽期喷布3 Be°的石硫合剂进行预防。③果实和枝梢生长季节可喷洒43%戊唑醇500倍液，防效可达75%以上。

3. 欧李冠瘿病

发病症状：欧李冠瘿病也称欧李根瘤病，是由农杆菌属（*Agrobacterium* spp.）和根瘤菌属（*Rhizobium* spp.）的一些菌株引起的一种土传性细菌病害。细菌在病残体上和土壤可存活2～3年。细菌从伤口处进入植株体内，多在根颈处、根系上发病。发病初期的15 d左右，在伤口处出现米粒大小的瘤状体，随后瘤体不断长大，一年内可长到5 cm大小（图7-23），翌年还会有新的瘤体产生，形成多瘤。长出瘤体的部位一是消耗了树体的营养，二是瘤体部位会阻断树体上下物质的传导，对欧李的生长和结果产生一定的影响。但欧李为根茎克隆植物，一旦一个部位发生根瘤，地下茎会立即萌发产生新的株丛，从而取代被根瘤阻断的部位继续生长，不会像乔木果树如大樱桃发生整株死亡的现象。根瘤病的发病因素很多，据调查，重茬地、伤口多、雨水多、低洼地、碱性地、不采取预防措施等情况下发病严重。

图7-22　欧李褐腐病为害的果实和枝条　　　　图7-23　欧李冠瘿病

防治方法：①栽植苗木时，选用外观没有瘤子的苗子，并用升级版K84生防菌剂加水稀释3倍，将根系浸泡5～10 min后再进行栽植，可至少在定植后2年内不会发病。②欧李园地中要做到勤检查、早发现、早治疗，否则会由于病菌的大量繁殖引起病害的蔓延。③刮除瘤体并带离园地集中消毒或销毁。一旦发现感病植物，立即将瘤体全部切除，伤口处用2% 402杀菌剂消毒，根颈周围替换无病土，连续防治可使病害达到防治。④生物防治。在有可能造成树体伤口的农事操作之后，应及时向伤口处喷洒K84生物菌剂。如果地下害虫严重，应注意防虫，以免造成伤口侵染。

二、虫害防治

1. 蚜虫

为害特征：蚜虫为害欧李的新梢和叶片，使新梢停止生长、叶片卷曲。由于其繁殖速度较快，短时间内使整个植株处于新梢停止生长的状态，从而使果实等器官也随之停止发育，严重影响产量和果实品质。欧李上的蚜虫有瘤蚜和粉蚜2种，前者可使叶片边缘隆起，后者使叶片卷曲。一年中可形成多次为害。

防治方法：在开花后新梢开始生长期，发生第1次为害时，可喷布10%吡虫啉可湿性粉剂2 000～4 000倍液，防效达95%以上，持效期可达15 d。如果喷药均匀一致，一般一次用药就可以防治。再次发现为害时，可以用同样的药剂进行防治。

2. 桃仁蜂

为害特征：桃仁蜂属于膜翅目广肩小蜂科广肩小蜂属，为害欧李幼果，取食种仁，造成幼果较早脱落或干缩在枝条上，经常堆积在一起（图7-24）。

桃仁蜂在晋中一年只发生一代，以老熟幼虫在已脱落或者悬挂在枝头的欧李核内越冬。3月下旬开始化蛹，初期为乳白色，逐渐变为黄褐色，羽化前为黑色，蛹期约25 d，4月中下旬开始羽化为成虫，成虫在欧李核内羽化后将核咬破一个直径约1.5 mm的小孔，从中爬出，5月中旬为羽化盛期，成虫期为35 d左右。成虫5月中下旬至6月上旬为交配期和产卵期，成虫将卵产入欧李果核内，在欧李果实表面留下一深褐色针孔，卵期为9～12 d，8月上旬幼虫陆续将种仁食尽，进入老熟幼虫阶段并开始准备越冬，直到翌年3月进入蛹期，整个幼虫期为9～10个月（图7-25）。

图7-24 桃仁蜂为害的欧李果实

图7-25 桃仁蜂的生活史

防治方法：①清除虫害果实。一般在6月中旬后就可发现被桃仁蜂产卵后的果实，要及早摘除。来不及摘除的果实在果实采收前，要将其收集起来进行销毁，以降低翌年的虫口数量。②药剂防治。在5月中下旬结合成虫的交配期和产卵期，使用6%阿维·高氯500倍液喷布，可以达到95%以上的防效。

3. 桃小食心虫

为害特征：桃小食心虫属鳞翅目蛀果蛾科，又称桃小，主要为害欧李果实。在为害初期，果实的形状为"猴头果"（即内部凹陷具有潜痕，外部畸形），随着幼虫食量增大，在果实纵横潜食，排粪便于果实内和果核周围，造成所谓"豆沙馅"，使果实失去食用价值，影响产量和品质。此虫一年发生1~2代，以老熟幼虫在土中结冬茧越冬，越冬幼虫一般在6月中旬至7月上旬出土，雨后土壤含水量达10%以上时，进入出土高峰，干旱推迟出土。1 d后即可作夏茧并在其中化蛹，于7月上旬陆续羽化，至9月上旬结束。羽化交尾后2~3 d后产卵，卵期7~10 d。卵孵化后幼虫多自果实中、下部蛀入果内，不食果皮，为害20~30 d后老熟脱果，入土结冬茧越冬。成虫昼伏夜出，无明显趋光性。形态上最明显的特征为翅上有白色斑块（图7-26）。

防治方法：①预测预报。在6月下旬，利用桃小性诱芯悬挂于欧李园地树体上方，每日观察水盆中成虫的数量，在诱捕达到高峰后，可以用药防治。②药剂防治。可喷布30%桃小灵1 500~2 000倍液或20%灭扫利2 000~2 500倍液或2.5%功夫菊酯1 500~2 000倍液等药剂，一般一次就可防治。

4. 梨小食心虫

为害特征：梨小食心虫属鳞翅目小卷叶蛾科。调查发现，该虫在欧李上不为害枝梢，只为害果实。幼虫蛀入果实果肉内，在果核周围蛀食为害，产生大量虫粪，幼虫老熟后由果肉脱出，留一大圆孔。孔口周围无流胶和虫粪，前期虫果无明显症状，不腐烂，后期虫果大量腐烂。该虫一年一般发生3~4代，世代重叠严重。据性诱芯诱捕调查，第1代成虫在6月下旬达到高峰，第2代在一周后的7月初达到高峰，第3代在7月下旬到8月上旬，一周后及8月中旬第4代达到高峰。一般在降雨后会有一个小高峰。成虫有强烈的趋性，形态上最明显的特征为浅黑色（图7-27）。

图7-26 桃小食心虫成虫

图7-27 梨小食心虫成虫

防治方法：①预测预报。在5月上旬开始，利用性诱芯观察成虫的发生动态，当出现成虫突然增加时，开始药剂防治。②药剂防治。在高峰期喷布2.5%三氟氯氰菊酯2 000倍液防效较好，并需按照预测预报的结果在各个高峰期及时喷药2～3次。③性诱防治。可在树体上方的枝条上挂上梨小食心虫的"迷向丝"，干扰雄虫，使其不能与雌虫交配，达到防虫的目的。

三、草害防治

欧李植株低矮，如若放松管理，常常会被强旺的杂草覆盖，使树体见不到阳光，从而使生长和结果受到严重影响。欧李被杂草覆盖有3种形式，一是杂草的高度超过了欧李，像反齿苋、灰灰菜、鬼针草等这些杂草生长较快，很短时间内高度就超过了欧李，最后将欧李夹在草中；二是有些蔓性杂草如茜草、田旋花等根系扎在欧李的株丛之中，藤蔓爬升到欧李树体的上方，最后将欧李全部覆盖在杂草的下面；第三种是寄生性的菟丝子，其"吸根"刺入欧李的枝条内，直接吸取欧李体内的养分，并遮盖欧李的茎叶。无论哪种形式，对欧李来说，都是非常严重的恶性杂草。以下是一些对这些杂草的防治措施。

1. 人工除草

主要是对生长在密集的欧李株丛内的杂草进行人工锄除或拔除，铲除时，一定要注意多年生的杂草必须除掉根系，否则，杂草一段时间后又会长出。再者，人工除草一定要在杂草的生长前期进行铲除，杂草长高以后，不仅难以铲除，而且已经对欧李的生长造成了严重的影响，尤其是后期杂草的种子已经落入到欧李周围的土壤之中，杂草将会越来越多。

2. 地布覆盖

利用覆草地布对欧李园中的空地进行覆盖，可阻止覆盖带内杂草的出现。可在带状栽植模式下的宽行或窄行选择其一进行覆盖。

3. 机械除草

目前我国的小型除草机种类较多，可以采用这些小型机械将地布覆盖之外的杂草进行切割、微耕等加以控制和清除，见图7-28。

4. 养鹅除草

鹅属于食草动物，而且食量很大，一只成年鹅每天可以吃掉约500 g杂草，在农村里就有"十只鹅的饭量和一头猪的食量差不多"之说。据实验观察，鹅在欧李园地中只啄食杂草，不食欧李的枝叶和果实，有时会踩倒一些欧李枝条。

图7-28 欧李园地机械除草

但整体上利大于弊，除草、产蛋、产粪、节省人工除草费用等均是有利之处，但需注意养鹅必须达到一定数量，在除草季节少喂饲料，使鹅进入园地后争抢食草，便能取得较好的除草效果（图7-29）。

5. 化学除草

欧李园地不提倡化学除草，但某些杂草如早熟禾这类杂草常常夹杂在欧李的株丛之中，与欧李的根系交织在一起，人工和机械均很难清除，可考虑在欧李发芽之前选用一些对欧李生长没有或较轻影响的除草剂如精喹禾灵进行喷布，以达到防草的目的。对于菟丝子这种寄生性杂草一定要注意前期在种子刚

图7-29　欧李园地养鹅除草

刚萌芽时进行清除，一旦缠绕到欧李茎秆上后，人工很难清除，可以使用如仲丁灵150～200倍液进行喷洒。无论使用何种除草剂时，一定要先小面积试验，确定对欧李没有为害之后才可以大面积使用。

第六节　欧李周年化生产的关键技术

欧李周年化生产是将欧李栽培在较为高级的设施条件下，实现果实成熟期的随意调控，即周年化生产（彩图7-7），即将欧李的成熟期控制在一年中的不同季节上市的一种栽培方式。众所周知，北方果树由于自然休眠的生理特性，很难实现周年化生产，而欧李由于树体矮小、成花容易、坐果率高、休眠较浅、可二次开花、结果枝容易更新等特性，可以实现像草莓一样不同季节上市，这是欧李的一种重要生产功能，可以显著提高欧李的经济价值和生产效益，这里将其关键技术介绍如下。

一、设施要求

实现欧李周年化生产主要有两种基本设施，一是欧李生长设施，二是欧李休眠设施，这两种设施在周年化生产中缺一不可。

1. 生长设施

生长设施是用来保证欧李在任何季节下都能够满足其生长和结果条件的设施。其基本设施条件可以参考北方的日光温室进行建造，这里不再赘述。但设施内必须具备加温设备和电光补光设备，最好建造成现代化的智能温室，可以对水分、温度和光照实行全天候的自动控制，以满足欧李生长和结果的需求。

设施的大小可根据生产量的计划进行设计，由于欧李的周年化生产主要靠盆栽来完成，故可按照每平方米2～4盆欧李进行估算。也可按照欧李的生长发育阶段如开花期温室、新梢生长期温室、果实成熟期温室、养分回流温室等来进行分开设计。

2. 休眠设施

休眠设施是为了欧李能够解除休眠和强制休眠的设施，在此设施内，欧李可以顺利实现休眠的解除，或者使已经休眠的欧李继续保持休眠状态，也称为强迫休眠。其基本设施条件可参考冷藏库进行建造，这里不再赘述。休眠库的大小可按照每立方米可放置4～6盆欧李苗进行设计。最低温度需达到-5℃。

二、苗木培育

欧李的周年化生产实际上是一种把欧李盆栽和设施栽培结合起来的技术，为此，栽培的苗木必须提前进行盆栽培育，即首先利用盆栽技术培育出适合于周年化栽培的壮苗。这些壮苗已经具备开花结果的能力，随时可以用来进行周年化生产（彩图 7-8）。

1. 盆型（容器）选择

适于栽植欧李的盆可选用多种材质的盆型，但为了在搬动时不容易破碎，最好使用塑料盆、木盆或无纺布制成的美植袋。塑料盆最好使用可以拆开、四周带有孔洞的由底盘、侧壁和插杆组成的火箭盆，这种盆不仅可以进行不同大小规格的组合，而且能够控制根系，使根系缩短，细根或须根增多，但容易造成透水漏肥，浇水施肥应加以注意。

无论哪种材质的盆型，盆子的规格上应根据栽植苗的大小选择不同规格的盆子。一年生的欧李小苗可选择盆子口径为 20～25 cm，高度为 40 cm；二年生的大苗可直接选择适于栽培的大口径盆子，口径为 30～50 cm，高度为 50 cm 左右。

2. 盆土（基质）配制

根据基质容重的大小，栽培欧李的基质可以分为 3 种类型，即重型基质、半轻型基质和轻型基质。重型基质以营养土为主要成分的基质，其质地紧密，容重大于 0.75 g/cm³。使用该种基质下与植物根系的接触相对紧密，对外界变化的缓冲性较好，适合于较粗放型的管理。半轻型基质是以营养土和各种有机质各占一定比例的基质，其质地重量介于重型基质和轻型基质之间，容重为 0.25～0.75 g/cm³。轻型基质以轻体材料为主要成分的基质，质地疏松，单位体积重量较轻，容重低于 0.25 g/cm³，有利于植物细根的增加，根系的成团性较好。轻型基质包括草炭、农林废弃物类、工业固体生物质废料类和工矿企业膨化的轻体废料。以轻型基质培育容器大苗，对外界变化的缓冲性较差，一般与滴灌设施配套使用。为了有利于将来欧李栽培过程中不断移动和提高周年化生产下的产量与质量，选择轻型基质最好。轻型基质的材料可选用泥炭、珍珠岩，配比为 2∶1，配制好的基质中按照体积的 3%～5% 加入精制的有机质商品肥，最后装入适宜盆栽的容器中备用。

3. 上盆

选择适宜的盆型和健壮苗木，首先将基质装入到盆中的 1/3 处，然后放入苗木，使根系舒展到四周，然后继续填入基质，当填到离盆沿的 5 cm 处时停止，然后将苗木的根颈提升到基质上面 1 cm 处，最后将基质压实即可。

4. 盆栽管理

为了防止根系从盆子的底孔扎入土壤之中，盆栽场地首先要铺设防根系扎入土中的地布，然后每 2～4 盆欧李为一排，成行向一个方向放置，并安装好滴灌设备用于浇水和施肥（图 7-30）。

浇水：苗木栽植到容器之后，需立即开启滴灌设备缓慢浇足定根水，以后

图 7-30　盆栽欧李

视盆土干湿情况合理设置滴灌时间和次数。一般春季和秋季每天可设 1 次滴灌，夏季高温季节每天设 2 次滴灌，上午和下午各一次。冬季基质结冻前要浇足封冻水，基质结冻后可不滴灌，但要检查基质的干湿情况，发现过干，要进行补水，保证基质含水量达到最大持水量的 60%～70%。

施肥：随浇水进行，可根据基质所含的养分情况合理追施大量元素和微量元素，但一定要注意不能施肥量太大或使用没有腐熟的有机肥，否则会发生烧苗现象。

三、周年化栽培技术

欧李露地生产果实的成熟季节为 8—9 月，因此欧李周年化生产实际上只要考虑露地情况下没有果实成熟的季节，即 10—12 月、1—7 月，总计 10 个月的时间，此期间可以通过无休眠栽培技术、提早加温栽培技术、强迫休眠栽培技术等不同的栽培方式得以实现。

（一）无休眠栽培技术

无休眠栽培是指利用一定的措施使正在生长并已完成花芽分化的欧李避开休眠持续生长，进而开花结果的一种新的栽培模式。这种栽培技术主要用来实现 3 月、4 月、5 月欧李果实的超早成熟，这种栽培方式可以使植株全年处在生长阶段，进而实现无休眠栽培，是欧李周年化生产的核心技术，包括如下关键措施。

1. 促使欧李花芽提前形成

将在露地下已经度过休眠的欧李盆栽苗在 12 月中旬搬入生长温室之中，全树平茬或进行重短剪，促其新发基生新梢或上位枝长枝的出现。20 d 后，若留下来的枝上还有花蕾出现，应将花蕾全部疏除，以保证萌发的新梢有旺盛的生长。萌芽后，一般经过 4 个月的生长，欧李的花芽就可以形成。这样使欧李的花芽在 5 月就可以形成，为下一步欧李的无休眠开花结果做好准备。

2. 脱叶促花开放

在花芽形成后，尽早脱除欧李全树的叶片，可用手工捋除，在计划脱除叶片的前一周最好叶面喷施 0.5% 单氰胺，可使花芽开放整齐一致，可使坐果率提高到 25% 左右。叶片除掉后，叶芽会在 10 d 左右萌发、花芽在 20 d 左右开放。由于此时外界已经进入 6—7 月，要注意温室中的温度最好控制在 20～25℃，不能温度太高，以免花芽的形态分化过快，造成器官发育紊乱。

3. 授粉

花芽开放后，进行人工授粉，可采用授粉器先将花粉收集起来，然后再拌入 10～15 倍的滑石粉后喷布到正在开花的柱头上。每天喷布 1～2 次，持续 4～5 d 就可。如果授粉品种和主栽品种之间开花整齐一致，也可用鸡毛掸子利用滚授的方法进行（参见第五章欧李育种）。

4. 避免二次休眠

二次休眠是指在无休眠栽培中诱导树体进入新的生长周期后，受环境（短日照或低温或水分）或树体因素的影响导致植株新梢过早停止生长并且进入休眠的现象，是

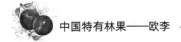

温带地区落叶果树无休眠栽培中所特有的现象，在热带和亚热带地区落叶果树的无休眠栽培中目前尚未见报道。

如第三章所述，欧李的芽在7月中旬后萌发率就会逐渐降低，尤其是叶芽。说明此时欧李就有可能因某种因素导致其慢慢进入休眠，田间条件下最大的可能是高温。此时正是无休眠栽培欧李的新梢快速生长阶段，必须注意欧李进入二次休眠。采用的方法是，在7—8月的高温期间，采用湿帘降温的方法，使温室内的温度保持在30℃以下。在9月采用暗期中断法补光阻止欧李进入休眠，在10—11月采用朝夕补光法补光，在12月至翌年1月期间采用加温和朝夕补光法相结合的方式阻止二次休眠。

人工补光是阻止欧李进入二次休眠的重要措施，其主要作用是解除由光周期缩短引起的欧李休眠信号。一般采用钠灯补光，单只功率165 W，按一定密度设置后，可使光照强度达到2万～3万lx。暗期中断补光的方法为在晚上每小时内补光5～10 min，朝夕补光法是在早晨和傍晚各补光1～3 h。两种方法各有优缺点，前者节电，但效果不如后者，后者费电，但效果优于前者。

尽管人工补光不可缺少，但防止欧李进入二次休眠温度比光周期更为重要，如第四章所述，22℃的高温下短日照不能引起欧李休眠，但温度降低到14℃时，长日照也不能阻止欧李进入二次休眠，即高温可以抵消短日照诱导的二次休眠，因此与其进行补光栽培，倒不如更加注意温度的增高。在无休眠栽培进入到11月到翌年2月尤其要注意温度的稳定，最好保持夜间的温度达到22℃以上。此时的补光措施也能对生长的促进发挥进一步的促进作用。

（二）强迫休眠延迟栽培技术

强迫休眠延迟栽培是将已经度过自然休眠的欧李苗子继续放置在温度为-5℃的冷库中，强迫欧李继续处于休眠状态下1～4个月，从而使开花结果推迟1～4个月的一种周年化生产方式。这种方式下，按照每个欧李品种的果实发育天数和预设成熟时间的要求，分批分次将欧李植株移动到栽培温室中进行生长与开花结果。这种栽培方式主要用来实现10月、11月、12月、1月果实成熟。包括如下关键措施。

1. 盆栽苗冷库强迫休眠贮存

将在露地培育的带有花芽的盆栽壮苗在2月上旬（芽萌动前）搬入冷库中，冷库温度设置在-5℃，湿度保持在70%～80%。此温度下，欧李不会萌发，一直可以延续放置到6月上中旬。此时露地欧李已经完成了开花，并进入到新梢快速生长期。在冷库中贮存苗木的时间不能无限制延长，否则，苗木体内冷量积累过多，将会引起在移动到栽培温室中后的过度快速生长，使新发枝叶变得细弱，因此一般不能超过4个月。

2. 盆栽苗冷库中芽萌动启动

强迫休眠的盆栽苗尽管在冷库贮存结束后，露地的温度已达到了生长温度，但此时不能直接放在露地上，必须在冷库中对盆栽苗进行芽萌动的启动，需要15 d时间。此时冷库温度设置变温处理，第一周温度为5～10℃，第二周温度为15～20℃。当欧李枝条上的芽明显膨大后随即转入栽培温室中。

3. 盆栽苗在栽培温室的管理

进入栽培温室中后的一个月左右，欧李将开花，从进入温室到落花的这段时间，温室内温度不能超过 22℃，湿度控制在 60% 左右。落花后温度控制在 30℃ 以下即可。

授粉（见无休眠栽培技术一节）。

浇水施肥参照露地管理即可。

进入 8 月后，欧李随时都可能进入休眠，此时参照无休眠栽培技术的管理使欧李继续生长直到果实成熟。

（三）春提早促成栽培技术

春提早促成栽培是将欧李的成熟期提前到比露地早熟 1～2 个月的一种栽培方式，这种栽培方式下主要是解决 6—7 月欧李果实上市的生产问题，与前面的两种栽培方式相配合，便可完全解决露地情况下果实成熟断档的月份。简述如下。

1. 苗木栽植

该种方式下，可以选择容器栽培，但最好选择在日光温室中直接定植的方式进行。栽植密度可提高到每亩 1 500 株左右。栽植的行向最好为南北行。由于密度较大，栽植前应在温室的土壤中多施有机肥，达到每亩 5～6 m^3。

2. 提前升温

春提早促成栽培主要是依靠栽培设施的增温和保温条件来促使欧李的物候期提前，达到果实提前成熟，因而需提前升温。欧李一般在 11 月底之前会进入深度休眠，之后，只要给予适当的低温，10～20 d 便会解除休眠。因此，在 12 月初开始便可以逐渐升温。升温时，前 10 d 保持温度在 0～15℃，中间 10 d 保持温度在 10～20℃，最后 10 d 保持温度在 15～25℃。经过 30 d 的升温，欧李花芽可进入到始花期，此时将最高温度控制在 20℃ 左右，使欧李进入正常的开花阶段。一定要注意在未开花前的升温不能太高，否则，欧李会在不到一个月的时间内开花，由于花芽发育太快，导致花器官发育不良，将造成只开花不结果的现象，严重影响产量。

3. 其他管理

春提早栽培的欧李如果设施条件较好，可以在果树成熟后，立即平茬，重新生长出来的枝条可用于下一年度的无休眠栽培。这种模式下的授粉以及浇水、施肥、整形修剪可参考前面两种栽培方式和露地栽培进行，这里不再赘述。

通过以上 3 种栽培方式的实施，可以实现欧李在露地欧李果实成熟之外的季节里欧李鲜果的供应，也可以使欧李的不同生长阶段调整到同一天发生，见图 7-31。这种生产方式不仅可满足鲜食市场的需要，也解决了欧李不耐贮藏的问题，更为重要的是，发挥了欧李自身在周年化果树生产中的优势，是值得推广应用和进一步加深研究的一项技术。

图 7-31　周年化栽培下同一天实现欧李的不同生长阶段

（从左往右依次为：萌芽期、展叶期、开花期、幼果期、成熟期）

第八章
欧李贮藏

欧李果实成熟后柔软多汁，采收时很容易受到机械伤害，使果实表面出现伤口，再加之成熟季节的气温较高，采后极易发生腐烂变质。在自然条件下，欧李果实一般只能存放5～7 d，这样短的存放时间对加工、市场销售和消费者食用都极为不利。正确的采收和贮藏可以延长欧李果实的保鲜期。

第一节　影响欧李贮藏的因素

一、果实表皮结构

1. 果实表皮的一般结构和作用

果皮是指果实外壳或外皮，而日常生活中说的果皮一般指的是外果皮。这种果皮是由子房壁组织经分化、发育而形成的果实部分。成熟的果皮一般可分为外果皮、中果皮、内果皮3层。通常外果皮不肥厚，由1～2层细胞构成，它的结构特性与表皮相似，具角质层和气孔。角质层为果实最外部的保护层，可以防止水分蒸腾，调节气体交换，抵御微生物、害虫的侵染和环境的伤害，减少有害光线的损伤。随着果实的生长发育，角质层的形态结构也会发生改变。当植物受到外界环境影响时，外果皮也随之发生一定变化。如套袋降低果皮的厚度，而喷施$CaCl_2$可以增加果皮的细胞层数。果实未成熟时，外果皮的薄壁细胞多含叶绿体，呈绿色，随着果实的生长发育和成熟，花青素不断积累到外果皮中，果实呈现红、黄等颜色。此外，果皮的厚度和结构与果实的贮藏性有着紧密的联系。

2. 欧李果实的表皮结构

（1）外果皮结构。欧李果实外表皮不同于一般果树的果实，既没有茸毛，也没有果粉和蜡质层，这个特点使果实的多酚、黄酮含量较高，但不利之处是果实不耐贮藏。据解剖观察（图8-1），欧李的果实表皮结构由角质层、上表皮与皮下层组成。皮下层细胞为果肉细胞。角质层为果实表皮最外层的保护结构，凹凸不平，不同种质角质层厚度存在差异，48 份欧李种质的厚度在 0.61～2.02 μm，平均值为 1.13 μm。上表皮细胞为一层厚壁细胞，果实开始转色时正是从这一层厚壁细胞开始，厚度在 1.46～6.56 μm，平均厚度为 3.05 μm，不同种质其细胞大小不同。皮下层厚度在 9.32～24.32 μm，平均为 14.90 μm。细胞排列整齐紧密，细胞层数为 2～4 层不等，且不同的种质该部位的细胞形状存在差异，与果肉细胞明显不同，为果实表皮颜色积累的主要部位。外果皮的总厚度为 11.43～32.38 μm，平均为 19.22 μm。欧李品系 J-2 的外果皮最薄，最不耐贮藏，而外果皮最厚的品系 03-35 则表现为较耐贮藏。

（2）果实发育期果皮结构的变化。从图 8-2 可以看出，尽管外果皮的总厚度随着果实发育在不断增加，但果实的上表皮并没有增加，而角质层不增反降，这也导致了欧李果实整体上不耐贮藏。

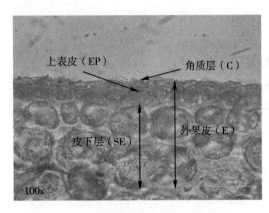

图 8-1 欧李果实外果皮的解剖结构

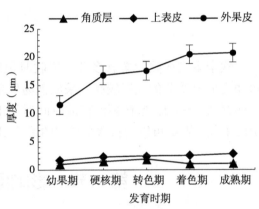

图 8-2 果实发育期外果皮厚度变化

与其他果实的外果皮进行比较，发现欧李果实的外果皮最薄（表 8-1），尽管在角质层的厚度上高于李子和樱桃，但李子果皮最外侧还有一层厚厚的果粉，而樱桃的最外层布有一层明亮的蜡质，均对果实的外皮起到了一定的保护作用，而欧李则没有这些优势，因此导致欧李的果实不如其他果实耐贮藏。

表 8-1 不同树种果实外果皮各结构厚度 （μm）

树种	外果皮	角质层	上表皮
欧李	19.218	1.143	3.193
毛樱桃	21.256	1.257	2.279
毛桃	40.785 6	1.375	8.336
李（黑布朗）	31.566	0.936	2.895
樱桃（红玛瑙）	19.353	0.645	2.844
苹果（红富士）	27.852	3.505	4.076

二、果实成熟度与成熟期

随着欧李的发育，果实着色后，很快进入成熟期。此时果实的硬度在下降，尤其是果实一旦出现呼吸高峰后，果实立即变软，这样将大大缩短果实贮藏期。据贮藏试验，在硬熟期采收的果实比晚熟期的果实可延长 10～15 d 的贮藏时间。此时采收果实的硬度应达到 7～10 kg/cm^2 或更高。

研究发现，成熟期越晚的品种，越有利于贮藏。品系 09-01 成熟于 9 月中下旬，可贮藏到 12 月中下旬，贮藏期可达 90 d，而早熟和中熟的欧李品种一般只能贮藏 20～40 d。

三、果实机械伤害

采收时的机械伤害对欧李果实的贮藏影响极大，造成伤害的主要因素多为果柄从果实上撕裂的伤口和磕碰伤。欧李果柄较短，且成熟后果柄与枝条一端的连接较紧，但与果实一端的连接较松，采收时稍不注意，果柄就会从果实的连接处断开，使果实出现伤口，这种不带果柄的果实贮藏 15～20 d 时就会大量腐烂，因此用于贮藏的果实采收时，一定要带果柄采收或者采用带枝的方式进行贮藏，这样便减少了伤口的出现，以延长贮藏期。

四、果实采前和采后处理

采前喷钙可以改善欧李的外果皮结构，据试验，采前喷施 0.4% 的硝酸钙可以极显著增加欧李角质层的厚度，同时还可以增加贮藏期间的果实硬度，从而达到提高贮藏的效果。采前喷钙、采后壳聚糖对果实的涂膜可大大延长欧李的贮藏期。

采后果实还会由于环境中的霉菌感染而引起腐烂，因此采后须进行一些杀菌处理会降低腐烂率。经试验，在贮藏中期用 2 000 倍液的戊唑醇速蘸果实后贮藏 90 d 后果实的腐烂率仅为 20% 左右，而对照组达到了 80% 左右，但安全性没有进行检测。因此，应选用对人体无害或残留期较短的杀菌剂、防腐剂，确保食用安全。

五、环境条件

1. 温度

温度是影响贮藏效果的一个主要环境因素，高温促进果实的呼吸强度，使果实细胞迅速衰变，导致贮藏期缩短。欧李果实的呼吸强度在果实发育的前期一般较低，这样有利于糖的积累，在临近成熟时呼吸强度会突然增高，即出现一个跃变，可能与成熟时内源乙烯的突然增多有关（方洁，2007）。采收之后呼吸强度则主要决定于温度的变化，温度高，呼吸强，温度低则呼吸弱。贮藏期间 1℃ 下贮藏比 5℃ 下贮藏可极显著降低呼吸强度达 7% 左右，比 9℃ 下极显著降低呼吸强度达 40% 左右，从而使贮藏期间的腐烂指数比后二者分别降低了 42% 和 60%（张海芳，2006）。

温度不仅影响果实的呼吸强度，也影响果实内部其他生理生化物质的变化，从而影响贮藏的效果，在1℃、4℃和25℃3种温度下，欧李果实内部的保护酶系统和脯氨酸、丙二醛含量均不同。

如图8-3所示，欧李果实超氧化物歧化酶（SOD）含量随着贮藏时间的延长，温度越高，此酶的含量越高。到14 d时25℃条件下的果实近乎全部腐烂，且SOD活性比4℃和1℃分别高1.81%和9.24%，再继续延长贮藏，4℃条件下（16 d、18 d、20 d）SOD活性比1℃条件分别高8.32%、4.46%和2.45%。

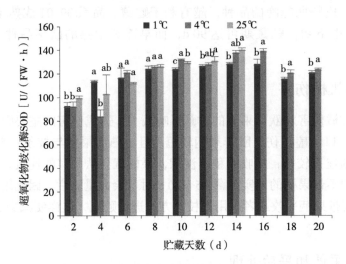

图8-3　温度对欧李贮藏期间SOD含量影响

随贮藏时间的延长，过氧化物酶（POD）活性呈先降低后升高的变化趋势，且在25℃条件下POD活性升高幅度最为明显。当刚开始进入贮藏期前6 d，1℃和4℃条件下POD活性高于25℃，随着贮藏时间继续延长，25℃条件下POD活性显著高于1℃和4℃（图8-4）。

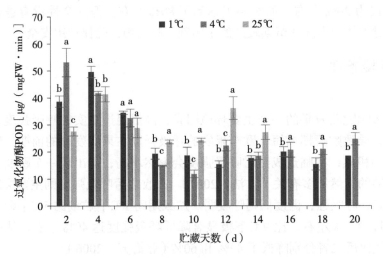

图8-4　欧李贮藏期间温度对POD的影响

25℃下果实中脯氨酸含量明显高于1℃和4℃。当贮藏时间至14 d时，25℃下果实内脯氨酸含量分别比1℃和4℃条件下高56.61%、65.09%（图8-5）。说明在14 d时，25℃条件下已不利于果实的贮藏。随贮藏时间继续延长至16 d，1℃与4℃贮藏条件下脯氨酸含量存在显著性差异。

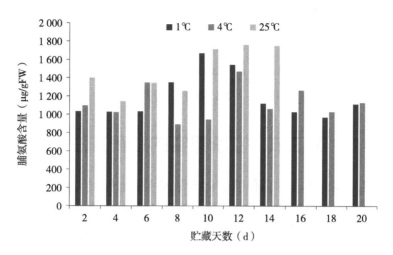

图8-5　温度对欧李贮藏中脯氨酸含量的影响

同一贮藏时间下，25℃下丙二醛（MDA）含量明显高于1℃和4℃，但4℃又明显高于1℃，且在第12天表现最为明显，25℃条件下MDA含量分别是1℃和4℃下的2.60倍和1.49倍。当贮藏时间延长至14~20 d，1℃下MDA含量均显著高于4℃（图8-6）。

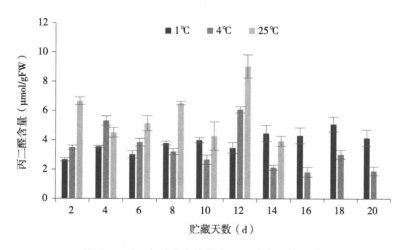

图8-6　温度对欧李贮藏中丙二醛含量的影响

上述高温下保护酶系统的升高，是由于高温对果实的贮藏不利，迫使果实启动了保护酶系统，以利于清除高温下产生的自由基。脯氨酸的升高也说明果实受到了高温胁迫，而丙二醛的增加则说明细胞发生膜脂过氧化反应，直接导致细胞膜结构的完整

性被破坏，而1℃下相对较低。因此高温不适宜贮藏，而低温即1℃有利于贮藏。

李静仪等（2021）测定了欧李果实汁液的冰点温度为-1.07℃，并对-0.5℃和4℃下对欧李果实贮藏期间的生理变化进行了测定，指出相比于4℃，冰温（-0.5℃）贮藏可以显著抑制欧李实的呼吸速率和果实细胞膜透性的增加，延缓呼吸高峰和丙二醛的积累，有效减少果实失重率和果柄褐变率，维持了果实硬度，从而提高好果率。

2. 气体成分

贮藏环境中降低O_2浓度、提高CO_2浓度则有利于抑制果实的呼吸作用，从而延长欧李的贮藏时间，但果实对低氧和高二氧化碳有一定忍耐力限制，大多数核果类的果实以O_2浓度2%～3%、CO_2浓度2%～5%为宜。欧李最适宜的气体成分还需试验确定。

第二节　欧李果实的贮藏方法

果实保鲜技术和方法有物理保鲜、化学保鲜和生物保鲜等技术，方法上有冷藏、气调、冰温、减压贮藏等方法。目前欧李保鲜的贮藏方法整体上为物理贮藏即冷藏，实际贮藏中需配合多种方法以取得最佳的贮藏效果，下面将做简要介绍。

一、采前处理

钙处理可以延缓果实采后衰老，主要通过调节呼吸代谢和乙烯生成，减少水分散失，并可提高和维持采后贮藏中果实有较高的硬度。一般在果实成熟前10～20 d用0.5%～1%的硝酸钙进行叶面喷肥。欧李枝叶中钙的含量较高，但在后期果实成熟时果实快速膨大，枝叶中钙的转移速度则相对较慢，使成熟期果实中的钙含量下降，此时的喷钙尽量喷布到果实表面。尤其是成串结果的欧李，要喷布到果串各个方向，这样有利于不同方位果实的快速补充。

有试验指出，为了促进钙元素的吸收，喷钙时，加入一定的生长素将对钙的吸收起到促进作用。

二、采摘

如前所述，不合理的采摘极易造成欧李果实表面出现伤口，有伤口的果实则不能进行长期贮藏。目前最有效的采摘方式为连枝采收后整枝果串贮藏（彩图8-1）。田间作业时，尽量选择单枝成串性好的结果枝，从着生果实以下部位剪开，然后立即将其上的上位枝叶全部疏除，以减少果实水分流向枝叶的水分损失，并将果串中的烂果、虫果、整齐度较差的果实剔除（图8-7）。

另一种常用的方法就是人工用剪刀从果柄与枝条的连接处将果实剪下来，这种方法较慢，但由于采果

图8-7　欧李连枝采收

时能够仔细过手每个果实，可只对符合要求果实进行采收，因此可实现分批采收，因而，采摘的果实成熟度一致，质量较高。

每天中采摘的时间以早上低温的时间和下午太阳光照不强的时间较为适宜，尽量避开高温时间采摘。这样就可降低果实所带的田间热，对预冷处理有显著帮助。

欧李果柄与枝条的连接紧密对坐果有益，但是对贮藏不利，尤其是成串结果后，果柄难以看到，对采摘十分不利。因此，从有利于贮藏采摘角度考虑，在育种上应着重培育长果柄和果柄与枝条连接较松的品种。

三、预冷

将欧李果实所携带的田间热在装车运输或入库贮藏之前尽快散发出去，称为预冷。预冷的方式有多种，一般分为自然预冷和人工预冷。自然冷却是最简便易行的预冷方法。它是将采后的水果放在阴凉通风的地方，使其自然散热。人工预冷有风冷、水冷和真空冷却等方式。欧李果实较小，采摘入筐后堆积得较为紧密，采用风冷的效果不如水冷的效果，因此一般采用水冷的方式。

水冷却是用冷水冲或淋欧李果实，或者将果实浸在冷水中，使果实降温。一般水温为 $0\sim1℃$。这种冷却水是通过机械制冷机降温制得的水，通常是循环使用的，这样会导致水中病原微生物的累积，使果实受到污染。在冷却水中加入一些化学药剂，可杀灭水中的病原微生物，防止病菌交叉感染。果实在 $1℃$ 冷水中放置 $10\sim15$ min，可以将其温度从 $30℃$ 左右降至 $4℃$。

四、入库

欧李贮藏可选择机械冷藏库进行贮藏，机械冷藏库可自建或租用。但不宜过大，一般以单库体积在 $60\sim200$ m^3、贮量在 $10\sim50$ t 为宜。入库前，应对库中进行消毒处理。

为防止果实水分在贮藏期间的丢失，预冷后的果实首先要装入塑料袋中，不仅可以防止水分的散失，而且可以利用欧李果实自身的呼吸作用降低环境中的 O_2，并提高 CO_2 的浓度，达到气体的自发调节，延长贮藏时间（彩图 8-2）。装袋前，可以对果实进行浸钙或壳聚糖涂膜等处理，以提高贮藏效果。

装袋时，可选用 0.03 mm 的 PE 膜，袋子不能太大，以能够装入 5 kg 左右的果实为宜。袋子的两侧需用打孔器打 $6\sim8$ 个直径为 0.8 cm 的小孔，以防止 CO_2 浓度过高对果实造成伤害。装袋后将袋口松松绑住。为了搬运方便和库中进行码垛，装完果实的袋子最好放入到塑料筐。随后，立即将装袋的果实运入到冷藏库中。为便于库内气流的流动和日后检查，码垛时应留出间隔和人行通道。

五、贮藏期间管理

1.温度管理

欧李入库后，温度的调节与控制是冷藏库贮藏的关键因素，温度可设置在 $1℃$ 左右，并使冷库中的各部位温度尽量均匀一致。温度的波动尽可能要小，最好在

±0.5℃。温度过高，会引起呼吸增强，缩短贮期；温度过低，会产生冷害和冻害；温度忽高忽低，会引起果面结露，出现水滴，引起腐烂的发生。因此每天要检查温度的变化情况和制冷机是否处在正常运转状态。

2. 湿度管理

冷藏库中的蒸发器表面结霜和果实的结露都会降低库中的湿度，会引起果实失水，使果实表面萎缩、果柄干缩、果肉发糠，降低其感官品质。因此，湿度控制在70%~80%。一旦湿度过低，应在地面洒水以增加湿度。

3. 通风换气

冷却库中会因果实的呼吸作用释放出 CO_2、乙烯和其他有害气体，可在清晨或夜间打开库门利用排风扇进行换气。

六、出库

在出库时，尤其是夏季，如果直接把果实从冷库中搬入库外的环境中，果实会立即在表面结露，形成水滴，果实硬度也会迅速下降并极易引起腐烂。因此必须经过逐渐升温后再出库，以尽量缩小果实与外界环境之间的温差，减少果实的劣变。

另外，如果采用冰温贮藏欧李果实，应先将果实放置到4℃下24 h，再到10℃下24 h最后再到25℃下，对果实的保鲜最为有利（李静仪等，2021）。

第九章
欧李价值与利用

第一节　欧李营养和保健价值

一、欧李果实中的有机营养物质与保健价值

欧李的营养价值不仅体现在具有一般水果的营养成分，而且体现在含有一些特殊成分方面，现介绍如下。

1. 膳食碳水化合物

欧李膳食碳水化合物主要是指果实中的糖类化合物，这类物质在人体中主要起到提供和贮存能量，构成人体的重要物质，参与它类物质如脂肪、蛋白质的代谢和解毒等作用。糖的甜味也给人以神经刺激，使人兴奋。欧李果实中总糖的平均含量为 81.39 mg/g，包括单糖、双糖、糖醇、寡糖和多糖等。

单糖和双糖主要是果糖、葡萄糖和蔗糖，以果糖和蔗糖含量占主要部分（约为 70%），葡萄糖的含量较低（表 9-1），这些糖是人体代谢不可缺少的基本物质。

表 9-1　不同欧李品种果实中主要糖含量　　　　　　　　　　　　（mg/g）

品种（系）	果糖	葡萄糖	蔗糖	其他糖	总糖
晋欧 1 号	30.02	13.19	13.26	2.46	58.93
晋欧 2 号	25.78	15.12	33.32	2.88	77.10
农大 3 号	39.80	12.65	14.32	2.65	69.42
农大 5 号	31.75	14.35	16.38	2.33	64.81
农大 7 号	20.09	9.57	38.91	1.63	70.20
01-01	40.19	12.01	57.28	3.02	112.5
02-16	46.66	20.07	27.30	2.67	96.70

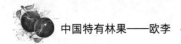

　　糖醇包括甘露醇、山梨糖醇、肌醇等糖醇，虽然含量较低，但具有重要的生理作用，甘露醇和山梨糖醇可使人体组织内的水分进入血管内，从而缓解组织水肿，而肌醇则能降低血脂。

　　寡糖中主要有棉籽糖等，是一种功能性低聚糖，含量较少，可改善肠道功能。

　　多糖主要包括淀粉、纤维素、半纤维素、果胶等。

　　北方大部分水果的含糖量在10%～20%，如苹果、梨、桃，而葡萄、枣等可以达到20%以上，就连平常人们认为很酸的山楂，含糖量也在10%以上，但欧李的含糖量在8%左右或更低。因此，欧李属于一种低糖水果，尤其是葡萄糖的含量更低，与一般水果表现出极大的不同，这对不能食用高糖水果的特殊人群如糖尿病人等来说是个非常好的消息，同时由于果实中还含有较高的其他活性成分，可以作为糖尿病人首选的水果。

　　2. 膳食纤维

　　欧李中的膳食纤维包括多糖类纤维素、半纤维素以及不属于多糖类的木质素，果实中的含量在0.5%左右，但欧李果皮和果渣中含量丰富，含量超过12%，最高可达24%。经过多人研究，这些膳食纤维较为蓬松，具有一定的晶体结构和较强的持水力、膨胀力和结合水力，同时具有对胆固醇、亚硝酸盐和葡萄糖较强的吸附能力，通过改性，可以进一步增加欧李膳食纤维的生理活性。人体摄入膳食纤维后，机体内的碳水化合物和消化酶之间的作用受到了一定的抑制，使得人体对碳水化合物的消化率降低，葡萄糖扩散速度减慢，使肠液中葡萄糖浓度下降，从而达到降低人体血糖的作用，还能够通过改善对胰岛素的敏感性来降低人体血糖水平。因此，欧李膳食纤维可以有效地预防糖尿病、高血压、肥胖症等疾病的发生。

　　3. 脂肪酸

　　（1）欧李果肉中的脂肪酸。欧李果肉中的脂肪含量较低，一般在1%左右，但组成的成分达31种之多。其中，饱和脂肪酸20种；不饱和脂肪酸11种。不饱和脂肪酸中主要为油酸（20.32%）、亚油酸（15.65%）和亚麻酸（5.22%）、蓖麻油酸（4.64%）和神经酸（1.83%）。其中神经酸，具有防止脑神经衰老，预防帕金森病、阿尔茨海默病的作用，可以增强人体免疫功能和防治艾滋病。亚麻酸具有改善血管疾病，降压、降血脂、降胆固醇的作用，还有提高神经功能，预防过敏性疾病的作用（刘俊英，2012）。

　　（2）欧李种仁中的脂肪酸。欧李种仁中的脂肪酸含量很高，种仁出油率平均可达到42%以上，成分主要以不饱和脂肪酸为主，可达到96%以上，其中油酸含量61%～76%、亚油酸含量20%～33%，均为C18分子，可作为保健食用油。值得注意的是，欧李种仁在生长前期含有亚麻酸，但成熟时消失。表9-2为欧李不同品种种仁、带壳种子的含油量及油脂成分。

表 9-2　欧李不同品种种仁含油率和脂肪酸组成

品种	含油率（%）		各脂肪酸占比（%）				
	种仁含油率	种子含油率	棕榈酸	棕榈烯酸	硬脂酸	油酸	亚油酸
农大 3 号	44.9	8.4	3.484	0.502	—	72.756	23.258
农大 4 号	46.7	10.3	3.765	0.373	—	61.979	33.883
农大 5 号	43.9	9.2	3.633	0.613	—	63.273	32.481
农大 6 号	44.0	11.5	3.374	0.374	—	76.192	20.061
农大 7 号	42.0	9.2	4.166	0.709	—	64.926	30.200
晋欧 3 号	38.3	8.4	3.969	0.500	—	69.823	26.209
晋欧 2 号	39.9	11.7	3.186	0.400	—	71.976	24.439
平均	42.81	9.81	3.654	0.496	—	68.704	27.219

　　人体所需的脂肪 70% 来源于食用油，而食用油营养价值的高低，以含不饱和脂肪酸的多少而定，含不饱和脂肪酸越多，且油酸含量越高，营养价值就越高。表 9-3 列出了常见食用油的不饱和脂肪酸含量，可以看到，欧李仁油的不饱和脂肪酸和油酸的含量最高，且不同品种之间变异很小，质量稳定，且含有维生素 E 等生物活性成分，因此是极好的食用油以及化妆品的原料。

表 9-3　常见食用油不饱和脂肪酸的含量与欧李仁油的比较

食用油	不饱和脂肪酸占比（%）	油酸占比（%）	亚油酸占比（%）
欧李仁油	95.1～96.8	61～76	20～33
橄榄油	80～85	55～83	3.5～21
花生油	82～85	38～61	13～42
葵花籽油	80～89	23～70	6.7～66.2
菜籽油	90～93	20.3～66	11.4～24
大豆油	75～85	21.1～30.8	49.2～54.5

　　欧李仁中的油酸可以促进肝细胞增殖和预防动脉硬化。油酸比率稍高的油脂，其代谢产物无须具有强烈生物活性抑制作用的前列腺素参与。因此，无须担心过量摄入会发生障碍，被称为安全脂肪酸。

　　亚油酸是人体必需的不饱和脂肪酸，人体自身不能合成，必须从食物中摄取。它的主要作用包括有助于生长发育和妊娠、能滋养脑细胞、中枢神经系统的活动。在降低对人有害的低密度脂蛋白胆固醇的同时，可使对人体有益的高密度脂蛋白胆固醇升高，在降低血脂、防治冠心病、防止机体代谢功能紊乱等方面具有显著效果。

　　4. 有机酸

　　有机酸有增加食欲、帮助消化、帮助矿物质吸收以及抗疲劳等功能。欧李果实中的有机酸含量较高，且由于含糖量较低，因而使果实口感较酸。欧李果实中的有机酸总量在 1.0%～2.0%，这种酸含量是一般果品所不具备的特征，因此非常适合加工利用。

果实中的有机酸主要为苹果酸和柠檬酸，分别占到总酸的 80% 和 16%，其他酸包括琥珀酸、酒石酸、草酸等，仅占到总酸的 3% 左右。

苹果酸有 3 种构型，L 型、D 型和 LD 型。D 型不能被人体吸收，LD 型是人工合成的，以 L-型苹果酸最具有生理活性，人工不能化学合成，存在于植物体内，欧李果实中全部为 L-型苹果酸。L-型苹果酸可以在人体代谢中合成，形成人体能量的过程比葡萄糖时间短，因而在人体应激状态下，可快速形成 ATP。经研究，人体摄入 L-型苹果酸后，能快速被人体直接吸收，因此，可快速起到抗疲劳和恢复体力的作用，且能够有效提高运动能力。用欧李果汁调配的果汁饮料，能显著延长小鼠的负重游泳时间，增强小鼠体内肝糖原含量及超氧化物歧化酶和还原型谷胱甘肽酶的活性，并降低血乳酸、血尿素氮及丙二醛含量，非常适用于运动营养领域。

L-型苹果酸是天然的润肤品，能够很容易地溶解黏结在干燥鳞片状的死细胞之间的"胶黏物"，从而可以清除皮肤表面皱纹，使皮肤变得嫩白、光洁而有弹性，且见效较快，因此在化妆品配方中备受青睐。另外，L-型苹果酸还具有保护心脏和肝脏、改善记忆能力、增强钙的利用等功能。

5. 蛋白质和多肽

蛋白质是人体组织的构成部分，而且调节着体内各种生命活动的进行，因此人体离不开蛋白质，欧李可提供蛋白质。

（1）果肉中的蛋白质。欧李果肉中蛋白质的含量较低，为 0.5%～1.27%。

（2）种仁中的蛋白质。欧李种仁中的蛋白质含量很高，约为 30%，远高于杏仁、扁桃仁、核桃中蛋白的含量。欧李蛋白质的氨基酸组成有其自己的特点，主要是谷氨酸含量较高，约占到 30%。欧李蛋白质在人体分解后，可产生较高的谷氨酸，谷氨酸作为脑组织的"能源"，可有效改善神经系统的功能。

（3）多肽。多肽是蛋白质水解的中间产物，一般是由多个氨基酸分子脱水缩合而成。利用欧李蛋白可制备有特殊功效的多肽。经研究，欧李多肽具有显著清除小鼠体内的 DPPH 自由基、羟自由基、超氧阴离子自由基的能力，具有提高小鼠血清、肝脏和肾脏中超氧化物歧化酶（SOD）、谷胱甘肽过氧化物酶（GSH-PX）的活力，显著降低模型鼠血清、肝脏和肾脏中丙二醛（MDA）的浓度，可显著提高小鼠的胸腺指数和脾脏指数，因此，欧李多肽具有较强的体内抗氧化作用和免疫作用。另外，欧李多肽有较强的抗菌作用，尤其对金黄色葡萄球菌和大肠杆菌。

6. 氨基酸

欧李果实中含有丰富的氨基酸，果肉中较低，总量在 0.46%～0.48%，而种仁中较高，可达到 14%。在氨基酸的组成方面，整体上含有 18 种氨基酸，有些品种检测不到色氨酸和蛋氨酸，可能是含量较低的原因，因此单一欧李品种经常会只有 16～17 种氨基酸，见表 9-4。其中以谷氨酸最高、天冬氨酸次之。但人体必需氨基酸的总量占到了氨基酸总量的 40% 左右，依据 FAO/WHO 提出的理想蛋白源标准，欧李氨基酸是一种良好的蛋白源。

表 9-4　欧李果实中氨基酸的组成与含量

序号	氨基酸		单位	欧李品种		
				晋欧 1 号	农大 6 号	农大 7 号
1	天冬氨酸	ASP	g/100 g	0.06	0.06	0.06
2	苏氨酸	THR	g/100 g	0.02	0.02	0.02
3	丝氨酸	SER	g/100 g	0.03	0.03	0.03
4	谷氨酸	GLN	g/100 g	0.09	0.06	0.08
5	脯氨酸	PRO	g/100 g	0.01	0.07	0.01
6	甘氨酸	GLY	g/100 g	0.04	0.04	0.04
7	丙氨酸	ALA	g/100 g	0.04	0.03	0.04
8	胱氨酸	CYS	g/100 g	0.00	0.04	0.00
9	缬氨酸	VAL	g/100 g	0.04	0.00	0.04
10	蛋氨酸	MET	g/100 g	0.01	0.00	0.01
11	异亮氨酸	ILE	g/100 g	0.02	0.02	0.02
12	亮氨酸	LEU	g/100 g	0.05	0.03	0.05
13	酪氨酸	TYR	g/100 g	0.01	0.01	0.01
14	苯丙氨酸	PHE	g/100 g	0.03	0.02	0.03
15	赖氨酸	LYS	g/100 g	0.01	0.01	0.02
16	组氨酸	HIS	g/100 g	0.02	0.01	0.02
17	精氨酸	ARG	g/100 g	0.01	0.01	0.01
	氨基酸总和		g/100 g	0.48	0.46	0.47
	粗蛋白质		%	0.6	0.5	0.7

二、欧李果实中矿物质营养与保健价值

人体的矿质营养必须从食物中得到补充，每日需要量在 100 mg 以上的矿质元素称为常量元素，在 100 mg 以下的称为微量元素。欧李果实中几乎含有人体所需的各种元素，但含量的多少有其极为显著的特征。

欧李果实中人体所需常量元素含量由大到小顺序为：钾＞钙＞磷＞镁＞硫；微量元素的平均含量大小顺序为：铁＞锌＞锰＞铷＞锶＞铜＞硒。根据报道的资料显示，不同产地欧李果肉矿质营养元素含量有较大的差异（以鲜果质量计，表 9-5），但元素含量高低排序不变，含量差异的原因可能与土壤、品种、测定方法等有关。

表 9-5　不同产地欧李矿质元素含量　（mg/kg）

产地	矿质元素											参考文献
	K	Ca	P	Fe	Zn	S	Mg	Cu	Mn	Rb	Sr	
河北张北	1 335.2	281.1	273.1	21.5	1.93	56.0	—	0.54	2.67	1.23	1.03	[1]
河北满城	964.9	224.0	215.2	12.8	1.50	26.1	—	0.41	1.19	0.61	0.55	[1]
北京昌平	957.4	217.0	192.2	8.68	1.58	33.6	—	0.51	1.11	1.49	0.67	[1]
北京延庆	1 362.5	229.0	220.7	11.7	1.47	43.0	—	0.53	2.03	1.59	0.41	[1]
北京海淀	1 007.0	235.0	198.0	8.4	2.33	35.7	—	0.47	1.20	1.58	1.10	[2]
北京顺义	2 669.4	140.0	—	11.8	3.20	—	277.1	1.50	6.90	—	—	[3]
内蒙古1	1 588.3	222.3	186.2	10.5	1.01	26.8		0.63	1.59	2.36	1.24	[4]
内蒙古2	2 172.4	428.1		21.1	1.10		167.5	0.30	—			[5]
河北秦皇岛	—	246.7	—	—	—	—	72.9	—	1.03			[6]
沈阳	—	415.8	—	2.7	11.74	—	—	—	—	—	—	[7]
拉萨	—	171.0	—	8.1	1.14	—	84.70	0.68	1.20			[8]
平均	1 507.1	255.5	214.2	11.7	2.7	36.9	150.5	0.62	2.1	1.48	0.83	

注：括号中的数字为数据来源，[1] 李卫东等（2015）；[2] Li Li Mo et（2014）；[3] 冯媛媛（2015）；[4] 李卫东等（2015）；[5] 张美莉等（2007）；[6] 王培林（2021）；[7] 张雨晴等（2017）；[8] 李媛蓉等（2020）。

与常见水果相比，欧李果实中的钙、铁、锌和硒等元素显著高于苹果、梨、樱桃、葡萄、桃、李和杏等常见果品，常高于 2～10 倍。铷（Rb）和锶（Sr）两元素尽管含量较低，但在其他果树上鲜有报道，其他元素含量与一般水果相近，故对钙、铁、锌、硒、锶 5 种元素作如下叙述。

1. 钙

钙不仅是人体的组成成分，也在人体生理生化过程中起着重要作用。人体缺钙会产生佝偻病、骨质疏松症和抽搐等多种疾病。钙在人体中的存在有两种形式，一种是在骨骼中，占到 99%；一种为骨外钙，仅占到 1%。这两种钙之间一直存在着交换和更新并由粪便排出，由于钙每天都在流失，这就需要人体每天都补充钙。膳食中的钙一般吸收率均较低，为 20%～30%。人体对钙的吸收影响因素较多，不仅与人体的生理状况有关，而且与食物中钙的形态以及小肠中钙的络合状态有关。欧李果实中的钙 80% 以人体可吸收的可溶性形态存在，加之果实中含有的有机酸，尤其是维生素 D 的存在，不仅可保证果实中的钙被人体吸收，也可促进其他膳食中钙的吸收。因此欧李不仅因为钙含量高被称为"钙果"，同时也表现在钙的吸收较高和有助于其他食物中钙的吸收等方面，这就为人类补钙提供了新的补钙方式，即水果补钙。

欧李原果汁和冻干粉中钙、有机酸、总黄酮含量均较高，其协同起来，可改善骨质疏松症状。通过对骨质疏松模型大鼠饲喂欧李原果汁的试验，大鼠饲喂原果汁后，可以显著改善小鼠的骨质疏松症，骨密度最高，且超过了饲喂碳酸钙和果酸钙。这足以说明欧李原果汁不用添加钙便具有多重补钙的作用。通过对去卵巢小鼠饲喂冻干粉的试验，也发现所有饲喂冻干粉的小鼠骨密度都得到了提高，且以高剂量的冻干全粉+高含量钙的效果最为显著，比对照的骨密度增加了10.52%，这是由于去卵巢小鼠比成年大鼠更需要钙的补充（表9-6）。

欧李原果汁饲喂大鼠后，还表现在粪便中排出的钙减少（比对照减少12.7%），股骨钙含量上升（比对照增加4.1%），冻干粉饲喂去卵巢小鼠后，也表现出相近的效果，可以说明欧李可以促进钙的吸收和钙在骨骼上的沉积。

表9-6 饲喂欧李原汁和冻干粉对大鼠和小鼠股骨密度的改善作用

成年大鼠饲喂欧李原汁分组	骨密度（g/cm^3）	去卵巢小鼠饲喂欧李冻干粉分组	骨密度（g/cm^3）
A. 空白组	1.616 8 ± 0.046 7b	A. 假手术组（空白对照）	1.596 1 ± 0.007 7a
B. 碳酸钙阳性对照组	1.636 9 ± 0.030 3ab	B. 碳酸钙阳性对照	1.587 7 ± 0.017 8ab
C. 果酸钙阳性对照组	1.608 1 ± 0.029 9b	C. 去卵巢对照组	1.443 5 ± 0.038 0d
D.50% 原汁组	1.589 3 ± 0.057 3b	D. 低剂量全粉组	1.491 9 ± 0.036 5c
E. 原汁组	1.694 3 ± 0.047 1a	E. 高剂量全粉组	1.501 1 ± 0.106 9bc
F.50% 原汁 + 低含量钙组	1.620 0 ± 0.047 4b	F. 低剂量全粉 + 低含量钙	1.476 5 ± 0.038 3c
G. 原汁 + 高含量钙组	1.582 6 ± 0.050 5b	G. 高剂量全粉 + 高含量钙	1.595 4 ± 0.061 0a

注：标注的不同小写字母表示在0.05水平上的显著差异性。

2. 铁和锌

铁和锌均是人体所需的微量元素，缺铁会导致贫血，缺锌会使儿童生长发育不良。欧李果实中含量较高，可作为人体铁、锌的补充膳食。

3. 硒

近年来发现，硒元素与人的寿命和心脏的健康有着密切的关系。硒具有抗氧化、抗衰老、抗辐射、抗病毒、保护视力、增强免疫的作用，欧李果实中的硒含量可达到1.67 μg/kg，叶片喷施有机硒后，可提高硒含量10倍左右，可以生产富硒水果。据杜艳丰等（2012）对引种到新疆的欧李硒含量测定，达到了0.02 mg/kg，超过了富硒苹果的7倍。

4. 锶

新近报道，锶在人体内的代谢与钙极相似。含钙较丰富的器官也有较多的锶，因此骨骼和牙齿是锶的主要储存地。锶在骨骼中的正常浓度为360 mg/kg，是骨骼、牙齿正常钙化时不可缺少的元素，锶缺乏时，破坏锶与钙、钡、锌之间的比例关系，引起牙齿的骨溃疡。人体每天大约需要摄入锶1.9 mg，有趣的是欧李果实中不仅含钙高，而且含有较高的锶元素，这种搭配无疑为骨骼和牙齿的发育提供了良好的钙源和锶源。

三、欧李中的活性物质与保健和药用价值

欧李果实、叶子等器官中含有较多的天然生物活性物质，包括多酚、类黄酮、挥发性香气、多种维生素、苦杏仁苷、郁李仁苷、γ-氨基丁酸等，下面将作分述。

1. 多酚

欧李树体的各器官中均含有多酚物质，经测定各器官中全年的平均含量，结果见表9-7。含量的高低顺序为：真根＞地下茎＞果实＞结果枝＞叶片＞花朵＞基生新梢。目前鉴定出欧李多酚的主要化学成分有儿茶素、原花青素 B_1、原花青素 B_2、原花青素 B_3、原花青素 A_2、矢车菊素-3-O-葡萄糖苷、天竺葵-3-葡萄糖苷、山奈酚-3-O-芸香糖苷、异鼠李素等以及一些酚酸类成分，例如绿原酸、芥子酸、香草酸等。欧李多酚的生理功能与类黄酮相似，因此，合并叙述。这里值得注意的是生物医学杂志报道了印度科学家 Kushagra Dubey 和 Raghvendra Dubey（2020）对异鼠李素抑制新冠病毒（COVID-19）的结果，发现异鼠李素可以与新冠病毒蛋白 6W63 上的 13 个氢键和 9 个氨基酸发生作用，从而使新冠病毒蛋白活性失活，其抑制力高于标准品 X77 二倍以上。欧李叶片和种仁中均含有较高的异鼠李素，且种类丰富，值得在新冠病毒的防治上进一步研究。

表 9-7　欧李各器官中多酚和类黄酮的全年平均含量

成分	欧李器官（mg/g）						
	真根	地下茎	果实	结果枝	叶片	花朵	基生新梢
多酚	72.83	71.96	51.12	46.04	37.46	34.74	28.14
类黄酮	142.32	135.91	141.36	77.59	67.76	40.94	49.84

2. 类黄酮

类黄酮是目前继维生素之后最为关注的一类对人体健康具有重要保健价值的功能物质，对人体多种疾病（防癌、抑癌和防治心血管疾病）有预防作用，也可延长寿命。果实、蔬菜和茶叶中均有较高的类黄酮含量，但是植物种类不同含量差异极大，组成成分也不同。

欧李成熟果实类黄酮含量范围在 3.90～28.37 mg/g FW，平均值为 10.58 mg/g FW（Fu et al., 2020）；欧李叶片中，类黄酮的含量变化范围为 3.29～75.43 mg/g FW，平均值为 34.32 mg/g FW（任玉琴，2021）。欧李树体的各器官中均含有类黄酮物质，其器官间含量的高低与多酚表现不同，排序为：真根＞果实＞地下茎＞结果枝＞叶片＞基生新梢＞花朵，种仁中的含量在 32.69 mg/g，由果实加工的欧李冻干粉含量普遍达到 40 mg/g。欧李鲜果皮中类黄酮含量最高，达到 72.80 mg/g FW，根据各种水果的资料报道，欧李果实中的类黄酮均高于这些水果，即使是含量最低的种质也往往高于其他果树的最高含量，见表9-8。这种高于一般水果的原因也不难理解，因为欧李还属于从野生果树新开发出来的树种，而野生果树的类黄酮含量一般均高于栽培果树。实际上，这只是粗浅的认识，其真正的原因还是由于欧李自身含有与类黄酮合成相关基因（如 CHS）的表达及果实的特殊结构（果皮无毛、无粉、皮薄）所决定。

表 9-8　欧李果实类黄酮含量与其他水果的比较

树种	含量范围（mg/g FW）	平均含量（mg/g FW）	欧李高出倍数	资料来源
欧李	3.90～28.37	10.58		付鸿博，2020
山楂	1.57～2.62		2.48～10.82	刘煊崴等，2019
果桑	0.86～1.46		4.5～19.43	刘丽等，2018
枸杞	2.98		3.55	周芸等，2012
蓝莓	0.52～3.06		7.5～9.27	吴慧等，2011
沙棘	0.91～1.82		4.2～15.67	安雄韬，2021
草莓	0.26～0.54		15～52.53	王淑珍等，2017
李子	0.14～1.44	0.85	12.44	夏乐晗等，2019
梨	0.19～6.77	0.83	12.75	曹玉芬 2011
苹果	0.86～4.40		4.5～6.4	陈学森等，2014
枣和酸枣	0.89～3.55	1.94	5.45	薛晓芳等，2020
葡萄	0.15～0.39		26～72.7	李小娟等，2017
柑橘	0.88～2.60		4.43～10.91	李勋兰等，2020
香蕉	0.40～0.85		9.75～33.38	孙秀秀，2018
菠萝	0.04		264.5	陆新华，2010

　　欧李类黄酮不仅含量高，而且组成成分也十分丰富，这便保证了欧李类黄酮对健康的促进方面更全面。对农大4号和农大5号两个欧李品种果实中类黄酮的化学成分进行分析，共检测到了171种类黄酮代谢物。其中前者检测到170种，后者检测到145种。将所检测到类黄酮代谢物分类后，可以分成包括黄烷醇、花青素、黄酮、黄酮醇、黄酮类、黄烷酮和异黄酮共七大类（表9-9），欧李果实类黄酮组分中黄酮的数量最多，可达到55～61种，异黄酮最少，为3～6种。

　　多酚、类黄酮的主要生物活性表现在如下方面。

　　（1）抗氧化、清除自由基。人体新陈代谢过程中，会产生较多的自由基，这些自由基在抢夺电子的过程中便会损伤蛋白质和细胞组织（氧化），产生各种疾病，导致人体寿命缩短。多酚和类黄酮是人类发现维生素之后的又一大类抗氧化物质。

　　欧李果实中的总酚和类黄酮含量均很高，尤其是类黄酮高于一般水果的几倍到几十倍，果实中的多酚、类黄酮、维生素等抗氧化物质一起协同下构成了欧李总抗氧化能力远远高出一般水果。刘皓涵等（2020）指出欧李多酚的总还原力与维生素C相当，对·OH、DPPH·、ABTS·等自由基清除作用显著。总酚抗氧化活性、铁离子还原力、DPPH·清除率、·OH清除率均表现为总酚＞总黄酮和原花青素＞花青素和黄酮醇。据资料报道，桃的总抗氧化能力（ABTS）在0.25～1.13 mgTE/g（熊孝涛，2022），苹果为0.125～0.15 mgTE/g，而欧李鲜果的总抗氧化能力在18.93～20.12 TE/g，可以看出，欧李的总抗氧化能力高出桃、苹果100倍左右。这样吃一个重量在10 g左右的欧李果实，其抗氧化能力便可能超过了几个普通大小的苹果或几个桃或几十个左右的草莓或一串葡萄。

表9-9 欧李果实中的类黄酮成分

类别	化合物及分子量
黄酮 （61种）	羟甲基黄酮 5-O-己糖苷（478.12）柚皮素 C-己糖苷（434.1）羟甲基黄酮 O-丙二酰己糖苷（564）芹菜素 C-葡萄糖苷*（432.11）白杨素 O-己糖苷（416.2）氧甲基柚皮素 C-戊糖苷（418.1）白杨素 C-己糖苷（416.2）C-己糖基 - 芹菜素 O-二己糖苷（756.3）C-己糖基金圣草黄素 O-己糖苷（624.2）"3',4',5'-三羟黄酮 O-芸香糖苷"（652.3）芹菜素 O-丙二酰己糖苷（518）白杨素 5-O-己糖苷（416.1）金圣草黄素 O-葡萄糖醛酸 O-己糖苷（638.1）芹菜素 7-O-葡萄糖苷*（432.1）8-C-己糖基-橙皮素 O-己糖苷（626.1）圣草酚 C-己糖基 -己糖苷（612.1）8-C-己糖苷-芹菜素 O-己糖苷-O-己糖苷（756.2）C-己糖基-芹菜素 O-戊糖苷（564.1）金圣草黄素 C-己糖基-O-鼠李糖苷（608.1）木犀草素 8-C-己糖苷-O-己糖苷（610.2）金圣草黄素 8-C-己糖苷（462.1）麦黄酮 O-鼠李糖苷（476.1）麦黄酮 7-O-己糖苷（492.1）矢车菊素 O-己糖基-O-己糖基-O-己糖苷（772.1）金圣草黄素 8-C-戊糖基-O-芸香糖苷（740.2）芹菜素 O-己糖基-O-戊糖苷（564.1）金合欢素 O-乙酰己糖苷（488.1）金圣草黄素 5-O-己糖苷（462.1）金圣草黄素 O-乙酰基己糖苷（504.1）金圣草黄素 7-O-芸香糖苷（608.1）金圣草黄素 7-O-己糖苷（462.1）木犀草素 O-琥珀酸-O-己糖苷（642.1）圣草酚 C-己糖（450.1）麦黄酮 O-甘油（404.1）麦黄酮 O-丙二酰基鼠李糖苷（562.1）麦黄酮 O-丙二酰荠草酸（572.1）麦黄酮 O-草酸 O-香豆酰荠草酸（704.1）麦黄酮 O-葡萄糖二酸（522.1）麦黄酮 5-O-己糖苷（492.1）麦黄酮 O-葡萄糖醛酸（506.1）麦黄酮 4'-O-丁香醇醚 5-O-己糖苷（658.1）木犀草素*（286.1）穗花杉双黄酮*（538.09）芹菜素 7-O-新橘皮糖苷（野漆树苷）*（578.16）芹菜素 5-O-葡萄糖苷*（432.11）金圣草（黄）素*（300.06）异野漆树苷*（578.16）异牧荆素*（432.11）川陈皮素*（402.13）黄芩苷*（446.09）桔皮素*（372.12）芹菜素 4'-O-鼠李糖苷*（416.11）异柚葡糖苷*（434.12）木犀草苷*（448.1）牡荆素-2-O-鼠李糖苷*（578.16）五羟黄酮*（302.04）紫铆素*（272.07）芸香柚皮苷*（580.53）芹菜素-6,8-二-C-葡萄糖苷*（594.16）"4,2',4',6'-四羟基查尔酮"*（272.07）
黄酮醇 （30种）	甲基槲皮素 O-己糖苷（478）山奈素*（300.1）异鼠李素 O-己糖苷（478.2）异鼠李素 5-O-己糖苷（478.2）槲皮素 5-O-己糖苷-O-丙二酰己糖苷（712.1）槲皮素 7-O-芸香糖苷（610.2）异鼠李素 O-乙酰己糖苷（520.1）槲皮素 O-乙酰基己糖苷（506.1）"3,7-二氧-甲基槲皮素"（330.1）槲皮素 3-O-芸香糖苷（芦丁）*（610.15）山奈酚 7-O-鼠李糖苷*（432.11）扁蓄苷*（434.08）山奈酚 3-O-芸香糖苷*（594.16）杨梅素*（318.04）紫杉叶素*（304.06）异鼠李素-3-O-新橙皮糖苷*（624.17）杨梅苷*（464.1）山奈酚 3-O-洋槐糖苷*（594.16）紫云英苷*（448.1）山奈苷*（578.16）二氢杨梅素*（320.05）槲皮素*（302.04）二氢山奈酚*（288.06）曲克芦丁*（346.25）绣线菊甙*（464.1）异槲皮甙*（464.1）三叶豆甙*（448.1）阿福豆苷（番泻叶山奈苷）*（432.11）黄颜木素*（288.06）3'-氧甲基杨梅素*（332.05）杨梅酮 3-O-半乳糖苷*（480.09）
花青素 （20种）	芍药花青素 O-己糖苷（463.12）天竺葵色素-3-O-丙二酰己糖苷（519.1）芍药花青素*（301.1）矢车菊素 O-丁香酸（466.1）矢车菊素 O-乙酰基己糖苷（490.1）矢车菊素 3-O-葡萄糖苷*（448.3）花翠素*（303.24）锦葵色素*3-O-半乳糖苷*（493）锦葵色素 3-O-葡糖苷*（493.2）花翠素 3-O-葡萄糖苷*（465.1）矢车菊素 3-O-芸香糖苷*（595）花青素苷*（611）锦葵色素苷*（655.2）天竺葵色素苷*（595）牵牛花色素 3-O-葡萄糖*（479）天竺葵素-3-O-葡萄糖苷*（433.1）矢车菊素*（287.24）矢车菊素半乳糖苷*（448.1）芍药-3-O-葡萄糖甙氯化物*（498.09）锦葵色素-3-乙酰-5-双葡萄糖苷（697.1）

续表

类别	化合物及分子量
黄烷醇 （21种）	二没食子儿茶素（610.2）原花青素A（576.1）没食子儿茶素-儿茶素（594.1）咖啡酰原儿茶酸（316.1）三儿茶素（866.1）表儿茶素表阿夫儿茶精（562.1）儿茶素*（290.08）4-甲基儿茶酚*（124.05）原花青素A1*（576.13）原花青素A2*（576.13）原花青素B2*（578.14）原花青素B3*（578.14）表儿茶素*（290.3）表没食子酸儿茶素没食子酸酯*（458.09）表没食子酸儿茶素*（306）没食子儿茶素*（306.07）表儿茶素没食子酸*（442.3）原儿茶酸*（154.03）原儿茶醛*（138.03）（-）-表阿夫儿茶精*（274.08）没食子儿茶素没食子酸酯*（458.08）
黄烷酮 （12种）	新橙皮苷*（610.19）柚皮素7-O-新橘皮糖苷（柚皮苷）*（580.18）柚皮素-7-O-葡萄糖苷（樱黄素）*（434.12）柚皮素*（272.07）根皮素*（274.08）橙皮素5-O-葡萄糖苷*（464.13）橙皮苷*（610.19）柚皮苷查尔酮*（272.07）乔松素*（256.07）甘草素*（256.07）阿福豆素*（274.08）"4',5,7-三羟基黄烷酮"*（272.07）
异黄酮 （6种）	奥洛波尔*（286.05）大豆苷*（416.11）染料木苷*（432.11）羟基金雀异黄素*（286.05）鹰嘴豆素7-O-葡萄糖苷（印度黄檀苷）*（446.12）鱼藤酮*（394.14）
黄酮类 （21种）	皂草苷*（594.16）短叶松素-3-乙酸酯*（314.08）脱氧土大黄苷*（404.15）水仙苷*（624.17）金丝桃苷*（464.1）异槲皮苷*（464.1）草质素*（302.04）槲皮素-7-O-葡萄糖苷*（464.1）黄杞苷*（434.12）斯皮诺素*（608.17）落新妇苷*（450.12）桃叶*（478.15）胡麻黄酮*（316.06）异鼠李素-3-O-葡萄糖苷*（478.11）圣草次苷*（596.17）芹菜苷*（564.15）桑色素*（302.04）地奥司明*（608.17）甘草苷*（418.13）光甘草定*（324.14）根皮苷*（436.14）

注：* 为测定时有标准品；括号中为该化合物的分子量。

（2）降糖、降脂。大量的研究表明，类黄酮可以降低人体中的血糖水平和血脂水平，张玲等（2018）检测到欧李仁乙醇提取物原质量浓度下对 α- 淀粉酶和 α- 葡萄糖苷酶抑制率为 84% 和 96%，分别相当于 12 mg/mL 左右的阿卡波糖对 α- 葡萄糖苷酶的抑制率和 1 mg/mL 左右的阿卡波糖对 α- 淀粉酶的抑制率。用欧李果实制成的产品如冻干粉、低糖果酱和茶叶提取物均可以改善小鼠的血糖和血脂水平（表 9-10）。这主要是欧李果实和叶子中含有诸如多酚、黄酮等活性物质在起作用。

表 9-10 欧李冻干粉、低糖果酱和茶叶对糖尿病小鼠的降糖降脂作用

冻干粉和果酱分组	血糖水平	胰岛素水平	甘油三酯	茶叶灌胃分组	血糖水平（mmol/L）	胰岛素水平（mIU/L）	甘油三酯（mmol/L）
正常组（对照）	5.3a	18.93d	0.85a	空白对照	4.94c	18.11a	1.56c
糖尿病模型组	18.3d	10.18d	2.07c	高血糖模型组	20.28a	9.90e	2.60a
二甲双胍药物组	14.3cd	14.47bc	1.57bc	二甲双胍药物组	13.48b	15.22c	2.30ab
冻干粉低剂量	9.0b	15.18c	1.39b	叶茶低剂量组	18.62a	12.80d	2.48a

冻干粉和果酱分组	血糖水平	胰岛素水平	甘油三酯	茶叶灌胃分组	血糖水平（mmol/L）	胰岛素水平（mIU/L）	甘油三酯（mmol/L）
冻干粉中剂量	14.9cd	14.38bc	1.59bc	叶茶中剂量组	10.66b	16.53b	1.87bc
冻干粉高剂量	15.2cd	11.94ab	1.48b	叶茶高剂量组	11.86b	15.02c	2.16ab
低糖果酱低剂量	17.5d	12.92abc	1.60bc				
低糖果酱中剂量	12.4bc	15.66c	1.77bc				
低糖果酱高剂量	12.1bc	15.54c	1.42b				

注：①标注的不同小写字母表示在 0.05 水平上的显著差异性。②冻干粉低剂量为饲料中添加冻干粉 16 g/kg，饲料中黄酮含量为 1.86 mg/g，总糖为 24%。低糖果酱中剂量和高剂量组添加果酱分别为 170 g/kg 和 250 g/kg。饲料中欧李黄酮含量分别为 2.0 mg/g 和 2.09 mg/g，总糖为 12%。茶叶中剂量为 3.0 g/kg。

欧李果实中含有大约 30 种与降糖有关的多酚和类黄酮物质，这些成分如山奈酚、槲皮素、杨梅素、芦丁、儿茶素以及二氢查耳酮一类黄酮等能够抑制体内 α- 淀粉酶和 α- 糖苷酶的活性，使这些酶结构上的活性中心关闭，同时将淀粉的密度变得更加紧密，使淀粉难以消耗，从而阻止了多糖的分解，从而使餐后血糖降低。而另一些多酚黄酮成分如鞣花单宁、绿原酸、槲皮苷、鞣花酸、芹菜素、橙皮苷、柚皮素等则能促进胰岛素的分泌和糖原的合成，使多余的葡萄糖转化为糖原贮存起来，从而减少血糖的浓度。最后，由于多酚、类黄酮具有极强的抗氧化作用，不仅减少了细胞的损伤，而且可促进因高糖损伤的胰岛素细胞修复，使血糖浓度得到调节和改善。同时，还改善了诸如骨质疏松等并发症，饲喂欧李制品的糖尿病小鼠比对照骨密度可提升18.39%～21.93%，且肝脏、脾脏、肾脏等器官得到了明显的改善。

（3）增强免疫力。免疫力是人体自身的防御机制，具有识别和消灭外来侵入的任何异物（病毒、细菌等）和处理衰老、损伤、死亡、变性的自身细胞以及识别和处理体内突变细胞和病毒感染细胞的能力。大量的研究证明，合理的膳食可以增强免疫力，这是由于食物中含有防御病菌、清除自由基的物质。欧李果实中的多酚、类黄酮、多种维生素以及氨基酸、锌等都具有这些生理功能。

3. 挥发性香气

据测定分析，欧李果实中含有 640 种有效挥发性香气成分，总含量 0.842 8～295.77 mg/kg，平均含量为 53.85 mg/kg。不仅造就了欧李具有的独特浓郁香味，而且可以用在"芳香疗法"的保健治疗中。这些芳香物质可以通过人体的嗅觉细胞刺激人的神经系统，产生镇定、放松或兴奋的功效。

4. 维生素

所谓"维生素"是指人体必需而不能自身合成需从外源摄取的一类微量低分子有

机化合物。尽管现在很多维生素都能人工合成，但与自然资源中如动植物体内的天然维生素在功能和安全方面仍有一定的区别，因此植物食物为人类直接提供天然的维生素是植物的一大功能。经检测，欧李果实中含有多种维生素，包括维生素 A、维生素 B、维生素 C、维生素 E 以及维生素 D 等。其含量和保健价值见表 9-11。

表 9-11　欧李果实中维生素等物质的含量与保健价值

名称	含量 （mg/100 g）	保健价值
维生素 A	0.009 46～ 0.013	又称视黄醇，可维持视觉、上皮细胞的完整性；可促进生长发育，维持正常免疫功能；防止上皮细胞出现癌变。人体供给量 0.6～1.0 g/d
维生素 B$_6$ （吡哆醛、吡哆醇）	0.025 7～ 0.034 9	有 2 种形态，吡哆醛和吡哆醇，前者含量较高。在蛋白质代谢中起着转氨基的作用。缺乏可引起眼、鼻、口腔周围皮肤脂溢性皮炎
维生素 B$_{12}$	0.000 57～ 0.001 2	甲基转移作用、化合物异构、促进蛋白质的合成，维持造血系统的正常功能。缺乏引起贫血、精神抑郁和四肢震颤等症状
叶酸	0.023 26～ 0.061 18	作用于蛋白质和 DNA 的合成，缺乏可引起贫血和胎盘早剥。人体摄入量应维持在每日 3.1 μg/kg
维生素 C	20～30	维持细胞的能量代谢、促进胶原组织的合成、参与造血、抗氧化、解毒和维持心肌功能。缺乏引起败血症、疲劳、嗜睡、抑郁和癔症。成人的摄入量应在 100 mg/d
维生素 D	0.014 25～ 0.017 88	欧李中特有，以 D$_2$ 最多，对调节钙、磷的吸收与在骨质中的沉积尤其重要，缺乏时引起佝偻病和骨软化症。人体每日需要 5 μg，4～5 个欧李果实。另欧李茶叶中也较高，达 26.8 μg/100 g
维生素 E （α-生育酚）	1.424 6～ 1.868	又称生育酚，欧李果实中有 4 种，β 和 δ-生育酚含量较低（＜0.04），以 α-生育酚的活性最高。具有很强的抗氧化作用，保护细胞膜、抗衰老、提高免疫功能。缺乏时，引起衰老加快、免疫低下
维生素 E （γ-生育酚）	0.125 2～ 0.244	功能与 α-生育酚相同
烟酸（尼克酸）	＜0.03	参与体内的氧化还原反应，降低胆固醇，增加葡萄糖耐量，加强胰岛素反应，缺乏时引起皮炎（癞皮病）和痴呆
褪黑素	＜0.003	含量较低，用来帮助入睡和治疗睡眠障碍

5. 苦杏仁苷、郁李仁苷和阿福豆苷

欧李种仁是卫生部第一批公布的药食同源药材郁李仁的主要来源，主要药效成分为苦杏仁苷、郁李仁苷 A 和阿福豆苷等。在《神农本草》和《本草纲目》中有明确记载，其性味为辛、苦、甘、平，具有润燥通便、下气利水之功能，用于津枯肠燥、食积气滞、腹胀便秘、水肿、脚气、小便不利。

（1）苦杏仁苷。欧李叶子和种仁中均含有苦杏仁苷，鲜叶中的含量在 6 mg/g，种仁中的含量在 60.3 mg/g，比叶子高出 10 倍左右。研究表明，苦杏仁苷具有镇咳平喘、抗肿瘤、降血糖、抗凝血等作用。并用其作止咳祛痰剂、抗癌辅助性药物，它还可用于治疗急性和慢性呼吸道感染、慢性支气管炎和脓疱疮，并可与其他药物联合治疗皮肤癌，临床医用价值较高。

李瑞玲（2019）通过研究欧李种仁中的苦杏仁苷指出，提取的苦杏仁苷具有抗氧化作用，同时对金黄色葡萄球菌和大肠杆菌有抑制作用，更为重要的是不仅具有抑制 α- 淀粉酶的活性，可起到体外降血糖的效果，而且饲喂小鼠后，可改善正常小鼠糖耐量，对糖尿病小鼠的血糖有降低作用，且对糖尿病小鼠的体重和糖耐量有改善作用，对脏器指数没有影响。其中苦杏仁苷提取物按照 1.5 g/kg 注射小鼠 7 d 后的效果最好，血糖下降了 41.94%，而药物组为 40.08%，其机制主要是苦杏仁苷抑制了淀粉酶的活性。

另外，张玲等（2018）利用欧李仁苦杏仁苷提取物研究了对胰脂肪酶活性的抑制效果，在浓度为 62.6 mg/100 mL，该提取物抑制率达 85% 以上，表明欧李仁苦杏仁苷提取物有体外降脂作用。

（2）郁李仁苷 A。郁李仁苷 A 为郁李仁的特效成分。霍林等（2010）研究指出，在欧李种仁中的含量为 39.6～384.3 mg/g，平均含量为 191.7 mg/g，而长柄扁桃和郁李则未检出或含量低。另外，据余伯阳（1992）研究，利用欧李仁的水煎液可以显著促进小鼠肠道的蠕动作用，而长柄扁桃则作用很弱，进一步说明，可能郁李仁苷 A 是欧李仁与郁李仁和长柄扁桃仁在药理上的主要区别。

（3）阿福豆苷。霍琳等（2010）研究指出，欧李种仁中的含量为 21.7～101.7 mg/g，平均含量为 74.04 mg/g。阿福豆苷具有抗炎、抗氧化的作用，也具有调节黑色素原生成的功能和调节血管环张力的作用。此外，阿福豆苷在对抗前列腺癌方面也具有一定的潜力。

6. γ- 氨基丁酸（GABA）

γ- 氨基丁酸（GABA）具有抗糖尿病、抗高血压、保护肝肾、促进睡眠等活性，尤其是对糖尿病和睡眠具有显著的食疗作用。欧李果实中的含量为 0.14 mg/g，叶片中的含量为 0.60 mg/g，但通过制茶工艺，可使欧李茶叶中含量达到 5.41 mg/g，超过国家标准 1.5 mg/g 的 3.6 倍，因此，可以用来改善和预防糖尿病。

刘宇凡等（2021）研究指出，GABA 能够升高 2 型糖尿病小鼠胰岛 β 细胞数量和胰岛素含量，以及上调胰岛素抵抗指数。2014 年 7 月，糖尿病研究的顶级期刊 *Diabetes*，报道了 GABA 可以促进人的胰岛 β 细胞的增生，这便为利用 GABA 改善和预防人体的糖尿病提供了理论基础。

GABA 作为重要的胞外信号分子，可调节胰岛细胞的分泌和功能。在 β 细胞中，GABA 通过诱导细胞膜去极化，增加胰岛素分泌，从而促进糖原的合成。在 α 细胞内，GABA 则通过诱导细胞膜超极化，抑制胰高血糖素分泌，从而抑制糖原的分解。GABA 通过双向调节发挥降糖作用，在糖尿病治疗中发挥重要作用。

笔者研究发现欧李的冻干粉、茶叶能够显著降低糖尿病小鼠的血糖和增加其胰岛素分泌，不仅与类黄酮有关，也可能与欧李果实和叶片中的 GABA 有关，有待于深入研究。

第二节 欧李利用途径

欧李作为一种我国特有的林果资源，既能产出可食用的果品或种子，又具备森林的生态平衡功能，其利用价值比单一的果树树种或单一的林木树种更为广泛和丰富，更加符合现代人们对环境和高品质生活的要求。该树种具备果、林、花、药、饲、能源、生态等多种用途，可利用欧李种质资源的多样性进行多方面的利用。

一、果树利用途径

欧李为灌木性林果，与我国目前以乔木为主的果树不同，其果实产出与木材产出的比例（果材比）明显大于乔木果树，而且其耐寒耐旱耐瘠薄，可以利用种质中的抗逆多样性，选育出在干旱、寒冷等大宗果树不适宜栽植的地区进行种植，以扩大果树的种植面积和丰富当地的果品种类。

欧李在土壤肥力和水分条件较好的情况下，枝条生长旺盛，结果早、丰产性极强，可以单独建园或间作进行以产果为主的果树生产。一般翌年可亩产300～500 kg，第三年亩产可达到1 000 kg左右，第四年后保持在1 000 kg以上的产量。利用欧李种质资源在果实性状方面的多样性，可以选育出在鲜食品质、加工专用、耐贮运、抗病强等特性方面高产稳产的品种，并利用其种质特性选育出长势强、成熟期不同、易机械收获等适宜不同气候和生态区域的品种。

更为重要的是可以利用欧李种质中多酚、类黄酮、花青素、维生素、氨基酸，以及钙、钾、铁、硒等对人体有益的有机、无机化合物含量高的多样性，选育出鲜食口感好、功能物质含量高的功能果品，或者直接选育出单一功能物质含量高提供给工业作为提取原料的品种。随着对欧李功能物质研究的深入，欧李在众多果树中其作为一种功能性果品的选育和开发越来越受到重视，这也是欧李能够在新时代作为一种果树进行利用的重要原因。

欧李是核果类果树起源较早的果树，因此与李、杏、桃、樱桃均有一定的亲缘关系，用于这些果树的砧木，嫁接后均能产生矮化树体的效果，使其结果早、产量高，因此可以从丰富的资源中选育李、杏、桃、樱桃的矮化砧木。除此之外，可以利用欧李树体矮小、结果早、离体培养再生率高、易转化开展以欧李为模式植物在果树遗传育种、栽培生理与生化、栽培模式（设施栽培、盆栽等）、果树与环境等果树研究领域中的基础与应用性研究。

二、造林与生态经济的双重利用途径

笔者将欧李归属到林果资源中，而不是单一的果树，其目的就是要将欧李在我国的造林中加以利用。欧李以其根状茎和根系发达、根冠比大、叶片小、气孔密度大、枝条细密、枯枝落叶留地率高、地上部蒸腾小等显著的旱生结构和较强水土保持能力、土壤理化性质的改善能力可以作为我国生态脆弱区的造林树种进行大面积推广。同时

结合欧李在逆境下也可以产出一定的果实和其他副产品（如茶叶、郁李仁）等增加群众的收入。因此，欧李一旦造林成功，只要稍加管护，每年都可以有一定的经济收入，在解决林地生态与经济效益矛盾中发挥出重要作用。据山西水土保持研究所在吕梁干旱和半干旱山区建立的欧李径流观察、河南陕县水保试验站对野生欧李的林分特性观察、甘肃定西市水土保持科学研究所在定西市的引种试栽、河北省水资源研究与水利技术试验推广中心观察，以及全国约 50 个县域的引种试栽，欧李在生态脆弱区造林中有如下优势（彩图 9-1 至彩图 9-5）。

1. 抗旱力强，成活率高，成林快

栽植 3 年后能够郁闭成林。陕西延长县发其村在退耕还林中栽种的 1 000 亩柏树，成活率不足 50%，而欧李的成活率竟高达 90% 以上（韩奋发等，2005）。3 年后欧李的郁闭度可达到 0.5 甚至更高。野生欧李的群落郁闭度也可达到 0.5 以上。在密植情况下，欧李第三年郁闭度可达到 1（图 9-1），不仅能使落到地面上的枯枝落叶被风刮不走，而且能够防止扬沙，起到防风固沙的作用。

图 9-1　郁闭度为 1 的欧李园地（花期）

2. 保土保水能力强

3～4 年后，枯枝落叶可达到 1.0～1.8 cm，重量可达 0.8～2.4 t/hm²，一次降雨可蓄水 4.3 t/hm²。可以将撂荒地的土壤侵蚀强度由中度降低到轻度，保水效益可达 23.92%，保土效益可达 75.44%；地下部的根系呈网状根系，且根系量较大，1 公顷纯林总长度可达到 1 307.8 km，重量可达 13.4 t。把这些根系按照 10 cm 间隔在同样的地面上排开，可以排列 10 多层，因此形成了良好的保土作用。以土壤保水率与传统的水土保持植物相比，欧李样地 0～20 cm、20～40 cm 土层的平均含水率分别高出 2.1% 和 2.3 %。与自然植被区和裸地相比，欧李林地地表径流量分别减少了 53.16% 和 63.35%，泥沙量分别减少 37.53% 和 80.46%；土壤初渗速率（6.48 mm/min）和稳渗速率（0.53 mm/min）均明显增加，分别是裸地的 3.66 倍和 1.66 倍。能够显著提高土壤风干团聚体含量、水稳团聚体含量、团聚体平均重量直径和团聚体水稳指数，降低团聚体破坏率，从而增强土壤机械稳定性和抗蚀能力，这些均说明欧李比传统水土保持植物具有较强的保土保水能力。

3. 土壤理化性质得到明显改善，林地肥力高

欧李林地土壤肥力明显高于其他样区土壤，土壤容重分别较裸地和自然植被区降低了 8.72% 和 6.21%；由于欧李根系内有内生固氮菌（白洁等，2022），加之枯枝落叶等因素的影响，欧李林地的有机质、氮、磷、钾等土壤养分明显提高，对改善贫瘠土壤有显著的作用。

4. 欧李耐刈割或火烧

如河南陕县菜园乡一片野生欧李，连续 10 多年的刈割，不仅没有影响其生长，反而使郁闭度达到了 1。笔者曾试验火烧欧李地块，地上部的枝条被全部烧光，但春季

萌发后新枝越发旺盛，且基生枝很多（图9-2）。这是由于欧李的地下茎发达，在地上部受到危害后，可萌发形成新的株丛。但欧李的竞争力差，一旦有高大的杂草或灌木，便生长减弱，因此在草木很少的荒漠地区，欧李可作为先锋树种进行利用。

图9-2　欧李植株地上部被火烧后的重新萌发状况

5. 欧李可产果实及其他副产品，增加贫困山区的经济收入

欧李种质资源中，有许多种质抗逆性强、果实产量高但鲜果品质差、可食率低的种质，可以进行专门选育作为生态脆弱区生态与经济兼用性品种（种仁、茶叶、饲料等），但目前的选育较为重视作为果品的良种选育，忽视了在生态脆弱区进行造林既要保证适应性强又要保证经济产量（不单单是果实）高的双重特性优良品种的选育，造成了"良种不适合造林、造林成功的没有经济产量"的尴尬局面。因此，在欧李的育种工作中要对作为果树利用和作为造林利用的育种方向进行区别对待，以培育出适合造林且有较高经济价值的良种。其重点方向有草地造林品种、沙地造林品种、丘陵沟壑坡地造林品种、寒地造林品种、轻盐碱地造林品种等。

三、膳食营养保健与药用途径

（一）膳食营养保健

1. 对骨质疏松症的影响

研究表明，欧李果汁、低糖果酱、冻干粉、欧李茶叶等均可以调节骨质疏松症，这是由于欧李不仅可吸收利用的钙含量高，而且也由于欧李含有多种可促进钙吸收和沉积的活性物质。也包括欧李可能通过信号转导、免疫系统、内分泌系统、脂质代谢等通路共同作用改善小鼠骨质疏松，其中T细胞及其亚群的基因调控或信号转导可能影响最大。

2. 对糖尿病的影响

研究表明，欧李果汁、果浆或低糖果酱、冻干粉、茶叶、欧李仁均能有效改善糖尿病小鼠的血糖、胰岛素水平以及糖耐量，这主要利用了欧李中有较高含量的多酚、类黄酮、苦杏仁苷、γ-氨基丁酸（GABA）等活性物质。

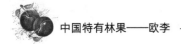

3. 对高脂血症的影响

研究表明，欧李低糖果酱、冻干粉、茶叶和欧李发酵液等均能降低大鼠或小鼠体内的总胆固醇、甘油三酯的含量，并且能够提高血清中的高密度脂蛋白胆固醇含量，显著降低低密度脂蛋白胆固醇的含量，并能明显改善肝脏因脂质沉积而导致的病变以及饮酒对肝脏的损害。因此欧李具有对高脂血症的调控作用及对肝脏具有保护作用。

4. 润肠通便的膳食配方

田硕等（2018）报道了以下用郁李仁进行润肠通便的食疗方法。

（1）郁李仁粥。郁李仁 10 g，大米 50 g。将郁李仁捣碎，加大米煮为稀粥即成，可润肠通便，利水消肿，用于治疗大便干燥、小便不利、肢体水肿等疾病。

（2）李仁薏米粥。郁李仁 12 g，薏苡仁 15 g。将郁李仁加水煎取汁，去渣，加薏苡仁共煮，加白糖调服。具有健脾利湿、消肿、润肠通便的作用，可用来治疗大小便不通、脚气足肿等。

（二）药用途径

欧李是我国果药兼用的一种典型代表植物（李卫东，2017），其种仁作为中药在我国的利用已有几千年的历史，中药上称之为"郁李仁"，具有泻下通便的奇特功效，也对儿童因食欲不振引起的腹胀有奇效。不仅是我国的传统中药，也是我国最早公布的药食两用植物。随着欧李种植面积的扩大和对郁李仁成分和药理研究的不断深入，目前对郁李仁的需求越来越大，需求量已从 21 世纪初的 200 t 提高到 1 000 t，价格也从 50 元/kg 提高到目前的 90 元/kg 左右，且逐渐进入到国际市场，每年日本、韩国和德国都从我国进口一定量的郁李仁。欧李果实中二氢查耳酮的含量较高，可防治牙齿过敏，因此可制作防过敏牙膏。欧李根也是中药，可治疗龋齿。其根皮有宣结气、破积聚和去白虫的功效。民间有将欧李根经过熬煮的汁液用来治疗脉管炎的偏方。如今，已有将欧李根、枝粉碎后作为"泡脚粉"来疏通经脉（彩图9-7）。我国对郁李仁有标准要求，可以利用欧李种质在产仁率和苦杏仁苷、郁李仁苷、黄酮等含量等方面的差异，选育出药效更强的药材品种。

赵和平（1992）报道了一种用郁李仁制成的方药可治疗习惯性便秘，具体配伍和用法为：黄芪、阿胶、麦冬、熟地各500克，火麻仁、郁李仁、肉苁蓉、玄参各250 g，上药粉碎过 60 目筛，炼蜜为丸。每丸重12 g，每次服 2 丸，每日 2 次。临床疗效：治疗50例虚型便秘，年龄在20～50岁，病程3个月至20年不等，服药24 h后，均能顺利排便，继服10日后停药。

另外，据元艺兰（2007）根据临床研究，用郁李仁配制的中药在治疗肠燥便秘、小儿习惯性便秘、幽门梗阻、支气管哮喘、急性阑尾炎、偏头痛、水肿和脚气均有显著的疗效。

四、园林及观赏利用途径

欧李作为园林中的树种利用已有 2 000～3 000 年的历史。古时，人们多利用欧李矮小不遮挡庭院光线的特点，加之欧李花繁似锦、布满春意的观赏价值多在宫廷花园中栽种。如今，人们结合欧李果实可以食用特点在庭前楼后多有种植，不仅起到美化、香化环境的作用，还能品尝到自己劳动得来的果实，一举多得。同时，欧李可以制作果用盆景，供人们闲暇时光时观赏，给人带来无尽的想象（图9-3，彩图9-6）。欧李的花色、花形和果实的颜色、形状具有丰富的多样性，可以进一步选育出集观赏和绿化、美化、果化于一体的品种。目前，欧李已创制出重瓣的粉花品种。欧李在自然造景方面有其独特的作用，当欧李成规模种植后，可以在春天开花时形成花潮如海的规模性景观，给人以激情澎湃、美不胜收的感觉，在观赏农业中发挥重要的作用。欧李可选择长势强壮、姿势直立的资源作为绿篱中的花篱笆进行利用，如果再加上欧李某些资源独特的叶色变化，还会使人们观赏到彩叶树种的别样景观。

图9-3　庭院中的欧李栽培与盆栽观赏

五、饲料利用途径

欧李当年生长出来的嫩茎和叶片，牛和山羊喜食，特别是体型和骨骼发育较大的牛等牲畜尤其喜食，因此欧李也称之为"牛李"。据分析报道，欧李叶片中可溶性糖含量40%～50%，淀粉15%～20%。嫩叶和嫩枝中粗蛋白分别为15%和5.31%、粗脂肪4.30%和1.66%、粗纤维11.06%和50.64%。山西中条山区、陕北的群众常利用野生的欧李进行放牧，有些小片的野生欧李，尤其是生长在地堰上的欧李，则刈割收集后喂牛，一年中可以连续刈割2～3次，为干旱地区解决了牲畜的饲草问题（图9-4）。近来研究发现，秋季或冬季修剪后的枝条经测定同样也含有较高的营养成分，其中蛋白质11.90%（秸秆为3.5%）、脂肪4.86%、粗纤维30.58%、水分4.29%、钾1.44%、磷0.16%～0.21%、钙0.86%～2.28%、镁0.29%。

图9-4　野生欧李枝叶喂牛和刈割

欧李的枝叶经过粉碎和发酵，是非常优质的牛羊饲料（图9-5，彩图9-8）。据耿涌杭等（2017）对奶羊的饲喂研究发现，欧李经发酵后，其营养物质丰富，发酵后欧李果的钙含量可达1 100 mg/kg，富含18种氨基酸，欧李果和欧李枝叶的总氨基酸含量分别达19.20 g/kg和38.02 g/kg，其中必需氨基酸含量分别为6.67 g/kg和15.11 g/kg，占总氨基酸的34.74%和39.74%。发酵后的欧李枝条软化易被牲畜咀

图9-5 欧李果渣和枝叶饲喂奶山羊

嚼和吸收，饲喂奶羊所产的羊奶膻味降低，钙含量由1.43 g/kg提高到1.67 g/kg，总氨基酸含量由40.19 g/kg增加到48.67 g/kg，钙和氨基酸分别提高了16.78%和21.10%。此研究不仅为畜牧业提供了一种新的饲料，而且对于提高羊奶等动物产品的品质提供了新的利用途径。

欧李种质资源中，茎叶生物量、茎叶中饲料营养成分均有一定的差异，以及平茬后恢复生长的能力也有较大的差异，可以选择利用，以选育出适合不同牲畜种类的饲料。

六、能源利用途径

欧李的枝干可以作为燃料，其热值为1.9×10^4 kJ/kg，相当于同量标准煤热值（29 307 kJ/kg）的65%，故热值较高，燃料缺乏的时候，可以作为薪炭林进行林地营造。也可以利用枝条生产纤维素乙醇、合成液体燃料等。近年来的研究发现，欧李的种仁富含油脂，种仁出油率可达到40%左右，成分主要以不饱和脂肪酸为主，其中油酸含量60%～70%、亚油酸含量25%～35%，均为C18分子，可作为保健食用油、生物柴油、生物化工基础材料等，可以营造能源林地，以应对能源日益缺乏的严重威胁。欧李种质资源中不乏产仁率和生物量较大的种质，可以加强育种工作，加以利用。

七、其他利用途径

欧李果实含有较高的保健成分，如有机酸、类黄酮、氨基酸、氨基丁酸、钙、维生素等，具有较强的抗氧化作用，可以生产诸如口服液、牙膏、美容膏、护肤霜等保健产品。

带有外壳的欧李核可以制作枕头，具有促进睡眠的效果。欧李种核的大小在资源中丰富多样，有些种子极小，做出来的枕头清凉舒适，效果极佳。

欧李掉落到地上的种子，具有缓慢裂壳的特性，其裂壳后露出来的种仁是大多数鸟类的食物，可促进鸟类羽毛光亮丰满，如野鸡、喜鹊、红嘴乌鸦等非常喜食（彩图9-9）。在多年种植的欧李原地，冬季常有成千上万的乌鸦来采食，因此，欧李的种植可为野生鸟类提供丰富的油脂性食物。

欧李的种核也是一种玩具，大小在0.8 cm左右的圆形种核可以用来作为弹弓的子弹，射线垂直，准度高。不仅取材容易，而且由于富有弹性，不易伤人。

第三节　欧李加工利用

一、欧李加工利用的产品种类

相比于一般果树，欧李加工利用目前还处在起步阶段，从资料报道和市场销售来看，主要有如下种类（彩图 9-10 至彩图 9-14）。

1. 果实加工产品

包括有果汁、浓缩汁、果汁饮料、复合果汁饮料、富钙果汁、发酵低度果酒、高度白酒、泡制酒、果醋、高糖果酱、低糖果酱、糖水罐头、低糖罐头、喷粉果粉、冻干果粉、固体饮料、复合型口服液、软糖、果糕、钙果片、泡腾片等。

2. 种仁加工产品

包括有欧李仁、种仁油、种仁油胶囊、多肽饮料、蛋白饮料、胶原蛋白饮料、面膜等。

3. 叶子加工产品

绿茶、发酵茶。

4. 种壳加工产品

活性炭。

5. 枝条加工产品

牛羊饲料。

二、主要产品加工的工艺流程

（一）果汁

1. 浊汁

（1）工艺流程。欧李→分选→清洗→护色蒸煮→去核打浆→胶体磨→酶解→粗滤→调配→均质→脱气→灌装→灭菌→冷却→成品。

（2）主要技术参数。护色蒸煮时加入 2 倍纯净水、加入 0.1% 的异抗坏血酸护色，开水煮 3 min。酶解时加 0.05% 的果胶酶，30℃下处理 1～1.5 h。调配时加入 0.12%～0.16% 柠檬酸、0.1% 的黄原胶。杀菌为 100℃水浴 5 min。

（3）产品特点。本产品的主要特点为可溶性固形物含量为 10%，果汁呈浑浊，不分层，酸甜适中，欧李果香味浓郁。

2. 清汁

（1）工艺流程。欧李→分选→清洗→护色蒸煮→去核打浆→胶体磨→酶解→粗滤→澄清→均质→灌装→灭菌→冷却→成品。

（2）主要技术参数。本产品在澄清之前的工艺同浊汁。澄清可用过滤澄清或添加剂澄清。过滤澄清可用硅藻过滤或膜过滤。添加剂澄清可用明胶或干酪素，添加量为 0.02%，时间 2 h。也可用壳聚糖，添加量为 8 mL/L，在 40℃下 40 min。

（3）产品特点。本产品的主要特点为可溶性固形物含量为10%，果汁清亮，透光率为90%，无沉淀，酸甜适口，欧李果香味浓郁。

3. 浓缩果汁

（1）工艺流程。欧李→分选→清洗→护色蒸煮→去核打浆→胶体磨→酶解→过滤→三级浓缩→灌装→灭菌→冷却→成品。

（2）主要技术参数。本产品真空浓缩时，温度应低于65℃。

（3）产品特点。本产品的特点为可溶性固形物为45%～60%，呈浆体状态，可长时间存放。

（二）果酒

1. 发酵低度果酒

（1）工艺流程。欧李→清洗→去核打浆→煮制（或不煮）→酶解→成分调整→接种酵母→主发酵→过滤→后发酵→澄清→无菌灌装封口→成品。

（2）主要技术参数。酶解时分别加入0.06 g/L蛋白酶和0.5 g/L果胶酶，45℃酶解6 h，成分调节糖度至23°Bx。按60 mg/L加入6%的亚硫酸溶液。在接种时先活化酵母，活性酿酒酵母接种量为0.2 g/L，37℃水浴活化15～30 min，在活化过程中加入少量欧李汁。主发酵时，将活化好的酵母接入欧李汁中发酵，温度控制在20℃，当残糖及酒精度不再变化，主发酵结束，除去酒渣，于15℃后发酵10～15 d，澄清过滤。

（3）产品特点。酒精度为10%左右，欧李果香味浓郁，乙酸乙酯、辛酸乙酯等挥发性香气成分较高。

2. 干白酒

（1）工艺流程。欧李→清洗→捡果→破碎打浆→酶解→榨汁→澄清→成分调整→主发酵→倒酒→下胶→过滤→陈酿→调酒→热处理→冷处理→过滤→除菌→罐装。

（2）主要技术参数。选用黄色品种，如农大5号。酵母选用ICV可降低有机酸含量。

（3）产品特点。透明无色，酒精度为10%左右。如果要再提升酒精度，可以用蒸馏设备继续蒸馏，酒精度可以提高到40%以上。

3. 泡制酒

（1）工艺流程。欧李→清洗→去核或不去核→浸泡→过滤→成品。

（2）主要技术参数。浸泡时选择酒精度60%以上高度白酒。比例为欧李果实质量的2～3倍，15℃下浸泡40 d。

（3）产品特点。酒体具有欧李果实的颜色和风味，酒精度较高，在40%左右。

（三）罐头

（1）工艺流程。原料整理→去皮或不去皮漂洗→预煮→挑拣装罐→注糖水→假封排气→密封→杀菌冷却→成品。

（2）主要技术参数。选用黄肉品种，去皮用3%的NaOH溶液加热到95～100℃放入欧李2～3 min；糖水配制为：白糖50 kg，冰糖10 kg，柠檬酸1.2 kg，水500 kg。

（3）产品特点。果肉呈黄色，糖水透明，酸甜适口。

（四）果脯

（1）工艺流程。选果→去核或不去核→扎眼→护色及硬化→糖液浸煮→渗糖→鼓风烘干→包装→成品。

（2）主要技术参数。果实去皮硬度≥6.5 kg/cm^2，护色与硬化，0.5%维生素C+0.5%柠檬酸+0.8%氯化钙混合液浸泡2 h，糖液浸煮，糖液40%（蔗糖∶葡萄糖=5∶1）+NaCl 0.5%+柠檬酸0.2%+0.6%（海藻酸钠∶瓜尔胶=1∶1）20 min，常温渗糖12 h。

（3）产品特点。糖含量40%左右，欧李风味浓郁，颜色美观，软硬适宜，酸甜适口。

（五）果酱

（1）工艺流程。选果→洗果→凉果→去核打浆→胶磨→大火熬煮→成分调整→小火熬煮→装瓶→密封→消毒→冷却→贴标。

（2）主要技术参数。在调整成分时按照欧李果浆∶白砂糖∶果胶=100∶30∶0.4的比例添加，最后浓缩至可溶性固形物含量为40%～60%。

（3）产品特点。颜色呈欧李果肉原色，无析水，酸甜可口。

（六）果醋

（1）工艺流程。欧李分选→清洗→烫漂、破碎→欧李果浆→酶解→糖度调整→酒精发酵→醋酸发酵→粗滤→精滤→调配→杀菌灌装→检验→成品。

（2）主要技术参数。醋酸发酵时，醋酸菌接入量10%，发酵温度30℃，初始酒精含量6%，120 r/min摇床发酵6 d。当配制果醋饮料时，可采用欧李汁30%、欧李果醋20%、果葡糖浆20%、蜂蜜5%进行调配（潘艳芳，2014）。

（3）产品特点。总酸（以乙酸计）含量6.36 g/100 mL，还原糖含量1.45%，可溶性固形物含量4.5%。醋体为金黄色，澄清透亮，具有发酵的醋香和欧李的果香，入口微酸、留口香甜。

（七）冻干果粉

（1）工艺流程。原料选择→洗果→凉果→去核或不去核→预冻结→升华干燥→后处理→包装、贮藏。

（2）主要技术参数。后处理时包括磨粉和去核，必须在干燥的环境中进行；包装必须用防潮的真空包装。

（3）产品特点。果粉含水量≤7%，具有该产品固有颜色和滋味。

（八）种仁油

（1）工艺流程。种核选拣→去壳→分选→压榨→过滤→灌装→检测→成品。

（2）主要技术参数。种核无霉变，压榨为冷榨，过滤为二级过滤。

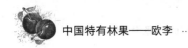

（3）产品特点。油体颜色为亮黄色，维生素 E 含量为 55 mg/100 g。

（九）茶叶（绿茶）

（1）工艺流程。采叶→晒青→晾青→揉捻→杀青→成形→提香→干燥→分选→包装。

（2）主要技术参数。晒青夏季为 1 h 左右，使叶片失水 30% 左右，晾青为室内 12 h，杀青温度 230～240℃，1～2 min。成型过程中需要反复打散。

（3）产品特点。茶叶为粒状，绿色，茶汤亮黄色，清香，稍有苦杏仁味。

第四节　欧李活性物质的提取

欧李的活性成分较多，含量较高，因此可以进行大量提取，包括原花青素、种仁蛋白、多酚、类黄酮、苦杏仁苷、多糖等。

一、原花青素

原花青素，也称为缩合单宁，在欧李果实中含量较高，可采用超声波辅助—有机溶剂提取法进行提取。

工艺流程。原料预处理（去核、冻干、粉碎）→有机溶剂浸提→减压浓缩浸提液→离心除蛋白→低温处理后抽滤除果胶→乙酸乙酯萃取→石油醚沉淀→冷冻干燥沉淀物→粗品→大孔树脂纯化→浓缩→成品。

主要技术参数。超声频率 40 KHz，有机溶剂为乙醇 67%，料液比为 1∶15 g/mL，提取温度为 45℃，大孔树脂 AB-8（田争福，2021）。

产品特点。粗品提取率为 24% 左右，成品中含有儿茶素和表儿茶素以及原花青素的二聚体。抗氧化能力超过了抗坏血酸。

二、蛋白质提取与多肽制备

蛋白质提取工艺流程。欧李仁粕→加水分散→加碱搅拌→上清液→加酸沉淀→离心→冷冻干燥→成品。

多肽制备工艺流程。欧李仁蛋白质溶液→预处理→调节 pH 值→碱性蛋白酶水解→灭酶→中性蛋白酶水解→灭酶→酸性蛋白酶水解→灭酶→离心分离→欧李仁多肽液。

说明：欧李仁粕为榨油后的糟粕。

三、多酚

工艺流程。选果→去核→破碎→冻干→磨粉→石油醚脱脂→干燥→脱脂粉→酶解→有机溶剂提取→粗品→大孔树脂纯化→浓缩→干燥。

主要技术参数。超声波功率 105 W、酶解温度 50℃、酶解时间 80 min、液料比 30∶1（刘皓涵，2021）。

产品特点。粗品多酚提取量为 42.63 mg/g。LSA-5B 大孔树脂。纯化物多酚含量为 73.42 mg/g，有 6 种多酚类物质，其含量顺序为绿原酸＞没食子儿茶素＞没食子酸酯＞

咖啡因＞对羟基苯甲酸＞原儿茶酸＞没食子酸。欧李多酚的总还原力与维生素 C 相当。

四、类黄酮

工艺流程。选果→去核→破碎→加入浸提液→超声波辅助→上清液→粗品→大孔树脂纯化→浓缩→成品。

提取条件。超声辅助乙醇提取，功率 300W，乙醇浓度 70.2%、料液比 1∶30.9、提取时间 39.4 min（王亚君 2019）。大孔树脂 AB-8。

产品特点。产品粗提物总黄酮含量可达 51.39 mg/g，具有较强的体外和体内抗氧化能力。原料也可以选择叶子，含量高，提取参数稍有不同，成品为粉末状，黄绿色，含量可达到 466 mg/g。

五、苦杏仁苷

工艺流程。欧李仁粕→加入提取溶剂→水浴回流→粗提液→浓缩→干燥→粗品。

主要技术参数。采用超声辅助乙醇提取法，液料比 14∶1，乙醇 79%，温度 70℃，超声时间 40 min，功率 192 W（李瑞玲，2019）。

产品特点。提取得率可达 6.03%，具有较强的抗氧化活性。

六、碱性多糖

工艺流程。欧李种壳→破碎→加入溶剂→抽滤→浓缩→醇沉→离心→粗品。

主要技术参数。加热温度 90 ℃，加热时间 5 h，液料比 27.12，NaOH 浓度 3.23 mol/L（邬晓勇，2013）。

产品特点。多糖含量为 48.97%。

七、脂肪酸合成酶（FAC）抑制剂

陈玮（2002）公布了从欧李枝叶中提取脂肪酸合成酶抑制剂的方法。

工艺流程。欧李枝叶→粉碎→加入提取剂→搅拌提取→压滤→上清液→浓缩→干燥→粗品。

主要技术参数。提取溶剂为 50% 乙醇，料液比 1∶10，温度 30℃，提取时间 2 h。

产品特点。对脂肪酸合成酶具有很强的抑制率，上清液半抑制率仅需 0.215 μL/mgFAC，相当于欧李枝叶 3.41 mg。干制粗品对癌细胞有致死作用。

八、纯露

工艺流程。欧李→选果→破碎打浆→加水蒸馏→冷凝液→纯露。

主要技术参数。料液比 1∶2，蒸馏时间 40 min，蒸馏温度 115℃。

产品特点。挥发性香气成分在 21～200 μg/kg；有浓郁的欧李香气，可用于护肤和饮料。

另外，欧李果实加工后的果渣还可以提取膳食纤维、果胶等活性物质。欧李的枝叶可以提取 γ- 氨基丁酸、活性钙、维生素 D 等活性物质。

主要参考文献

白洁，姚拓，雷杨，等，2022.欧李（*Cerasus humilis*）内生固氮细菌筛选、鉴定及特性研究［J］.草地学报，30（4）：859-866.

边雅茹，田军仓，2017.灌水量对压砂地欧李光合作用及产量的影响［J］.节水灌溉（2）：34-38.

蔡宇良，李珊，曹东伟，等，2006.利用 DNA 扩增片段序列对樱桃种质资源的遗传分析［J］.园艺学报，33（2）：249-254.

陈嵘，1937.中国树木分类学［M］.北京：京华印书馆.

段娜，徐军，陈海玲，等，2019.干旱胁迫对欧李幼苗表型可塑性的影响［J］.广西植物，39（9）：1159-1165.

方洁，2007.欧李果实的发育及成熟的研究［D］.保定：河北农业大学.

符浣溪，2017.欧李不同级次根的解剖结构及生理特性研究［D］.洛阳：河南科技大学.

耿涌杭，许可，苏上，等，2017.欧李发酵饲料的评价及其对羊奶品质的影响［J］.饲料研究（15）：31-36.

古伯察著，耿昇译，2006.鞑靼西藏旅行记［M］.北京：中国藏学出版社.

侯岑，2012.梨树矿质元素分布特征及营养诊断研究［D］.南京：南京农业大学.

侯学煜，1954.中国境内酸性土钙质土和盐碱土的指示植物［M］.北京：科学出版社.

黄俊威，2019.欧李幼苗对钙添加的响应研究［D］.北京：北京林业大学.

霍琳，陈晓辉，曹阳，等，2010.RP-HPLC 法测定郁李仁中郁李仁苷 A 和阿福豆苷含量［J］.药物分析杂志，30（5）：831-833.

贾凌杉，雷文沦，杜彬，等，2011.低度欧李发酵果酒的酿造和营养成分分析［J］.食品工业（5）：68-70.

简令成，卢存福，邓江明，等，2004.木本植物休眠的诱导因子及其细胞内 Ca^{2+} 水平的调节作用［J］.应用与环境生物学报，10（1）：1-6.

李静仪，王增利，易萍，等，2021.冰温贮藏及出库方式对欧李保鲜效果的影响［J］.食品与机械，37（6）：155-161.

李倩，2019.宁夏欧李水肥耦合效应及协同管理［D］.银川：宁夏大学.

李瑞玲，2019.欧李仁苦杏仁苷的提取及生物活性研究［D］.呼和浩特：内蒙古大学.

李卫东，顾金瑞，2017.果药兼用型欧李的保健功能与药理作用研究进展［J］.中国现代中药，19（9）：1336-1340.

李学强，等，2010. 5 种樱桃属植物的 POD、CAT 和 SOD 同工酶分析［J］. 生物学通报，45（20）：46-49.

刘皓涵，钟迪颖，张润光，等，2020，欧李多酚提取纯化及抗氧化性研究［J］. 农业工程学报，36（22）：324-332.

刘宏斌，王昱博，2018. 定西黄土丘陵沟壑区欧李栽培技术研究［J］. 农村经济与科技，29（4）：27-28，30.

刘俊英，张虎成，危晴，等，2012. 欧李果脂肪酸 GC-MS 检测及其营养分析［J］. 食品研究与开发，33（9）：119-123.

刘孟军，1998. 中国野生果树［M］. 北京：中国农业出版社.

刘显臣，陆键，张鹏霞，等，2013. Na_2CO_3 胁迫对长白山欧李幼苗生长的影响［J］. 吉林农业科学，38（2）：73-74.

刘宇凡，王泽敏，王晴鹤，等，2021. γ - 氨基丁酸拮抗 2 型糖尿病的作用及机制探讨［J］. 营养学报，43（3）：265-273.

马建军，任艳军，张立彬，2014. 欧李次生木质部导管结构和果实钙含量［J］. 林业科学，50（12）：139-143.

马建军，于凤鸣，张立彬，等，2009. 野生欧李萌动期各组织器官中钙与不同形态钙的分配率变化［J］. 河北科技师范学院学报，23（3）：5-8.

潘艳芳，王威，赫晓磊，等，2014. 欧李醋饮料加工工艺研究［J］. 饮料工业，17（12）：19-22.

任艳军，秦素平，杜彬，等，2011. 燕山山脉野生欧李花粉的形态特征［J］. 经济林研究，29（1）：135-139.

宋雯佩，2018. 果实摄取钙的规律、途径及调控机理的研究［D］. 广州：华南农业大学.

唐洪梅，2012. 温度处理对欧李一年生休眠枝中淀粉酶及相关产物的影响［D］. 洛阳：河南科技大学.

田争福，2021. 欧李原花青素提取及抗氧化性研究［D］. 银川：宁夏大学.

王昊，马文元，靳来，2021. 欧李全生育期对 N、P、K 和水分的吸收规律［J］. 经济林研究，39（2）：82-89.

王建文，廖帅，张铁强，2019. 欧李学名和汉语名称的进一步研究［J］. 北京农学院学报，34（2）：30-33.

王培林，2021. 几种欧李品系生物学特征与营养成分比较［D］. 秦皇岛：河北科技师范学院.

王亚君，2019. 欧李果实总黄酮提取工艺优化及其抗氧化活性研究［D］. 太原：山西大学.

王志梅，2015.欧李种子休眠发生与解除的研究［D］.太谷：山西农业大学.

邬晓勇，李潘，张敏，等，2016.水涝胁迫下欧李 SOD 和 POD 的变化［J］.成都大学学报（自然科学版），35（2）：130-133，139.

邬晓勇，刘云山，顾芳璇，等，2013.响应曲面法优化欧李种壳碱性多糖的提取［J］.湖北民族学院学报（自然科学版），31（4）：377-381.

肖晓凤，周凤兰，2017.欧李授粉受精过程的荧光显微观察［J］.西北农林科技大学学报（自然科学版），45（9）：103-108.

姚泽，姜生秀，严子柱，等，2020.干旱荒漠区欧李品种光合生理日进程与产量［J］.甘肃林业科技，45（2）：7-13.

叶盛，汪东风，丁凌志，等，2000.植物体内钙的存在形式研究进展（综述）［J］.安徽农业大学学报（4）：417-421.

俞德浚，1979.中国果树分类学［M］.北京：农业出版社.

元艺兰，2007.郁李仁的药理作用与临床应用［J］.现代医药卫生，23（13）：1987-1988.

张成婉，王子成，何艳霞，2007.欧李茎尖玻璃化法超低温保存及植株再生［J］.河南农业大学学报，41（5）：516-518，521.

张海芳，2006.欧李采后生理及保鲜技术研究［D］.呼和浩特：内蒙古农业大学.

张立彬，刘秀曙，杨玉芬，等，1995.欧李授粉与结实生物学研究［J］.河北农业技术师范学院学报，9（2）：35-39.

张玲，丁卫英，高芬，等，2018.欧李仁苦杏仁苷与胆酸盐的结合及对胰脂肪酶的抑制作用［J］.贵州农业科学，46（9）：136-138.

章英才，闫天珍，2003.花花柴叶片解剖结构与生态环境关系的研究［J］.宁夏农学院学报，24（1）：31-33.

赵贝贝，2005.欧李树体矿质营养年周期变化规律的研究［D］.太谷：山西农业大学.

赵金荣，等，1994.黄土高原水土保持灌木［M］.北京：中国林业出版社.

郑松州，汪季，张利文等，2013.科尔沁沙地几种经济植物耗水特征研究［J］.北方园艺（16）：64-68.

KUSHAGRA DUBEY, RAGHVENDRA DUBEY, 2020. Computation screening of narcissoside a glycosyloxyflavone for potential novel coronavirus 2019（COVID-19）inhibitor［J］.Biomedical Journal, 43（4）：363-367.

PURWANA I, ZHENG J, LI X M, et al., 2014. GABA promotes human β-Cell proliferation and modulates glucose homeostasis［J］.Diabetes, 63（12）：4197-4205.

SHU H R（束怀瑞），1999. Apple［M］.Beijing：China Agricultural Press.

附　图

一、野生欧李考察

彩图 2-1　山西太行山区石堰上欧李

彩图 2-2　山西中条山区地堰上欧李

彩图 2-3　陕西韩城山区地堰上欧李

彩图 2-4　内蒙古克什克腾旗黄岗梁山脉欧李

二、欧李种质资源

彩图 2-5　欧李株高

彩图 2-6　欧李果实颜色和形状

彩图 2-7　单株多年生长的欧李枝展

彩图 2-8　多年不结果的欧李单株株高、
　　　　　枝展与开花

彩图 2-9　花叶同出粉花品种

彩图 2-10　浓粉花欧李

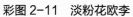

彩图 2-11　淡粉花欧李　　　　　　　　彩图 2-12　重瓣粉花欧李

三、扦插育苗

彩图 6-1　透明盒扦插

彩图 6-2　穴盘扦插　　　　　　　　　彩图 6-3　苗床直插

彩图 6-4　营养块袋扦插　　　　　　　彩图 6-5　嫩枝扦插后 50 d 根系

四、栽培

农大3号　　　晋欧1号　　　　农大5号　　　　农大6号　　　　农大7号

彩图 7-1　欧李品种结果状

彩图 7-2 带状栽后翌年开花状

彩图 7-3 带状栽后第三年开花状

彩图 7-4 栽后多年开花状

彩图 7-5 栽后 4 年结果状

彩图 7-6　欧李采收

彩图 7-7　周年化栽培下同一天欧李的不同生育阶段

彩图 7-8　欧李盆栽移动式杂交授粉

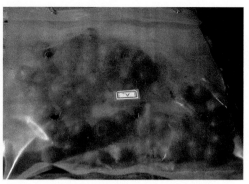

彩图 8-1　欧李成串采摘　　　　　　　彩图 8-2　膜袋自发气调贮藏

五、欧李利用

彩图 9-1　万亩荒坡欧李撩壕种植

彩图 9-2　红叶欧李形成的秋季景观

彩图 9-3　水土保持径流试验

彩图 9-4　欧李护坡作用

彩图 9-5　宁夏中卫市海拔 2 000 m 降水量 200 mm 的欧李砂石覆盖栽培

花篮式　　　　　　　　　山峰式　　　　　　　　　单干式

丛状式　　　　　　　　　　　　　　　　分层式

单干式　　　　　　　　　悬崖式　　　　　　　　　手掌式

彩图 9-6　欧李盆栽与盆景

彩图 9-7　欧李根水煮液泡脚

彩图 9-8　枝条饲料加工

彩图 9-9　欧李园冬季引来上千只红嘴乌鸦觅食

钙果原液

钙果冰酒

钙果仁油

白金圣力健

钙果口服液

钙果饮料

钙果活性炭

钙果蜜饯

钙果果饮

钙果片

钙果茶叶

彩图 9-10　欧李产品

彩图 9-11　欧李蜜饯加工

彩图 9-12　果汁加工

彩图 9-13　欧李加工产品展示

彩图 9-14　鲜食欧李品种